力学丛书·典藏版 23

有限元法

上册

〔英〕O. C. 监凯维奇 著

尹泽勇 江伯南 译

唐立民 刘迎曦 校

科学出版社

1985

内 容 簡 介

本书论述有限元法的一般理论，介绍有限元法在工程技术各个领域中的应用，并有专章说明有限元法如何在计算机上实现.

原书分上、下册翻译出版. 上册包括原书的第一章至第十六章. 它给出有关的预备知识，讲述有限元法的一般理论，并着重介绍有限元法在二维、三维板壳等线性弹性固体力学问题中的应用.

本书可供高等院校师生及有关的科技人员参考。

图书在版编目 (CIP) 数据

有限元法. 上册/(英)监凯维奇 (Zienkiewicz，O.C.) 著；尹泽勇，江伯南译.
—北京：科学出版社，2016.1
(力学名著译丛)
书名原文：The finite element methods
ISBN 978-7-03-046974-8
I. ①有… II. ①监… ②尹… ③江… III. ①有限元法 IV. ① 0241.82
中国版本图书馆 CIP 数据核字 (2016) 第 006915 号

O.C. Zienkiewicz
The Finite Element Method (third edition)
McGraw-Hill, 1977

力学名著译丛
有 限 元 法
上册
〔英〕O. C. 监凯维奇 著
尹泽勇 柴家振 译
唐立民 刘迎曦 校
责任编辑 魏茂乐
科 学 出 版 社 出 版
北京东黄城根北街 16 号
北京京华虎彩印刷有限公司印刷
新华书店北京发行所发行 各地新华书店经售
*
1985 年第一版
2016 年印刷
开本：850×1168 1/32
印张：12 1/8
插页：精 2
字数：323,000

定价：118.00元

序　言

可以把本书看作1967年首次出版的"The Finite Element Method in Structural and Continuum Mechanics"一书*的第三版。虽然书的篇幅现在大约是原来的三倍，但写作的目的相同；首先是为了教学，其次是为了提供一个关于有限元法发展水平的概貌。现在已认识到，有限元法对于从事实际工作的工程师和物理学家以及研究工作者都是相当重要的。

从第一本书写出以来，关于有限元法的研究论文和书刊的数量几乎按指数规律增长。公开发表的文献将近8000篇，内部报告等就更多[1)]。在早期，投稿者几乎都是工程师；而今天，有许多则是来自数学界，他们现在已采用了有限元法，并对理解这种方法作出了很大贡献。显然，在这样一个阶段，一本书公正地反映出所有的观点是不现实的；在本书中，必须对文献进行大量的筛选工作，以表明作者的观点。作者的观点是既承认数学基础的重要，又承认直观的创造性思想的必要。因此，本书从物理离散系统的基本知识讲起，并通过大家很熟悉的弹性力学例子介绍有限元近似，但在第三章中给出了基本的数学近似的概念（这里采取一种避免使用难懂的术语并且不拘泥于形式上的严格的方式，以适于工程师或物理学家，为此向数学家致歉）。然而，在后面的某几章中，我们表

---

* O. C. Zienkiewicz and Y. K. Cheung, "The Finite Element Method in Structural and Continuum Mechanics", McGraw-Hill, 1967. 有中译本，«结构和连续力学中的有限单元体法»，上海交通大学«有限单元体法»翻译组译，国防工业出版社，1973. ——译者注

1) 由诺里 (D. Norrie) 与德夫里斯 (G. de Vries) 编辑的极好的文献目录 (IFI/PLENUM 1976) 表明如下的文献发表速率，括号中的数字表示该年内发表的论文篇数：1961(10)；1962(15)；1963(25)；1964(33)；1965(67)；1966(134)；1967(162)；1968(303)；1969(531)；1970(510)；1971(844)；1972(1004)；1973(1169)；1974(1377)；1975(880，不完全)。

明，能够怎样成功地修正和违反某些通常承认的准则．特别是在第十一章中，给出了这方面的某些最新进展，表明能够通过不精确积分来抵消误差，等等．

现在能够如此广泛地作出有限元法的一般定义（见第三章），以便包括其它有用的近似方法．特别是，有限差分法现在可被看成是这种方法的一个子类，而（借助一些想象）近来已很成功地用于某些类型的问题的边界积分法也能置于这一一般定义之下．作出这种一般化定义有两个目的．第一是增进我们的理解，第二是以统一方式有选择性地把各种方案的优点结合在一起．在第二十三章中，介绍把边界积分法与有限元法结合起来的最新进展．

今天，有限元法的应用如此广泛，以致不可能在一本书中作出毫无遗漏的介绍．但是读者将看到，在本书中，线性及非线性固体力学、流体力学、热传递及电磁学这些主要领域都受到了一定注意，他可根据自己的兴趣作出适当选择．显然，我们不主张在一门课中学习整本书，采用本书的教师应当适当地挑选一些章节．然而，对于我们每个人迟早要涉及的许多活动领域，书中给出了相当完备的参考文献，希望通过这种全面介绍将证明有限元法的用处．本教科书的底稿曾按不同的教学要求成功地使用过，教学内容为第一章至第三章，教学对象分别是大学生、研究生以及与有限元法的发展有关的工作人员．必须具备的数学及力学知识几乎不超过一般工科或理科大学课程的水平，而象矩阵、向量这样一些抽象的题目，在附录中作了详细说明．

有限元法过程的成功主要取决于熟练应用计算机及有效的数值方法．全书中只强调了后者，但在泰勒（R. L. Taylor）教授所写的最末一章中，将加利福尼亚大学（伯克利）与威尔士大学（斯温西）的程序设计的许多经验综合于一个相当完备的计算机系统中，读者可以直接利用这个系统解决各种问题，或者很容易地把它扩充以适应自己的需要．为了简单起见，限制了该系统的能力．这同时也避免了对于机器的依赖性．但是，扩大这个系统的规模是容易办到的．

第三版中译本序言

1981 年 5 月，我首次访问了中国并获悉本书的中译本将近完成，这使我非常愉快. 这次访问机会是由合肥有限元邀请学术报告会提供的. 会上，除了中国方面的对等学者外，几位来自美国的同行、朋友以及我本人也都作了报告. 我发现中国的有限元工作取得了如此之多的进展，既有应用又有理论. 许多工作是我以前不知道的，而使我个人感到快慰的是，看到我以前的书在某种程度上对这些工作有所帮助.

在合肥会议期间建立了许多友谊，我希望它保持下去. 因此，谨愿将此书奉献给我的许多中国朋友和从事有限元工作的同行. 这里我愿特别提到大连工学院的钱令希、唐立民、林少培等教授，清华大学的钱伟长教授，中国科学院计算中心主任、中国科技大学数学教授冯康，他们曾以闻名的中国式好客作风对我盛情接待.

O. C. 监凯维奇

目　　录

符　号　表

虽然所有的符号都在书中初次出现处予以定义，但是为了容易查阅，下面列出这本书中所用的主要符号．在许多情况下，不得不在较小的范围内采用附加的一些符号，出现符号含义不唯一的问题．为此在文中作了适当说明，以期避免混乱．

这些符号大体上按其出现的章次列出．

用黑体字表示矩阵及列向量，例如 $\mathbf{K}$ 及 $\mathbf{a}$，而 $\mathbf{K}^{\mathrm{T}}$ 表示 $\mathbf{K}$ 的转置．用圆点表示对于一个变量的导数，例如 $\frac{d\mathbf{a}}{dt} \equiv \dot{\mathbf{a}}$ 等．

章次	符号	
1	$\mathbf{a}_i$, $\mathbf{a}$	节点位移，总体位移
	$\mathbf{q}_i^e$	节点 i 处由单元 e 引起的节点力
	$\mathbf{K}^e$, $\mathbf{K}$	元素刚度矩阵，总刚度矩阵
	$\mathbf{f}_{pi}^e$	节点 i 处由 p 引起的单元节点力等
	$\mathbf{r}_i$	外部节点力
	$\boldsymbol{\sigma}$	应力(向量)
	$\mathbf{L}$, $\mathbf{T}$	变换矩阵
	$\mathbf{b}$	与 $\mathbf{a}$ 不同的另外一组参数
	$\mathbf{u}$	位移向量(分量为 u, v, w)
2, 4, 5, 6	$\boldsymbol{\varepsilon}$	应变(向量)
	$\mathbf{L}$	应变算子
	$\mathbf{N}$	(位移)形状函数
	$\mathbf{B} = \mathbf{LN}$	应变形状函数
	$\mathbf{D}$	弹性矩阵
	$\mathbf{b}$	体力(向量)
	E	弹性模量

章次	符号	
	ν	泊松比
	$\boldsymbol{\varepsilon}_0$, $\boldsymbol{\sigma}_0$	初应变，初应力
	$\mathbf{t}$	边界力
	b_x, t_x 等	体力及边界力的 x 方向分量
	ε_x, γ_{xy}, σ_x, τ_{xy}	正应变及正应力、剪应力的 x 方向分量
	U	变形能
	W	载荷位能
	Π	总位能
	$\mathbf{I}$	单位矩阵
	h	代表的单元尺寸
	ϕ	体力位势（或其它标量函数）
	$\boldsymbol{\phi}$	体力位势的节点值
	$\mathbf{m}^T=[1, 1, 0]$（或 $[1, 1, 1, 0, 0, 0]$）	二维或三维应变/应力向量的与克罗内克（Kronecker）符号等价的矩阵
	$x, y, z, x', y', z', r, z, \theta$	笛卡儿直角坐标及柱坐标
3	$\mathbf{A}(\mathbf{u})$, $\mathbf{B}(\mathbf{u})$ 等	定义控制微分方程及边界条件的算子
	$\mathbf{u}$, $\boldsymbol{\phi}$, ϕ	未知函数
	$\mathbf{v}$	“试探”函数
	$\mathbf{a}$, $\mathbf{b}$, 等	确定试探展开式 $\mathbf{u}\simeq\mathbf{Na}$ 的节点（或其它）参数
	$\mathbf{w}_i$	权函数
	Π	驻值泛函
	$\mathbf{L}$	线性微分算子
	$\mathbf{C}(\mathbf{u})$	施于 u 的约束条件
	λ	拉格朗日乘子
	$\mathbf{n}^T=[n_x, n_y, n_z]$	边界的法线向量

章次	符号	
	α	罚数
	∇	梯度算子 $=\left[\frac{\partial}{\partial x}, \frac{\partial}{\partial y}, \frac{\partial}{\partial z}\right]^T$
7, 8, 9	l_k^n	拉格朗日多项式
	$\xi, \eta, (\zeta)$	二维或三维单元曲线坐标
	$L_1, L_2, (L_3)$	三角形(面积)或四面体(体积)坐标
	$\mathbf{J}$	雅可比矩阵
	H_i, w_i	求积的权
10	w	板的挠度
	M_x, M_y, M_{xy}	广义应力分量(力矩)
	θ_{xi}, θ_{yi}	转角
	H_{mi}^n	厄米特多项式
	t	板厚
11	K, G	体积模量,剪切模量
12	$\mathbf{G}$	联系应力与边界力的算子
13	$\mathbf{K}^b, \mathbf{K}^p$	分别是弯曲及面内的刚度矩阵
	$\lambda_{x'y}$ 等	x' 轴与 y 轴间的方向余弦等
	$\mathbf{V}_{ij}$	连接点 i 与点 j 并指向点 j 的向量
	l_{ij}	向量 $\mathbf{V}_{ij}$ 的长度
14	ϕ	壳体切线与 Z 轴的夹角
	R_s 及 r	曲率半径
17	$\mathbf{k}, k$	渗透性矩阵,渗透系数
	$\mathbf{H}$	离散问题的矩阵
	p	压力
	ϕ	位势
18, 19	$\boldsymbol{\Psi}(\mathbf{a})$	非线性离散方程的算子
	$\mathbf{K}_T$	切线矩阵
	F	屈服函数
	Q	塑性位势

章次	符号	
	$\mathbf{K}_\sigma$	初应力矩阵
20，21	$\mathbf{M}$	质量矩阵
	$\mathbf{C}$	阻尼矩阵
	ω_i，$\bar{\mathbf{a}}_i$	第 i 个特征值，第 i 个特征向量
	ω	频率
	y_i	模态参与因子
	λ	特征数
	$\mathbf{u}$	速度向量
22	μ	粘度
	ρ	密度
	R_e	雷诺数
	α	迎流参数
23	H_0	汉克尔函数
	K_{I}，K_{II}，K_{III}	应力强度因子

第 一 章

一些预备知识：标准的离散系统

1.1 引言

人类的能力是有限的，不能一下就弄清复杂的环境及人类制品的性态. 因此，我们先把整个系统分成性态容易了解的单个的元件或“单元”，然后由这些元件重建原来的系统以研究其性态，这是工程师、科学家甚至经济学家都采用的一种自然的方法.

在许多情况下，利用有限个已完全确定了的元件得到合适的模型. 我们把这种问题称为离散的. 在另外一些情况下，剖分是无限地继续的，问题只有利用无穷小这一数学虚构才能定义. 这导致微分方程或与其等价的表达形式，它意味着无限个单元. 我们把这种系统称为连续的.

随着数字计算机的出现，求解离散的问题一般比较容易，即使单元数目非常之大也是如此. 因为所有计算机的能力都是有限的，连续的问题只有通过数学运算才能精确求解. 在这里，可用的数学方法通常使这种可能性限于过分简化的情况.

为了克服实际的那类连续体问题的不易处理性，工程师及数学家们不时地提出各种离散化方法. 这些方法都包含着近似. 它是这样一种近似：当离散变量的数目增加时，它如所希望的那样逼近于真实的连续解.

数学家及工程师用不同的方法实现了连续体问题的离散化. 数学家建立了可直接应用于问题的控制微分方程的一般方法，象有限差分近似[1,2]，各种加权余值法[3,4]以及求适当定义的“泛函”的驻值的近似方法. 另一方面，工程师经常更直观地处理这个问题，他们的办法是建立实际离散单元与连续区域的有限部分之间的模拟．例如在固体力学领域中，早在本世纪四十年代，麦克亨利(McHenry)[5]、雷尼柯夫（Hrenikoff)[6]和纽马克（Newmark)[7]就已表明，用简单弹性杆排列代替连续体的各个小部分，能够得到连续介质问题的相当好的解答．后来，在同一领域中，阿吉里斯(Argyris)[8]及特纳（Turner）等人[9]提出了一种更直接、但又不失直观性的性质替代法，即认为连续体中的小块或“单元”以某种简化的方式表述性态．

“有限单元”一词的产生正是来自这种工程的“直接模拟”的观点．克拉夫（Clough)[10]是第一个采用这一术语的人，这一术语意味着直接应用可用于离散系统的标准研究方法．无论在概念上还是从计算的观点来看，这都是极端重要的．在概念上，使我们对方法的理解得到改善；在计算上，可对各种问题应用统一的方法并研制出标准的计算程序．

从六十年代初期以来，已经取得了许多进展；现在，纯数学的方法与“模拟”的方法已经完全一致了．本书的目的是，把有限元法作为求解数学表述的连续体问题的一种一般离散化方法来介绍．

在分析离散性问题方面，多年前就已建立了标准的方法．处理结构问题时，土木工程师首先对于该结构的每个单元计算力-位移关系，然后按照一定的方式在结构的每个“节点”或连接点处建立局部平衡，以此集合整个结构．由这些方程就可以解出未知位移．类似地，处理电气元件（电阻、电容等）或水流管道网络问题时，电气工程师及水力工程师首先对于单个元件建立电流（流量）与位势之间的关系，然后通过保证流量的连续性来集合整个系统．

所有这些分析都遵循一种可普遍适用于离散系统的标准方式．因此，可以定义一个标准的离散系统，而本章将主要讲述如何建立适用于这种系统的方法．这里所介绍的大部分内容工程师们都已了解；但是，在这里重复一下是适当的．因为求解弹性固体结构问题一直是走在前面的活动领域，所以首先介绍它，接着介绍其它领域的例子，最后作全面的推广．

由于处理“标准的离散问题”的统一方法是现成的，对于作为求解连续体问题的近似方法的有限元法，我们先作如下定义·

(a) 把连续体分成有限个部分，其性态由有限个参数所规定.

(b) 求解作为其单元的集合体的整个系统时，所遵循的规则与适用于标准离散问题的那些规则完全相同.

将会看到，许多经典的数学近似方法以及工程中所用的各种直接近似方法都属于这一范畴. 因此，难以确定有限元法的起源及发明它的准确时间.

表 1.1 示出了导致现代有限元法的发展过程. 第三章将更详细地给出由经典工作[11-20]发展而来的数学基础.

1.2 结构单元与系统

为了向读者介绍离散系统的一般概念，我们首先考察一个线性弹性结构力学例子.

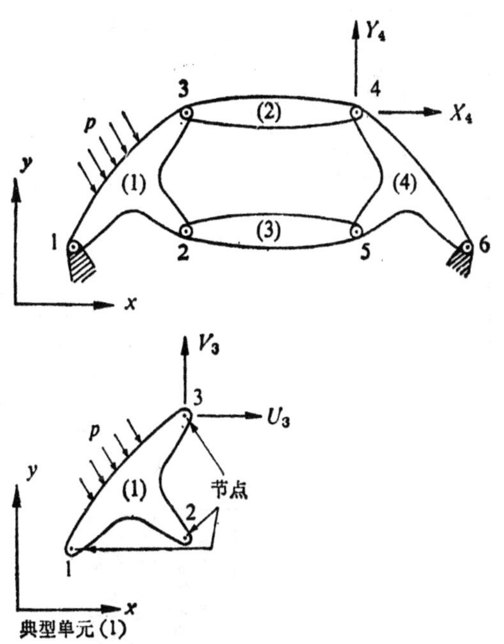

图 1.1 由互相连接的单元组成的典型结构

表 1.1 有限元法的系谱图

工程 数学

试探函数

变分法
雷利 1870[11]
里兹 1909[12]

加权余值
高斯 1795[18]
伽辽金 1915[19]
比紫诺-科克 1923[20]

有限差分
理查森 1910[15]
利布曼 1918[16]
索斯威尔 1940[1]

分段连续的试探函数
库兰特 1943[13]
普拉格-辛格 1947[14]

结构力学的模拟代换
雷尼科夫 1941[6]
麦克亨利 1943[5]
纽马克 949[7]

直接的连续体单元
阿吉里斯 1955[8]
特纳等人 1956[9]

变分有限差分
瓦尔加 1962[17]

现代有限元法

用图 1.1 表示一个二维结构，它由单个元件集合而成，这些元件在编号为 1 至 n 的节点处互相连接起来. 在这里，节点处的连接是铰接，因而节点不能传递力矩.

我们首先假设，每个元件的特性已通过别的计算或实验结果完全确定. 于是，如果考察典型元件(1)及相应节点 1, 2, 3, 则各节点处作用的力由这些节点的位移、作用于该元件上的分布载荷(p)以及该元件的初应变唯一确定. 初应变可以由温度、冷缩或者就是初始的装配误差引起. 力及相应位移用公共坐标系中的相应分量 (U, V 及 u, v) 来表示.

把作用于元件(1)上所有节点 (在所示情况下是三个) 处的力列成一个矩阵[1]，我们有

$$\mathbf{q}^1=\left\{\begin{matrix}\mathbf{q}_1^1\\ \mathbf{q}_2^1\\ \mathbf{q}_3^1\end{matrix}\right\};\quad \mathbf{q}_1^1=\left\{\begin{matrix}U_1\\ V_1\end{matrix}\right\},\cdots, \tag{1.1}$$

对于相应的节点位移则有

$$\mathbf{a}^1=\left\{\begin{matrix}\mathbf{a}_1^1\\ \mathbf{a}_2^1\\ \mathbf{a}_3^1\end{matrix}\right\};\quad \mathbf{a}_1^1=\left\{\begin{matrix}u_1\\ v_1\end{matrix}\right\},\cdots. \tag{1.2}$$

假设元件为线性弹性体，则特征关系将总是如下形式:

$$\mathbf{q}^1=\mathbf{K}^1\mathbf{a}^1+\mathbf{f}_p^1+\mathbf{f}_{\varepsilon_0}^1, \tag{1.3}$$

式中 $\mathbf{f}_p^1$ 表示各节点固定时与作用于该元件上的任意分布载荷相平衡的节点力，$\mathbf{f}_{\varepsilon_0}^1$ 表示平衡任一初应变 (例如，当各节点固定时，可由温度变化所引起) 所需要的节点力. 第一项则表示由节点位移引起的节点力.

类似地，通过事先的分析或实验，可以用节点位移唯一地确定元件中任意一个或几个指定点处的应力或内部反力. 用矩阵 $\boldsymbol{\sigma}^1$

1) 阅读本书需要一点矩阵代数知识. 矩阵代数对于书写的简洁是必要的，它构成一种方便的簿记形式. 对于不熟悉矩阵代数的读者，书末有简要的附录，其中给出了足够的矩阵代数基本知识，以利他们阅读本书. 全书中矩阵(及向量)用黑体字表示.

表示这些应力，可得如下形式的关系式:

$$\boldsymbol{\sigma}^1 = \mathbf{S}^1\mathbf{a}^1 + \boldsymbol{\sigma}_p^1 + \boldsymbol{\sigma}_{1_0}^{\varepsilon}, \tag{1.4}$$

式中最后两项分别是各节点固定时由分布载荷引起的应力及初应力.

矩阵 $\mathbf{K}^e$ 及 $\mathbf{S}^e$ 分别称为元件 (e) 的刚度矩阵及应力矩阵.

关系式(1.3)及(1.4)是以具有三个节点并且每个连接点处只能传递两个方向的力的元件为例来说明的. 显然，同样的论述及定义将普遍适用. 图 1.1 所示假想结构的元件(2)就只有两个连接点，有的元件则可能有很多这种点. 另一方面，如果节点处刚性连接，则必须考虑有三个分量的广义力及广义位移，它们的后一个分量分别对应于力矩及转角. 对于刚性连接的三维结构，一个节点处力及位移的分量分别为六个. 因此，一般说来有

$$\mathbf{q}^e = \begin{Bmatrix} \mathbf{q}_1^e \\ \mathbf{q}_2^e \\ \vdots \\ \mathbf{q}_m^e \end{Bmatrix} \quad 及 \quad \mathbf{a}^e = \begin{Bmatrix} \mathbf{a}_1^e \\ \mathbf{a}_2^e \\ \vdots \\ \mathbf{a}_m^e \end{Bmatrix}, \tag{1.5}$$

每个 $\mathbf{q}_i^e$ 与 $\mathbf{a}_i^e$ 具有相同数目的分量或**自由度**.

显然，元件的刚度矩阵总是方阵，并具有如下形式:

$$\mathbf{K}^e = \begin{bmatrix} \mathbf{K}_{ii}^e \cdots \mathbf{K}_{ij}^e \cdots \mathbf{K}_{im}^e \\ \vdots \qquad \vdots \\ \mathbf{K}_{mi}^e \quad \cdots\cdots \quad \mathbf{K}_{mm}^e \end{bmatrix}, \tag{1.6}$$

式中 $\mathbf{K}_{ii}^e$ 等是子矩阵，它们也都是方阵，大小为 $l \times l$ 阶，这里 l 是在一个节点处要考虑的作用力分量的数目.

作为一个例子，考察图 1.2 所示某一个二维问题中的一根两端铰接杆. 该杆横截面面积为常数 A，弹性模量为 E. 它承受均布横向载荷 p 及均匀热胀应变

$$\varepsilon_0 = \alpha T.$$

如果杆的两端分别由坐标 x_i, y_i 及 x_n, y_n 所确定，杆的长度可算出为

$$L = \sqrt{\{(x_n - x_i)^2 + (y_n - y_i)^2\}},$$

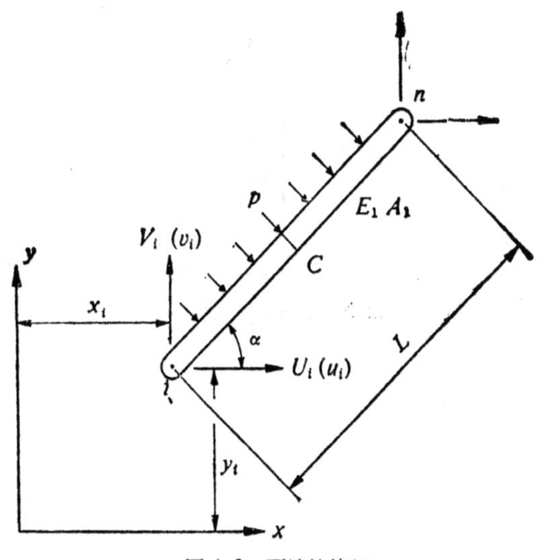

图 1.2 两端铰接杆

而杆与 x 轴的夹角则为

$$\alpha = \tan^{-1}\frac{y_n - y_i}{x_n - x_i}.$$

在各节点处，仅需考虑力及位移的两个分量.

横向载荷引起的节点力显然是

$$\mathbf{f}_p^e = \begin{Bmatrix} U_i \\ V_i \\ U_n \\ V_n \end{Bmatrix}_p = \begin{Bmatrix} -\sin\alpha \\ \cos\alpha \\ -\sin\alpha \\ \cos\alpha \end{Bmatrix} \cdot \frac{pL}{2},$$

它由简支梁支点反力 $pL/2$ 的相应分量组成. 类似地，为了限制热胀应变 ε_0，必须有轴向力 $(-E\alpha TA)$*，其分量组成如下节点力:

$$\mathbf{f}_{\varepsilon_0}^e = \begin{Bmatrix} U_i \\ V_i \\ U_n \\ V_n \end{Bmatrix}_{\varepsilon_0} = \begin{Bmatrix} -\cos\alpha \\ -\sin\alpha \\ \cos\alpha \\ \sin\alpha \end{Bmatrix}(-E\alpha TA).$$

* 原书此处及下式中误为 $(E\alpha TA)$. ——译者注

最后，元件节点位移

$$\mathbf{a}^e = \begin{Bmatrix} u_i \\ v_i \\ u_n \\ v_n \end{Bmatrix}$$

会使杆伸长 $(u_n - u_i)\cos\alpha + (v_n - v_i)\sin\alpha$. 这一伸长量乘以 EA/L 就给出轴向力，也能求出这一轴向力的分量. 如果按标准形式写出，则有

$$\mathbf{q}^e = \begin{Bmatrix} \mathbf{q}_i^e \\ \mathbf{q}_n^e \end{Bmatrix}_\delta = \begin{Bmatrix} U_i \\ V_i \\ U_n \\ V_n \end{Bmatrix}_\delta$$

$$= \frac{EA}{L}\left[\begin{array}{cc|cc} \cos^2\alpha & \sin\alpha\cos\alpha & -\cos^2\alpha & -\sin\alpha\cos\alpha \\ \sin\alpha\cos\alpha & \sin^2\alpha & -\sin\alpha\cos\alpha & -\sin^2\alpha \\ \hline -\cos^2\alpha & -\sin\alpha\cos\alpha & \cos^2\alpha & \sin\alpha\cos\alpha \\ -\sin\alpha\cos\alpha & -\sin^2\alpha & \sin\alpha\cos\alpha & \sin^2\alpha \end{array}\right]$$

$$\cdot \begin{Bmatrix} u_i \\ v_i \\ u_n \\ v_n \end{Bmatrix}$$

$$= \mathbf{K}^e\mathbf{a}^e.$$

这样，对于所讨论的简单情况，一般方程 (1.3) 的各项都已经建立了. 按照式(1.4)的形式确定该元件任一截面处的应力，也是十分简单的事. 例如，如果考察梁的中间截面 C，由轴向拉伸与弯矩所确定的最大及最小正应力可以表示成

$$\boldsymbol{\sigma}_C^e = \begin{Bmatrix} \sigma_1 \\ \sigma_2 \end{Bmatrix}_C = \frac{E}{L}\begin{bmatrix} -\cos\alpha, & -\sin\alpha, & \cos\alpha, & \sin\alpha \\ -\cos\alpha, & -\sin\alpha, & \cos\alpha, & \sin\alpha \end{bmatrix}\mathbf{a}^e$$

$$+ \begin{Bmatrix} 1 \\ -1 \end{Bmatrix}\frac{pL^2}{8}\frac{d}{I} - \begin{Bmatrix} 1 \\ 1 \end{Bmatrix}E\alpha T,$$

式中 d 是截面高度的一半，I 是惯性矩．现在容易识别式(1.4)的所有各项．

元件越复杂，就需要采用越复杂的分析方法，但其结果的形式相同．工程师容易看出，刚架分析中采用的所谓“斜率-挠度”关系只是一般关系的特殊情况．

顺便指出，读者可能会注意到，受拉伸的简单元件的刚度矩阵是对称的（实际上几个子矩阵也是如此）．这一点决非偶然，根据能量守恒原理及其推论——熟知的马克斯威尔-贝蒂（Maxwell-Betti）互易定理，这是必然的．

在前面，假设元件物性遵循简单的线性关系．对于非线性材料，原则上能建立类似的关系，但这种问题将放在后面讨论．

1.3 结构的集合及分析

再来考察图 1.1 的假想结构．为了得到完整的解答，必须处处满足以下两个条件：

（a）位移协调，

（b）平衡．

现在，对于包含所有元件的整个结构所列出的任意一组节点位移

$$\mathbf{a}=\begin{Bmatrix}\mathbf{a}_1\\ \vdots\\ \mathbf{a}_n\end{Bmatrix}\tag{1.7}$$

均自动满足第一个条件．

由于在元件中已经满足全部平衡条件，因此只须在该结构各节点处建立平衡条件．所得到的方程将以位移为未知量，一旦求得了这些位移，该结构问题就解决了．利用事前对每个元件所确定的式（1.4）形式的特性关系，很容易求出各元件中的内力或应力．

下面，认为该结构除了各个元件上作用有分布载荷外，各节点处还作用有外力

$$\mathbf{r} = \begin{Bmatrix} \mathbf{r}_1 \\ \vdots \\ \mathbf{r}_n \end{Bmatrix}. \tag{1.8}$$

同样，任一节点处的外力 $\mathbf{r}_i$ 所具有的分量数，必须与所考虑的元件反力的分量数相同. 在所研究的例子中，因为假设节点处采用铰接，所以有

$$\mathbf{r}_i = \begin{Bmatrix} X_i \\ Y_i \end{Bmatrix}, \tag{1.9}$$

但在目前，假设所考虑的是具有任意个分量的一般情况.

建立任一节点 i 的平衡条件时，必须依次使 $\mathbf{r}_i$ 的各个分量与会合于该节点的元件所贡献的分力之和相等. 这样一来，考虑所有的分力，我们有

$$\mathbf{r}_i = \sum_{e=1}^{m} \mathbf{q}_i^e = \mathbf{q}_i^1 + \mathbf{q}_i^2 + \cdots, \tag{1.10}$$

式中 $\mathbf{q}_i^1$ 是元件 1 对节点 i 贡献的力，$\mathbf{q}_i^2$ 是元件 2 对节点 i 贡献的力，……等. 显然，只有包含点 i 的元件才贡献非零力，但为形式上整齐起见，式 (1.10) 中的求和写为对所有元件进行.

用式 (1.3) 代替贡献给节点 i 的力，注意到节点变量 $\mathbf{a}_i$ 是共同的并且因此略去角标 e，我们有

$$\mathbf{r}_i = \left(\sum_{e=1}^{m} \mathbf{K}_{i1}^e\right)\mathbf{a}_1 + \left(\sum_{e=1}^{m} \mathbf{K}_{i2}^e\right)\mathbf{a}_2 + \cdots + \mathbf{f}_i^e, \tag{1.11}$$

式中

$$\mathbf{f}^e = \mathbf{f}_p^e + \mathbf{f}_{\varepsilon_0}^e.$$

同样，上式中的求和仅涉及对节点 i 有贡献的元件. 如果把所有的这种方程集合起来，我们就有

$$\mathbf{K}\mathbf{a} = \mathbf{r} - \mathbf{f} \tag{1.12}$$

式中各矩阵的子矩阵是

$$\mathbf{K}_{im} = \sum_{e=1}^{m} \mathbf{K}_{im}^e,$$

$$\mathbf{f}_i = \sum_{e=1}^{m} \mathbf{f}_i^e, \tag{1.13}$$

这里的求和对所有元件进行. 这个简单的集合规则是非常方便的,因为某个元件的刚度系数一经算出,就可直接放到计算机中指定的适当“位置”处. 能够看到,这种一般的集合方法是所有有限元计算的共同的和基本的特点,读者应当充分地了解这种方法.

如果采用不同类型的结构元件并且把它们结合起来,则必须记住,矩阵求和的规则是:只有阶数相同的矩阵才能相加. 因此,要相加的各个子矩阵,必须由与力或位移分量数目相应的项组成. 例如,如果一个能够向节点传递力矩的构件在该节点处与另一个实际上不能传递力矩的构件连接起来,则必须使后者的刚度矩阵完全,办法是在与转角或力矩对应处引入适当的(零)系数.

1.4 边界条件

一旦代入了给定的支承位移,就能求解由式(1.12)产生的方程组. 在图 1.1 所示例子中,节点 1 及 6 的位移都为零,这意味着应代入

$$\mathbf{a}_1 = \mathbf{a}_6 = \begin{Bmatrix} 0 \\ 0 \end{Bmatrix},$$

相当于通过删去开头及最后这两对方程来减少平衡方程的数目(在本例中为 12). 这样一来,该例中未知位移分量的总数就减少为 8. 但是,按式(1.12)及(1.13)对所有节点集合方程总是比较方便.

显然,如果未代入防止结构的刚体运动所必须的最少数目的给定位移,就不可能求解这个方程组,因为在这种情况下位移不能由力唯一确定. 这个物理上明显的事实,在数学上解释成矩阵 $\mathbf{K}$ 是奇异的,即它没有逆矩阵. 在集合之后给定适当的位移,就能保证得到唯一解,这可通过删去各矩阵中适当的行及列来实现.

如果方程组中的所有的方程都已被集合,它们的形式是

$$
\begin{aligned}
&\mathbf{K}_{11}\mathbf{a}_1 + \mathbf{K}_{12}\mathbf{a}_2 + \cdots = \mathbf{r}_1 - \mathbf{f}_1, \\
&\mathbf{K}_{21}\mathbf{a}_1 + \mathbf{K}_{22}\mathbf{a}_2 + \cdots = \mathbf{r}_2 - \mathbf{f}_2, \\
&\cdots\cdots,
\end{aligned}
\tag{1.14}
$$

将会注意到，如果任一位移已被给定，例如 $\mathbf{a}_1 = \bar{\mathbf{a}}_1$，则不能规定外“力” $\mathbf{r}_1$，$\mathbf{r}_1$ 仍然是未知量. 因此，可以删去第一个方程并在其余方程中代入 $\mathbf{a}_1$ 的已知值. 这种办法在计算中是不方便的，用如下办法可达到同样的目的：对系数 $\mathbf{K}_{11}$ 加上一个大数 $\alpha\mathbf{I}$，并用 $\bar{\mathbf{a}}_1\alpha$ 代替右端项 $\mathbf{r}_1 - \mathbf{f}_1$. 如果 α 与其它刚度系数相比是一个非常大的数，上述改变实际上就是用如下方程代替第一个方程：

$$
\alpha\mathbf{a}_1 = \alpha\bar{\mathbf{a}}_1, \tag{1.15}
$$

这就是所希望规定的条件，但这时整个方程组仍然对称，并且在计算顺序中只需作最少的改变. 类似的办法适用于任何其它的给定位移. 上述技巧是佩恩（Payne）与艾恩斯（Irons）[21] 引入的. 在第二十四章中将给出另外一种方法，它不集合与具有给定边界值的节点相应的方程.

在方程组中引入所有边界条件后，就能解出未知位移，从而得到每个元件中的应力及内力.

1.5 电网络及流体网络

可以看到，在许多非结构领域中，推导元件特性的原理及集合的原理与前面所述的相同. 例如，考察图 1.3 所示电阻的集合.

如果将典型电阻元件 ij 由该系统中分离出来，我们能够由欧姆（Ohm）定律写出进入该元件两端的电流同端电压之间的关系：

$$
J_i^e = \frac{1}{r^e}(V_i - V_j),
$$

$$
J_j^e = \frac{1}{r^e}(V_j - V_i),
$$

如果以矩阵形式表示，则有

$$\begin{Bmatrix} J_i^e \\ J_j^e \end{Bmatrix} = \frac{1}{r^e}\begin{bmatrix} 1 & -1 \\ -1 & 1 \end{bmatrix}\begin{Bmatrix} V_i \\ V_j \end{Bmatrix},$$

写成标准形式就是

$$\mathbf{I}^e = \mathbf{K}^e\mathbf{V}^e. \tag{1.16}$$

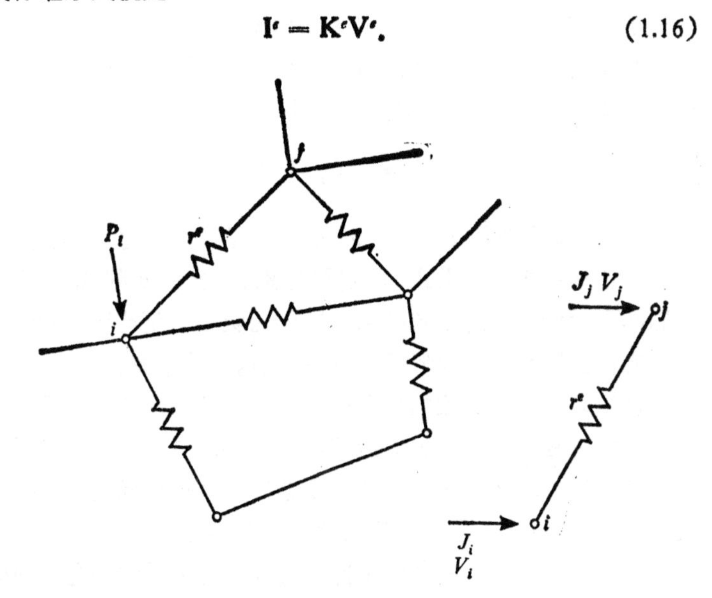

图 1.3 电阻网络

这一形式显然与刚度关系式(1.3)相应. 实际上，如果沿该元件长度方向输送外电流，也就能求出元件"力"这一项.

为了集合整个网络，假设各节点处电位连续，并要求电流在该处平衡. 如果 P_i 现在表示节点 i 处的外部输入电流，完全模拟方程 (1.11)，我们必有

$$P_i = \sum_{m=1}^{m=h} \sum K_{im}^e V_m, \tag{1.17}$$

式中的第二个求和对所有"元件"进行. 同样，对于所有节点则有

$$\mathbf{P} = \mathbf{K}\mathbf{V}, \tag{1.18}$$

在这里，有

$$K_{ij} = \sum_{e=1}^{m} K_{ij}^e.$$

在上式中，未采用矩阵记号，因为电压及电流都是标量，从而这里的“刚度”矩阵系数也是标量.

如果用保持层流状态的输送流体的管道代替电阻，也将得到同样的公式，只是 V 表示压头，I 表示流量.

但是对于通常所遇到的管路网络问题，线性规律一般不成立.典型的流量-压头关系具有如下形式：

$$I_i = c(V_i - V_j)^r, \tag{1.19}$$

式中指数 r 取值在 0.5 与 0.7 之间. 即使如此，也仍能写出式(1.16)这种形式的关系式，不过要注意，这时的矩阵 $\mathbf{K}^e$ 不再是常数的阵列，而是 $\mathbf{V}$ 的已知函数. 同样可集合得到待解方程组，但这个方程组具有非线性形式，一般需用迭代法求解.

最后，提一下交流电路网络这种更一般的形式可能是有意义的. 通常以复数形式写出电流与电压之间的关系，这时以复数阻抗代替电阻. 同样会得到式(1.16)到(1.18)这种标准形式的关系式，但其中的每个量都分成实部及虚部两部分.

如果在各阶段分别考虑实部及虚部，可以对它们应用同样的求解方法. 实际上，利用现代数字计算机，可以应用具有复数运算能力的标准程序. 在后面处理振动问题的那一章中，也将涉及到一些这类问题.

1.6 一般性模式

为了加强对于本章所述概念的理解，举一个例子. 该例示于图 1.4(a)，它由五个离散单元连接而成. 这些单元可以是结构元件、电元件或任一其它类型的线性元件. 求解过程由以下几步组成.

第一步是由几何形状、材料性质及载荷数据确定单元性质. 对于每一个单元，均按方程(1.3)的形式求出其刚度矩阵及相应“节点载荷”. 每个单元都有自己的识别号码，并有确定的连接节点. 例如，在本例中有

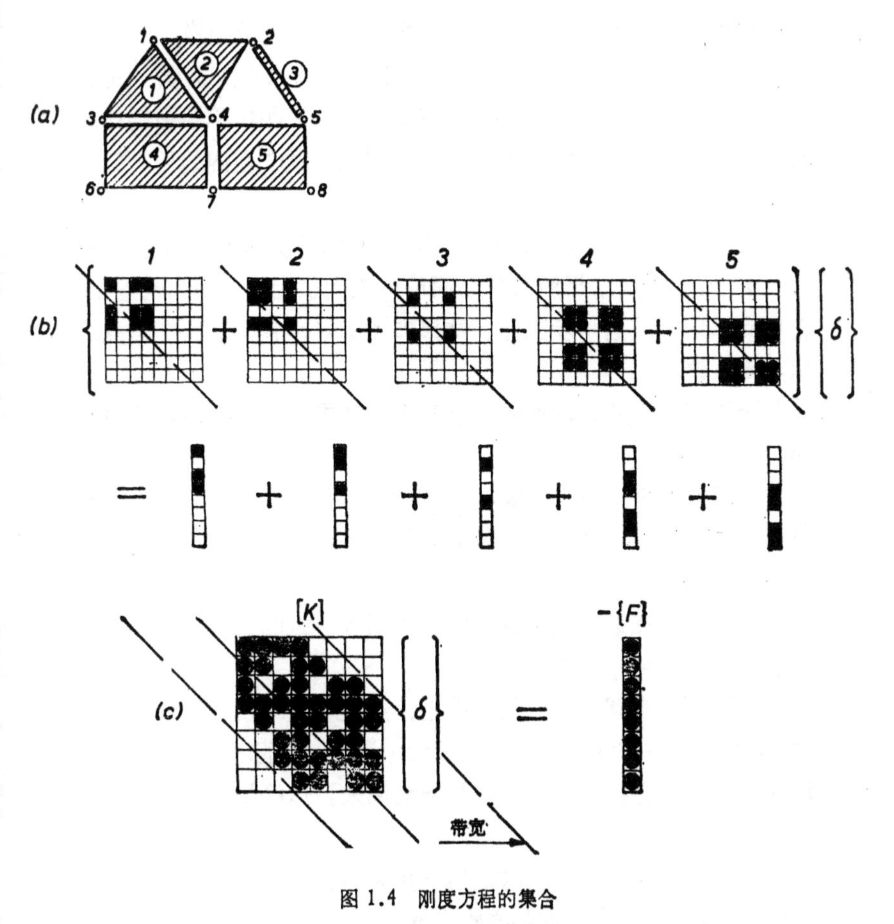

图 1.4　刚度方程的集合

单元	连接节点
1	1 3 4
2	1 4 2
3	2 5
4	3 6 7 4
5	4 7 8 5

假设已在总坐标系中求出了各个单元的性质，我们就能如图1.4(b)所示，把每个“刚度”系数或“力”的分量放到总矩阵中的适当位置处. 图中每个黑点都代表一个系数，如果节点处所要考虑

的力或位移分量不止一个，它则代表一个 $\mathbf{K}_{ij}$ 型子矩阵. 这里分别示出了每个单元的贡献，读者可以验证各个系数的位置. 请注意，本例采用了几种不同类型的"单元"，这在说明中不会引起什么困难.（为了简单起见，在本例中，包括节点"力"在内的所有"力"都与单元结合在一起.）

第二步是集合式(1.12)所给出的那种待解方程组. 只要按照式(1.13)中的规则，把所有数字简单地加到总矩阵的适当位置处，就可简单地完成这一步工作. 结果如图 1.4(c) 所示，图中黑点表示非零系数.

因为刚度矩阵是对称的，事实上只需求出图上所示对角线上那一半系数.

所有的非零系数都出现在一条带中，带的宽度能够事先根据节点连接性算出. 因此，在程序中仅需存储图 1.4(c) 所示上半带宽中的系数.

第三步是在最后集合成的矩阵中引入给定的边界条件，其作法已在 1.3 节中讨论过.

第四步是求解所得到的方程组. 这里可以采用各种不同的方法，其中的一些方法将在第二十四章中讨论. 实际上，虽然求解方程这个普遍问题极其重要，但是一般说来，这已超出了本书的范围.

在进行了以上所讨论的最后一步之后，通过简单代入就可算出应力、电流或其它所需要的输出量.

因此，结构分析或其它网络分析中涉及的所有运算都是极其简单的和重复性的.

我们现在可以把标准离散系统定义为处于这种状况的系统.

1.7 标准离散系统

在标准离散系统中，无论是结构力学的还是其它类型的，我们都看到：

(1) 有一组离散参数，比如说 $\mathbf{a}_i$，它同时描述每个单元 e 及整个系统的性态．我们将其称为系统参数．

（2）对于每个单元，能够根据系统参数 $\mathbf{a}_i$ 算出一组量 $\mathbf{q}_i^e$．一般的函数关系可以是非线性的：

$$\mathbf{q}_i^e = \mathbf{q}_i^e(\mathbf{a}), \tag{1.20}$$

但是在许多情况下，也存在如下线性关系：

$$\mathbf{q}_i^e = \mathbf{K}_{i1}^e\mathbf{a}_1 + \mathbf{K}_{i2}^e\mathbf{a}_2 + \cdots + \mathbf{f}_i^e. \tag{1.21}$$

（3）系统方程组通过简单的加法得到：

$$\mathbf{r}_i = \sum_{e=1}^{m} \mathbf{q}_i^e, \tag{1.22}$$

式中 $\mathbf{r}_i$ 是系统量（常给定为零）．

在线性情况下，这产生如下方程组：

$$\mathbf{K}\mathbf{a} + \mathbf{f} = \mathbf{r}, \tag{1.23}$$

式中

$$\mathbf{K}_{ij} = \sum_{e=1}^{m} \mathbf{K}_{ij}^e, \qquad \mathbf{f}_i = \sum_{e=1}^{m} \mathbf{f}_i^e, \tag{1.24}$$

由此能够求出系统变量 $\mathbf{a}$ 的解答．

读者会看到，标准离散系统的这一定义包括已经讨论过的结构力学及电学例子．然而，它的范围比这更广．在一般情况下，既不存在线性，也不存在矩阵的对称性，虽然在许多问题中会自然出现这两种性质．另外，通常的单元之中所存在的狭窄连接性也不是根本的东西．

虽然能够讨论更进一步的细节（对于在结构力学领域中进行更彻底的研究，我们建议读者参考专门书籍[22-24]），但是我们感到，这里所给出的一般介绍对于进一步学习本书应当是够用了．

在这里，只须再叙述一件与离散参数的变化有关的事情．所谓坐标变换的方法在许多方面都是重要的，必须充分了解它．

1.8 坐标变换

用与量度集合结构（即系统）的外力及位移的那个坐标系不同

的坐标系来确定单个元件的特性往往会比较方便．事实上，为了便于计算，可以对每个单元采用一种不同的坐标系．将方程(1.3)中位移分量及力分量的坐标变换到任一其它坐标系中是一件简单的事情．显然，这一步必须在结构集合之前进行．

对于计算单元性质的局部坐标系，我们用加角标“′”来表示，而集合所需的公共坐标系则不加角标．位移分量可通过适当的方向余弦矩阵 $\mathbf{L}$ 进行变换：

$$\mathbf{a}' = \mathbf{L}\mathbf{a}. \tag{1.25}$$

相应的力的分量在两个坐标系中所作的功必须相等，因此有[1)]

$$\mathbf{q}^{\mathrm{T}}\mathbf{a} = \mathbf{q}'^{\mathrm{T}}\mathbf{a}', \tag{1.26}$$

在上式中代入式(1.25)，则有

$$\mathbf{q}^{\mathrm{T}}\mathbf{a} = \mathbf{q}'^{\mathrm{T}}\mathbf{L}\mathbf{a}$$

或

$$\mathbf{q} = \mathbf{L}^{\mathrm{T}}\mathbf{q}'. \tag{1.27}$$

由式(1.25)与(1.27)给出的这组变换称为**逆步变换**．

为了将在局部坐标系中得到的“刚度”变换到总坐标系，我们注意到，如果写出

$$\mathbf{q}' = \mathbf{K}'\mathbf{a}', \tag{1.28}$$

再利用式(1.27)，(1.28)及(1.25)，则有

$$\mathbf{q} = \mathbf{L}^{\mathrm{T}}\mathbf{K}'\mathbf{L}\mathbf{a},$$

或得到总坐标系中的刚度

$$\mathbf{K} = \mathbf{L}^{\mathrm{T}}\mathbf{K}'\mathbf{L}. \tag{1.29}$$

读者只要利用上述变换重新计算一下两端铰接杆这个简单例子，就能证明它是很有用的．在许多复杂问题中，可以设想有某种外部约束使式(1.25)中 $\mathbf{a}$ 与 $\mathbf{a}'$ 的自由度数目不同．即使在这种情况下，关系式(1.26)及(1.27)也仍然有效．

另外一种更一般的论述能够适用于离散分析的其它许多情况．对于一组参数 $\mathbf{a}$ 写出了系统方程组后，我们希望用另外一组

---

1) $(\ \ )^{\mathrm{T}}$ 表示矩阵的转置．

参数 **b** 来代替 **a**，这两组参数通过变换矩阵 **T** 联系起来：

$$\mathbf{a} = \mathbf{T}\mathbf{b}. \tag{1.30}$$

在线性情况下，系统方程组是如下形式：

$$\mathbf{K}\mathbf{a} = \mathbf{r} - \mathbf{f}, \tag{1.31}$$

将式 (1.30) 代入上式，我们有

$$\mathbf{K}\mathbf{T}\mathbf{b} = \mathbf{r} - \mathbf{f}. \tag{1.32}$$

能够简单地用 $\mathbf{T}^{\mathrm{T}}$ 前乘上面的新系统方程组，得到

$$(\mathbf{T}^{\mathrm{T}}\mathbf{K}\mathbf{T})\mathbf{b} = \mathbf{T}^{\mathrm{T}}\mathbf{r} - \mathbf{T}^{\mathrm{T}}\mathbf{f}, \tag{1.33}$$

如果矩阵 **K** 是对称的，这会保持方程组的对称性．然而，有时矩阵 **T** 不是方阵，而表达式 (1.30) 实际上表示一种近似，参数 **a** 的许多分量在这一近似中被约束．显然，方程组 (1.32) 所给出的方程比求解简化了的那组参数 **b** 所需要的多，而最后那个表达式 (1.33) 给出简化了的系统，它在某种意义上近似于原来的系统．

这样，我们就引入了关于近似的基本思想，近似将是随后各章中要讨论的问题，在那里，无限多组量被简化为有限多组．

参 考 文 献

[1] R. V. southwell, *Relaxation Methods in Theoretical Physics,* Clarendon Press, 1946.

[2] D. N. de G. Allen, *Relaxation Methods,* McGraw-Hill, 1955.

[3] S. H. Crandall, *Engineering Analysis,* McGraw-Hill, 1956.

[4] B. A. Finlayson, *The Mothod of Weighted Residuals and Variational Principles,* Academic Press, 1972.

[5] D. McHenry, 'A lattice analogy for the solution of plane stress problems', *J. Inst. Civ. Eng.*, **21**, 59—82, 1943.

[6] A. Rrenikoff, 'Solution of problems in elasticity by the framework method', *J. Appl. Mech.,* **A8**, 169—75, 1941.

[7] N. M. Newmark, 'Numerical methods of analysis in bars plates and elastic bodies' in *Numerical Methods in Analysis in Engineering* (ed. L. E. Grinter) Macmillan, 1949.

[8] J. H. Argyris, *Energy Theorems and Structural Analysis*, Butterworth, 1960 (reprinted from *Aircraft Eng.*, 1954—55).

[9] M. J. Turner, R. W. Clough, H. C. Martin and L. J. Topp, 'Stiffness and deflection analysis of complex structures', *J. Aero. Sci.,* **23**, 805—23, 1956.

[10] R. W. Clough, 'The finite element in plane stress analysis', *Proc. 2nd A. S. C. E. Conf. on Electronic Computation,* Pittsburgh, Pa., Sept. 1960.

[11] Lord Rayleigh (J. W. Strutt), 'On the theory of resonance', *Trans. Roy. Soc. (London),* **A161, 77—118, 1870.**

[12] W. Ritz, 'Über eine neue Methode zur Lösung gewissen Variations-Probleme der mathematischen Physik', *J. Reine Angew. Math.,* **135,** 1—61, 1909.

[13] R. Courant, 'Variational methods for the solution of problems of equilibrium and vibration', *Bull. Am. Math. Soc.,* **49,** 1—23, 1943.

[14] W. Prager and J. L. Synge, 'Approximation in elasticity based on the concept of function space', *Q. J. Appl. Math.,* **5,** 241—69, 1947.

[15] L. F. Richardson, 'The approximate arithmetical solution byfinite differences of physical problems', *Trans. Roy. Soc. (London),* **A210,** 307—57, 1910.

[16] H. Liebman, 'Die angenäherte Ermittlung: harmonischen, functionen und konformer Abbildung', *Sitzber. Math. Physik Kl. Bayer Akad. Wiss. München,* **3,** 65—75, 1918.

[17] R. S. Varga, *Matrix Iterative Analysis,* Prentice-Hall, 1962.

[18] C. F. Gauss, See *Carl Friedrich Gauss Werks,* Vol. VII, Göttingen, 1871.

[19] B. G. Galerkin, 'Series solution of some problems of elastic equilibrium of rods and plates' (Russian), *Vestn. Inzh. Tech.,* **19,** 897—908, 1915.

[20] C. B. Biezeno and J. J. Koch, 'Over een Nieuwe Methode ter Berekening van Vlokke Platen', *Ing. Grav.,* **38,** 25—36, 1923.

[21] N. A. Payne and B. M. Irons, Private communication, 1963.

[22] R. K. Livesley, *Matrix Methods in Structural Analysis,* 2nd ed., Pergamon Press, 1975.

[23] J. S. Przemieniecki, *Theory of Matrix Structural Analysis,* McGraw-Hill, 1968.

[24] H. C. Martin, *Introduction to Matrix Methods of Structural Analysis,* McGraw-Hill, 1966.

第 二 章

弹性连续体的有限元——位移法

2.1 引言

在工程技术的许多方面，需要求解弹性连续体中的应力与应变分布. 这类问题的特殊情况，可以有二维平面应力或应变分布问题、轴对称固体问题、板弯曲问题、壳体问题以及完全的三维固体问题. 在所有情况下，在由一些假想的边界所隔开的任一“有限单元”同其相邻单元之间，有无限个连接点. 因此，很难一下看出可以怎样按照与前一章中介绍的处理简单结构的方法相同的方式来离散这种问题. 这一困难能够用以下办法克服（而这样作也带来了近似性）.

（a）用假想的线或面将连续体分成若干“有限单元”.

（b）假设这些单元在处于它们边界上的若干个离散节点处互相连接. 正如在简单的离散结构分析中那样，这些节点的位移将是该问题的基本未知参数.

（c）选择一组函数，以便由每个“有限单元”的节点位移唯一地确定该单元中的位移状态.

（d）现在，位移函数根据节点位移唯一地确定一个单元中的应变状态. 这些应变连同任一初应变以及单元材料的本构性质，将确定单元内部及其边界上的应力状态.

（e）确定作用于各节点并同边界应力及任一分布载荷相平衡的集中力系，得到方程(1.3)形式的刚度关系式.

完成上述各步之后，下面的求解过程就能按照前面介绍的标准的离散系统模式进行.

显然，已引入了一系列的近似. 首先，保证所选择的位移函数满足相邻单元间位移连续的要求这一点并不总是容易做到的．因此，在单元边界处可能违反这一协调条件（可是在每个单元内部，由于用连续函数来表示的位移具有唯一性，协调性条件显然是满足的）．其次，由于将等价力集中于节点处，平衡条件仅在总体的意义下被满足．在每个单元中以及它们的边界上，通常会局部违反平衡条件．

在针对具体情况选择单元形状及位移函数形式时，要靠工程师的创造才能及技巧，能够达到的近似程度显然与这些因素很有关系．

这里所概述的方法叫做位移法[1,2]．

到目前为止，仅直观地说明了这种方法，但是实际上，前面所提出的方法相当于以某一规定的位移场使系统的总位能极小．如果这一位移场以适当方式确定，则解答必收敛于正确结果．这一方法这时等价于熟知的里茨（Ritz）法．本章后面将证明这种等价性，并将讨论必要的收敛性准则．

认识到有限元法与能量极小法之间的等价性是较晚的事[3,2]．然而，库兰特（Courant）[4]1) 于 1943 年、普拉格（Prager）与辛格（Synge）[5] 于 1947 年就提出了本质上相同的方法．

有限元法的这种比较宽广的基础使它能够推广于可建立变分公式系统的其它连续体问题．实际上，对于由适当的微分方程组所定义的任一问题的有限元离散化，现在有一般方法可用．这种普遍化将在下一章中讨论，而在书中各处将作出对于非结构力学问题的应用．将会看到，本章中所介绍的方法实质上是对于固体力学的这一具体情况应用试探函数及伽辽金（Галёргин）型近似．

1) 早在 1923 年的一篇名为“论变分法中的收敛性原理”的论文（On a convergence principle in calculus of variations, Kön. Gesellschaft der Wissenschaften zu Göttingen, Nachrichten, Berlin 1923.）中，库兰特好象已经预料到了有限元法(一般说来)及三角形单元（具体说来）的实质．他写道：“我们设想一覆盖该区域的三角形网格，……，收敛性原理对于每个三角形区域仍然有效．”

2.2 有限元特性的直接公式化

前面曾以一般术语概述了如何推导连续体的"有限单元"的特性，本节将以较详细的数学形式介绍这一过程.

我们希望得到适用于任何情况的一般形式的结果，但是为了避免引入概念性的困难，将用薄板的平面应力分析这个非常简单的例子来说明这些一般关系. 如图 2.1 所示，这个例子中的薄板被剖分成若干三角形的单元. 在具有通用意义的关系式之下，将画两条直线. 同前面一样，这里也采用矩阵记号.

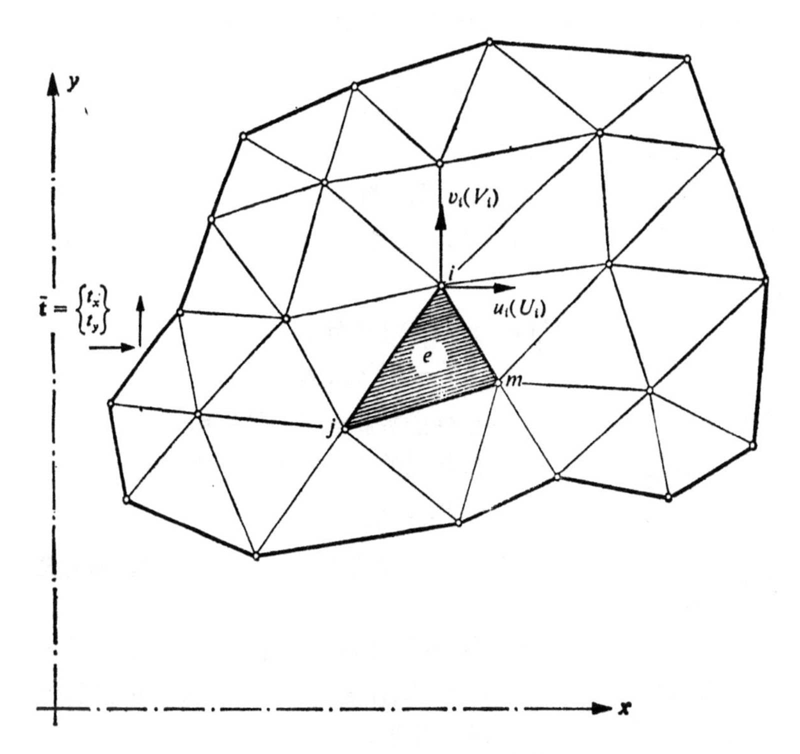

图 2.1 分成若干有限元的平面应力区域

2.2.1 位移函数 一个典型的有限单元 e 由节点 i, j, m 等以及直线边界所确定. 设该单元中任意一点的位移 $\mathbf{u}$ 由列向量 $\hat{\mathbf{u}}$

近似表示:

$$\mathbf{u} \approx \hat{\mathbf{u}} = \sum \mathbf{N}_i \mathbf{a}_i^e = [\mathbf{N}_i, \mathbf{N}_j, \cdots] \begin{Bmatrix} \mathbf{a}_i \\ \mathbf{a}_j \\ \vdots \end{Bmatrix}^e = \mathbf{N}\mathbf{a}^e \tag{2.1}$$

式中 $\mathbf{N}$ 的分量是给定的，它是位置的函数，而 $\mathbf{a}^e$ 则表示对于一个特定单元所列出的节点位移.

例如在平面应力的情况下，

$$\mathbf{u} = \begin{Bmatrix} u(x, y) \\ v(x, y) \end{Bmatrix}$$

表示单元中任一点 (x, y) 的水平及垂直位移,而

$$\mathbf{a}_i = \begin{Bmatrix} u_i \\ v_i \end{Bmatrix}$$

则表示节点 i 的相应位移.

必须这样来选择函数 $\mathbf{N}_i$, $\mathbf{N}_j$, $\mathbf{N}_m$: 当在式(2.1)中分别代人各节点的坐标时,将得到相应节点的位移. 以一般形式来表示,显然有

$$\mathbf{N}_i(x_i, y_i) = \mathbf{I}\ (\text{单位矩阵}),$$

$$\mathbf{N}_i(x_j, y_j) = \mathbf{N}_i(x_m, y_m) = 0$$

等关系式. x 与 y 的适当线性函数就满足这些关系式.

如果位移的两个分量以相同的方式插值,则我们能够写出

$$\mathbf{N}_i = N_i \mathbf{I},$$

而注意到在 (x_i, y_i) 处 $N_i = 1$，在其它顶点处 N_i 为零，则由式(2.1) 得到 N_i.

在三角形的情况下，最明显的线性插值将产生图 2.2 所示形式的 N_i 的形状. 这种线性插值的详细表达式在第四章中给出,但在这里读者很容易把它们推导出来.

函数 $\mathbf{N}$ 将叫作**形状函数**，以后会看到，它在有限元分析中起着重要作用.

2.2.2 应变 利用单元中各点处已知的位移，就能够确定任

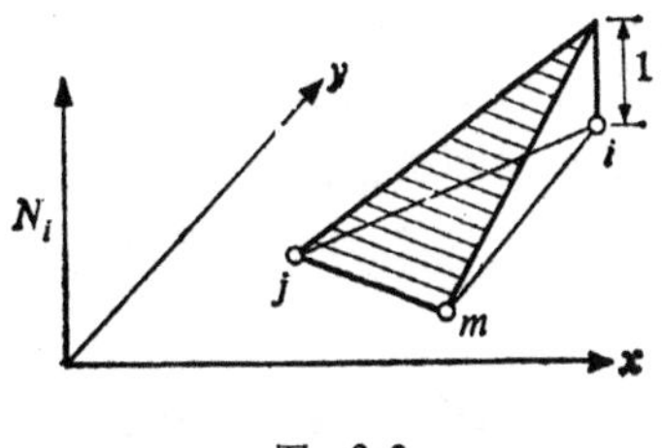

图 2.2

意一点处的"应变". 这将总是产生一个能够写成如下矩阵形式的关系式:

$$\boldsymbol{\varepsilon} = \mathbf{L}\mathbf{u}, \tag{2.2}$$

式中 $\mathbf{L}$ 是一个适当的线性算子. 利用式(2.1),上面这个方程能够近似表示成

$$\hat{\boldsymbol{\varepsilon}} = \mathbf{B}\mathbf{a}, \tag{2.3}$$

而

$$\mathbf{B} = \mathbf{L}\mathbf{N}. \tag{2.4}$$

对于平面应力情况，我们所关心的应变是发生在平面内的那些应变,它们由位移按定义算子 $\mathbf{L}$ 的熟知关系式确定[6]:

$$\boldsymbol{\varepsilon} = \begin{Bmatrix} \varepsilon_x \\ \varepsilon_y \\ \gamma_{xy} \end{Bmatrix} = \begin{Bmatrix} \dfrac{\partial u}{\partial x} \\ \dfrac{\partial v}{\partial y} \\ \dfrac{\partial u}{\partial y} + \dfrac{\partial v}{\partial x} \end{Bmatrix} = \begin{bmatrix} \dfrac{\partial}{\partial x}, & 0 \\ 0, & \dfrac{\partial}{\partial y} \\ \dfrac{\partial}{\partial y}, & \dfrac{\partial}{\partial x} \end{bmatrix} \begin{Bmatrix} u \\ v \end{Bmatrix}.$$

利用已经确定了的形状函数 $\mathbf{N}_i$, $\mathbf{N}_j$, $\mathbf{N}_m$, 容易得到矩阵 $\mathbf{B}$. 如果这些函数采用线性形式,整个单元中的应变实际上是常数.

2.2.3 *应力* 一般情况下，单元边界内的材料可以承受初应变,例如,这种初应变可以由温度变化、冷缩、晶粒生长等引起. 如果用 $\boldsymbol{\varepsilon}_0$ 表示这种初应变，则应力将由真实应变与初应变之差引起.

另外,还可方便地假设，在分析开始前，该物体上已施加了某一已知的初始残余应力 $\boldsymbol{\sigma}_0$，$\boldsymbol{\sigma}_0$ 的大小能够测量；而在没有充分了解材料受载历史的情况下，则不能预先算出 $\boldsymbol{\sigma}_0$ 的大小．在一般的应力-应变关系式中，能够简单地加上初应力这一项．因此，假设材料是一般的线性弹性体，则应力与应变之间的关系是线性的，并具有如下形式：

$$\boldsymbol{\sigma} = \mathbf{D}(\boldsymbol{\varepsilon} - \boldsymbol{\varepsilon}_0) + \boldsymbol{\sigma}_0, \tag{2.5}$$

式中 $\mathbf{D}$ 是包含相应材料性质的弹性矩阵．

同样，对于平面应力这一具体情况，必须考虑与前已定义的应变相应的三个应力分量．用我们熟悉的记号来表示，这些应力是

$$\boldsymbol{\sigma} = \begin{Bmatrix} \sigma_x \\ \sigma_y \\ \tau_{xy} \end{Bmatrix},$$

而矩阵 $\mathbf{D}$ 可以简单地由如下常见的各向同性应力-应变关系[6]得到：

$$\varepsilon_x - (\varepsilon_x)_0 = \frac{1}{E}\sigma_x - \frac{\nu}{E}\sigma_y,$$

$$\varepsilon_y - (\varepsilon_y)_0 = -\frac{\nu}{E}\sigma_x + \frac{1}{E}\sigma_y,$$

$$\gamma_{xy} - (\gamma_{xy})_0 = \frac{2(1+\nu)}{E}\tau_{xy},$$

即由上式解得

$$\mathbf{D} = \frac{E}{1-\nu^2}\begin{bmatrix} 1 & \nu & 0 \\ \nu & 1 & 0 \\ 0 & 0 & (1-\nu)/2 \end{bmatrix}.$$

2.2.4　等价节点力　用列阵

$$\mathbf{q}^e = \begin{Bmatrix} \mathbf{q}_i^e \\ \mathbf{q}_j^e \\ \vdots \end{Bmatrix}$$

定义同边界应力及作用于单元的分布载荷静力等价的节点力．$\mathbf{q}_i^e$ 等所具有的分量数必须与相应节点位移 $\mathbf{a}_i^e$ 等所具有的分量数相

同，并且二者的分量的排列按方向次序相应.

分布载荷 $\mathbf{b}$ 定义为单元中单位体积材料上作用的力，其方向与该点处位移 $\mathbf{u}$ 的方向相应.

例如，在平面应力这一具体情况下，节点力是

$$\mathbf{q}_i^e = \begin{Bmatrix} U_i \\ V_i \end{Bmatrix},$$

其分量 U，V 的方向与位移 u，v 的方向相应，而分布载荷是

$$\mathbf{b} = \begin{Bmatrix} b_x \\ b_y \end{Bmatrix},$$

式中的 b_x 及 b_y 是"体力"分量.

为了使节点力同实际的边界应力以及分布载荷静力等价，最简单的办法是施加一任意的(虚)节点位移，并使各种力及应力关于该位移所作的外力功与内力功相等.

设各节点处的这种虚位移是 $\delta\mathbf{a}^e$. 由式(2.1)及(2.2)可知，这一虚位移在单元中引起的位移及应变分别是

$$\delta\mathbf{u} = \mathbf{N}\delta\mathbf{a}^e, \qquad \delta\boldsymbol{\varepsilon} = \mathbf{B}\delta\mathbf{a}^e. \tag{2.6}$$

节点力所作的功等于各个力的分量与相应位移分量的乘积之和，用矩阵记号来表示就是

$$\delta\mathbf{a}^{e\mathrm{T}}\mathbf{q}^e. \tag{2.7}$$

类似地，在单位体积中，应力与分布力所作的内力功是

$$\delta\boldsymbol{\varepsilon}^{\mathrm{T}}\boldsymbol{\sigma} - \delta\mathbf{u}^{\mathrm{T}}\mathbf{b}, \tag{2.8}$$

或者写成[1)]

$$\delta\mathbf{a}^{\mathrm{T}}(\mathbf{B}^{\mathrm{T}}\boldsymbol{\sigma} - \mathbf{N}^{\mathrm{T}}\mathbf{b}). \tag{2.9}$$

对单元的体积 V^e 积分得到总的内力功，使外力功与总的内力功相等，我们有

$$\delta\mathbf{a}^{e\mathrm{T}}\mathbf{q}^e = \delta\mathbf{a}^{e\mathrm{T}}\left(\int_{V^e}\mathbf{B}^{\mathrm{T}}\boldsymbol{\sigma}\mathrm{d}V - \int_{V^e}\mathbf{N}^{\mathrm{T}}\mathbf{b}\mathrm{d}V\right). \tag{2.10}$$

因为上式对于任意的虚位移均成立，所以两边的乘子必定相

1) 按照矩阵代数规则，对于乘积的转置有 $(\mathbf{AB})^{\mathrm{T}} = \mathbf{B}^{\mathrm{T}}\mathbf{A}^{\mathrm{T}}$.

等. 于是有

$$\mathbf{q}^e = \int_{V^e} \mathbf{B}^{\mathrm{T}}\boldsymbol{\sigma}\mathrm{d}V - \int_{V^e}\mathbf{N}^{\mathrm{T}}\mathbf{b}\mathrm{d}V. \tag{2.11}$$

上式普遍地适用于任一应力-应变关系的情况. 采用式(2.5)的线性关系,我们能够写出

$$\mathbf{q}^e = \mathbf{K}^e\mathbf{a}^e + \mathbf{f}^e, \tag{2.12}$$

式中

$$\mathbf{K}^e = \int_{V^e} \mathbf{B}^{\mathrm{T}}\mathbf{D}\mathbf{B}\mathrm{d}V, \tag{2.13a}$$

$$\mathbf{f}^e = -\int_{V^e} \mathbf{N}^{\mathrm{T}}\mathbf{b}\mathrm{d}V - \int_{V^e} \mathbf{B}^{\mathrm{T}}\mathbf{D}\boldsymbol{\varepsilon}_0\mathrm{d}V + \int_{V^e} \mathbf{B}^{\mathrm{T}}\boldsymbol{\sigma}_0\mathrm{d}V. \tag{2.13b}$$

式(2.13b)右端三项分别表示由体力、初应变及初应力所引起的力. 这些关系式具有第一章中所介绍的离散结构元件的特征.

如果初应力系统是自身平衡的, 象具有正常残余应力时必定出现的情况那样, 则由式(2.13b)的初应力项所给出的力在集合之后恒等于零. 因此, 往往不必计算这一力的分量. 但是例如在用一块有残余应力的材料加工某一机器零件时, 或在岩石中从事挖掘,此处有已知构造应力存在, 由于去掉了一部分材料, 这时由上面所说的那一项将给出不平衡力.

对于平面应力三角形单元这个具体例子, 只要代入具体的内容, 就会得到它的这些特性. 前已指出, 该例中的矩阵 $\mathbf{B}$ 与坐标无关,因此积分会变得特别简单.

关于单元的相互连接及对整个集合体的求解, 遵照第一章中概述的简单结构分析的办法进行. 各节点处一般会有外部集中力,考虑各节点处力的平衡时,要加上

$$\mathbf{r} = \begin{Bmatrix} \mathbf{r}_1 \\ \mathbf{r}_2 \\ \vdots \\ \mathbf{r}_n \end{Bmatrix} \tag{2.14}$$

这一项.

对于靠近边界的单元，这里应当再作点说明. 如果在边界处给定的是位移，则不出现特殊的问题. 下面来考察边界上承受分布外载荷(比如说单位面积上受力 $\bar{\mathbf{t}}$) 的情况. 对于这种具有边界表面 A^e 的单元，对其节点现在必须增加一个载荷项. 利用虚功原理，就将简单地得到

$$-\int_{A^e} \mathbf{N}^{\mathrm{T}}\bar{\mathbf{t}}\mathrm{d}A, \tag{2.15}$$

式中积分对该单元的边界面积进行. 应当注意，为使上式成立，$\bar{\mathbf{t}}$ 所具有的分量数必须与 $\mathbf{u}$ 相同.

在图 2.1 中，也示出了平面应力这一特殊情况下的这种边界单元. 式(2.15)这类积分有时不以明显的方式进行. 分析者往往通过“物理直观”就以作用于边界节点的集中载荷来表示这种边界载荷，并且直接用静力等价的办法计算这些集中载荷. 在本节所讨论的特定情况下，这样得到的结果与按式(2.15)得到的一样.

一旦通过求解总的“结构”型方程组确定了节点位移，就能由式(2.3)与(2.5)求出单元中任一点处的应力:

$$\boldsymbol{\sigma} = \mathbf{D}\mathbf{B}\mathbf{a}^e - \mathbf{D}\boldsymbol{\varepsilon}_0 - \boldsymbol{\sigma}_0, \tag{2.16}$$

在上式中，可直接认出式(1.4)的各典型项，这里的单元应力矩阵是

$$\mathbf{S}^e = \mathbf{D}\mathbf{B}. \tag{2.17}$$

此外，这时的应力还必须加上以下两项:

$$\boldsymbol{\sigma}_{\varepsilon_0} = -\mathbf{D}\boldsymbol{\varepsilon}_0, \ \boldsymbol{\sigma}_0. \tag{2.18}$$

式(2.16)中没有由分布载荷引起的应力 $\boldsymbol{\sigma}_p^e$ 这一项，这一点需要解释. 这是因为，我们没有考虑单个单元内部的平衡，只是建立了总体平衡条件.

2.2.5 位移、应变及应力的广义性 在平面应力问题这个例子中，位移、应变及应力有明显的物理意义. 在本书后面所示许多其它应用中，这些术语也可用来表示另外一些物理意义不明显的

量．例如在研究板单元时，可以用某一指定点处的横向挠度与斜率来表征“位移”．“应变”将被定义为中面的曲率，而“应力”则被定义为相应的内部弯矩．

只要位移与相应载荷分量的乘积之和确实表示外力所作的功，而且由“应变”与相应“应力”分量的乘积之和确实得到总的内力功，则这里导出的所有表达式均普遍成立．

2.3 对于整个区域的推广——放弃内部节点力这个概念

在上一节中，对于单个单元应用了虚功原理，并保留了等价节点力的概念．这样，集合的原理遵照惯常的直接平衡法．

用单元所贡献的节点力来代替连续的相互作用力这种想法，虽然使从事“实际”工作的工程师感兴趣，并且往往便于进行解释(当然，这种解释对严格的数学家来说并不明确)，但它在概念上是困难的．实际上，不需要单独地考虑每个单元，上一节中的推理可以直接应用于整个连续体．

式(2.1)能够解释成是应用于整个结构的，即

$$\mathbf{u}=\bar{\mathbf{N}}\mathbf{a}, \tag{2.19}$$

式中 $\mathbf{a}$ 列出所有节点的位移．当所考察的点是在一个特定的单元 e 中，并且点 i 是该单元的节点，则有

$$\bar{\mathbf{N}}_i=\mathbf{N}_i^e, \tag{2.20}$$

如果点 i 不是该单元的节点，则有

$$\bar{\mathbf{N}}_i=0. \tag{2.21}$$

可以类似地定义矩阵 $\mathbf{B}$，并且我们将省去字母上的横杆，就认为该形状函数等是在整个区域 V 上定义的．

对于任一虚位移 $\delta\mathbf{a}$，我们现在可以对于整个区域写出内力功与外力功之和：

$$\delta\mathbf{a}^{\mathrm{T}}\mathbf{r}=\int_V\delta\mathbf{u}^{\mathrm{T}}\mathbf{b}\,\mathrm{d}V+\int_A\delta\mathbf{u}^{\mathrm{T}}\bar{\mathbf{t}}\,\mathrm{d}A-\int_V\delta\boldsymbol{\varepsilon}^{\mathrm{T}}\boldsymbol{\sigma}\,\mathrm{d}V. \tag{2.22}$$

在上式中代入式(2.19)，(2.3)及(2.5)，我们再次有通常的方程组：

$$\underline{\underline{\mathbf{K}\mathbf{a}+\mathbf{f}=\mathbf{r}}}, \tag{2.23}$$

式中

$$\mathbf{K}=\int_V \mathbf{B}^{\mathrm{T}}\mathbf{D}\mathbf{B}\mathrm{d}V, \tag{2.24a}$$

$$\mathbf{f}=-\int_V \mathbf{N}^{\mathrm{T}}\mathbf{b}\mathrm{d}V-\int_A \mathbf{N}^{\mathrm{T}}\bar{\mathbf{t}}\mathrm{d}A-\int_V \mathbf{B}^{\mathrm{T}}\mathbf{D}\boldsymbol{\varepsilon}_0\mathrm{d}V+\int_V \mathbf{B}^{\mathrm{T}}\boldsymbol{\sigma}_0\mathrm{d}V. \tag{2.24b}$$

式(2.24)的积分对于整个体积 V 及其上给定了作用力的整个表面积 A 进行.

由式(2.24),显然直接有

$$\mathbf{K}_{ij}=\sum\mathbf{K}_{ij}^e,\qquad \mathbf{f}_i=\sum\mathbf{f}_i^e. \tag{2.25}$$

这是因为,根据定积分的性质,要求总积分是各部分积分之和:

$$\int_V(\quad)\mathrm{d}V=\sum\int_{V^e}(\quad)\mathrm{d}V. \tag{2.26}$$

对于式(2.25)中的面积分,显然也有同样的性质. 于是我们看到,该近似之所以具有所需要的"第一章的标准离散系统"的性态,其"秘密"就在于以积分形式写出该近似这一要求.

这里不仅推导了所有公式,并且建立了集合规则,但是没有涉及"单元间作用力"这一概念. 在本章后面各节中,除非特别需要,将省略表示单元的角标 e. 此外,对单元形状函数与系统形状函数也将不加区别.

但是,这里立即出现一个重要问题. 在对于整个系统考虑虚功(式(2.22))并认为这与各单元贡献之和相等时,隐含着相邻单元间不产生不连续性这一假设. 如果产生了这种不连续性,则必须增加一项贡献,这一贡献等于不连续处应力所作的功.

因此,由形状函数确定的位移场必须使得单元交界处只存在有限的应变,即是必须存在位移连续性,以使一般方程成立. 关于这一必要条件,后面还要较详细地叙述.

2.4 作为总位能极小化的位移法

前一节中所用的虚位移原理,在假设的位移模型所规定的范围内保证了平衡条件的满足. 仅当对于所有任意的位移变分（只对它规定边界条件）都保证内、外力虚功相等，平衡才将是完全的.

如果无限地增加描述位移的 $\mathbf{a}$ 的参数数目，则总是能保证更好地近似所有的平衡条件.

如果把虚量 $\delta\mathbf{a}$, $\delta\mathbf{u}$ 及 $\delta\boldsymbol{\varepsilon}$ 看成是实量的变分（或微分），就能够按另一种形式重述象式(2.22)那样写出的虚功原理.

例如，对于式(2.22)的头三项，我们能够写出

$$\delta\left(-\mathbf{a}^{\mathrm{T}}\mathbf{r}+\int_{V}\mathbf{u}^{\mathrm{T}}\mathbf{b}\mathrm{d}V+\int_{A}\mathbf{u}^{\mathrm{T}}\bar{\mathbf{t}}\mathrm{d}A\right)=-\delta\mathbf{W}, \tag{2.27}$$

式中 W 是外载荷的位能. 如果 $\mathbf{r}$, $\mathbf{b}$ 及 $\bar{\mathbf{t}}$ 是保守的（或与位移无关），上式无疑是正确的.

对于某些材料，式(2.22)的最后一项可写成

$$\delta U=\int_{V}\delta\boldsymbol{\varepsilon}^{\mathrm{T}}\boldsymbol{\sigma}\mathrm{d}V, \tag{2.28}$$

式中 U 是系统的"变形能". 对于由式(2.5)所描述的线性弹性材料，读者能够证明，只要 $\mathbf{D}$ 是一个对称矩阵，下式微分之后就将产生正确的表达式:

$$U=\frac{1}{2}\int_{V}\boldsymbol{\varepsilon}^{\mathrm{T}}\mathbf{D}\boldsymbol{\varepsilon}\mathrm{d}V-\int_{V}\boldsymbol{\varepsilon}^{\mathrm{T}}\mathbf{D}\boldsymbol{\varepsilon}_0\mathrm{d}V-\int_{V}\boldsymbol{\varepsilon}^{\mathrm{T}}\boldsymbol{\sigma}_0\mathrm{d}V. \tag{2.29}$$

（这确实是有单值的 U 存在的一个必要条件.）

因此，代替式(2.22)，我们能够简单地写出

$$\delta(U+W)=\delta(\Pi)=0, \tag{2.30}$$

式中的量 Π 叫作总位能.

上式意味着，为了保证平衡，必须使总位能对于容许位移的变分取驻值. 将总位能对有限个位移参数 $\mathbf{a}$ 取变分，就得到上节导出的有限单元方程((2.23)—(2.25))，并且能够写成

$$\frac{\partial\Pi}{\partial\mathbf{a}}=\begin{Bmatrix}\dfrac{\partial\Pi}{\partial\mathbf{a}_1}\\ \dfrac{\partial\Pi}{\partial\mathbf{a}_2}\\ \vdots\end{Bmatrix}=0. \tag{2.31}$$

能够证明，在弹性情况下，总位能不仅是驻值，而且是极小值[7]. 因此，有限元法就是在假设的位移模型的约束下，寻求这种极小值.

只要在极限的情况下能够逼近真实位移，则自由度越多，解答就越接近近似于保证完全平衡的真实解. 这样就能导出有限元法的必要的收敛条件. 但是，关于这一条件的讨论将放到下一节中进行.

值得注意，如果真实的平衡要求总位能 Π 取绝对极小值，则由位移法得到的近似的有限元解将总是给出大于正确值的近似的 Π. 因此，总是得到总位能的值的上界.

如果函数 Π 能事先规定下来，则能直接由式(2.31)规定的求导数而导出有限元法的方程.

在弹性分析中经常采用的熟知的雷利-里茨(Rayleigh[8]-Ritz[9])近似解法正是用的上述办法. 首先，写出总位能的表达式，并假设位移模型由有限个待定参数表示. 然后，建立使总位能关于这些参数取极小值的联立方程组. 因此，前面所介绍的有限元法与雷利-里茨法相同. 其差别仅在于给定位移的方式不同. 在传统上采用的里茨法中，位移通常是由在整个区域上都成立的表达式给出，因此在这样导出的方程组中，没有带状特性，并且系数矩阵是满矩阵. 在有限元法中则是分段规定位移，每一个节点参数只对包含该节点的单元有影响，因此系数矩阵是稀疏的，并往往有带状特性.

按其特点，通常的里茨法仅限于用在整个区域的几何形状比较简单的问题中；而在有限元分析中，只是对于单元本身有这一限制. 这样一来，形状复杂的实际物体能够由形状比较简单的单元集合而成.

另一个本质差别在于，有限元法中的待定参数通常就是某一具体的节点位移. 这使其物理解释比较简单，从而对工程师非常有益. 毫无疑问，有限元法的流行在很大程度上与这一点有关.

2.5 收敛准则

假设的形状函数限制了系统的无限个自由度，因此无论剖分怎样细，都不能使能量达到真实的极小值．为了保证收敛于正确结果，必须满足某些简单的要求．例如，位移函数显然应当尽可能准确地表示真实的位移分布．将会看到，如果所选择的函数使得单元在刚体位移下可能产生应变，情况就不是这样．因此，位移函数必须服从的第一个准则如下．

准则 1 所选择的位移函数应当是这样的：当某一单元的节点位移由刚体位移引起时，不允许在该单元中产生应变．

如果采用某些类型的函数，则容易违反这一不证自明的条件，因此必须仔细地选择位移函数．

第二个准则来自同样的要求．显然，当单元尺寸减小时，单元中的应变将趋近于某一常数．事实上，如果常应变状态存在，为了精度好，最希望能用有限尺寸的单元精确地再现这一应变状态．可以建立这样一种位移函数，它满足第一个准则，但当节点位移与常应变解答相应时，它却要求应变在单元中是变化的．一般说来，这种函数不能很好地收敛于精确解，即使在极限的情况下也不能描述真实的应变分布．因此能提出如下第二个准则．

准则 2 位移函数必须具有这样的形式：如果节点位移与常应变状态相应，则应实际上得到这种常应变．（这里的应变仍然是指广义“应变”．）

将会看出，准则 2 实际上包含了准则 1 的要求，因为刚体位移是常应变的一种特殊情况，这时应变值为零．这个准则是贝兹利(Bazeley）等人[10]于 1965 年首先提出的．严格地讲，只需要在单元尺寸趋于零的极限情况下满足这两个准则．然而，要求有限尺寸的单元满足这些准则会导致精度的改善．

最后，正如 2.3 节中已经提到的，在所给的公式推导中隐含着这样一种假设，即单元交界面处不贡献虚功．因此，还必须提出如下准则．

准则3　应当这样选择位移函数，即应使单元间交界面处的应变是有限的(即使是不确定的)．

这个准则意味着单元间位移的某种连续性．在应变由一阶导数定义的情况下(如这里所举出的平面问题这个例子)，仅位移必须连续．但是如果象在板与壳问题中那样，"应变"由挠度的二阶导数定义，则挠度的一阶导数也必须连续[2]．

上述准则在数学上就是"泛函的完备性要求"，关于这一要求的全面的数学讨论，请读者参考其它文献[11-16]．除最特殊的情况外，这里给出的简单的收敛准则对于实用来说是足够的．在第三章中，我们将把上述所有准则予以推广．

2.6　离散化误差及收敛率

在上一节中我们已经假设，如果单元减小，在尺寸 h 趋于极限的情况下，象式(2.1)那样表示的对于位移的近似将产生精确解．关于这一点的论证很简单：因为该展开式在极限情况下能精确地再现连续体中所设想的任一位移形式，所以当每一近似的解答是唯一的时，它在 $h\to 0$ 的极限情况下必定逼近唯一的精确解．在某些情况下，精确解实际上是用有限个剖分(甚至只用一个单元)得到的，如果该单元中所用的多项式展开式能精确地拟合正确解的话．例如，如果精确解具有二次多项式的形式，而形状函数包含了该阶次的所有多项式，则该近似将产生精确答案．

因为精确解总是能够在任一点(或节点) i 的邻域内展成一个多项式：

$$\mathbf{u}=\mathbf{u}_i+\left(\frac{\partial \mathbf{u}}{\partial x}\right)_i x+\left(\frac{\partial \mathbf{u}}{\partial y}\right)_i y+\cdots, \tag{2.32}$$

上述论证有助于确定有限元法的收敛阶次．如果在一个"尺寸"为 h 的单元中采用 p 次多项式展开式，这就能局部拟合直至该次的泰勒展开式，而由于 x 及 y 的量级为 h，u 的误差将为 $O(h^{p+1})$阶。例如，在所讨论的平面弹性力学问题的情况下，我们采用线性展开式，$p=1$。因此，我们应当预期 $O(h^2)$ 阶的收敛率，也就是说，当网格尺寸减半时，位移的误差被减为原来的四分之一。

按照类似的论证，由位移的第 m 阶导数所给出的应变（或应力）应当以 $O(h^{p+1-m})$ 的误差收敛，也就是说，在所援引的 $m=1$ 的例子中，误差为 $O(h)$ 阶。由应力的平方所给出的变形能会有 $O(h^{2(p+1-m)})$ 的误差，而在平面应力的例子中则为 $O(h^2)$。

从数学观点来看，这里给出的论证大概只不过是“启发式”的，然而它是真实的[16]，并正确地给出了收敛的阶次。已经进行了大量更细致的数学分析工作，试图不仅确定收敛的阶次，而且确定误差的界。在这些工作中，至今没有一个特别有用，因为一般说来，它们都是用事先未知的量给出误差的界。进一步来讲，只要确定了收敛的阶次，常常就足以由解答外推出正确结果。例如，如果位移以 $O(h^2)$ 的误差收敛，并且我们有在单元尺寸为 h 及 $h/2$ 的网格下得到的近似解 u^1 及 u^2，令 u 为精确解，我们可以写出

$$\frac{u^1-u}{u^2-u}=\frac{O(h^2)}{O((h/2)^2)}=4. \tag{2.33}$$

由上式能够推断出（几乎是）精确的解答 u。这种外推法由理查森（Richardson）[17] 首先引入，在单调收敛的情况下，它是有用的。

在有限元计算中，离散化误差不是唯一的一种可能的误差。除了使用计算机时可能出现的明显错误外，由于舍入而引起的误差总是存在的。在计算机对舍入为有限位的数进行运算的情况下，每当“相近”的数相减时，就出现精度的降低。在解方程的过程中，必须作许多减法，从而精度降低。在这里出现矩阵的条件数等问题，而应用有限元法的人必须随时意识到精度的限制：任何时候都根本得不到精确的解答。幸而，在许多计算中，通过使用具有大量有效位的现代计算机，这些误差常常是小的！

2.7 单元之间不连续的位移函数——非协调元及小片检验

在某些情况下，很难对一个单元建立沿相邻单元间整个交界面自动连续的位移函数.

前已指出，位移的不连续性会在交界面处引起无限大的应变. 前面推导公式时未考虑这一因素，因为那时把能量贡献限于单元本身.

但是，如果剖分尺寸减小时，在极限的情况下连续性得到恢复，则前面导出的公式系统仍会收敛于正确答案. 这个条件总是可以实现的，如果

(a) 常应变状态自动保证位移连续性，

(b) 满足前一节的常应变准则.

为了检查应用这种非协调单元时对于任一网格形状是否实现这种连续性，必须对于任意小片的几个单元施加与任一常应变状态相应的节点位移. 如果在不施加外部节点力的情况下同时达到节点平衡，并且得到常应力状态，则显然不因为单元间的不连续性损失外力功.

通过这种小片检验的单元将是收敛的，而且实际上有时非协调单元表现出比协调单元更为优越的性态.

小片检验是艾恩斯[10]首先引入的，业已证明，它给出了收敛的充分条件[16,18,19].

在第十一章中，我们还将回到非协调单元这个题目上来. 在本书处理的某些问题中，这类“非连续”位移函数用起来很成功. 然而在这种单元中，将不再可得到关于泛函的界.

2.8 应用位移法时变形能的界

由有限元位移法得到的近似解总是给出比 Π 的真值偏高的总位能值（绝对的极小值与精确解相应），但这个结论在实际中不便直接应用. 然而，在特殊情况下可得到一个更有用的界限值.

具体考察一个不存在“初”应变及初应力的问题. 现在，根据能量守恒原理，变形能将与由零均匀增加的外载荷所作的功相

等[20]. 后者等于$-\frac{1}{2}W$,而W则是载荷的位能.

这样一来,无论假设的位移场是精确的还是近似的,总有

$$U+\frac{1}{2}W=0 \tag{2.34}$$

或

$$\Pi=U+W=-U. \tag{2.35}$$

因此在以上情况下,近似解总是给出偏低的U值,而位移解答常常被认为是下界解.

如果只存在一个外部集中载荷R,我们由变形能为下界立刻就知道,算出的载荷作用点处的挠度偏低$\left(\text{因为}U=-\frac{1}{2}W=\mathbf{r}^{\mathrm{T}}\mathbf{a}\right)$.在更复杂的加载情况下,因为对于挠度及应力这些有实际工程意义的量都不能确定其界限,所以限制了关于变形能的界的应用.

只有在不存在任何初应力或初应变时,这一关于变形能的界才正确,记住这一点很重要.

在这种情况下,U的表达式能够由式(2.29)得到:

$$U=\frac{1}{2}\int_V \boldsymbol{\varepsilon}^{\mathrm{T}}\mathbf{D}\boldsymbol{\varepsilon}\mathrm{d}V. \tag{2.36}$$

利用式(2.2),上式就变成

$$U=\frac{1}{2}\mathbf{a}^{\mathrm{T}}\left[\int_V \mathbf{B}^{\mathrm{T}}\mathbf{D}\mathbf{B}\mathrm{d}V\right]\mathbf{a}=\frac{1}{2}\mathbf{a}^{\mathrm{T}}\mathbf{K}\mathbf{a}, \tag{2.37}$$

式中的二次型的矩阵$\mathbf{K}$就是前面讨论过的"刚度"矩阵.

由物理意义可知,上面的能量表达式总是正的. 因此,所有有限元集合体的矩阵$\mathbf{K}$都不仅对称而且"正定"(即该二次型总是应当大于或等于零).

这一特性在考虑求解有关联立方程组的数值方法时特别重要,因为系数矩阵的"对称正定"性使解法得以简化.

2.9 直接极小化

有限元近似分析可化为一个使得由有限个节点参数所确定的总位能Π取极小值的问题，这一事实使我们得到形如式(2.31)的方程组．这是一种最常用和方便的办法，在线性问题中尤其如此．但是，也能用目前已在最优化方面充分发展了的其它搜索法来确定Π的最小值．在这本书中，我们将一直采用联立方程法，但是请有兴趣的读者也记住另外的可能性[21,22]．

2.10 一个例子

所讨论的概念及所引用的一般公式系统有一点抽象，读者在这里也许想考核自己对于所导出的近似方法的理解程度．详细地计算一个二维单元系统最好让计算机去作，但我们可以对于一根梁的一个一维有限元进行简单的手算．实际上，这个例子使我们以简单的方式引入广义应力及应变的概念．

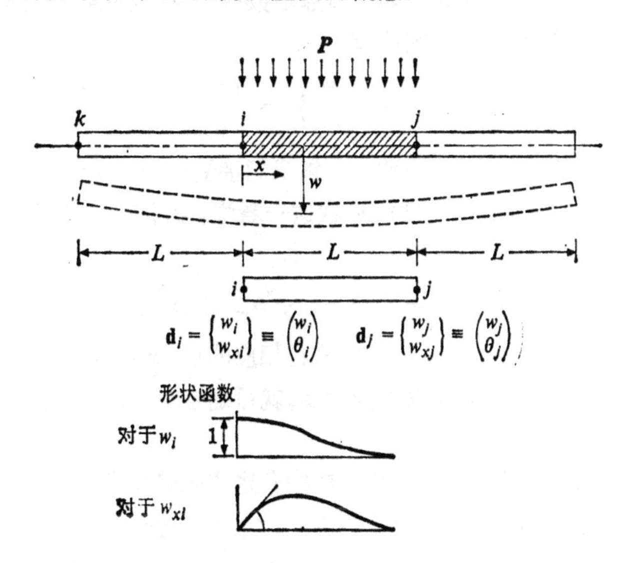

图 2.3 梁单元及其形状函数

考察图 2.3 所示梁．这里的广义“应变”是曲率．于是我们有

$$\varepsilon \equiv \kappa = -\frac{d^2 w}{dx^2},$$

式中 w 是挠度，它是基本的未知量．广义应力（在不存在剪切变形时）是弯矩 M，它与"应变"的关系如下：

$$\sigma = M = -EI\frac{\mathrm{d}^2 w}{\mathrm{d}x^2}.$$

这样一来，采用前一节的一般记号，我们就有

$$\mathbf{D} = EI.$$

如果位移 w 被离散化，对于整个系统或单个单元 ij，我们可以写出

$$w = \mathbf{N}\mathbf{a}.$$

在这个例子中，应变被表示成位移的二阶导数，必须保证 w 及其斜率

$$w_x = \frac{\mathrm{d}w}{\mathrm{d}x} = \theta$$

在单元间都是连续的．如果节点参数取为 w 及斜率 w_x 的值，上述要求是容易实现的．因此有

$$\mathbf{a}_i = \begin{Bmatrix} w \\ w_x \end{Bmatrix}_i = \begin{Bmatrix} w_i \\ \theta_i \end{Bmatrix}.$$

现在来推导形状函数．如果我们接受在一个单元中两个节点（即四个变量）确定挠曲的形状这一看法，我们就可以假设这一形状由如下三次式给出：

$$w = \alpha_1 + \alpha_2 x + \alpha_3 x^2 + \alpha_4 x^3.$$

如图 2.3 中所示，分别使三次式在相应的点（$x = 0;\ L$）处对于某量取单位值而对于其它的量为零，就可确定与 w_i 及 w_{xi} 相应的形状函数．

对于所示的单元，形状函数的表达式能够写成

$$\mathbf{N}_i = [1 - 3(x/L)^2 + 2(x/L)^3,\ L(x/L - 2(x/L)^2 + (x/L)^3)],$$

$$\mathbf{N}_j = [3(x/L)^2 - 2(x/L)^3,\ L(-(x/L)^2 + (x/L)^3)].$$

于是立刻能够写出

$$\mathbf{B}_i = -\frac{\mathrm{d}^2}{\mathrm{d}x^2}\mathbf{N}_i = [6 - 12(x/L),\ (4 - 6(x/L))L]/L^2,$$

$$\mathbf{B}_j = -\frac{d^2}{dx^2}\mathbf{N}_j = [-6 + 12(x/L), (2 - 6(x/L))L]/L^2,$$

而单元的刚度矩阵能够写成

$$\mathbf{K}_{ij}^e = \int_0^L \mathbf{B}_i^T EI \mathbf{B}_j dx.$$

我们将把这方面的详细计算以及在 ij 上有均布载荷 p 而在它处无载荷时的"力"的计算留给读者去作. 他会看到,节点 i 处最终集合而成的方程组具有把三个节点 i, j, k 处的位移连系起来的形式. 显然,对于三个单元具有相同长度 L 的情况,这些方程是

$$EI\begin{bmatrix} -12/L^3, & -6/L^2 \\ 6/L^2, & 2/L \end{bmatrix}\begin{Bmatrix} w_k \\ \theta_k \end{Bmatrix} + EI\begin{bmatrix} 24/L^3, & -12/L^2 \\ -12/L^2, & 8/L \end{bmatrix}\begin{Bmatrix} w_i \\ \theta_i \end{Bmatrix}$$

$$+ EI\begin{bmatrix} -12/L^3, & -6/L^2 \\ 6/L^2, & 2/L \end{bmatrix}\begin{Bmatrix} w_j \\ \theta_j \end{Bmatrix} + \begin{Bmatrix} pL/2 \\ -pL^2/12 \end{Bmatrix} = 0.$$

把这些方程同所谓"斜率-挠度"方程所给出的精确形式作比较是有意义的,后一形式在标准的教科书中可以找到.

在这里将会看到,有限元近似得到了精确解,因为对于均布载荷的情况,三次多项式能够描述精确解. 对于其它的分布载荷,容易证明,随着单元的长度趋于零,近似方程与精确方程之间的差别减小.

2.11 结语

分析弹性固体的"位移"法无疑仍是最普及并且容易理解的方法. 在随后许多章中,我们将把这里建立的一般公式应用于线性弹性分析(第四、五、六、十、十三、十四章)及非线性分析(第十八、十九章),主要的变动是应力、广义应变及其它有关量的定义. 因此,把这些基本公式归纳在一起是有利的,在附录 2 中这样作了.

在下一章中,我们将表明,这里所建立的方法不过是对于借助位移写出的控制平衡方程应用有限元离散化的一个特殊情况. 显然,可以有另外的出发点. 在第十二章中将提到这方面的一些情况.

参考文献

[1] R. W. Clough, 'The finite element in plane stress analysis', *Proc. 2nd A. S. C. E. Conf. on Electronic Computation,* Pittsburgh Pa., Sept. 1960.

[2] R. W. Clough, 'The finite element method in structural mechanics', Chapter 7 of *Stress Analysis* (eds. O. C. Zienkiewicz and G. S. Holister), Wiley, 1965.

[3] J. Szmelter, 'The energy method of networks of arbitrary shape in problems of the theory of elasticity', *Proc. I. U. T. A. M., Symposium on Non-Homogeneity in Elasticity and Plasticity* (ed. W. Olszak), Pergamon Press, 1959.

[4] R. Courant, 'Variational methods for the solution of problems of equilibrium and vibration', *Bull. Am. Math. Soc.*, **49,** 1—23, 1943.

[5] W. Prager and J. L. Synge, 'Approximation in elasticity based on the concept of function space', *Quart. Appl. Math.*, **5,** 241—69, 1947.

[6] S. Timoshenko and J. N. Goodier, *Theory of Elasticity*, 2nd ed., McGraw-Hill, 1951.

[7] K. Washizu, *Variational Methods in Elasticity and Plasticity,* 2nd ed., Pergamon Press, 1975.

[8] J. W. Strutt (Lord Rayleigh), 'On the theory of resonance', *Trans. Roy. Soc. (London),* **A161,** 77—118, 1870.

[9] W. Ritz, 'Über eine neue Methode zur Lösung gewissen Variations-Probleme der mathematischen Physik', *J. Reine angew. Math.,* **135,** 1—61, 1909.

[10] G. P. Bazeley, Y. K. Cheung, B. M. Irons and O. C. Zienkiewicz, 'Triangular elements in bending-conforming and non-conforming solutions', *Proc. Conf. Matrix Methods in Structural Mechanics,* Air Force Inst. Tech., Wright-Patterson A. F. Base, Ohio, 1965.

[11] S. C. Mikhlin, *The Problem of the Minimum of a Quadratic Functional,* Holden-Day, 1966.

[12] M. W. Johnson and R. W. McLay 'Convergence of the finite element method in the theory of elasticity', *J. Appl. Mech. Trans. Am. Soc. Mech. Eng.,* 274—8, 1968.

[13] S. W. Key, *A convergence investigation of the direct stiffness method,* Ph. D. Thesis. Univ. of Washington, 1966.

[14] T. H. H. Pian and Ping Tong, 'The convergence of finite element method in solving linear elastic problems', *Int. J. Solids Struct.*, **3,** 865—80, 1967.

[15] E. R. de Arrantes Oliveira, 'Theoretical foundations of the finite element method,' *Int. J. Solids Struct.,* 4, 929—52, 1968.

[16] G. Strang and G. J. Fix, *An Analysis of the Finite Element Method,* p. 106, Prentice-Hall, 1973.

[17] L. F. Richardson, 'The approximate arithmetical solution by finite differences of physical problems', *Trans. Roy. Soc. (London)*, **A210**, 307—57, 1910.

[18] B. M. Irons and A. Razzaque, 'Experience with the patch test' in *Mathematical Foundations of the Finite Element Method'*, pp. 557—87 (ed. A. R. Aziz), Academic; Press, 1972.

[19] B. Fraeijs de Veubeke, 'Variational principles and the patch test', *Int. J. Num Meth. Eng.*, **8**, 783—801, 1974.

[20] B. Fraeus de Veubeke, 'Displacement and equilibrium models in the finite element method', Chapter 9 of *Stress Analysis* (ed. O. C. Zienkiewicz and G. S. Holister), Wiley, 1965.

[21] R. L. Fox and E. L. Stanton, 'Developments in structural analysis by direct energy minimization', *J. A. I. A. A.*, **6**, 1036—44, 1968.

[22] F. K. Bogner, R. H. Mallett, M. D. Minich and L. A. Schmit, 'Development and evaluation of energy search methods in non-linear structural analysis', *Proc. Conf. Matrix Methods in Structural Mechanics*, Air Force Inst. Tech., Wright-Patterson A. F. Base, Ohio, 1965.

第 三 章

有限元概念的一般化——加权余值法与变分法

3.1 引言

到目前为止，我们阐述了求线性弹性力学这一特定问题的近似解的一种可能方法．在工程技术和物理学中还有许多别的连续体问题，通常这些问题都以相应的微分方程及施加于未知函数的边界条件的形式提出． 本章的目的就是表明，所有这类问题都可以用有限元法来处理．

将所要求解的问题以最一般的术语提出来：我们要寻求未知函数 $\mathbf{u}$，使得它在某个“域”(体积、面积等) Ω (图 3.1) 中满足某个微分方程组

$$\mathbf{A}(\mathbf{u})=\begin{Bmatrix} A_1(\mathbf{u}) \\ A_2(\mathbf{u}) \\ \vdots \end{Bmatrix}=0, \tag{3.1}$$

并在该域的边界 Γ (图 3.1)上满足某些边界条件

$$\mathbf{B}(\mathbf{u})=\begin{Bmatrix} B_1(\mathbf{u}) \\ B_2(\mathbf{u}) \\ \vdots \end{Bmatrix}=0. \tag{3.2}$$

所求的函数可以是一个标量，也可以是若干变量组成的一个向量．类似地，微分方程可以是单个方程或联立方程组．正因如此，在上面我们用了矩阵符号．

有限元法是一种近似解法，它寻求以下形式的近似解

$$\mathbf{u}\approx\hat{\mathbf{u}}=\sum_{1}^{r}\mathbf{N}_i\mathbf{a}_i=\mathbf{N}\mathbf{a}, \tag{3.3}$$

式中 $\mathbf{N}_i$ 是通过自变量(象坐标 x, y 等) 给定的形状函数，而参数

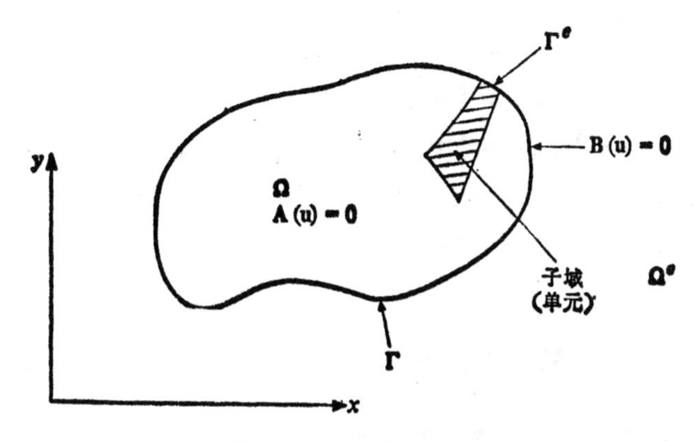

图 3.1 问题的域 Ω 及边界 Γ

$\mathbf{a}_i$ 的全部或一部分是未知量.

我们看得出，完全同样的近似形式曾被用于上一章的弹性力学问题的位移法中. 我们在那里还指出过: (a) 形状函数通常是对单元或子域局部地定义的;(b)如果把近似的方程组写成积分形式(即式(2.22)—(2.26)),则离散系统的特性被保留下来.

为了达到这个目的,我们把决定未知参数 $\mathbf{a}_i$ 的方程写成积分形式

$$\int_\Omega \mathbf{G}_j(\hat{\mathbf{u}})d\Omega + \int_\Gamma \mathbf{g}_j(\hat{\mathbf{u}})d\Gamma = 0 \ (j = 1, 2, \cdots, n), \quad (3.4)$$

式中 $\mathbf{G}_j$ 及 $\mathbf{g}_j$ 是已知的函数或算子.

这些积分形式将允许逐个单元地作出近似，并且允许采用第一章中对标准离散系统所建立的方法来实现集合. 这是因为，倘若函数 $\mathbf{G}_j$ 及 $\mathbf{g}_j$ 是可积的,我们就有

$$\int_\Omega \mathbf{G}_j d\Omega + \int_\Gamma \mathbf{g}_j d\Gamma = \sum_{e=1}^{m}\left(\int_{\Omega^e} \mathbf{G}_j d\Omega + \int_{\Gamma^e} \mathbf{g}_j d\Gamma\right), \quad (3.5)$$

式中 Ω^e 是每个单元的域,而 Γ^e 是该单元的边界.

有两种不同的方法可用来求这种积分形式的近似解. 第一种是加权余值法，第二种是求泛函驻值的变分法. 我们将依次论述这两种方法.

如果微分方程是线性的，即如果我们可以把式(3.1)和(3.2)写成

$$\mathbf{A}(\mathbf{u})=\mathbf{L}\mathbf{u}+\mathbf{p}=0,\ \text{在}\ \Omega\ \text{中}, \tag{3.6}$$

$$\mathbf{B}(\mathbf{u})=\mathbf{M}\mathbf{u}+\mathbf{t}=0,\ \text{在}\ \Gamma\ \text{上}, \tag{3.7}$$

那么近似的方程组(3.4)将产生以下形式的线性方程组

$$\mathbf{K}\mathbf{a}+\mathbf{f}=0, \tag{3.8}$$

这里

$$\mathbf{K}_{ij}=\sum_{e=1}^{m}\mathbf{K}_{ij}^{e};\quad \mathbf{f}_{i}=\sum_{e=1}^{m}\mathbf{f}_{i}^{e}. \tag{3.9}$$

不习惯于抽象化的读者也许现在还弄不清各项的意义．我们在这里介绍一些以后要求解的典型的微分方程组（这样可使得问题稍微确定一些）．

例 1　二维域中的稳态热传导方程

$$A(\phi)=\frac{\partial}{\partial x}\left(k\frac{\partial\phi}{\partial x}\right)+\frac{\partial}{\partial y}\left(k\frac{\partial\phi}{\partial y}\right)+Q=0,$$

$$\begin{aligned}&B(\phi)=\phi-\bar{\phi}=0,\ \text{在}\ \Gamma_{\phi}\ \text{上},\\&k\frac{\partial\phi}{\partial n}-\bar{q}=0,\qquad \text{在}\ \Gamma_{q}\ \text{上},\end{aligned} \tag{3.10}$$

式中 n 表示 Γ 的法线方向，$\phi\equiv\mathbf{u}$ 表示温度，k 是热传导系数，$\bar{\phi}$ 和 $\bar{q}$ 分别是边界上温度和热流量的给定值．

在上面这个问题中，k 和 Q 可以是位置的函数，若问题是非线性的，它们还可以是 ϕ 及其导数的函数．

例 2　二维域中的稳态热传导-对流方程

$$A(\phi)=\frac{\partial}{\partial x}\left(k\frac{\partial\phi}{\partial y}\right)+\frac{\partial}{\partial y}\left(k\frac{\partial\phi}{\partial y}\right)+u\frac{\partial\phi}{\partial x}+v\frac{\partial\phi}{\partial y}+Q=0, \tag{3.11}$$

边界条件同第一个例子一样．这里 u 及 v 是位置的已知函数，它们表示其中发生热传递的流体的速度．

例 3　与例 1 $Q=0$ 的问题等价的方程组

$$
\mathbf{A}(\mathbf{u})=\left\{\begin{array}{c}\frac{\partial}{\partial x}(kq_x)+\frac{\partial}{\partial y}(kq_y)\\ q_x-\frac{\partial\phi}{\partial x}\\ q_y-\frac{\partial\phi}{\partial y}\end{array}\right\}=0,\ 在\ \Omega\ 中
$$

以及

$$
\begin{aligned}
&\mathbf{B}(\mathbf{u})=\phi-\bar{\phi}=0,\ 在\ \Gamma_\phi\ 上,\\
&\left.\begin{array}{l}q_x-\bar{q}_x=0,\\ q_y-\bar{q}_y=0,\end{array}\right\}在\ \Gamma_q\ 上.
\end{aligned}
\tag{3.12}
$$

这里未知函数向量 $\mathbf{u}$ 对应于一组标量

$$
\mathbf{u}=\left\{\begin{array}{c}\phi\\ q_x\\ q_y\end{array}\right\}.
$$

在第十七章中我们将回过头来详细介绍上述领域中的例子，书中还将介绍其它的例子. 这三组问题本身就是有用的，也可把它们简化为一维问题(不随 y 变化)，以说明本章所用的各种方法.

加 权 余 值 法

3.2 等价于微分方程的积分表达形式或"弱"表达形式

因为微分方程组（方程(3.1)）必须在域 Ω 中的每个点处成立，所以就有

$$
\int_\Omega \mathbf{v}^{\mathrm{T}}\mathbf{A}(\mathbf{u})\mathrm{d}\Omega\equiv\int_\Omega(v_1A_1(\mathbf{u})+v_2A_2(\mathbf{u})+\cdots)\mathrm{d}\Omega\equiv0,\tag{3.13}
$$

式中

$$
\mathbf{v}=\left\{\begin{array}{c}v_1\\ v_2\\ \vdots\end{array}\right\}\tag{3.14}
$$

是一组任意的函数，函数的个数等于所涉及的方程（或 $\mathbf{u}$ 的分量）

的个数.

上述表达形式很有用. 我们可以断言, 如果式(3.13)对于任何的 $\mathbf{v}$ 都是满足的, 那么微分方程(3.1)必定在域中各点都被满足. 证明这一论断成立很容易. 如果我们认为在域中的任一点或部分可能有 $\mathbf{A}(\mathbf{u}) \neq 0$, 那么立即可以找出一个函数 $\mathbf{v}$, 它使式(3.13)的积分不等于零, 因此该论断得证.

如果边界条件要同时得到满足, 那么我们既可通过选择函数 $\hat{\mathbf{u}}$ 来保证满足, 也可要求对任意的一组函数 $\bar{\mathbf{v}}$ 有

$$\int_{\Gamma} \bar{\mathbf{v}}^{\mathrm{T}} \mathbf{B}(\mathbf{u}) \mathrm{d}\Gamma \equiv \int_{\Gamma} (\bar{v}_1 B_1(\mathbf{u}) + \bar{v}_2 B_2(\mathbf{u}) + \cdots) \mathrm{d}\Gamma = 0. \quad (3.15)$$

事实上, 积分表达形式

$$\int_{\Omega} \mathbf{v}^{\mathrm{T}} \mathbf{A}(\mathbf{u}) \mathrm{d}\Omega + \int_{\Gamma} \bar{\mathbf{v}}^{\mathrm{T}} \mathbf{B}(\mathbf{u}) \mathrm{d}\Gamma = 0 \quad (3.16)$$

对于一切 $\mathbf{v}$ 和 $\bar{\mathbf{v}}$ 都满足就等价于微分方程(3.1)及其边界条件(3.2)得到满足.

在上面的讨论中, 隐含地假设了象式(3.16)中那样的积分是能够计算出来的. 这就对 $\mathbf{v}$, $\bar{\mathbf{v}}$ 或 $\mathbf{u}$ 所属的允许函数族加上了某些限制. 一般来说, 我们应避免采用使积分中任一项变成无限大的函数.

因此, 在式(3.16)中, 我们限于选择 $\mathbf{v}$ 和 $\bar{\mathbf{v}}$ 为有限单值函数, 这对前述表达形式的成立没有限制.

在函数 $\mathbf{u}_1, \mathbf{u}_2, \cdots$ 等上需要施加什么限制呢? 回答显然取决于算子 $\mathbf{A}(\mathbf{u})$ (或 $\mathbf{B}(\mathbf{u})$) 中所含的微分阶次. 例如, 考虑图3.2所示的函数 $\mathbf{u}$, 它是连续的, 但在 x 方向具有不连续的斜率. 我们想象, 在非常小的区间 Δ 之中, 用一个连续的变量替换这一不连续性, 并研究导数的性态. 容易看出, 尽管在这里一阶导数没有定义, 它仍可积分, 但二阶导数趋于无穷大. 如果在微分方程中仅出现一阶导数, 那么把所示的函数选作 $\mathbf{u}$ 是合适的. 这种函数称为 C_0 连续函数.

通过类似的办法易知, 如果在 $\mathbf{A}$ 或 $\mathbf{B}$ 的任一项中出现 n 阶

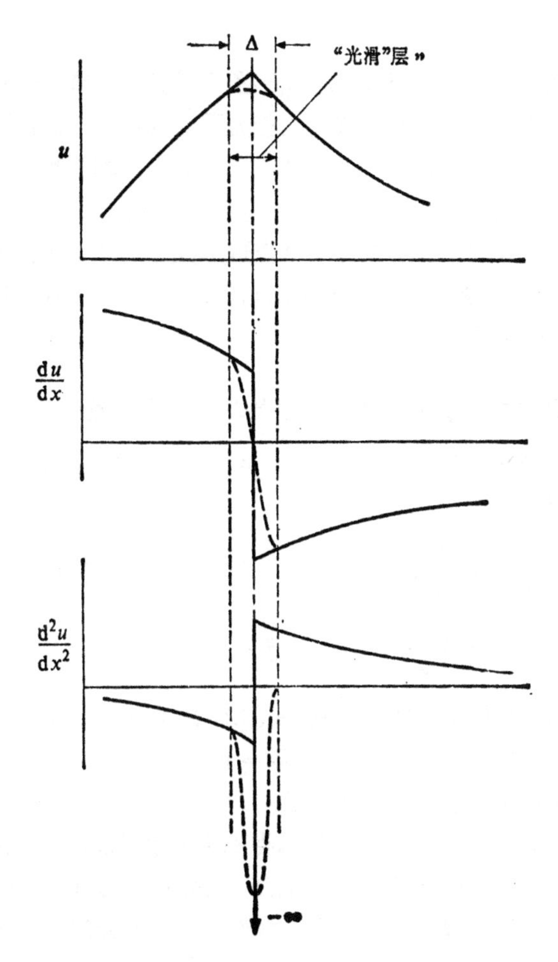

图 3.2　斜率不连续(C_0 连续)的函数的导数

导数，那么函数必须具有 $n-1$ 阶连续的导数(C_{n-1} 连续性).

在许多情况下，可以对式(3.16)实行分部积分，并用另一种表达形式来代替它:

$$\int_{\Omega} \mathbf{C}(\mathbf{v})^{\mathrm{T}} \mathbf{D}(\mathbf{u}) \mathrm{d}\Omega + \int_{\Gamma} \mathbf{E}(\bar{\mathbf{v}})^{\mathrm{T}} \mathbf{F}(\mathbf{u}) \mathrm{d}\Gamma = 0. \tag{3.17}$$

其中算子 $\mathbf{C}$ 到 $\mathbf{F}$ 所含导数的阶次比算子 $\mathbf{A}$ 和 $\mathbf{B}$ 中出现的要低. 现在以提高 $\mathbf{v}$ 和 $\bar{\mathbf{v}}$ 的连续性为代价，降低了对函数 $\mathbf{u}$ 所要求的连

续性阶次.

现在的表达形式(3.17)是比方程(3.1),(3.2)或(3.16)所给出的原始问题更"容许的",称为这些方程的弱形式.往往这一弱形式比原始的微分方程在物理上更现实,后者对真实解提出了过高的"光滑性"要求,这一事实多少有些令人惊讶.

(3.16)和(3.17)形式的积分表达形式形成了有限元近似的基础,后面我们将更全面详尽地讨论它们.在此之前,我们把这个新公式用于一个例子.

3.3 热传导方程的弱形式——强加与自然边界条件

现在考察方程(3.10)的积分形式. 我们可以把表达形式(3.16)写成

$$\int_{\Omega} v\left[\frac{\partial}{\partial x}\left(k\frac{\partial \phi}{\partial x}\right)+\frac{\partial}{\partial y}\left(k\frac{\partial \phi}{\partial y}\right)+Q\right]\mathrm{d}x\mathrm{d}y + \int_{\Gamma_q}\bar{v}\left[k\frac{\partial \phi}{\partial n}-\bar{q}\right]\mathrm{d}\Gamma=0, \tag{3.18}$$

注意 v 和 $\bar{v}$ 是标量函数,并假设式(3.10)中的一个边界条件

$$\phi-\bar{\phi}=0$$

已通过选择函数 ϕ 自动得到满足.

式(3.18)现在可以分部积分,得到类似于式(3.17)的弱形式.我们在附录3中推导了分部积分的一般公式(格林(Green)公式),这个公式在许多情况下很有用.我们用它来做分部积分,即

$$\begin{aligned}
\int_{\Omega} v\frac{\partial}{\partial x}\left(k\frac{\partial \phi}{\partial x}\right)\mathrm{d}x\mathrm{d}y &\equiv -\int_{\Omega}\frac{\partial v}{\partial x}\left(k\frac{\partial \phi}{\partial x}\right)\mathrm{d}x\mathrm{d}y + \oint_{\Gamma} v\left(k\frac{\partial \phi}{\partial x}\right)n_x\mathrm{d}\Gamma,\\
\int_{\Omega} v\frac{\partial}{\partial y}\left(k\frac{\partial \phi}{\partial y}\right)\mathrm{d}x\mathrm{d}y &\equiv -\int_{\Omega}\frac{\partial v}{\partial y}\left(k\frac{\partial \phi}{\partial y}\right)\mathrm{d}x\mathrm{d}y + \oint_{\Gamma} v\left(k\frac{\partial \phi}{\partial y}\right)n_y\mathrm{d}\Gamma.
\end{aligned} \tag{3.19}$$

于是我们有

$$
\begin{aligned}
&-\int_{\Omega}\left(\frac{\partial v}{\partial x}k\frac{\partial \phi}{\partial x}+\frac{\partial v}{\partial y}k\frac{\partial \phi}{\partial y}-vQ\right)\mathrm{d}x\mathrm{d}y \\
&+\oint_{\Gamma} vk\left(\frac{\partial \phi}{\partial x}n_x+\frac{\partial \phi}{\partial y}n_y\right)\mathrm{d}\Gamma \\
&+\int_{\Gamma_q}\bar{v}\left[k\frac{\partial \phi}{\partial n}-\bar{q}\right]\mathrm{d}\Gamma=0. \qquad (3.20)
\end{aligned}
$$

注意到法向导数为

$$
\frac{\partial \phi}{\partial n}=\frac{\partial \phi}{\partial x}n_x+\frac{\partial \phi}{\partial y}n_y, \qquad (3.21)
$$

另外,取

$$
v=-\bar{v}, \qquad (3.22)
$$

并不失一般性(因为这两个函数都是任意的)我们可以把式(3.20)写成

$$
\int_{\Omega}\nabla^{\mathrm{T}}vk\nabla\phi\mathrm{d}\Omega-\int_{\Omega}vQ\mathrm{d}\Omega-\int_{\Gamma_q}v\bar{q}\mathrm{d}\Gamma-\int_{\Gamma_\phi}vk\frac{\partial \phi}{\partial n}\mathrm{d}\Gamma=0, \qquad (3.23)
$$

式中算子 ∇ 就是

$$
\nabla=\begin{Bmatrix}\dfrac{\partial}{\partial x}\\ \dfrac{\partial}{\partial y}\end{Bmatrix}.
$$

我们注意到:

(a) 变量 ϕ 已从沿边界 Γ_q 的积分中消失，并且该边界上的边界条件

$$
B(\phi)=k\frac{\partial \phi}{\partial n}-\bar{q}=0
$$

自动地获得满足. 这种条件称为**自然边界条件**;

(b) 如果限于选择满足**强加边界条件** $\phi-\bar{\phi}=0$ 的 ϕ，我们就可通过选择 v 使得在 Γ_ϕ 上 $v=0$，从而去掉式(3.23)的最后一项.

式(3.23)的形式是同式(3.17)等价的热传导表达形式的弱形式. 它允许热传导系数 k 不连续以及温度 ϕ 的一阶导数不连续，而在微分形式中这种事实上可能存在的情况却是不允许的.

3.4 对积分表达形式的近似;加权余值法

如果用展开式(3.3)

$$\mathbf{u} \approx \hat{\mathbf{u}} = \sum_{1}^{r} \mathbf{N}_i \mathbf{a}_i = \mathbf{N}\mathbf{a} \tag{3.3}$$

来近似未知函数 $\mathbf{u}$，那么在一般情况下显然不可能同时满足微分方程及边界条件. 我们取有限个给定的函数

$$\mathbf{v} = \mathbf{w}_j; \quad \bar{\mathbf{v}} = \bar{\mathbf{w}}_j \ (j = 1, 2, \cdots, n), \tag{3.24}$$

式中 n 是在问题中所考虑的未知参数 $\mathbf{a}_i$ 的个数($n \leqslant r$)，如果用这些函数来代替任意的函数 $\mathbf{v}$ 及 $\bar{\mathbf{v}}$，就能够通过积分表达形式(3.16)或(3.17)求出近似解.

这样一来,由式(3.16)或(3.17)产生一组代数方程,由此便能确定参数 $\mathbf{a}$，即对于式(3.16)我们有方程组

$$\int_{\Omega} \mathbf{w}_j \mathbf{A}(\mathbf{N}\mathbf{a}) \mathrm{d}\Omega + \int_{\Gamma} \bar{\mathbf{w}}_j^{\mathrm{T}} \mathbf{B}(\mathbf{N}\mathbf{a}) \mathrm{d}\Gamma = 0, \ (j = 1, 2, \cdots, n), \tag{3.25}$$

或由式(3.17)有

$$\int_{\Omega} \mathbf{C}(\mathbf{w}_j)^{\mathrm{T}} \mathbf{D}(\mathbf{N}\mathbf{a}) \mathrm{d}\Omega + \int_{\Gamma} \mathbf{E}(\bar{\mathbf{w}}_j)^{\mathrm{T}} \mathbf{F}(\mathbf{N}\mathbf{a}) \mathrm{d}\Gamma = 0, \quad (j = 1, 2, \cdots, n). \tag{3.26}$$

如果我们注意到 $\mathbf{A}(\mathbf{N}\mathbf{a})$ 表示把近似式代入微分方程所得的余值或误差(而 $\mathbf{B}(\mathbf{N}\mathbf{a})$ 表示边界条件的余值)，那么式(3.25)是这种余值的加权积分. 因此,这种近似法可称为加权余值法.

克兰德尔(Crandall)[1] 首先在经典的意义下介绍了这一方法,他列举了上世纪末以来所用的各种形式. 最近,芬利森(Finlayson)[2] 对这一方法作了十分全面的论述. 显然，几乎任何一组独立函数 $\mathbf{w}_j$ 都可用来作为权函数，根据函数选择的不同，可以对

每种方法起不同的名称．各种常见的方法是：

(a) 点配位法[3]

$\mathbf{w}_j=\boldsymbol{\delta}_j$，这里 $\boldsymbol{\delta}_j$ 是这样的，对 $x\neq x_j$，$y\neq y_j$，$\mathbf{w}_j=0$，但 $\int_\Omega \mathbf{w}_j \mathrm{d}\Omega=\mathbf{I}$（单位矩阵）．这个方法等价于使域中 n 个点处的余值为零，而积分是"名义上的"（虽然这里所定义的 $\mathbf{w}_j$ 不满足 3.2 节的可积性准则，但这是允许的）．

(b) 子域配位法[4]

在 Ω_j 中 $\mathbf{w}_j=\mathbf{I}$，在其余地方 $\mathbf{w}_j$ 为零．这实质上是使误差的积分在规定的子域上为零．

(c) 伽辽金法[5,6]

$\mathbf{w}_j=\mathbf{N}_j$．这里把原来的形状（基）函数就作为权函数．正如我们将看到的那样，这个方法往往(并非总是)导致对称的矩阵，由于这个原因以及别的原因，在我们的有限元著作中几乎无例外地采用它．

"加权余值"这个名称显然比"有限元法"这个名称老得多．后者主要是在表达式 (3.3) 中采用局部基（单元）函数，但总的方法是一样的．因为加权余值法导出的积分形式的方程组总是能够通过叠加各子域的贡献而得，我们主张将所有的加权余值近似都包括在有限元这一名称之内．我们还将看到，同时采用局部和"全局"试探函数往往有好处．

在数学文献中，布勃诺夫 (Bubnov)-伽辽金[6]的名字经常同采用 $\mathbf{w}_j=\mathbf{N}_j$ 这种权函数联系在一起．

3.5 例子

为了说明加权余值近似法及其与有限元法的关系，让我们考虑一些具体的例子．

例 1　一维热传导方程（图3.3）这里的问题是热传导方程 (3.10) 的一维形式，并且热传导系数取为 1．（这个问题同样代表了其它许多物理问题，如受载弦的变形．）我们在这里有

$$A(\phi)=\frac{d^2\phi}{dx^2}+Q=0,\ (0\leqslant x\leqslant 1), \tag{3.27}$$

式中 $Q=Q(x)$ 被给定为

$$Q=1(0\leqslant x<L/2) \text{ 和 } Q=0(L/2<x\leqslant 1).$$

所设的边界条件是 $x=0$ 和 $x=L$ 处 $\phi=0$.

在这第一种情况下，我们考察傅里叶（Fourier）级数形式的一项和二项近似,即

$$\phi\approx\hat{\phi}=\Sigma a_i\sin\frac{\pi xi}{L};\quad N_i=\sin\frac{\pi xi}{L}, \tag{3.28}$$

这里分别取 $i=1$ 和 $i=1,2$. 它们都精确满足边界条件，并且在整个域中是连续的. 因此式(3.16)或(3.17)都可用来求近似解. 我们将用前者，它允许使用各种权函数. 我们把这个问题及其用点配位法、子域配位法和伽辽金法所得的解答画在图 3.3 中[1].

因为所选的展开式预先满足了边界条件，所以不需要将其引入如下简单给出的公式中：

$$\int_0^L w_j\left[\frac{d^2}{dx^2}(\Sigma N_i a_i)+Q\right]dx=0. \tag{3.29}$$

请读者作为一个练习,将这个问题全部做完.

对于真正的有限元法来讲,更为重要的是用分片定义的(局部基)函数代替式(3.28)的全局函数.

这里,为避免强加斜率连续性,我们将采用分部积分式(3.29)所得的相当于式(3.17)的表达形式,即

$$\int_0^L\left[\frac{dw_j}{dx}\frac{d}{dx}\Sigma N_i a_i-w_jQ\right]dx=0. \tag{3.30}$$

因为在两端处 $w_j=0$, 边界项不出现.

上面的方程可以写成

$$\mathbf{Ka}+\mathbf{f}=0. \tag{3.31}$$

---

1) 在用 $i=1, x_i=L/2$ 的点配置法的情况中,关于 Q 值的取法发生困难(因为它既可是 1, 又可是零). 因此, 在本例中取其值为 $\frac{1}{2}$.

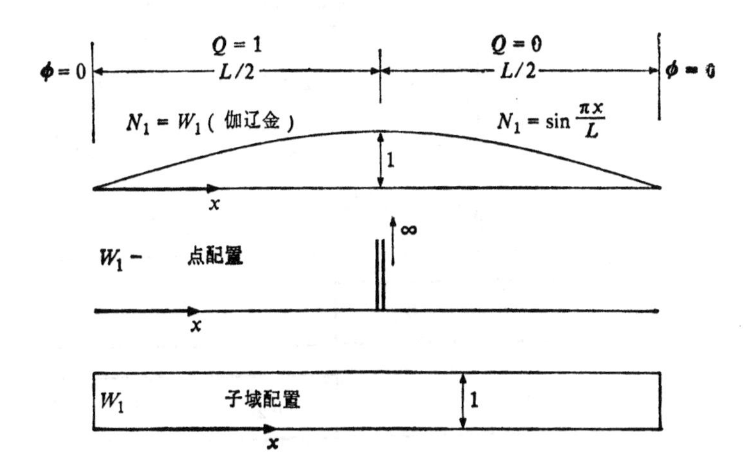

$Q=1$
$Q=0$
$\phi=0$
$L/2$
$L/2$
$\phi=0$
$N_1=W_1$（伽辽金）
$N_1=\sin\frac{\pi x}{L}$
1
x
∞
W_1 - 点配置
x
W_1 子域配置
1
x

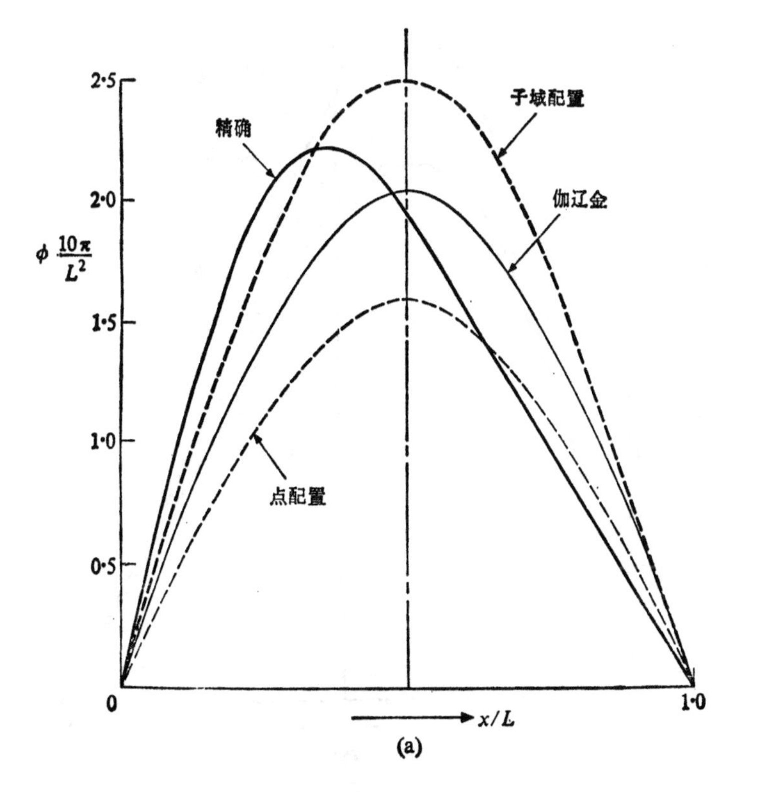

2·5
2·0
1·5
1·0
0·5
0
1·0
$\phi\frac{10\pi}{L^2}$
精确
子域配置
伽辽金
点配置
x/L

(a)

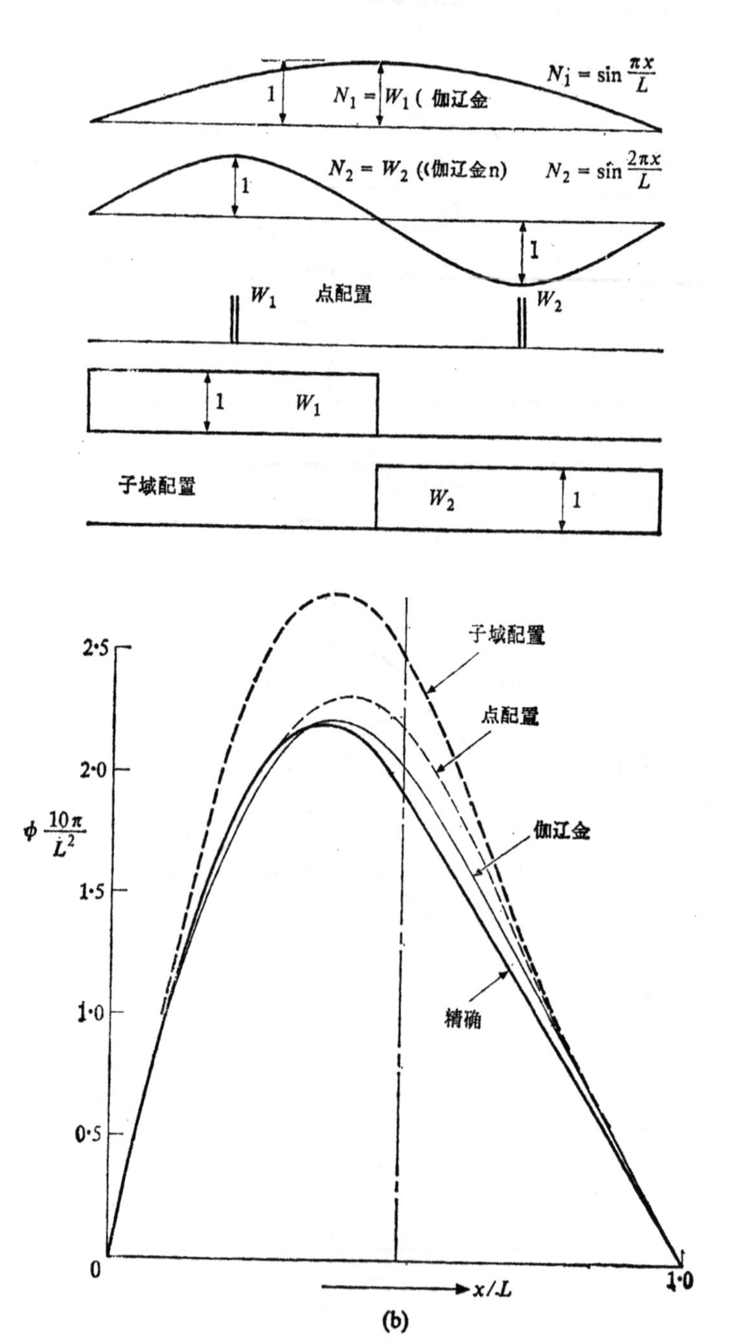

图 3.3 一维热传导. (a) 用各种加权余值法的一项解.
(b) 用各种加权余值法的二项解.

这里，对于每个长度为 L^e 的“单元”有

$$K_{ij}^e = \int_0^{L^e} \frac{\mathrm{d}w_j}{\mathrm{d}x}\frac{\mathrm{d}N_i}{\mathrm{d}x}\mathrm{d}x,$$
$$f_j^e = -\int_0^{L^e} w_j Q \mathrm{d}x, \tag{3.32}$$

通常的叠加规则在此适用，即

$$K_{ij} = \int_0^{L}\frac{\mathrm{d}w_j}{\mathrm{d}x}\frac{\mathrm{d}N_i}{\mathrm{d}x}\mathrm{d}x;$$
$$f_j = -\int_0^{L} w_j Q \mathrm{d}x. \tag{3.33}$$

在计算中，我们将用伽辽金法，即 $w_j = N_j$，读者将会发现，此时矩阵 $\mathbf{K}$ 是对称的，即 $K_{ij} = K_{ji}$。

因为形状函数只需要具有 C_0 连续性，如图 3.4 所示，用分片线性近似很方便．考察所示的典型单元 ij，我们可以写出（把 x 的原点移到点 i）

$$N_j = x/L^e, \quad N_i = (L^e - x)/L^e, \tag{3.34}$$

对一个典型的单元有

$$K_{ij}^e = K_{ji}^e = -1/L^e; \quad K_{ii} = K_{jj} = 1/L^e;$$
$$f_j^e = QL^e/2 = f_i^e. \tag{3.35}$$

集合节点 i 处的一个典型的方程这件工作留给读者去做，建议读者完成全部的计算，以得到图 3.4 中所示采用二单元和四单元剖分时的结果．

如果把图 3.3 和图 3.4 的结果加以比较，就立即会发现一些感兴趣的问题．从整体上看，采用光滑全局形状函数的伽辽金法，比未知参数 $\mathbf{a}$ 的数目相同但采用局部基函数的伽辽金法给出的结果好．我们将发现这是一个普遍的规律，同时近似的阶次越高，所得的精度越好． 另外我们还会看出，在节点处线性近似给出精确的解答． 遗憾的是这不代表普遍的情况[7]，而是所解方程的特性所致．最后，读者会看出，一旦单元性质式 (3.35) 推导出来，无论剖分得多细，建立方程组是多么容易． 采用全局近似就不是这种情况，此时必须对每个新引进的参数实行新的积分． 这一可重复性

正是有限元法的一个优点.

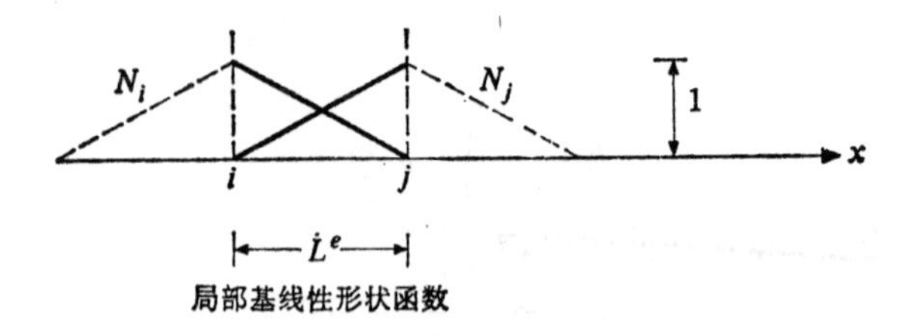

局部基线性形状函数

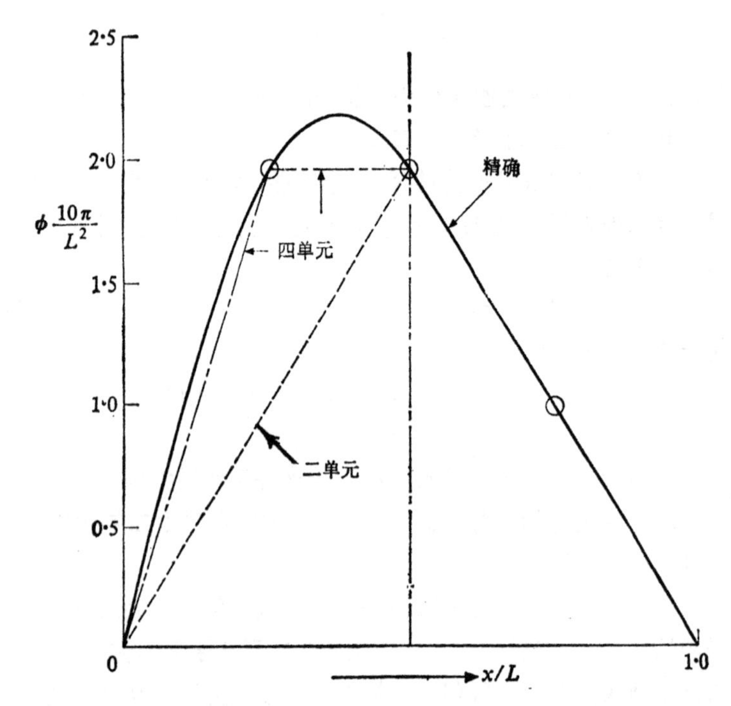

图 3.4 对图 3.3 的问题采用线性局部基形状函数得到的伽辽金-有限元解

例 2 二维的稳态热传导-对流. 伽辽金法我们已在 3.1 节中介绍了这个问题，并以带有适当边界条件的方程 (3.11) 定义它. 与简单热传导方程不同之处仅在于有了对流项，简单热传导方程的弱形式前已得到，见式(3.23). 代入 $v = w_i$ 并加上对流项，我们可直接由此写出加权余值方程. 于是有

$$\int_{\Omega} \nabla^{T} w_j k \nabla \hat{\phi} d\Omega - \int_{\Omega} w_j \left(u \frac{\partial \hat{\phi}}{\partial x} + v \frac{\partial \hat{\phi}}{\partial y} \right) d\Omega$$

$$- \int_{\Omega} w_j Q d\Omega - \int_{\Gamma q} w_j \bar{q} d\Gamma = 0, \qquad (3.36)$$

式中，$\hat{\phi} = \Sigma N_i a_i$ 在边界 Γ_ϕ 上取给定的值 $\bar{\Phi}$，并且在该边界上 $w_j = 0$。

这里专门用伽辽金法，即取 $w_j = N_j$，我们立即得到以下形式的方程组：

$$\mathbf{Ka} + \mathbf{f} = 0, \qquad (3.37)$$

式中

$$K_{ji} = \int_{\Omega} \nabla^{T} N_j k \nabla^{T} N_i d\Omega - \int_{\Omega} \left(N_j u \frac{\partial N_i}{\partial x} + N_j v \frac{\partial N_i}{\partial y} \right) d\Omega$$

$$= \int_{\Omega} \left(\frac{\partial N_j}{\partial x} k \frac{\partial N_i}{\partial x} + \frac{\partial N_j}{\partial y} k \frac{\partial N_i}{\partial y} \right) d\Omega$$

$$- \int_{\Omega} \left(N_j u \frac{\partial N_i}{\partial x} + N_j v \frac{\partial N_i}{\partial y} \right) d\Omega, \qquad (3.38a)$$

$$f_j = - \int_{\Omega} N_j Q d\Omega - \int_{\Gamma q} N_j \bar{q} d\Gamma. \qquad (3.38b)$$

跟上一个例子一样，能够对一个典型的单元计算分量 K_{ji} 和 f_j，并按标准方法建立方程组.

在这里指出这样一点很重要：为满足边界条件，必须给定参数 $\mathbf{a}_i$ 中的某些分量，方程的数目必须仅等于未知参数的个数. 然而，比较方便的办法是：对所有的参数形成全部方程，完全按照第一章中所述把给定的边界条件代入标准离散问题中的方法，在最后规定已知的值.

这里应当进一步对系数矩阵 $\mathbf{K}$ 作些说明. 对应于热传导方程的第一部分是对称的，但第二部分是不对称的，因此需要求解非对称的方程组. 我们将在 3.11 节中讨论出现这种非对称性的原因.

为使问题具体起见，考察域 Ω，把它剖分成边长为 h 的规则正方单元(图 3.5). 取角点为节点，为保持 C_0 连续性，可将形状函

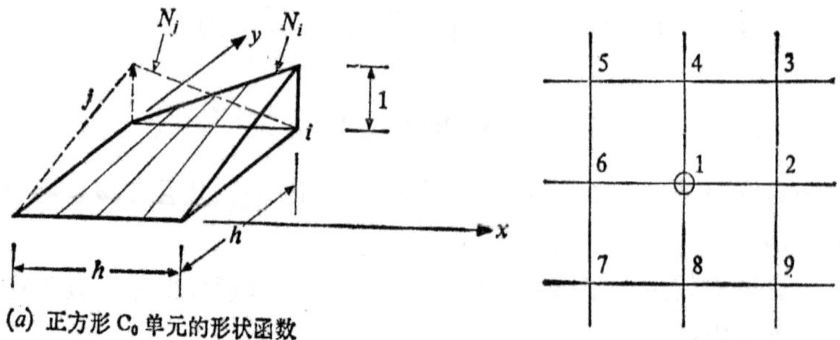

图 3.5　具有 C_0 连续性的线性正方形单元

数写成线性展开式的乘积．例如，如图 3.5 所示，对于节点 i，

$$N_i = \frac{x}{h} \cdot \frac{y}{h},$$

而对于节点 j，

$$N_j = \frac{(h-x)}{h} \cdot \frac{y}{h},\ \text{等等}.$$

请读者用这些形状函数计算典型单元的贡献，并集合该网格中节点 1 的方程，节点编号如图 3.5 所示．结果将是（如果不存在 Γ_q 型边界，且假设 Q 是常数）

$$\begin{aligned}
\frac{8}{3} a_1 &- \left(\frac{1}{3} - \frac{uh}{3k} - \frac{vh}{6k}\right) a_2 - \left(\frac{1}{3} - \frac{uh}{12k} - \frac{vh}{12k}\right) a_3 \\
&- \left(\frac{1}{3} - \frac{uh}{6k} - \frac{vh}{3k}\right) a_4 - \left(\frac{1}{3} + \frac{uh}{12k} - \frac{vh}{12k}\right) a_5 \\
&- \left(\frac{1}{3} + \frac{uh}{3k} - \frac{vh}{6k}\right) a_6 - \left(\frac{1}{3} + \frac{uh}{12k} + \frac{vh}{6k}\right) a_7 \\
&- \left(\frac{1}{3} - \frac{uh}{6k} + \frac{vh}{3k}\right) a_8 - \left(\frac{1}{3} + \frac{uh}{12k} + \frac{vh}{12k}\right) a_9 \\
&= 4h^2 Q.
\end{aligned} \tag{3.39}$$

这个方程类似于按十分标准的方式用有限差分近似法处理同一问题所得的方程[8,9]．在所讨论的这个例子中，当对流项较大时，出现某些困难．在这种情况下，伽辽金加权法不能应用，必须采用其

它的形式．这个问题在第二十二章 22.8 节中详细讨论．

3.6 作为分析固体或流体的平衡方程"弱形式"的虚功原理

在前一章中，我们介绍有限元法，是通过把它应用于弹性固体力学问题的方式进行的．建立有限元近似法的公式系统所必需的积分表达形式，可以通过虚功原理给出；我们认为虚功原理是如此基本，以致无需加以证明．事实上，对于许多人来说的确是这样的，虚功原理被认为是一个比传统的牛顿（Newton）运动定律的平衡条件更为基本的力学原理．有一些人会不同意这一观点，并指出一切有关功的定理都是从关于质点平衡的经典定律导出的．因此，我们将在本节中证明，虚功原理就是平衡方程的"弱形式"．

在一般三维连续体中，微元体的平衡方程可以用对称的笛卡儿（Descartes）应力张量的分量写成[10]

$$\begin{Bmatrix} \dfrac{\partial\sigma_{xx}}{\partial x}+\dfrac{\partial\tau_{xy}}{\partial y}+\dfrac{\partial\tau_{xz}}{\partial z} \\ \dfrac{\partial\sigma_{y}}{\partial y}+\dfrac{\partial\tau_{yx}}{\partial x}+\dfrac{\partial\tau_{yz}}{\partial z} \\ \dfrac{\partial\sigma_{z}}{\partial z}+\dfrac{\partial\tau_{xz}}{\partial x}+\dfrac{\partial\tau_{yz}}{\partial y} \end{Bmatrix}+\begin{Bmatrix} b_x \\ b_y \\ b_z \end{Bmatrix}=0, \tag{3.40}$$

式中 $\mathbf{b}^{\mathrm{T}}=[b_x, b_y, b_z]$ 表示作用于单位体积上的力（其中也可包括加速度效应）．

在固体力学中，这六个应力分量是位移分量

$$\mathbf{u}^{\mathrm{T}}=[u, v, w] \tag{3.41}$$

的某个一般函数，而在流体力学中，它们是速度向量 $\mathbf{u}$ 的函数，其分量也如式(3.41)所示．因此，方程(3.40)可以看成是一般形式的方程(3.1)，即 $\mathbf{A}(\mathbf{u})=0$．为了得到弱形式，我们象前面一样进行，引进一个任意的权函数向量 $\delta\mathbf{u}$:

$$\delta\mathbf{u}^{\mathrm{T}}=[\delta u, \delta v, \delta w]. \tag{3.42}$$

现在我们可以将积分表达形式(3.13)写成

$$\int_V \delta\mathbf{u}^{\mathrm{T}}\mathbf{A}(\mathbf{u})\mathrm{d}V = \int_V \left[\delta u\left(\frac{\partial\sigma_x}{\partial x} + \frac{\partial\tau_{xy}}{\partial y} + \frac{\partial\tau_{xz}}{\partial z} + b_x\right)\right.$$
$$\left. + \delta v(\cdots) + \delta w(\cdots)\right]\mathrm{d}V, \tag{3.43}$$

式中 V 是该问题所占区域的体积.

逐项分部积分并重新整理之后,我们可将上式写成

$$-\int_V \left[\sigma_x \frac{\partial}{\partial x}(\delta u) + \tau_{xy}\left(\frac{\partial}{\partial y}(\delta v) + \frac{\partial}{\partial x}(\delta u)\right)\right.$$
$$\left. + \cdots - \delta u b_x - \delta v b_y - \delta w b_z\right] dV$$
$$+ \int_A [\delta u(\sigma_x n_x + \tau_{xy} n_y + \tau_{xz} n_z)$$
$$+ \cdots + \delta v(\cdots) + \delta w(\cdots)] dA = 0, \tag{3.44}$$

式中 A 是固体的表面面积(这里再次用了附录 3 中的格林公式).

我们可以在第一个方括号中立即认出作用于虚位移(或虚速度) $\delta\mathbf{u}$ 的小应变算子. 因此,我们可引进虚应变(或虚应变率)

$$\delta\boldsymbol{\varepsilon} = \begin{Bmatrix} \frac{\partial}{\partial x}(\delta u) \\ \frac{\partial}{\partial y}(\delta v) \\ \frac{\partial}{\partial z}(\delta w) \\ \vdots \end{Bmatrix}. \tag{3.45}$$

类似地,第二个积分中的项是作用于表面 A 每单位面积上的力 $\mathbf{t}$:

$$\mathbf{t} = [t_x, t_y, t_z]. \tag{3.46}$$

把六个应力分量排列成向量 $\boldsymbol{\sigma}$, 同样把六个虚应变(或虚应变率)分量排列成向量 $\delta\boldsymbol{\varepsilon}$, 我们可以将式(3.44)简写成

$$\int_V \delta\boldsymbol{\varepsilon}^{\mathrm{T}}\boldsymbol{\sigma}\mathrm{d}V - \int_V \delta\mathbf{u}^{\mathrm{T}}\mathbf{b}\mathrm{d}V - \int_\Gamma \delta\mathbf{u}^{\mathrm{T}}\mathbf{t}\mathrm{d}\Gamma = 0, \tag{3.47}$$

这就是第二章式(2.10)和(2.22)中所用的虚功原理.

我们由以上可见,虚功原理正是平衡方程的弱形式,它对线性以及非线性应力-应变(或应力-应变率)关系都成立.

我们在第二章中推导的有限元近似，事实上就是应用于平衡方程的加权余值过程的伽辽金法. 这样一来，如果我们取 $\delta\mathbf{u}$ 为形状函数：

$$\delta\mathbf{u}=\mathbf{N}, \tag{3.48}$$

这里位移场被离散化，即

$$\mathbf{u}=\Sigma\mathbf{N}_i\mathbf{a}_i, \tag{3.49}$$

并配合本构关系式(2.5)，我们将再一次推导出第二章的所有基本表达式，这些公式对于求解弹性力学问题是很重要的.

正如第二十二章所述，类似的表达式对于相应的流体力学问题也十分重要.

3.7 部分离散化

当用标准展开式(3.3)求微分方程(3.1)的近似解时，我们假设在形状函数 $\mathbf{N}$ 中包含了该问题的所有独立坐标，并且假设 $\mathbf{a}$ 是一组常数. 于是，最终的近似方程组总是代数方程组，由此可确定唯一的一组常数.

在某些问题中，用另外的办法处理比较方便. 例如，如果独立变量是 x，y 和 z，我们可令参数 $\mathbf{a}$ 是 z 的函数，并且仅在 x，y 域(譬如 $\bar{\Omega}$)中作近似展开式. 于是，代替式(3.3)，我们有

$$\begin{aligned}\mathbf{u}&=\mathbf{N}\mathbf{a},\\ \mathbf{N}&=\mathbf{N}(x,y),\\ \mathbf{a}&=\mathbf{a}(z).\end{aligned} \tag{3.50}$$

显然，在最终的离散化中将保留 $\mathbf{a}$ 对 z 的导数，结果将是以 z 为独立变量的常微分方程组. 在线性问题中，这种方程组的形式是

$$\mathbf{K}\mathbf{a}+\mathbf{C}\dot{\mathbf{a}}+\cdots+\mathbf{f}=0, \tag{3.51}$$

式中 $\dot{\mathbf{a}}=(\mathrm{d}/\mathrm{d}z)\mathbf{a}$，其余类推.

显然，可以按各种方式运用这种部分离散化，但是当域 $\bar{\Omega}$ 跟 z 无关时，即当问题是柱形的时，它特别有用. 在这种情况下，常微分方程(3.51)的系数跟 z 无关，解方程组往往能用标准的解析法有效地进行.

这一类型的部分离散化已被康脱洛维奇 (Kantorovich)[11] 广泛采用,并且常常被称为康脱洛维奇方法. 在第十五章中,我们将讨论处理棱柱形固体的这种半解析法,在那里最终解借助于傅里叶级数得到. 最常遇到的“棱柱形”问题是涉及时间变量的问题,这里空间域 $\bar{\Omega}$ 是不改变的. 我们将在第二十章和第二十一章中详细讨论这种问题;不过,作为一个例子,在这里考察一下瞬态二维热传导方程是方便的. 这个方程通过在方程(3.10)中加上热存储项 $c(\partial\phi/\partial t)$ 而得到,这里 c 是比热. 现在,我们的问题是在域 $\Omega(x, y, t)$ 中提出的,其中以下方程成立:

$$A(\phi) = \frac{\partial}{\partial x}\left(k\frac{\partial\phi}{\partial x}\right) + \frac{\partial}{\partial y}\left(k\frac{\partial\phi}{\partial y}\right) + Q - c\frac{\partial\phi}{\partial t} = 0, \tag{3.52}$$

边界条件同方程(3.10)的一样. 取

$$\phi \approx \hat{\phi} = \Sigma N_i a_i, \tag{3.53}$$

式中 $a_i = a_i(t)$, $N_i = N_i(x, y)$. 用伽辽金加权法,按式(3.36)—(3.38)的步骤做下去,得到常微分方程组

$$\mathbf{Ka} + \mathbf{C}\frac{d\mathbf{a}}{dt} + \mathbf{f} = 0. \tag{3.54}$$

这里 K_{ij} 的表达式同式(3.38a)一样(略去对流项), f_i 同式(3.38b)一样,并且读者可以验证,矩阵 $\mathbf{C}$ 由下式确定:

$$C_{ij} = \int_\Omega N_i c N_j \mathrm{d}x\mathrm{d}y. \tag{3.55}$$

矩阵 $\mathbf{C}$ 仍然可由单元的贡献集合而得. 在第二十一章和第二十二章中,我们还将详尽地讲述解这种常微分方程组所可能应用的解析法或数值法. 然而,为了说明部分离散化法的细节及优点,我们将考察一个十分简单的例子.

例子 考虑一个边界为 L 的正方形棱柱,将瞬态热传导方程(3.52)应用于这个问题,并假设发热率随时间而变化:

$$Q = Q_0 e^{-\alpha t} \tag{3.56}$$

(这近似表示混凝土水化时的放热问题). 我们假设, $t=0$ 时,处处有 $\phi=0$. 此外,还假设在任何时刻,边界上处处有 $\phi=0$.

作为第一级近似,取单参数解的形状函数:

$$\phi = N_1 a_1;$$

$$N_1 = \cos\frac{\pi x}{L}\cos\frac{\pi y}{L}, \tag{3.57}$$

式中 x, y 从中心量起(图 3.6).

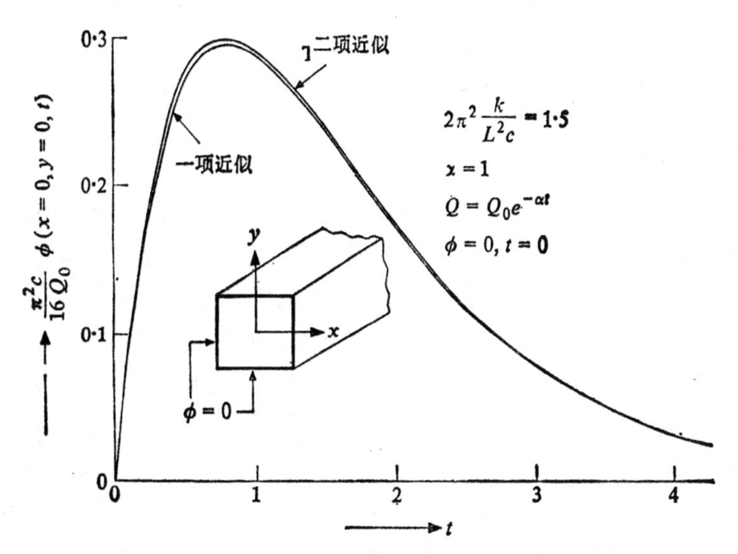

图 3.6 正方形棱柱体中的二维瞬态放热——中心处的温度变化

计算系数,我们得到

$$K_{11} = \int_{-L/2}^{L/2}\int_{-L/2}^{L/2}\left[k\left(\frac{\partial N_1}{\partial x}\right)^2 + k\left(\frac{\partial N_1}{\partial y}\right)^2\right]\mathrm{d}x\mathrm{d}y = \frac{\pi^2 k}{2},$$

$$C_{11} = \int_{-L/2}^{L/2}\int_{-L/2}^{L/2} cN_1\mathrm{d}x\mathrm{d}y = \frac{L^2 c}{4}, \tag{3.58}$$

$$f_1 = \int_{-L/2}^{L/2}\int_{-L/2}^{L/2} N_1 Q_0 e^{-\alpha t}\mathrm{d}x\mathrm{d}y = \frac{4Q_0 L^2}{\pi^2}e^{-\alpha t}.$$

这导致具有一个参数 a_1 的常微分方程

$$C_{11}\frac{da_1}{dt} + K_{11}a_1 + f_1 = 0, \tag{3.59}$$

初始条件为 $t=0$ 时 $a_1=0$．这个方程的精确解容易得到，图 3.6 示出了参数 α 和 k/L^2c 取某特定值时的结果．

在该图中，还示出了两参数解，其中

$$N_2=\cos\frac{3\pi x}{L}\cos\frac{3\pi y}{L}, \tag{3.60}$$

读者可以自己做一遍，以考核对方法的理解程度．这里由于需要满足对称性，傅里叶级数的第二分量不予考虑．

应当指出，在这个例子中，仅一项近似就达到较高的精度．

3.8 收敛性

在前几节中，我们已经讨论了如何用借助于试探或形状函数表示的未知函数展开式求得近似解．此外，我们还叙述了为了能够在区域上计算各种积分，这种函数所应满足的必要条件．因此，如果各种积分仅含 N 本身或其一阶导数，则 N 必须是 C_0 连续的．如果涉及到二阶导数，则需要 C_1 连续性，余此类推．我们尚未讨论的问题是：近似解的精度如何？如何系统地改进它以逼近精确解？第一个问题几乎不可能给予回答，它取决于预先对精确解的了解．第二个问题比较合理，倘若我们考虑某一系统化的方法，其中假设标准展开式(3.3)中参数 $\mathbf{a}$ 的个数不断增加，那么这个问题能够回答．

在某些例子中(例如 3.4 节例 1 及 3.7 节的例子)，我们实际上是取有限项的三角傅里叶型级数，并在整个区域上取单一形式的试探函数．这里，增加新项很简单，就是增加该分析中所包含的级数的项数，并且我们知道，傅里叶级数当项数增加时能以任一所希望的精度表示任一所希望的函数，于是我们可以讨论当项数增加时近似解对于正确解的收敛性．

在本章的其余例子中，我们用了局部基函数，这是有限元分析的基础．这里，我们心照不宣地假设，当单元的尺寸减小，以及因此节点参数 $\mathbf{a}$ 的数目增加时，结果是收敛的．我们所要研究的，正是这种收敛性，在第二章 2.6 节的弹性固体分析中，我们已经讨论过这个问题.

显然,我们现在必须确定:

(a) 当单元数目增加时，未知函数能够如所希望的那样逼近正确解;

(b) 误差如何随单元剖分的尺寸 h 的减小而减小. (这里 h 可以是单元的某个典型的尺寸.)

第一个问题是展开式的完备性问题,我们在这里假设,所有的试探函数都是多项式(或至少包含多项式展开式的某些项).

显然,这里所讨论的近似是对式(3.13)或(3.17)这类弱积分形式而言的，所以积分号下的每一项必须在极限的情况下能够尽可能精确地被近似，尤其是，在域 Ω 的无限小部分上能给出常数值.

如果在这种项中存在 m 阶导数，则显然局部多项式必须至少是 m 阶的,以便在极限情况下得到这样的常数值.

因此我们可以说，展开式收敛的必要条件是完备性准则：当任一单元的尺寸趋于零时，在单元域中可获得常数值的 m 阶导数(若在积分形式中出现 m 阶导数的话).

如果形状函数 N 中所用的多项式完备到第 m 阶，则这个准则自动地得到保证. 这个准则也等价于第二章 2.5 节中提出的常应变准则.

如果有限元展开式中所用的完备多项式的真实阶次 $p \geqslant m$，那么通过观察这一多项式如何逼近未知量 $\mathbf{u}$ 的局部泰勒展开式，就能够确知收敛阶次. 因为仅 p 阶项可正确地给出，显然误差的阶次就是 $O(h^{p+1})$.

如果有了网格尺寸接连变小几次的计算结果，则关于收敛阶次的知识有助于判断近似的程度. 以上我们再次建立了第二章中讨论过的某些条件.

在许多情况下，用不满足连续性要求的近似可得到收敛并且确实有改进的结果,除再次一提外，这里将仍不讨论这个问题(见第十一章.)

变 分 原 理

3.9 什么是"变分原理"？

什么是变分原理？它们对于求连续体问题的近似解有什么用处？以下几节将回答这些问题.

首先提一个定义："变分原理"是针对按以下积分形式定义的标量(泛函)Π而言的：

$$\Pi = \int_{\Omega} F\left(\mathbf{u}, \frac{\partial}{\partial x}\mathbf{u}, \cdots\right) \mathrm{d}\Omega + \int_{\Gamma} E\left(\mathbf{u}, \frac{\partial}{\partial x}\mathbf{u}, \cdots\right) \mathrm{d}\Gamma, \tag{3.61}$$

式中 $\mathbf{u}$ 是未知函数，而F和E是给定的算子. 对于小变化 δu 使Π取驻值的函数 $\mathbf{u}$，就是连续体问题的解. 因此，对于连续体问题的解，有变分为零，即

$$\delta\Pi = 0. \tag{3.62}$$

这就叫作变分原理.

如果能够找到一个"变分原理"，那么就立即可建立以适合于有限元分析的标准积分形式求得近似解的办法.

设试探函数展开式取通常的形式：

$$\mathbf{u} \approx \hat{\mathbf{u}} = \Sigma \mathbf{N}_i \mathbf{a}_i, \tag{3.3}$$

我们可把它代入式(3.61)，并写出

$$\delta\Pi = \frac{\partial \Pi}{\partial \mathbf{a}_1}\delta\mathbf{a}_1 + \frac{\partial \Pi}{\partial \mathbf{a}_2}\delta\mathbf{a}_2 + \cdots = \frac{\partial \Pi}{\partial \mathbf{a}}\delta\mathbf{a} = 0. \tag{3.63}$$

上式应对任意的 $\delta\mathbf{a}$ 均成立，于是得方程组

$$\frac{\partial \Pi}{\partial \mathbf{a}} = \begin{Bmatrix} \dfrac{\partial \Pi}{\partial \mathbf{a}_1} \\ \vdots \\ \dfrac{\partial \Pi}{\partial \mathbf{a}_n} \end{Bmatrix} = 0, \tag{3.64}$$

由此可求出参数 $\mathbf{a}_i$. 因为 Π 的原始定义是借助于区域积分和边界积分给出的，这些方程具有有限元近似所必需的积分形式.

对于试探函数的参数 $\mathbf{a}$ 求驻值的方法是个老方法，它与雷利[12]及里茨[13]的名字联系在一起. 这种方法在有限元分析中极为重要，许多研究者把有限元作为"变分步骤"的代表.

如果泛函 Π 是"二次泛函"，即函数 $\mathbf{u}$ 及其导数以幂次不超过 2 的形式出现，则式(3.64)化为类似于式(3.8)的标准线性形式，即

$$\frac{\partial \Pi}{\partial \mathbf{a}} = \mathbf{K}\mathbf{a} + \mathbf{f} = 0. \tag{3.65}$$

容易证明，矩阵 $\mathbf{K}$ 此时总是对称的. 为了证明这一点，让我们以一般方式考虑向量 $\partial \Pi / \partial \mathbf{a}$ 的变分. 我们能够把它写成

$$\begin{aligned}\delta\left(\frac{\partial \Pi}{\partial \mathbf{a}}\right) &= \begin{bmatrix} \dfrac{\partial}{\partial \mathbf{a}_1}\left(\dfrac{\partial \Pi}{\partial \mathbf{a}_1}\right)\delta \mathbf{a}_1 + \dfrac{\partial}{\partial \mathbf{a}_2}\left(\dfrac{\partial \Pi}{\partial \mathbf{a}_1}\right)\delta \mathbf{a}_2 + \cdots \\ \vdots \end{bmatrix} \\ &= \mathbf{K}_T \delta \mathbf{a},\end{aligned} \tag{3.66}$$

式中 $\mathbf{K}_T$ 一般称为切线"刚度"矩阵，它在非线性分析中具有重要意义(见第十八章). 现在容易看出，

$$\mathbf{K}_{Tij} = \frac{\partial^2 \Pi}{\partial \mathbf{a}_i \partial \mathbf{a}_j} = \mathbf{K}_{Tji}^{T}, \tag{3.67}$$

因此 $\mathbf{K}_T$ 是对称的.

对于二次泛函，由式(3.65)，我们有

$$\delta\left(\frac{\partial \Pi}{\partial \mathbf{a}}\right) = \mathbf{K}\delta \mathbf{a} \quad 或 \quad \mathbf{K} = \mathbf{K}^{T}, \tag{3.68}$$

因此对称性必定存在.

当变分原理存在时，便有对称的矩阵. 这个事实是变分离散化法最重要的优点之一.

那么如何建立"变分原理"呢？对于连续体问题建立变分原理总是可能的吗？

为了解答第一个问题，我们注意到，问题的物理本质往往能够

以变分原理的形式直接叙述出来．读者也许知道，诸如实现力学系统平衡的总位能极小定理，粘性流的最小能量耗散原理等等，都被许多人看成是建立公式的基础．在第二章 2.4 节中，我们已经谈到过前一个定理．

这种变分原理是"自然"变分原理，但不幸的是，并不是对于一切可建立适定微分方程的连续体问题均存在这样的原理．

然而，还有另一类变分原理，我们可称之为"人造"变分原理．对于任何可用微分方程描述的问题，总是能够建立这种人造原理，其办法是用称为拉格朗日（Lagrange）乘子的附加变量扩大未知函数 $\mathbf{u}$ 的数目，或者象最小二乘问题那样强加高阶连续性要求．在以下几节中，我们将分别讨论"自然"和"人造"变分原理．

在进一步介绍之前，应当指出，除了用变分法导出的方程具有对称性这样一点而外，有时还有别的动机．当"自然"变分原理存在时，量Π本身就可以有一定的意义．在这种情况下，变分法具有泛函容易求出这样一个优点．

读者会看出，如果泛函是"二次的"，就有方程（3.65），我们可以把近似的泛函Π就写成

$$\Pi = \frac{1}{2}\mathbf{a}^{\mathrm{T}}\mathbf{K}\mathbf{a} + \mathbf{a}^{\mathrm{T}}\mathbf{f}. \tag{3.69}$$

通过简单微分，读者便能看出上式是正确的[1]．

3.10 "自然"变分原理及其与控制微分方程的关系

3.10.1 欧拉（Euler）方程　如果考察式（3.61）和（3.62），我

1）显然，

$$\delta\Pi = \frac{1}{2}\,\delta(\mathbf{a}^{\mathrm{T}})\mathbf{K}\mathbf{a} + \frac{1}{2}\,\mathbf{a}^{\mathrm{T}}\mathbf{K}\delta\mathbf{a} + \delta\mathbf{a}^{\mathrm{T}}\mathbf{f}.$$

因为 $\mathbf{K}$ 是对称的，所以有

$$\delta\mathbf{a}^{\mathrm{T}}\mathbf{K}\mathbf{a} \equiv \mathbf{a}^{\mathrm{T}}\mathbf{K}\delta\mathbf{a},$$

因此由

$$\delta\Pi = \delta\mathbf{a}^{\mathrm{T}}(\mathbf{K}\mathbf{a} + \mathbf{f}) = 0$$

给出

$$\mathbf{K}\mathbf{a} + \mathbf{f} = 0.$$

们看出，为了使 Π 取驻值，经过某些微分运算之后，我们可以写出

$$\delta \Pi = \int_{\Omega} \delta \mathbf{u}^{\mathrm{T}} \mathbf{A}(\mathbf{u}) \mathrm{d}\Omega + \int_{\Gamma} \delta \mathbf{u}^{\mathrm{T}} \mathbf{B}(\mathbf{u}) \mathrm{d}\Gamma = 0. \tag{3.70}$$

因为上式必须对于任意的变分 $\delta\mathbf{u}$ 都成立，我们必有

$$\begin{aligned} &\mathbf{A}(\mathbf{u}) = 0, \text{ 在}\Omega\text{中}, \\ &\mathbf{B}(\mathbf{u}) = 0, \text{ 在}\Gamma\text{上}. \end{aligned} \tag{3.71}$$

如果 $\mathbf{A}(\mathbf{u}) = 0$ 正好对应于控制该问题的微分方程，而 $\mathbf{B}(\mathbf{u})=0$ 对应其边界条件，那么这个原理就是自然变分原理．方程 (3.71) 称为欧拉微分方程，它对应于要求 Π 取驻值的变分原理．容易证明，对于任一变分原理都可以建立相应的欧拉方程组．不幸的是，反之不成立，即仅仅某些形式的微分方程是变分泛函的欧拉方程．在下一节中，我们将考察变分原理存在的必要条件，并给出由适当的线性微分方程组建立 Π 的办法．在本节中，我们将继续假设变分原理的形式是已知的．

为了说明推导欧拉方程的过程，我们现在来考察一个具体的例子．

我们的问题是要求下面的泛函取驻值：

$$\Pi = \int_{\Omega} \left[\frac{1}{2} k \left(\frac{\partial \phi}{\partial x} \right)^2 + \frac{1}{2} k \left(\frac{\partial \phi}{\partial y} \right)^2 - Q\phi \right] \mathrm{d}\Omega - \int_{\Gamma_q} \bar{q}\phi \mathrm{d}\Gamma, \tag{3.72}$$

式中 k 及 Q 仅与位置有关，而 $\delta\phi$ 是这样的：在 Γ_ϕ 上 $\delta\phi = 0$，这里 Γ_ϕ 及 Γ_q 是域 Ω 的边界．

我们现在来进行变分运算．按照微分规则，Π 的变分可写成

$$\begin{aligned} \delta \Pi = \int_{\Omega} \bigg[& k \frac{\partial \phi}{\partial x} \delta \left(\frac{\partial \phi}{\partial x} \right) + k \frac{\partial \phi}{\partial y} \delta \left(\frac{\partial \phi}{\partial y} \right) \\ & - Q\delta\phi \bigg] \mathrm{d}\Omega - \int_{\Gamma_q} (\bar{q}\delta\phi) \mathrm{d}\Gamma. \end{aligned} \tag{3.73}$$

因为

$$\delta \left(\frac{\partial \phi}{\partial x} \right) = \frac{\partial}{\partial x} (\delta\phi), \tag{3.74}$$

我们可以分部积分(象 3.3 节中那样),并注意到 Γ_ϕ 上 $\delta\phi=0$，我们得到

$$\delta\Pi=-\int_\Omega \delta\phi\left[\frac{\partial}{\partial x}\left(k\frac{\partial\phi}{\partial x}\right)+\frac{\partial}{\partial y}\left(k\frac{\partial\phi}{\partial y}\right)+Q\right]\mathrm{d}\Omega$$
$$+\int_{\Gamma_q}\delta\phi\left(k\frac{\partial\phi}{\partial n}-\bar{q}\right)\mathrm{d}\Gamma=0. \tag{3.75a}$$

这个方程的形式与式(3.70)一样，我们立即看出，欧拉方程为

$$\mathbf{A}(\phi)=\frac{\partial}{\partial x}\left(k\frac{\partial\phi}{\partial x}\right)+\frac{\partial}{\partial y}\left(k\frac{\partial\phi}{\partial y}\right)+Q=0,\ 在\ \Omega\ 中,$$
$$\mathbf{B}(\phi)=k\frac{\partial\phi}{\partial n}-\bar{q}=0,\qquad 在\ \Gamma_q\ 上. \tag{3.75b}$$

如果 ϕ 是这样给定的：在 Γ_ϕ 上 $\phi=\bar{\phi}$，且在这部分边界上 $\delta\phi=0$，那么该问题正好是我们在 3.3 节中已经讨论过的问题，而泛函(3.72)以另一种方式表述二维热传导问题.

这里泛函是"猜测"出来的，但读者会看出，可以对任一规定的泛函进行变分运算，并可建立相应的欧拉方程.

我们把这个问题继续做下去，就可求得线性热传导问题的近似解.

象通常一样，取

$$\phi\approx\hat{\phi}=\Sigma N_i a_i=\mathbf{Na}. \tag{3.76}$$

我们将这一近似式代入泛函 Π 的表达式(3.72)，得到

$$\Pi=\int_\Omega\frac{1}{2}k\left(\Sigma\frac{\partial N_i}{\partial x}a_i\right)^2\mathrm{d}\Omega+\int_\Omega\frac{1}{2}k\left(\Sigma\frac{\partial N_i}{\partial y}a_i\right)^2\mathrm{d}\Omega$$
$$-\int_\Omega Q\Sigma N_i a_i\mathrm{d}\Omega-\int_{\Gamma_q}\bar{q}\Sigma N_i a_i\mathrm{d}\Gamma. \tag{3.77}$$

对典型参数 a_j 取导数，我们有

$$\frac{\partial\Pi}{\partial a_j}=\int_\Omega k\left(\Sigma\frac{\partial N_i}{\partial x}a_i\right)\frac{\partial N_j}{\partial x}\mathrm{d}\Omega$$
$$+\int_\Omega k\left(\Sigma\frac{\partial N_i}{\partial y}a_i\right)\frac{\partial N_j}{\partial y}\mathrm{d}\Omega$$
$$-\int_\Omega QN_j\mathrm{d}\Omega-\int_{\Gamma_q}\bar{q}N_j\mathrm{d}\Gamma, \tag{3.78}$$

该问题的方程组就是

$$\mathbf{Ka} + \mathbf{f} = 0, \tag{3.79}$$

式中

$$K_{ij} = K_{ji} = \int_\Omega k\left(\frac{\partial N_i}{\partial x}\frac{\partial N_j}{\partial x}\right)\mathrm{d}\Omega + \int_\Omega k\left(\frac{\partial N_i}{\partial y}\frac{\partial N_j}{\partial y}\right)\mathrm{d}\Omega,$$

$$f_i = -\int_\Omega N_i Q\mathrm{d}\Omega - \int_{\Gamma_q} N_i \bar{q}\mathrm{d}\Gamma. \tag{3.80}$$

读者会看出，这里的近似方程组跟 3.5 节中用伽辽金法对同一问题所得的一样. 这里变分法没有特别的优点，而的确我们现在可以预言，对于自然变分原理存在的情况，伽辽金法和变分法必定给出同样的解答.

3.10.2 *伽辽金法同变分原理近似法的关系* 在前面的例子中，我们已经看出，用自然变分原理所得到的近似与用伽辽金加权法所得到的是一样的. 这直接得自式(3.70)，其中变分是借助于原始微分方程组及相应的边界条件导出的.

如果我们考察通常的试探函数展开式

$$\mathbf{u} \approx \hat{\mathbf{u}} = \mathbf{Na}, \tag{3.3}$$

我们就可以把这一近似的变分写成

$$\delta\hat{\mathbf{u}} = \mathbf{N}\delta\mathbf{a}, \tag{3.81}$$

将上式代入式(3.70)得到

$$\delta\Pi = \delta\mathbf{a}^{\mathrm{T}}\int_\Omega \mathbf{N}^{\mathrm{T}}\mathbf{A}(\mathbf{Na})\mathrm{d}\Omega + \delta\mathbf{a}^{\mathrm{T}}\int_\Gamma \mathbf{N}^{\mathrm{T}}\mathbf{B}(\mathbf{Na})\mathrm{d}\Gamma = 0. \tag{3.82}$$

上式对所有的 $\delta\mathbf{a}$ 均成立，这就要求积分号下的表达式为零. 读者一定立即认识到，这就是前面讨论过的伽辽金形式的加权余值表达形式(式(3.25))，于是两种方法的等价性得到证明.

然而我们必须强调，仅当变分原理的欧拉方程与原始问题的控制方程一致时，上述论断才成立. 因此，伽辽金法的适用范围更广.

不过，这里还需要说明另外一点. 如果我们考虑控制方程组

$$\mathbf{A}(\mathbf{u})=\begin{Bmatrix}A_1(\mathbf{u})\\A_2(\mathbf{u})\\\vdots\end{Bmatrix}=0,\tag{3.1}$$

取 $\hat{\mathbf{u}}=\mathbf{Na}$，伽辽金加权余值方程变成(不管边界条件)

$$\int_\Omega \mathbf{N}^{\mathrm{T}}\mathbf{A}(\hat{\mathbf{u}})\mathrm{d}\Omega=0.\tag{3.83}$$

这一形式不是唯一的，因为方程组 $\mathbf{A}$ 可以有许多种排列次序．仅仅一种排列次序正好对应于变分原理（如果它存在）的欧拉方程，并且读者可以验证，对于伽辽金方式的加权余值方程组，充其量只有一种向量 $\mathbf{A}$ 的排列导致对称的方程组．

作为一个例子，考虑一维热传导问题（3.5 节例 1），把它改写成具有温度 ϕ 及热流量 q 这两个未知量的方程组．现在，不管边界条件，我们可以把这两个方程写成

$$\mathbf{A}(\mathbf{u})=\begin{Bmatrix}q-\dfrac{\mathrm{d}\phi}{\mathrm{d}x}\\\dfrac{\mathrm{d}q}{\mathrm{d}x}\end{Bmatrix}+\begin{Bmatrix}0\\Q\end{Bmatrix}=0,\tag{3.84}$$

或写成线性方程组

$$\mathbf{A}(\mathbf{u})\equiv\mathbf{Lu}+\mathbf{b}=0,$$

式中

$$\mathbf{L}=\begin{Bmatrix}1, & -\dfrac{\mathrm{d}}{\mathrm{d}x}\\\dfrac{\mathrm{d}}{\mathrm{d}x}, & 0\end{Bmatrix};\quad \mathbf{b}=\begin{Bmatrix}0\\Q\end{Bmatrix};\quad \mathbf{u}=\begin{Bmatrix}q\\\phi\end{Bmatrix}.\tag{3.85}$$

写出试探函数，其中对每个函数采用不同的插值：

$$\mathbf{u}=\Sigma\mathbf{N}_i\mathbf{a}_i;\qquad \mathbf{N}_i=\begin{bmatrix}N_i^1 & 0\\0 & N_i^2\end{bmatrix},$$

并应用伽辽金法，我们得到通常的线性代数方程组，其刚度系数为

$$\mathbf{K}_{ij}=\int_\Omega \mathbf{N}_i^{\mathrm{T}}\mathbf{L}\mathbf{N}_j\mathrm{d}x=\int_\Omega\begin{Bmatrix}N_i^1N_j^1, & -N_i^1\dfrac{\mathrm{d}}{\mathrm{d}x}N_j^2\\N_i^2\dfrac{\mathrm{d}}{\mathrm{d}x}N_j^1, & 0\end{Bmatrix}\mathrm{d}x.\tag{3.86}$$

分部积分之后,这一形式产生对称的方程组[1],即

$$\mathbf{K}_{ij} = \mathbf{K}_{ji} \tag{3.87}$$

如果简单地把方程组的次序颠倒一下,即用

$$\mathbf{A}(\mathbf{u}) = \begin{Bmatrix} \dfrac{dq}{dx} \\ q - \dfrac{d\phi}{dx} \end{Bmatrix} + \begin{Bmatrix} Q \\ 0 \end{Bmatrix} = 0, \tag{3.88}$$

那么此时应用伽辽金法就会导致非对称的方程组,其形式完全不同于用变分原理所得的方程组. 由于最终的方程组中失去对称性,第二种类型的伽辽金近似显然不受欢迎. 容易证明,第一组方程正好对应于变分泛函的欧拉方程.

3.11 线性自伴微分方程的自然变分原理的建立

3.11.1 *普遍定理* 由非线性微分方程推导自然变分原理的一般规则比较复杂,甚至于为确定这种变分原理的存在性而必需的检验也不是很简单的. 然而,万因别尔格 (Veinberg)[14]、汤蒂 (Tonti)[15]、奥登 (Oden)[16] 以及其他人在这方面已做了许多数学研究.

对于线性微分方程,情况比较简单,在米赫林 (Михлин)[17,18] 的著作中有详尽的研究,本节仅给予简明的介绍.

这里我们只考虑建立具有强加边界条件的线性方程组的变分原理,这意味着函数的变分在边界上满足 $\delta\mathbf{u} = 0$. 推广到包含自然边界条件很简单,予以省略.

把线性微分方程组写成

$$\mathbf{A}(\mathbf{u}) = \mathbf{L}\mathbf{u} + \mathbf{b} = 0, \tag{3.89}$$

式中 $\mathbf{L}$ 是线性微分算子,可以证明,自然变分原理要求,对于任意两组函数 $\boldsymbol{\Psi}$ 和 $\boldsymbol{\gamma}$,算子 $\mathbf{L}$ 满足

---

1) 因为

$$\int N_i^1 \frac{d}{dx} N_j^2 \, dx \equiv -\int N_j^2 \frac{d}{dx} N_i^1 \, dx + \text{边界项}.$$

$$\int_\Omega \boldsymbol{\Psi}^{\mathrm{T}}\mathbf{L}\boldsymbol{\gamma}\mathrm{d}\Omega = \int_\Omega \boldsymbol{\gamma}^{\mathrm{T}}\mathbf{L}\boldsymbol{\Psi}\mathrm{d}\Omega + \text{b.t.}. \tag{3.90}$$

在上式中，"b. t." 表示本节不考虑的边界项. 以上算子所满足的性质称为自伴性或对称性.

若算子 $\mathbf{L}$ 是自伴的，则立即可写出变分泛函为

$$\Pi = \int_\Omega \left[\frac{1}{2}\mathbf{u}^{\mathrm{T}}\mathbf{L}\mathbf{u} + \mathbf{u}^{\mathrm{T}}\mathbf{b}\right]\mathrm{d}\Omega + \text{b. t.}. \tag{3.91}$$

为了证明上述表达形式的正确性，需要考察变分. 于是我们写出

$$\delta\Pi = \int_\Omega \left[\frac{1}{2}\,\delta\mathbf{u}^{\mathrm{T}}\mathbf{L}\mathbf{u} + \frac{1}{2}\,\mathbf{u}^{\mathrm{T}}\delta(\mathbf{L}\mathbf{u}) + \delta\mathbf{u}^{\mathrm{T}}\mathbf{b}\right]\mathrm{d}\Omega + \text{b. t.}. \tag{3.92}$$

注意到对任一线性算子有

$$\delta(\mathbf{L}\mathbf{u}) = \mathbf{L}\delta\mathbf{u}, \tag{3.93}$$

并注意到 $\mathbf{u}$ 和 $\delta\mathbf{u}$ 可当成任意两个独立函数，根据恒等式 (3.90)，我们可以把式(3.92)写成

$$\delta\Pi = \int_\Omega \delta\mathbf{u}^{\mathrm{T}}(\mathbf{L}\mathbf{u} + \mathbf{b})\mathrm{d}\Omega + \text{b. t.}. \tag{3.94}$$

我们从括弧项中立即看出，该泛函的欧拉方程就是原来所给出的方程，因此变分原理得证.

以上介绍了对于问题的微分方程如何建立自然变分原理，并给出了一个十分简单的验证.

考察两个例子.

例 1　这个问题的控制微分方程类似于热传导方程，即

$$\nabla^2\phi + c\phi + Q = 0, \tag{3.95}$$

式中 c 及 Q 仅与位置有关.

上式可写成方程(3.89)那样的一般形式，其中

$$\mathbf{L} = \left[\frac{\partial^2}{\partial x^2},\ \frac{\partial^2}{\partial y^2},\ c\right];\mathbf{b} = Q. \tag{3.96}$$

验证存在自伴性(这留给读者作为练习)之后，我们立即有变分泛函

$$\Pi = \int_{\Omega} \left\{ \frac{1}{2} \phi \left[\frac{\partial^2 \phi}{\partial x^2} + \frac{\partial^2 \phi}{\partial y^2} + c\phi \right] + Q\phi \right\} \mathrm{d}x\mathrm{d}y, \quad (3.97)$$

这里 ϕ 满足强加边界条件，即在 Γ 上 $\delta\phi = 0$. 对前两项实行分部积分，得到

$$\Pi = -\int_{\Omega} \left[\frac{1}{2} \left(\frac{\partial \phi}{\partial x} \right)^2 + \frac{1}{2} \left(\frac{\partial \phi}{\partial y} \right)^2 - \frac{1}{2} c\phi^2 - Q\phi \right] \mathrm{d}x\mathrm{d}y, \quad (3.98)$$

这里应注意，在边界上 ϕ 取给定值，这对变分泛函的形式没有影响.

例 2　这个问题涉及上一节讨论过的方程组(方程(3.84)—(3.85)). 也可以检验该算子的自伴性，而这是满足的. 我们现在把泛函写成

$$\begin{aligned} \Pi &= \int_{\Omega} \left(\frac{1}{2} \begin{Bmatrix} q \\ \phi \end{Bmatrix}^{\mathrm{T}} \begin{bmatrix} 1, & -\dfrac{\mathrm{d}}{\mathrm{d}x} \\ \dfrac{\mathrm{d}}{\mathrm{d}x}, & 0 \end{bmatrix} \begin{Bmatrix} q \\ \phi \end{Bmatrix} + \begin{Bmatrix} q \\ \phi \end{Bmatrix}^{\mathrm{T}} \begin{Bmatrix} 0 \\ q \end{Bmatrix} \right) \mathrm{d}x \\ &= \int_{\Omega} \left(q^2 - q \frac{\mathrm{d}\phi}{\mathrm{d}x} + \phi \frac{\mathrm{d}q}{\mathrm{d}x} + \phi q \right) \mathrm{d}x. \end{aligned} \quad (3.99)$$

通过实行变分来验证上式的正确性，这留给读者去做.

这两个例子表明，一般表达式的应用很简单. 读者会看出，如果微分的阶次是偶数，那么算子的自伴性总是存在的. 对于微分的阶次是奇数的情况，仅当算子为“反”对称矩阵时(象在第二个例子中出现的那样)，才可能存在自伴性.

3.11.2　自伴性的调整　有时非自伴性的算子可以被调整到具有自伴性而不改变基本方程. 例如，考虑下列标准线性形式的微分方程所控制的问题:

$$\frac{\mathrm{d}^2\phi}{\mathrm{d}x^2} + \alpha \frac{\mathrm{d}\phi}{\mathrm{d}x} + \beta\phi + q = 0. \quad (3.100)$$

在这个方程中，α 及 β 是 x 的函数. 容易看出，算子 $\mathbf{L}$ 现在是个

标量算子：

$$L = \left[\frac{d^2}{dx^2} + \alpha\frac{d}{dx} + \beta\right], \tag{3.101}$$

而且它是非自伴的。

设 p 是 x 的某个待定函数. 我们将表明，用这个函数乘方程(3.100)，就能够把它转变成自伴的. 新算子变成

$$\bar{L} = Lp. \tag{3.102}$$

为了检验对于任意两个函数 Ψ 和 γ 的对称性，我们写出

$$\int_\Omega \Psi(pL\gamma)dx = \int_\Omega\left[\Psi p\frac{d^2\gamma}{dx^2} + \Psi p\alpha\frac{d\gamma}{dx} + \Psi p\gamma\right]dx. \tag{3.103}$$

对第一项分部积分，我们得到

$$\int_\Omega\left(-\frac{d(\Psi p)}{dx}\frac{d\gamma}{dx} + \Psi p\alpha\frac{d\gamma}{dx} + \Psi p\gamma\right)dx + \text{b. t.}$$

$$= \int\left(-\frac{d\Psi}{dx}p\frac{d\gamma}{dx} + \Psi\frac{d\gamma}{dx}\left(p\alpha - \frac{dp}{dx}\right) + \Psi p\gamma\right)dx + \text{b.t.}. \tag{3.104}$$

现在第一项和最后一项具有对称性(因此有自伴性). 中间一项仅当它不出现时，即仅当

$$p\alpha - \frac{dp}{dx} = 0 \tag{3.105}$$

或

$$\frac{dp}{p} = \alpha dx,$$

$$p = e^{\int\alpha dx} \tag{3.106}$$

时，才是对称的. 用这个 p 值可使该算子成为自伴的，而且不难求出方程(3.100)这个问题的变分原理.

这种办法被盖曼（Guyman）等人[19]用来推导非自伴的对流扩散方程的变分原理.（我们已在 3.5 节例 2 中指出过该方程没有对称性.）

这种建立变分泛函的办法可以推广于方程(3.89) 的一个特殊

的非线性情况，此时

$$\mathbf{b} = \mathbf{b}(\mathbf{u}, x, \cdots). \tag{3.107}$$

考察式(3.92)，我们注意到，如果

$$\mathbf{g} = \int \mathbf{b}^{\mathrm{T}} \mathrm{d}\mathbf{u},$$

则可写出

$$\delta(\mathbf{u}^{\mathrm{T}}\mathbf{b}) = \delta(\mathbf{g}). \tag{3.108}$$

前式的积分一般很容易完成.

3.12 极大值、极小值或鞍点?

到目前为止，在讨论变分原理时，我们都简单地假设在解点处 $\delta\Pi = 0$，或泛函取驻值. 往往希望知道Π是否取大值、极小值或处于“鞍点”. 如果涉及的是极大值或极小值，则近似将总是“有界的”，即所给出的Π的近似值不是小于就是大于正确值. 这本身就有实际意义.

在初等微积分中，当我们考察单变量 a 的函数Π的驻点时，我们研究 $\mathrm{d}\Pi$ 随 $\mathrm{d}a$ 的变化率，并写出

$$\mathrm{d}(\mathrm{d}\Pi) = \mathrm{d}\left(\frac{\partial \Pi}{\partial a}\mathrm{d}a\right) = \frac{\partial^2 \Pi}{\partial a^2}(\mathrm{d}a)^2. \tag{3.109}$$

如图 3.7 所示，二阶导数的符号决定Π是否为极大值、极小值或驻

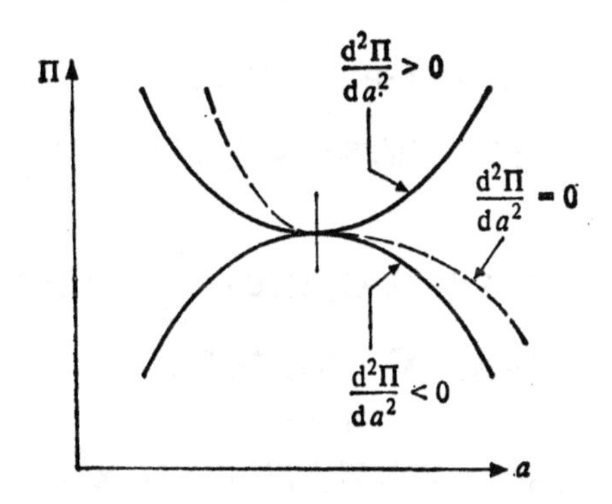

图 3.7 单变量函数Π的极大值、极小值及“鞍点”

值(鞍点). 类似地,在变分学中,我们将考察 $\delta\Pi$ 的变化.

注意到式(3.63)所给出的这个量的一般形式以及式(3.66)的二阶导数的概念,我们可以借助于离散参数写出

$$\begin{aligned}\delta(\delta\Pi) &= \delta\left(\left(\frac{\delta\Pi}{\delta\mathbf{a}}\right)^{\mathrm{T}}\delta\mathbf{a}\right)\\ &= \delta\mathbf{a}^{\mathrm{T}}\delta\left(\frac{\partial\Pi}{\partial\mathbf{a}}\right)\\ &= \delta\mathbf{a}^{\mathrm{T}}\mathbf{K}_{\mathrm{T}}\delta\mathbf{a}.\end{aligned} \tag{3.110}$$

如果以上式中 $\delta(\delta\Pi)$ 总是为负,则显然 Π 达到极大值;如果它总是为正,则 Π 是极小值;但如果符号是不确定的,则仅表明鞍点的存在.

因为 $\delta\mathbf{a}$ 是任意向量,上述论断等价于要求矩阵 $\mathbf{K}_{\mathrm{T}}$ 对于极大值为负定,或对于极小值为正定. 因此,矩阵 $\mathbf{K}_{\mathrm{T}}$(或线性问题中与其恒等的 $\mathbf{K}$)的形式在变分问题中是十分重要的.

3.13 约束变分原理. 拉格朗日乘子与伴随函数

3.13.1 拉格朗日乘子 考察在未知函数 $\mathbf{u}$ 服从某组附加微分关系

$$\mathbf{C}(\mathbf{u}) = 0, \quad \text{在 } \Omega \text{ 中} \tag{3.111}$$

的条件下,使泛函 Π 取驻值的问题. 我们可通过形成另一个泛函来引进这一约束:

$$\bar{\Pi} = \Pi + \int_{\Omega} \boldsymbol{\lambda}^{\mathrm{T}}\mathbf{C}(\mathbf{u})\mathrm{d}\Omega, \tag{3.112}$$

式中 $\boldsymbol{\lambda}$ 是域 Ω 中独立坐标的某组函数,称为拉格朗日乘子. 现在新泛函的变分是

$$\delta\bar{\Pi} = \delta\Pi + \int_{\Omega} \delta\boldsymbol{\lambda}^{\mathrm{T}}\mathbf{C}(\mathbf{u})\mathrm{d}\Omega + \int_{\Omega} \boldsymbol{\lambda}^{\mathrm{T}}\delta\mathbf{C}(\mathbf{u})\mathrm{d}\Omega, \tag{3.113}$$

只要 $\mathbf{C}(\mathbf{u}) = 0$(因此 $\delta\mathbf{C} = 0$),并同时

$$\delta\Pi = 0, \tag{3.114}$$

新泛函的变分就为零. 可以用类似的方式在域中的某些点或边界上引进约束. 例如,如果我们要求 $\mathbf{u}$ 服从

$$\mathbf{E}(\mathbf{u}) = 0, \text{ 在 } \Gamma \text{ 上}, \tag{3.115}$$

我们就要在原来的泛函中增加一项:

$$\int_{\Gamma} \boldsymbol{\lambda}^{\mathrm{T}} \mathbf{E}(\mathbf{u}) \mathrm{d}\Gamma, \tag{3.116}$$

式中 $\boldsymbol{\lambda}$ 现在是仅定义在 Γ 上的未知函数. 另外, 如果约束 $\mathbf{C}$ 要施加在域中的一点或某些点处, 那么只要把这些点处的 $\boldsymbol{\lambda}^{\mathrm{T}}\mathbf{C}(\mathbf{u})$ 加到总泛函 Π 中就引进了约束.

因此, 显然总是能够引进附加函数 $\boldsymbol{\lambda}$, 并修正泛函, 以包含任意给定的约束. 在"离散化"过程中, 我们现在必须用试探函数描述 $\mathbf{u}$ 及 $\boldsymbol{\lambda}$.

例如, 写出

$$\hat{\mathbf{u}} = \Sigma \mathbf{N}_i \mathbf{a}_i = \mathbf{N}\mathbf{a}; \qquad \hat{\boldsymbol{\lambda}} = \Sigma \tilde{\mathbf{N}}_i \mathbf{b}_i = \tilde{\mathbf{N}}\mathbf{b}, \tag{3.117}$$

我们将得到方程组

$$\frac{\partial \Pi}{\partial \mathbf{c}} = \begin{Bmatrix} \dfrac{\partial \Pi}{\partial \mathbf{a}} \\ \dfrac{\partial \Pi}{\partial \mathbf{b}} \end{Bmatrix} = 0; \qquad \mathbf{c} = \begin{Bmatrix} \mathbf{a} \\ \mathbf{b} \end{Bmatrix}, \tag{3.118}$$

由此可解得两组参数 $\mathbf{a}$ 和 $\mathbf{b}$. 跟原来的问题相比, "约束"问题导致较多的未知参数, 并确实使求解复杂化, 这表面上看来有些不合理. 但是, 我们将看到拉格朗日乘子在建立某些物理变分原理中的实际应用, 并将在第十二章中把它们用于更一般的问题.

关于增加参数的数目以引进约束这一点, 通过一个简单的代数例子或许能说明得最清楚, 这里我们需要求出具有两个变量 a_1 及 a_2 的下述二次函数的驻值:

$$\Pi = 2a_1^2 - 2a_1a_2 + a_2^2 + 18a_1 + 6a_2, \tag{3.119}$$

其约束条件是

$$a_1 - a_2 = 0. \tag{3.120}$$

明显的处理办法是, 把"约束"等式代入, 得到

$$\Pi = a_1^2 + 24a_1, \tag{3.121}$$

而为了使其取驻值, 写出

$$\frac{\partial \Pi}{\partial a_1} = 0 = 2a_1 + 24; \quad a_1 = a_2 = -12. \tag{3.122}$$

引入拉格朗日乘子 λ，我们能用另一种方法求出

$$\bar{\Pi} = 2a_1^2 - 2a_1a_2 + a_2^2 + 18a_1 + 6a_2 + \lambda(a_1 - a_2) \tag{3.123}$$

的驻值. 写出三个联立方程:

$$\frac{\partial \bar{\Pi}}{\partial a_1} = 0; \quad \frac{\partial \bar{\Pi}}{\partial a_2} = 0; \quad \frac{\partial \bar{\Pi}}{\partial \lambda} = 0. \tag{3.124}$$

求解上列方程组，再次得到正确解答

$$a_1 = a_2 = -12; \quad \lambda = 6,$$

不过工作量相当大. 遗憾的是，在大多数连续体问题中，直接消去约束是不可能那么容易实现的[1].

在作进一步论述之前，有必要研究一下由式(3.112)的修正泛函导出的方程的形式. 如果原始泛函Π给出其欧拉方程组为

$$\mathbf{A}(\mathbf{u}) = 0, \tag{3.125}$$

则我们有

$$\delta\bar{\Pi} = \int_\Omega \delta\mathbf{u}^{\mathrm{T}}\mathbf{A}(\mathbf{u})\mathrm{d}\Omega + \int_\Omega \delta\boldsymbol{\lambda}^{\mathrm{T}}\mathbf{C}(\mathbf{u})\mathrm{d}\Omega + \int_\Omega \boldsymbol{\lambda}^{\mathrm{T}}\delta\mathbf{C}(\mathbf{u})\mathrm{d}\Omega. \tag{3.126}$$

如果约束是线性方程组

$$\mathbf{C}(\mathbf{u}) = \mathbf{L}_1(\mathbf{u}) + \mathbf{C}_1 = 0,$$

将试探函数(3.117)代入式(3.126)，我们可以写出

$$\begin{aligned}\delta\bar{\Pi} = {} & \delta\mathbf{a}^{\mathrm{T}}\int_\Omega \mathbf{N}^{\mathrm{T}}\mathbf{A}(\hat{\mathbf{u}})\mathrm{d}\Omega \\ & + \delta\mathbf{b}^{\mathrm{T}}\int_\Omega \bar{\mathbf{N}}^{\mathrm{T}}(\mathbf{L}_1\hat{\mathbf{u}} + \mathbf{C}_1)\mathrm{d}\Omega \\ & + \delta\mathbf{a}^{\mathrm{T}}\int_\Omega (\mathbf{L}_1\mathbf{N})^{\mathrm{T}}\hat{\boldsymbol{\lambda}}\mathrm{d}\Omega = 0.\end{aligned} \tag{3.127}$$

因为上式必须对一切变分 $\delta\mathbf{a}$ 及 $\delta\mathbf{b}$ 均成立，我们就得到方程组

$$\begin{aligned}&\int_\Omega \mathbf{N}^{\mathrm{T}}\mathbf{A}(\hat{\mathbf{u}})\mathrm{d}\Omega + \int_\Omega (\mathbf{L}_1\mathbf{N})^{\mathrm{T}}\hat{\boldsymbol{\lambda}}\mathrm{d}\Omega = 0, \\ &\int_\Omega \bar{\mathbf{N}}^{\mathrm{T}}(\mathbf{L}_1\hat{\mathbf{u}} + \mathbf{C}_1)\mathrm{d}\Omega = 0.\end{aligned} \tag{3.128}$$

---

1) 萨博（Szabo）等人[20]将这种直接消去法用于有限元法；但这涉及到可观的代数运算.

对于线性算子 **A**，第一个方程的第一项就是通常的非约束变分近似

$$\mathbf{Ka} + \mathbf{f} = 0, \tag{3.129}$$

再代入试探函数(3.117)，我们就可把近似的方程(3.128)写成线性方程组

$$\mathbf{K}_c\mathbf{C} = \begin{bmatrix} \mathbf{K}, & \mathbf{K}_{ab} \\ \mathbf{K}_{ab}^{\mathrm{T}}, & 0 \end{bmatrix} \begin{Bmatrix} \mathbf{a} \\ \mathbf{b} \end{Bmatrix} + \begin{Bmatrix} \mathbf{f} \\ \mathbf{g} \end{Bmatrix} = 0, \tag{3.130}$$

式中

$$\mathbf{K}_{ab}^{\mathrm{T}} = \int_\Omega \tilde{\mathbf{N}}^{\mathrm{T}}\mathbf{L}_1\mathbf{N}\mathrm{d}\Omega, \qquad \mathbf{g} = \int_\Omega \tilde{\mathbf{N}}^{\mathrm{T}}\mathbf{C}_1\mathrm{d}\Omega. \tag{3.131}$$

显然方程组是对称的，但现在对角线上具有等于零的系数，因此与 Π 有关的变分原理只是驻值原理．另外，除非解法允许零对角线项，否则会遇到计算上的困难．

3.13.2 拉格朗日乘子的物理意义．强加边界条件与修正变分原理 虽然拉格朗日乘子是为了迫使原始变分原理满足某些外加约束，作为一种必要的数学虚构而引进的，我们将发现，在大多数物理问题中，它们对于原始数学模型来说是一些重要的物理量．可以直接从式(3.112)中所建立的变分泛函的定义，并通过对应于它的第二个欧拉方程以及约束方程，了解其物理意义．式(3.113)中写出的变分 $\delta\Pi$，通过其前两项提供对应于泛函 Π 的原始欧拉方程以及约束方程．最后一项总是可以改写成

$$\int_\Omega \boldsymbol{\lambda}^{\mathrm{T}}\delta\mathbf{C}(\mathbf{u})\mathrm{d}\Omega = \int_\Omega \delta\mathbf{u}^{\mathrm{T}}\mathbf{R}(\boldsymbol{\lambda}, \mathbf{u})\mathrm{d}\Omega + \mathrm{b.\,t.}, \tag{3.132}$$

它要求

$$\mathbf{R}(\boldsymbol{\lambda}, \mathbf{u}) = 0. \tag{3.133}$$

这个式子提供了 λ 的物理意义．

在变分法的文献中，经常做这种识别 λ 物理意义的工作，读者可参考鹫津久一郎 (Washizu)[21] 的优秀教科书中的许多例子．

这里我们将通过 3.10.1 节中考察过的例子介绍如何识别 λ 的物理意义．正如我们已经指出过的，假若选择 ϕ 的试探函数时在

Γ_ϕ 上使强加边界条件

$$\mathrm{C}(\phi)=\phi-\bar{\phi}=0 \tag{3.134}$$

得到满足，则关于式(3.72)的泛函的变分原理建立了热传导问题的控制方程与自然边界条件.

然而，上列强加边界条件可以看成是对于原始问题的一个约束. 我们可以把约束变分泛函写成

$$\bar{\Pi}=\Pi+\int_{\Gamma_\phi}\lambda(\phi-\bar{\phi})\mathrm{d}\Gamma, \tag{3.135}$$

式中Π由式(3.72)给出.

实行变分，我们有

$$\delta\bar{\Pi}=\delta\Pi+\int_{\Gamma_\phi}\delta\lambda(\phi-\bar{\phi})\mathrm{d}\Gamma+\int_{\Gamma_\phi}\delta\phi\lambda\mathrm{d}\Gamma. \tag{3.136}$$

$\delta\Pi$ 现在由表达式(3.75a)加以下积分给出：

$$\int_{\Gamma_\phi}\delta\phi k\frac{\partial\phi}{\partial n}\mathrm{d}\Gamma, \tag{3.137}$$

上式原先是不考虑的(因为我们已假设在Γ_ϕ上$\delta\phi=0$). 除方程(3.75b)的条件之外，我们现在还要求

$$\int_{\Gamma_\phi}\delta\lambda(\phi-\bar{\phi})\mathrm{d}\Gamma+\int_{\Gamma_\phi}\delta\phi\left(\lambda+k\frac{\partial\phi}{\partial n}\right)\mathrm{d}\Gamma=0 \tag{3.138}$$

必须对一切变分 $\delta\lambda$ 和 $\delta\phi$ 均成立. 第一个式子重申

$$\phi-\bar{\phi}=0, \text{ 在 } \Gamma_\phi \text{ 上}. \tag{3.139}$$

第二个式子定义 λ 为

$$\lambda=-k\frac{\partial\phi}{\partial n}. \tag{3.140}$$

注意 $k(\partial\phi/\partial n)$ 等于边界 Γ_ϕ 上的流量 $-q$，乘子的物理意义现在就明确了.

识别拉格朗日变量使我们能够建立一种修正变分原理，其中λ用相应的物理量代替.

于是，对于上面的例子，我们可以写出一个新的泛函：

$$\bar{\bar{\Pi}}=\Pi+\int_{\Gamma_\phi}k\frac{\partial\phi}{\partial n}(\phi-\bar{\phi})\mathrm{d}\Gamma, \tag{3.141}$$

其中Π仍由表达式(3.72)给出,但ϕ不受约束,以满足任意边界条件. 这种修正变分原理可用来恢复单元间的连续性,看来,菊地(Kikuchi)与安岛(Ando)[22] 首先是为此目的而引进它的. 我们将在第十二章中讨论这种原理在这方面的应用.

这种原理的进一步推广被陈(Chen)与梅(Mei)[23] 以及监凯维奇[24]采用. 鹫津久一郎[21]讨论了这种原理在结构力学范围中的许多应用. 读者可以验证,以式(3.141)表示的泛函的变分原理,导致自动满足所考虑的例子中的一切必要的边界条件.

采用修正变分原理使问题的未知函数或参数恢复到原来的数目,因此计算上是有利的.

3.13.3 广义变分原理:伴随函数与伴随算子 拉格朗日乘子法导致一种对任何方程组

$$\mathbf{A}(\mathbf{u}) = 0 \tag{3.142}$$

"创造"一个变分原理的明显方法. 把所有上述方程看成是一组约束,只要在式(3.112)中取$\Pi = 0$,我们就能得到这种广义变分泛函,写出来就是

$$\bar{\Pi} = \int_\Omega \boldsymbol{\lambda}^{\mathrm{T}} \mathbf{A}(\mathbf{u}) \mathrm{d}\Omega, \tag{3.143}$$

现在需要使这个泛函对一切变分$\delta\boldsymbol{\lambda}$及$\delta\mathbf{u}$取驻值. 然而,新变分原理是以离散化情况下变量数目加倍为代价而引进的. 这里仅处理线性方程组的情况,即此时

$$\mathbf{A}(\mathbf{u}) = \mathbf{L}\mathbf{u} + \mathbf{g} = 0. \tag{3.144}$$

经离散化,并通过式(3.126)—(3.130)那样的步骤,我们看出,最终的方程组现在取以下形式:

$$\begin{bmatrix} 0, & \mathbf{K}_{ab} \\ \mathbf{K}_{ab}^{\mathrm{T}}, & 0 \end{bmatrix} \begin{Bmatrix} \mathbf{a} \\ \mathbf{b} \end{Bmatrix} + \begin{Bmatrix} 0 \\ \mathbf{f} \end{Bmatrix} = 0, \tag{3.145}$$

式中

$$\begin{aligned} \mathbf{K}_{ab}^{\mathrm{T}} &= \int_\Omega \tilde{\mathbf{N}}^{\mathrm{T}} \mathbf{L} \mathbf{N} \mathrm{d}\Omega, \\ \mathbf{f} &= \int_\Omega \tilde{\mathbf{N}}^{\mathrm{T}} \mathbf{g} \mathrm{d}\Omega. \end{aligned} \tag{3.146}$$

上列方程完全是非耦合的，可以不考虑参数 $\mathbf{b}$，由第二组方程独立地解出描述我们原来感兴趣的未知量的一切参数 $\mathbf{a}$. 可以看出，第二组方程同表面上看来不一样的加权余值法是一回事. 这样一来，我们完成了完整的循环，并由广义变分原理得到了 3.4 节的加权余值形式.

出现在式(3.143)的变分泛函中的函数 $\boldsymbol{\lambda}$ 称为 $\mathbf{u}$ 的伴随函数.

通过对式(3.143)实行变分，容易证明，该泛函的欧拉方程为

$$\mathbf{A}(\mathbf{u})=0 \tag{3.147}$$

和

$$\mathbf{A}^*(\mathbf{u})=0, \tag{3.148}$$

这里的算子 $\mathbf{A}^*$ 有这样的性质：

$$\int \boldsymbol{\lambda}^{\mathrm{T}}\delta(\mathbf{A}\mathbf{u})\mathrm{d}\Omega=\int \delta\mathbf{u}^{\mathrm{T}}\mathbf{A}^*(\lambda)\mathrm{d}\Omega. \tag{3.149}$$

算子 $\mathbf{A}^*$ 称为伴随算子，它仅存在于线性问题中.

关于伴随算子的全面讨论，建议读者查阅数学教科书[25].

3.14 约束变分原理. 罚函数与最小二乘法

3.14.1 罚函数 在上一节中我们已经看到，如何通过引进拉格朗日乘子，以增加未知量总数为代价来得到约束变分原理. 另外，我们已经表明，即使在线性问题中，要求解的代数方程组现在由于有零对角线项而复杂化. 在本节中，我们将考察另外一种引进约束的办法，它没有这些缺点.

还是考察在域 Ω 中具有约束方程组 $\mathbf{C}(\mathbf{u})=0$ 的情况下求 Π 的驻值这个问题，我们注意到下列乘积必定总是取正值或零：

$$\mathbf{C}^{\mathrm{T}}\mathbf{C}=C_1^2+C_2^2+\cdots, \tag{3.150}$$

式中

$$\mathbf{C}^{\mathrm{T}}=[C_1, C_2, \cdots].$$

显然，当约束被满足时，式(3.150)的乘积为零，而且当该乘积达到这个极小值时，其变分为零，即

$$\delta(\mathbf{C}^{\mathrm{T}}\mathbf{C})=0, \tag{3.151}$$

我们现在可以直接写出新泛函

$$\bar{\bar{\Pi}} = \Pi + \alpha \int \mathbf{C}^{\mathrm{T}}(\mathbf{u})\mathbf{C}(\mathbf{u})\mathrm{d}\Omega, \tag{3.152}$$

式中 α 是“罚数”，并且要求约束解使上式取驻值．如果Π本身是要取极小值的，则 α 应当是一个正数．使泛函 $\bar{\bar{\Pi}}$ 取驻值而得到的解，只是近似地满足约束条件． α 值越大，约束条件满足得越好．另外，这个方法显然最适合于Π取极小值(或极大值)的原理；不过即使对于纯鞍点问题，也能获得成功． 这个方法同样能够应用于施加在边界上的约束或简单离散约束． 在后一情况下，不需要积分．

为了把概念讲清楚，让我们再一次考察 3.13 节的代数问题，在那里求出了式（3.119）给出的泛函在某一约束条件下的驻值．我们现在可以用罚函数法求出泛函

$$\bar{\bar{\Pi}} = 2a_1^2 - 2a_1a_2 + a_2^2 + 18a_1 + 6a_2 + \alpha(a_1 - a_2)^2 \tag{3.153}$$

关于参数 a_1 和 a_2 的极小值．写出两个联立方程：

$$\frac{\partial\bar{\bar{\Pi}}}{\partial a_1} = 0; \qquad \frac{\partial\bar{\bar{\Pi}}}{\partial a_2} = 0, \tag{3.154}$$

我们发现，随着 α 的增加，我们逼近于正确解．在表 3.1 中列出了结果，表明了收敛性．

表 3.1

$\alpha_1 =$	1	2	6	10	100
$\alpha_2 =$	−12.00	−12.00	−12.00	−12.00	−12.00
$\alpha_3 =$	−13.00	−13.00	−12.43	−12.78	−12.03

读者会看出，在以上述方式建立的问题中，约束并不引入附加的未知参数，但也不减少未知参数原来的数目． 如果原始变分原理是极小值原理，这个方法总是产生强正定矩阵．

已证明罚函数法在实用中是十分有效的[26]，而且实际上往往是直观地引进的． 当我们按照第一章 1.4 节中所指出的方式强加边界参数值的时候，已经直观地应用了这种方法．

在那里给出的例子中（实际集合离散化的有限元方程时通常就是这样做的），强加边界条件不是事先引入的．该问题在集合之后给出一个奇异方程组

$$\mathbf{K}\mathbf{a}+\mathbf{f}=0, \tag{3.155}$$

这个方程组可由以下泛函(假若 $\mathbf{K}$ 是对称的)得到：

$$\Pi=\frac{1}{2}\mathbf{a}^{\mathrm{T}}\mathbf{K}\mathbf{a}+\mathbf{a}^{\mathrm{T}}\mathbf{F}. \tag{3.156}$$

引入给定的 a_1 值，也就是写出

$$a_1-\bar{a}_1=0, \tag{3.157}$$

泛函可以修正为

$$\bar{\bar{\Pi}}=\Pi+\alpha(a_1-\bar{a}_1)^2, \tag{3.158}$$

这产生

$$\bar{\bar{K}}_{11}=K_{11}+2\alpha, \qquad \bar{\bar{f}}_1=f_1-2\alpha\bar{a}_1, \tag{3.159}$$

而其它矩阵系数没有任何变化．这正是第一章中为了引入给定的 a_1 值修改方程所采用的办法(这里 2α 代替了 1.4 节的“大数” α)．坎贝尔 (Campbell)[27] 讨论过这种“离散”型方法的许多应用．

在第二个例子中，我们将考察第二章 2.10 节讨论过的梁挠度问题．这个问题可以叙述为使下述总位能取极小值：

$$\Pi=\int_0^L EI\left(\frac{\mathrm{d}^2w}{\mathrm{d}x^2}\right)^2\mathrm{d}x-\int_0^L wq\mathrm{d}x. \tag{3.160}$$

因为上式要求 w 的模式具有 C_1 连续性，对于重新建立一个仅强加 C_0 连续性的公式系统的可能性进行研究是有意义的． 这种公式系统要求

$$\Pi=\int_0^L\frac{1}{2}EI\left(\frac{\mathrm{d}\theta}{\mathrm{d}x}\right)^2\mathrm{d}x-\int_0^L wq\mathrm{d}x \tag{3.161}$$

取极小值，其约束条件是

$$C=\frac{\mathrm{d}w}{\mathrm{d}x}-\theta=0. \tag{3.162}$$

这里 θ 显然是斜率，而 Π 现在是两个变量 θ 和 w 的函数，它们可以按照 C_0 连续性要求来插值．

现在可以引进采用罚函数的修正变分泛函:

$$\bar{\Pi} = \Pi + \alpha \int_0^L \left(\frac{\mathrm{d}w}{\mathrm{d}x} - \theta \right)^2 \mathrm{d}x, \tag{3.163}$$

式中 α 是一个大数.

结构工程师立即会认识到, α 的物理意义是剪切刚度,即

$$\alpha = \frac{1}{2} GA, \tag{3.164}$$

而且认识到所给的公式系统就是截面斜率和转角独立变化的梁的公式系统,附加项表示剪切吸收的变形能.

第十一章中所讨论的厚壳和板单元，不过是这里所给方法的推广.

另外,容易证明[26,28],采用高泊松 (Poisson) 比 ($\nu \to 0.5$) 来研究不可压缩固体或流体，实际上等价于引进一个罚函数项以抑制任意位移变分所允许的可压缩性.

把罚函数用于有限元法有一定的困难.

首先,式(3.152)的约束泛函导致下列形式的方程:

$$(\mathbf{K}_1 + \alpha \mathbf{K}_2)\mathbf{a} + \mathbf{f} = 0, \tag{3.165}$$

式中 $\mathbf{K}_1$ 是由原始泛函导出的，而 $\mathbf{K}_2$ 是由约束条件导出的. 随着 α 增加,以上方程退化为

$$\mathbf{K}_2 \mathbf{a} = -\mathbf{f}/\alpha \to 0,$$

而且 $\mathbf{a} = 0$，除非矩阵 $\mathbf{K}_2$ 是奇异的. 这一奇异性并不总是存在的,我们将在第十一章中讨论引进奇异性的办法.

其次，用大而有限的 α 值会遇到数值上的困难. 注意到离散化误差能够跟不满足约束条件所引起的误差具有相同的量级，我们可以取

$$\alpha = 常数 \times (1/h)^n,$$

以保证对于正确解的极限收敛性.

弗里德 (Fried)[29,30] 详尽地讨论了这个问题,我们将在第十一章中再回过头来讨论它.

这个问题的更一般的讨论将由参考文献[31]给出.

3.14.2 **最小二乘近似** 我们在 3.13.3 节中已经表明，如果约束条件就是该问题的控制方程

$$\mathbf{C}(\mathbf{u})=\mathbf{A}(\mathbf{u}), \tag{3.166}$$

如何用约束变分原理的办法来建立广义变分原理. 显然，通过在式 (3.152) 中取 $\Pi=0$，同样的办法可以用于罚函数法. 这样一来，对于任一微分方程组，我们可以写出"变分泛函"

$$\bar{\bar{\Pi}}=\int_{\Omega}(A_1^2+A_2^2+\cdots)\mathrm{d}\Omega=\int_{\Omega}\mathbf{A}^{\mathrm{T}}(\mathbf{u})\mathbf{A}(\mathbf{u})\mathrm{d}\Omega. \tag{3.167}$$

以上式中，假设边界条件已为 $\mathbf{u}$ 所满足(强加边界条件)，并且去掉了乘数 α，因为它变成只是一个乘子.

显然，以上表达形式就是要求微分方程剩余的平方和在正确解处应为极小值. 这个极小值在该点处显然为零，而这个方法就是熟知的最小二乘近似法.

同样明显的是，使任何以下形式的泛函取极小值，我们都可以得到正确解:

$$\bar{\bar{\Pi}}=\int_{\Omega}(p_1A_1^2+p_2A_2^2+\cdots)\mathrm{d}\Omega=\int_{\Omega}\mathbf{A}^{\mathrm{T}}(\mathbf{u})\mathbf{p}\mathbf{A}(\mathbf{u})\mathrm{d}\Omega, \tag{3.168}$$

式中 $p_1, p_2, \cdots$，等是正值函数或常数，而 $\mathbf{p}$ 是一个对角阵:

$$\mathbf{p}=\begin{bmatrix} p_1 & & 0 \\ & p_2 & \\ 0 & & \ddots \end{bmatrix}. \tag{3.169}$$

上面这种形式有时比较方便，因为它对每个方程的满足赋以不同的重要性，并在选择近似解方面允许有附加的自由度. 还可以这样来选择权函数: 保证各个元素的贡献之比为常数，尽管这个方法尚未获得实际应用.

上面介绍的这种最小二乘法，是求作为近似解出发点的积分形式的又一个非常强有力的方法，最近已获得十分成功的应用[32,33]. 因为对任何微分方程组都能够写出最小二乘变分原理而无需引入附加变量，我们可以详细研究这些原理与前面讨论过的自然变分原理之间的差别. 在具体情况下经过变分之后，读者会发现，所得的欧拉方程不再给出原始微分方程，而是给出它们的高

阶导数. 如果采用了不正确的边界条件，这就引起出现虚假解的可能性。另外，一般地说，现在需要试探函数具有高阶连续性. 这可能是一个严重的缺点，不过往往是可以克服的，办法就是在最初把问题陈述为一组低阶的方程.

我们现在来考察，对于线性方程组(仍不考虑强加边界条件)，由最小二乘近似所得的离散化方程的一般形式. 如果我们取

$$\mathbf{A}(\mathbf{u}) = \mathbf{L}\mathbf{u} + \mathbf{b}, \tag{3.170}$$

并取通常的试探函数近似

$$\hat{\mathbf{u}} = \mathbf{N}\mathbf{a}, \tag{3.171}$$

把它代入式(3.168)，我们就可以写出

$$\bar{\Pi} = \int_{\Omega} [(\mathbf{L}\mathbf{N})\mathbf{a} + b]^{\mathrm{T}} \mathbf{p} [(\mathbf{L}\mathbf{N})\mathbf{a} + \mathbf{b}] \mathrm{d}\Omega \tag{3.172}$$

以及

$$\delta\bar{\Pi} = \int_{\Omega} \delta\mathbf{a}^{\mathrm{T}} (\mathbf{L}\mathbf{N})^{\mathrm{T}} \mathbf{p} [(\mathbf{L}\mathbf{N})\mathbf{a} + \mathbf{b}] \mathrm{d}\Omega + \int_{\Omega} [(\mathbf{L}\mathbf{N})\mathbf{a} + \mathbf{b}]^{\mathrm{T}} \mathbf{p} (\mathbf{L}\mathbf{N}) \delta\mathbf{a} \mathrm{d}\Omega, \tag{3.173}$$

因为 $\mathbf{p}$ 是对称的，上式也可写成

$$\delta\bar{\Pi} = 2\delta\mathbf{a}^{\mathrm{T}} \left[\left(\int_{\Omega} (\mathbf{L}\mathbf{N})^{\mathrm{T}} \mathbf{p} (\mathbf{L}\mathbf{N}) \mathrm{d}\Omega \right) \mathbf{a} + \int_{\Omega} (\mathbf{L}\mathbf{N})^{\mathrm{T}} \mathbf{p}\mathbf{b} \mathrm{d}\Omega \right]. \tag{3.174}$$

立即由此得到通常形式的近似方程

$$\mathbf{K}\mathbf{a} + \mathbf{f} = 0, \tag{3.175}$$

而读者可以看出，矩阵 $\mathbf{K}$ 是对称正定的.

我们举一个真实的例子，考察本章方程(3.95)所控制的问题，对于这个问题我们已经得到了自然变分原理(式(3.98))，其中仅涉及一阶导数，$\mathbf{u}$ 只需要满足 C_0 连续性. 现在，如果我们用式(3.96)所定义的算子 $\mathbf{L}$ 以及项 $\mathbf{b}$，我们就得到近似方程组，其中

$$K_{ij} = \int_{\Omega} (\nabla^2 N_i + CN_i) p (\nabla^2 N_j + CN_j) \mathrm{d}x\mathrm{d}y,$$
$$f_i = \int_{\Omega} (\nabla^2 N_i + CN_i) Q \mathrm{d}x\mathrm{d}y. \tag{3.176}$$

读者可以看出，现在试探函数 **N** 需要满足 C_1 连续性.

避免了这一困难的另一种办法，是把方程 (3.95) 写成一阶方程组. 这可以写成

$$\mathbf{A}(\mathbf{u})=\left\{\begin{array}{l}\dfrac{\partial\phi_x}{\partial x}+\dfrac{\partial\phi_y}{\partial y}+c\phi+Q\\\dfrac{\partial\phi}{\partial x}-\phi x\\\dfrac{\partial\phi_y}{\partial y}-\phi_y\end{array}\right\}=0,\qquad(3.177)$$

或引入向量 **u** 作为未知量：

$$\mathbf{u}^{\mathrm{T}}=[\phi,\ \phi_x,\ \phi_y],\qquad(3.178)$$

按标准线性形式，把它写成

$$\mathbf{L}\mathbf{u}+\mathbf{b}=0,$$

式中

$$\mathbf{L}=\left\{\begin{array}{ccc}C, & \dfrac{\partial}{\partial x}, & \dfrac{\partial}{\partial y}\\\dfrac{\partial}{\partial x}, & -1, & 0\\\dfrac{\partial}{\partial y}, & 0, & -1\end{array}\right\};\quad \mathbf{b}=\left\{\begin{array}{c}Q\\0\\0\end{array}\right\}.\qquad(3.179)$$

读者现在可以把它们代入式 (3.174)，以得到仅需要 C_0 连续性的近似方程，不过这是以增加变量为代价引入的. 这种形式在有限元法中已广泛应用[32,33].

3.15 结语

本章内容相当广泛，介绍了把有限元法用于几乎任何一种数学物理问题的一般可能性. 以尽量简单的形式给出了基本的近似过程，同时进行了范围十分广泛的论述，以使得读者能够理解大量的文献，并确实能够尝试运用新的方法. 在随后各章中，我们将从已介绍的方法中仅选出有限的几种，应用于各种物理问题. 然而在某些情况下，我们将表明，把方法作某些推广是可能的(第十二

章);在另外一些情况下(第十一章),我们将表明,如何能够有利地违反这里说明的某些规则.

这里讨论的许多近似方法分为几大类. 为了使读者回想起它们,我们在表 3.2 中把这里以及第二章中所用的方法作一个全面的分类. 这张表中提到而这里唯一不曾讨论过的有限元法的方面是**直接物理法**. 在这种模型中,以“原子”而不是连续体的概念作为出发点. 在这种模型提供的可能性中有许多令人感兴趣的问题,但讨论它们超出了本书的范围.

表 3.2 有限元近似法

连续体问题的积分形式
试探函数
$\phi = \sum N_i a_i$

直接物理模型

变分原理

偏微分方程的加权积分
(弱形式)

全局物理原理
(例如虚功)

有物理意义
的原理

受约束的拉
格朗日形式

伴随函数

罚函数形式

最小二乘形式

各种权函数

配置法
(点或子域)

伽辽金法
$(W_j^T = N_j)$

在所讨论的所有连续体方法中,第一步总是选择适当的形状函数或试探函数. 这种函数的一些较简单的形式已因需要而引入. 在后面的章节中,将给出应用形状函数的较全面的讨论. 掌握了本章实质的读者,在阅读本书其余部分时,不会有什么困难.

参 考 文 献

[1] S. H. Crandall, *Engineering Analysis*, McGraw-Hill, 1956.

[2] B. A. Finlayson, *The Method of Weighted Residuals and Variational Principles*, Academic Press, 1972.

[3] R. A. Frazer, W. P. Jones, and S. W. Sken, *Approximations to functions and to the solutions of differential equations*, Aero. Research Committee Report 1799, 1937.

[4] C. B. Biezeno and R. Grammel, *Technische Dynamik*, p. 142, Springer-Verlag, 1933.

[5] B. G. Galerkin, 'Series solution of some problems of elastic equilibrium of rods and plates' (Russian), *Vestn. Inzh. Tech.*, **19**, 897—908, 1915.

[6] Also attributed to Bubnoy 1913: see S. C. Mikhlin, *Variational Methods in Mathematical Physics*, Macmillan, 1964.

[7] I. Christie, D. F. Griffiths, A. R. Mitchell, and O. C. Zienkiewicz, 'Finite element methods for Second order equations with significant first derivatives', *Int. J. Num. Meth. Eng.*, **10**, 1389—96, 1976.

[8] R. V. Southwell, *Relaxation Methods in Theoretical Physics*, Clarendon Press, 1946.

[9] R. S. VarGa *Matrix Iterative Analysis* Prentice-Hall, 1962.

[10] S. Timoshnko and J. N. Goodier, *Theory of Elasticity*, 2nd ed., Mc-Graw-Hill, 1951.

[11] L. V. Kantorovitch and V. I. Krylov, *Approximate Methods of Higher Analysis*, Wiley (International), 1958.

[12] J. W. Strutt (Lord Rayleigh), 'On the theory of resonance', *Trans. Roy. Soc. (London)*, **A161**, 77—118 1970.

[13] W. Ritz, 'Über eine neue Methode zur Lösung gewissen Variations—Probleme der mathematischen Physik', *J. Reine angew, Math.* **135**, 1—61, 1909.

[14] M. M. Veinberg *Variational Methods for the Study of Nonlinear Operators*, Holden-Day, 1964.

[15] E. Tonti, 'Variational formulation of non-linear differential equations', *Bull. Acad. Roy. Belg. (Classe Sci.)*, **55**, 137—65 and 262—78, 1969.

[16] J. T. Oden, 'A general theory of finite elements—I: Topological considerations', pp. 205—21, and 'II: Applications', pp. 247—60. *Int. J. Num. Meth. Eng.*, **1**, 1969.

[17] S. C. Mikhlin, *Variational Methods in Mathematical Physics*, Macmillan, 1964.

[18] S. C. Mikhlin, *The Problems of the Minimum of a Quadratic Functional*, Holden-Day, 1965.

[19] G. L. Guymon, V. H. Scott, and L. R. Herrmann, 'A general numerical solution of the two-dimensional differential-convection equation by the

finite element method'. *Water Res. Res.*, 6, 1611—15, 1970.

[20] B. A. Szabo and T. Kassos. 'Linear equation constraints in finite element approximations', *Int. J. Num. Meth. Eng.*, **9**, 563—80, 1975.

[21] K. Washizu, *Variational Methods in Elasticity and Plasticity*, 2nd ed., Pergamon Press, 1975.

[22] F. Kikuchi and Y. Ando, 'A new variational functional for the finite element method and its apphcation to plate and shell problems', *Nucl. Eng. Des.*, **21**, 95—113, 1972.

[23] H. S. Chen and C. C. Mei, *Oscillations and water forces in an offshore hardour*, Ralph M. Parsons Laboratory for Water Resources and Hydrodynamics, Report 190, Cambridge, Mass., 1974.

[24] O. C. Zienkiewicz, D. W. Kelly and P. Bettess, 'The coupling of the finite element method and boundary solution procedures', *Int. J. Num. Meth. Eng.*, **11**, 355—75, 1977.

[25] I. Stakgold, *Boundary Value Problems of Mathematical Physics*, MacMillan. 1967.

[26] O. C. Zienkiewicz, 'Constrained variational principles and penalty function methods in the finite element analysis', *Lecture Notes in Mathematics*, No. 363, pp. 207—314, Springer-Verlag, 1974.

[27] J. Campbell, *A finite element system for analysis and design*, Ph. D. Thesis, Swansea, 1974.

[28] D. J. Naylor, 'Stresses in nearly incompressible materials for finite elements with application to the calculation of excess pore pressures', *Int. J. Num. Meth. Eng.*, **8**, 443—60, 1974.

[29] I. Fried, 'Finite element analysis of incompressible materials by residual energy balancing', *Int. J. Solids Struct.*, **10**, 993—1002, 1974.

[30] I. Fried, 'Shear in C^0 and C^1 bending finite elements', *Int. J. Solids Struct.*, **9**, 449—60, 1973.

[31] O. C. Zienkiewicz and E. Hinton. 'Reduced integration function smoothing and non-conformity in finite element analysis', *J. Franklin Inst.*, **302**, 443—61, 1976.

[32] P. P. Lynn and S. K. Arya, 'Finite elements formulation by the weighted discrete least squares method', *Int. J. Num. Meth. Eng.*, **8**, 71—90, 1974.

[33] O. C. Zienkiewicz, D. R. J. Owen, and K. N. Lee, 'Least square finite element for elasto-static problems-use of reduced integration', *Int. J. Num. Meth. Eng.*, **8**, 341—58, 1974.

第 四 章

平面应力与平面应变

4.1 引言

二维弹性力学问题是有限元法最早应用成功的例子[1,2]．其实，在推导有限元法一般关系式的第二章中，我们已经用这种问题为例来说明有限元公式化的基础．式(2.1)—(2.5)，(2.23)及(2.24)就是有限元法的基本关系式，为了便于查阅，将它们列于附录2中．

在本章中，将要比较详细地推导二维弹性力学问题的具体关系式，并用适当的实例加以说明．在本书以后各章中，将始终采用这种叙述方法．

仅详细讨论最简单的三角形单元，但基本方法是普遍适用的．以后各章中要讨论的更复杂的单元，可按相同的方式引入同一问题．

不熟悉弹性力学基础知识的读者请参阅有关的基本教程，特别是铁摩辛柯与古地尔（Timoshenko-Goodier）[3] 所著的教科书，这里将广泛采用该书所用的记号．

在平面应力与平面应变这两类问题中，位移场由笛卡儿直角坐标系中 x 及 y 轴方向的位移 u 及 v 唯一地给出．

另外，在这两类问题中，必须考虑的应力及应变只是 x-y 平面内的三个分量．在平面应力的情况下，由其定义可知，所有其它的应力分量都为零，因此它们对内力功没有贡献．在平面应变的情况下，垂直于 x-y 平面那个方向的应力不为零．但由平面应变的定义可知，该方向的应变为零，因此这一应力也不贡献内力功．事实上，如果需要的话，可以在最后由三个主要应力分量算出这一应力.

4.2 单元特性

4.2.1 位移函数 图 4.1 示出了所研究的典型的三角形单元,它具有按反时针方向编号的节点 i, j, m.

一个节点的位移有两个分量:

$$\mathbf{a}_i = \begin{Bmatrix} u_i \\ v_i \end{Bmatrix}, \tag{4.1}$$

而单元位移的六个分量则列为如下向量:

$$\mathbf{a}^e = \begin{Bmatrix} \mathbf{a}_i \\ \mathbf{a}_j \\ \mathbf{a}_m \end{Bmatrix}. \tag{4.2}$$

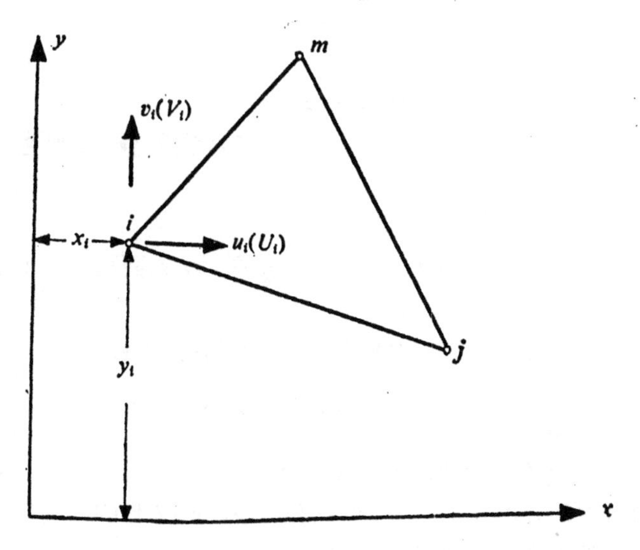

图 4.1 处于平面应力或平面应变状态下的连续体的单元

一个单元中的位移必须由这六个值唯一确定. 显然,最简单的位移表达式由如下两个线性多项式给出:

$$\begin{aligned} u &= \alpha_1 + \alpha_2 x + \alpha_3 y, \\ v &= \alpha_4 + \alpha_5 x + \alpha_6 y. \end{aligned} \tag{4.3}$$

如果分别在上式右边代入各节点的坐标，并令上式左边等于相应的节点位移,则将得到两组联立方程(每组三个方程),由此很容易解出六个常数 α. 例如,写出

$$\begin{aligned} u_i &= \alpha_1 + \alpha_2 x_i + \alpha_3 y_i, \\ u_j &= \alpha_1 + \alpha_2 x_j + \alpha_3 y_j, \\ u_m &= \alpha_1 + \alpha_2 x_m + \alpha_3 y_m, \end{aligned} \tag{4.4}$$

我们很容易解出用节点位移 u_i, u_j, u_m 来表示的 $\alpha_1, \alpha_2, \alpha_3$，并且最后得到

$$\begin{aligned} u = \frac{1}{2\Delta}\{&(a_i + b_i x + c_i y)u_i + (a_j + b_j x + c_j y)u_j \\ &+ (a_m + b_m x + c_m y)u_m\}, \end{aligned} \tag{4.5a}$$

式中

$$\begin{aligned} a_i &= x_j y_m - x_m y_j, \\ b_i &= y_j - y_m = y_{jm}, \\ c_i &= x_m - x_j = x_{mj}, \end{aligned} \tag{4.5b}$$

按 i, j, m 的次序循环置换下标即得到其它系数,量 2Δ 则由下式确定[1]:

$$2\Delta = \det\begin{vmatrix} 1 & x_i & y_i \\ 1 & x_j & y_j \\ 1 & x_m & y_m \end{vmatrix} = 2\,(三角形\ ijm\ 的面积). \tag{4.5c}$$

因为关于垂直位移 v 的方程是类似的,所以我们也有

$$\begin{aligned} v = \frac{1}{2\Delta}\{&(a_i + b_i x + c_i y)v_i + (a_j + b_j x + c_j y)v_j \\ &+ (a_m + b_m x + c_m y)v_m\}. \end{aligned} \tag{4.6}$$

虽然目前并不一定必要，但我们能够用式(2.1)的标准形式来表示前面的关系式(4.5a)及(4.6):

$$\mathbf{u} = \begin{Bmatrix} u \\ v \end{Bmatrix} = \mathbf{N}\mathbf{a}^e = [\mathbf{I}N_i, \mathbf{I}N_j, \mathbf{I}N_m]\mathbf{a}^e \tag{4.7}$$

---

1) 注意：如果取单元形心为坐标原点,则有

$$x_i + x_j + x_m = y_i + y_j + y_m = 0 \text{ 及 } a_i = a_j = a_m = 2\Delta/3.$$

也见简略介绍关于三角形域的积分的附录 4.

式中 $\mathbf{I}$ 是 2×2 的单位矩阵，而

$$N_i = (a_i + b_i x + c_i y)/2\Delta, \text{ 其余类推.} \tag{4.8}$$

前面所选择的位移函数自动保证相邻单元间位移的连续性，这是因为位移沿三角形的任意一边都是线性变化，在对节点规定一样的位移的情况下，沿着整个交界面显然会存在相同的位移.

4.2.2 (总)应变 能够用对于内力功有贡献的三个应变分量来确定单元中任意一点处的总应变. 于是有

$$\boldsymbol{\varepsilon} = \begin{Bmatrix} \varepsilon_x \\ \varepsilon_y \\ \gamma_{xy} \end{Bmatrix} = \begin{bmatrix} \dfrac{\partial}{\partial x}, & 0 \\ 0, & \dfrac{\partial}{\partial y} \\ \dfrac{\partial}{\partial y}, & \dfrac{\partial}{\partial x} \end{bmatrix} \begin{Bmatrix} u \\ v \end{Bmatrix} = \mathbf{L}\mathbf{u}. \tag{4.9}$$

在上式中代入式(4.7)，我们有

$$\boldsymbol{\varepsilon} = \mathbf{B}\mathbf{a}^e = [\mathbf{B}_i, \mathbf{B}_j, \mathbf{B}_m] \begin{Bmatrix} \mathbf{a}_i \\ \mathbf{a}_j \\ \mathbf{a}_m \end{Bmatrix}, \tag{4.10a}$$

典型子矩阵 $\mathbf{B}_i$ 由下式给出:

$$\mathbf{B}_i = \mathbf{L}\mathbf{I}N_i = \begin{bmatrix} \dfrac{\partial N_i}{\partial x}, & 0 \\ 0, & \dfrac{\partial N_i}{\partial y} \\ \dfrac{\partial N_i}{\partial y}, & \dfrac{\partial N_i}{\partial x} \end{bmatrix} = \frac{1}{2\Delta} \begin{bmatrix} b_i, & 0 \\ 0, & c_i \\ c_i, & b_i \end{bmatrix}. \tag{4.10b}$$

这明显地确定了式(2.2)的矩阵 $\mathbf{B}$.

应当注意，在这种情况下，矩阵 $\mathbf{B}$ 与单元中的位置无关，因此应变在整个单元中是常数. 显然，该形状函数满足第二章中提到的常应变准则.

4.2.3 初应变(热应变) “初”应变就是与应力无关的应变，它可以由许多原因引起. 一般说来，冷缩、晶粒生长或最常见的温度变化都将产生如下初应变向量:

$$\boldsymbol{\varepsilon}_0=\begin{Bmatrix}\varepsilon_{x0}\\ \varepsilon_{y0}\\ \gamma_{xy0}\end{Bmatrix}. \tag{4.11}$$

一般说来,虽然这一初应变可能同该单元中的位置有关,但通常用一平均的常数值来表示它.这与规定的位移函数所造成的常应变状态是一致的.

于是,对于平面应力状态下的各向同性材料说来,在一个温升为 θ^e 的单元中,当热膨胀系数为 α 时,我们有

$$\boldsymbol{\varepsilon}_0=\begin{Bmatrix}\alpha\theta^e\\ \alpha\theta^e\\ 0\end{Bmatrix}. \tag{4.12}$$

因为热伸缩不引起剪应变,所以上式中第三个分量为零.

平面应变的情况稍微复杂一些.根据平面应变的假设,即使不存在三个主要的应力分量,热膨胀也会引起垂直于 x-y 平面那个方向的应力,因此初应变将受弹性常数的影响.

能够证明,在这种情况下有

$$\boldsymbol{\varepsilon}_0=(1+\nu)\begin{Bmatrix}\alpha\theta^e\\ \alpha\theta^e\\ 0\end{Bmatrix}, \tag{4.13}$$

式中 ν 是泊松比

各向异性材料提出了需要特殊处理的问题,因为这时热膨胀系数可以随方向而变化.设图 4.2 中的 x' 及 y' 表示材料的主方向.对于平面应力的情况,在这一坐标系中热膨胀引起的初应变为

$$\boldsymbol{\varepsilon}_0'=\begin{Bmatrix}\varepsilon_{x'0}\\ \varepsilon_{y'0}\\ \gamma_{x'y'0}\end{Bmatrix}=\begin{Bmatrix}\alpha_1\theta^e\\ \alpha_2\theta^e\\ 0\end{Bmatrix}, \tag{4.14}$$

式中 α_1 及 α_2 分别是关于 x' 及 y' 轴的膨胀系数.

为了得到 xy 坐标系中的应变分量,必须利用适当的应变变换矩阵 $\mathbf{T}$,给出

$$\boldsymbol{\varepsilon}_0' = \mathbf{T}^{\mathrm{T}}\boldsymbol{\varepsilon}_0. \tag{4.15}$$

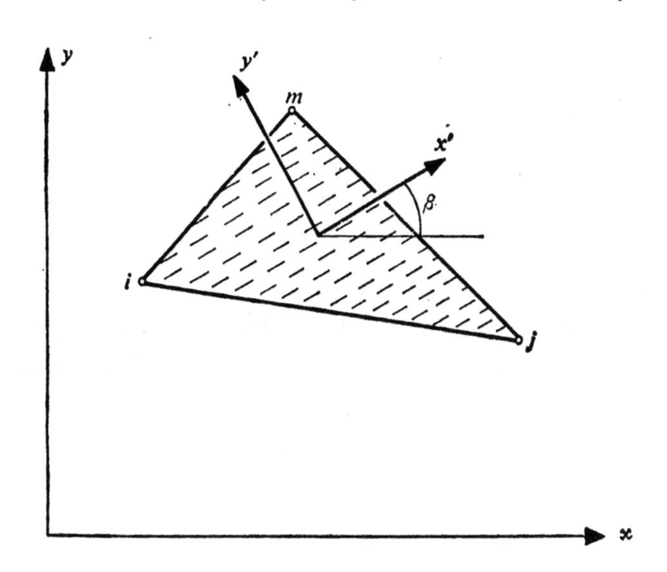

图 4.2 层状(横向各向同性)材料的单元

容易验证, $\mathbf{T}$ 的表达式如下:

$$\mathbf{T} = \begin{bmatrix} \cos^2\beta & \sin^2\beta & -2\sin\beta\cos\beta \\ \sin^2\beta & \cos^2\beta & 2\sin\beta\cos\beta \\ \sin\beta\cos\beta & -\sin\beta\cos\beta & \cos^2\beta - \sin^2\beta \end{bmatrix},$$

式中的角度 β 如图 4.2 所示. 这样一来，就能简单地算出 $\boldsymbol{\varepsilon}_0$. 应当注意,在 xy 坐标系中,剪应变这一分量不再等于零.

4.2.4 弹性矩阵 式(2.5)在平面情况下具有如下形式(这里未写出等式右端 $\boldsymbol{\sigma}_0$ 这一项,必要时简单地加上即可):

$$\boldsymbol{\sigma} = \begin{Bmatrix} \sigma_x \\ \sigma_y \\ \tau_{xy} \end{Bmatrix} = \mathbf{D}\left(\begin{Bmatrix} \varepsilon_x \\ \varepsilon_y \\ \gamma_{xy} \end{Bmatrix} - \boldsymbol{\varepsilon}_0\right). \tag{4.16}$$

对于任何一种材料,都能写出上式中矩阵 $\mathbf{D}$ 的显式.

平面应力(各向同性材料) 对于各向同性材料的平面应力问题,按其定义有

$$
\begin{aligned}
\varepsilon_x &= \sigma_x/E - \nu\sigma_y/E + \varepsilon_{x0}, \\
\varepsilon_y &= -\nu\sigma_x/E + \sigma_y/E + \varepsilon_{y0}, \\
\gamma_{xy} &= 2(1+\nu)\tau_{xy}/E + \varepsilon_{xy0}.
\end{aligned} \tag{4.17}
$$

解上式求出应力，我们得到如下形式的矩阵 **D**：

$$
\mathbf{D} = \frac{E}{1-\nu^2}\begin{bmatrix} 1 & \nu & 0 \\ \nu & 1 & 0 \\ 0 & 0 & (1-\nu)/2 \end{bmatrix}, \tag{4.18}
$$

式中 E 是弹性模量，ν 是泊松比.

平面应变(各向同性材料) 在这种情况下，除其它三个应力分量外，还存在正应力 σ_z. 对于各向同性热膨胀这一特殊情况，我们有

$$
\begin{aligned}
\varepsilon_x &= \sigma_x/E - \nu\sigma_y/E - \nu\sigma_z/E + \alpha\theta^e, \\
\varepsilon_y &= -\nu\sigma_x/E + \sigma_y/E - \nu\sigma_z/E + \alpha\theta^e, \\
\gamma_{xy} &= 2(1+\nu)\tau_{xy}/E,
\end{aligned} \tag{4.19}
$$

此外还有

$$
\varepsilon_z = 0 = -\nu\sigma_x/E - \nu\sigma_y/E + \sigma_z/E + \alpha\theta^e.
$$

消去 σ_z 并解出其余三个应力，我们得到前面引用过的初应变表达式(4.13)，而通过与式(4.16)比较，矩阵 **D** 就是

$$
\mathbf{D} = \frac{E(1-\nu)}{(1+\nu)(1-2\nu)}\begin{bmatrix} 1 & \nu/(1-\nu) & 0 \\ \nu/(1-\nu) & 1 & 0 \\ 0 & 0 & (1-2\nu)/2(1-\nu) \end{bmatrix}. \tag{4.20}
$$

各向异性材料 对于最一般的各向异性材料，为了完全确定三维应力-应变关系，必须有 21 个独立的弹性常数[4,5].

如果二维分析是适用的，则材料性质必须具备对称性，这意味着矩阵 **D** 中至多有六个独立常数. 因此，为了描述最一般的二维性态，总是可以写出

$$
\mathbf{D} = \begin{bmatrix} d_{11} & d_{12} & d_{13} \\ & d_{22} & d_{23} \\ (\text{对称}) & & d_{33} \end{bmatrix}. \tag{4.21}
$$

(矩阵 **D** 的必然的对称性由马克斯威尔-贝蒂互易定理得到，它是以下事实的自然结果：无论达到给定应变状态的路径如何，能量不变。)

特别有实际意义的是“层状”或横向各向同性材料，在这种材料的各层平面内，材料性质具有转动对称性。这种材料只有五个独立的弹性常数。

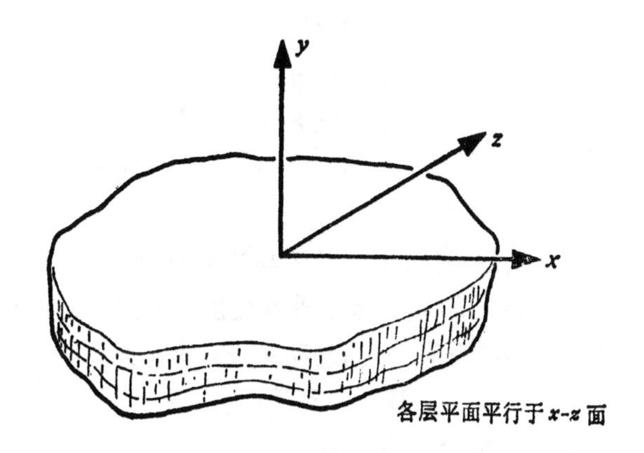

图 4.3 层状(横向各向同性)材料

遵照列赫尼茨基 (Лехницкий)[4] 的记号，并且现在如图 4.3 取 y 轴与各层垂直，我们给出这种情况下的一般应力-应变关系如下(忽略初应变)：

$$
\begin{aligned}
\varepsilon_x &= \sigma_x/E_1 - \nu_2\sigma_y/E_2 - \nu_1\sigma_z/E_1, \\
\varepsilon_y &= -\nu_2\sigma_x/E_2 + \sigma_y/E_2 - \nu_2\sigma_z/E_2, \\
\varepsilon_z &= -\nu_1\sigma_x/E_1 - \nu_2\sigma_y/E_2 + \sigma_z/E_1, \\
\gamma_{xz} &= \{2(1+\nu_1)/E_1\}\tau_{xz}, \\
\gamma_{xy} &= \frac{1}{G_2}\tau_{xy}, \\
\gamma_{yz} &= \frac{1}{G_2}\tau_{yz},
\end{aligned}
\tag{4.22}
$$

式中常数 E_1，ν_1 (G_1 不独立)与各层平面内的性态有关，E_2，G_2，ν_2 则与 y 轴方向的性态有关。

记 $E_1/E_2 = n$, $G_2/E_2 = m$, 在二维情况下，对于平面应力有

$$\mathbf{D} = \frac{E_2}{(1-n\nu_2^2)}\begin{bmatrix} n & n\nu_2 & 0 \\ n\nu_2 & 1 & 0 \\ 0 & 0 & m(1-n\nu_2^2) \end{bmatrix}, \tag{4.23}$$

对于平面应变有

$$\mathbf{D} = \frac{E_2}{(1+\nu_1)(1-\nu_1-2n\nu_2^2)} \cdot \begin{bmatrix} n(1-n\nu_2^2) & n\nu_2(1+\nu_1) & 0 \\ n\nu_2(1+\nu_1) & (1-\nu_1^2) & 0 \\ 0 & 0 & m(1+\nu_1)(1-\nu_1-2n\nu_2^2) \end{bmatrix}. \tag{4.24}$$

当如图 4.2 所示，各层的坐标系与公共坐标不一致时，为了得到公共坐标系中的矩阵 **D**，必须进行变换．以 **D**′ 记各层的倾斜坐标系 (x', y') 中联系应力与应变的矩阵，容易证明：

$$\mathbf{D} = \mathbf{T}\mathbf{D}'\mathbf{T}^{\mathrm{T}}, \tag{4.25}$$

式中 **T** 与式(4.15)中给出的一样．

如果应力系 $\boldsymbol{\sigma}'$ 及 $\boldsymbol{\sigma}$ 分别同 $\boldsymbol{\varepsilon}'$ 及 $\boldsymbol{\varepsilon}$ 对应，则由功相等可得

$$\boldsymbol{\sigma}'^{\mathrm{T}}\boldsymbol{\varepsilon}' = \boldsymbol{\sigma}^{\mathrm{T}}\boldsymbol{\varepsilon}$$

或

$$\boldsymbol{\varepsilon}'^{\mathrm{T}}\mathbf{D}'\boldsymbol{\varepsilon}' = \boldsymbol{\varepsilon}^{\mathrm{T}}\mathbf{D}\boldsymbol{\varepsilon},$$

将式(4.15)代入上式，就得到式(4.25)(也见第一章)．

4.2.5 刚度矩阵　单元 ijm 的刚度矩阵由一般关系式(2.13)确定，其子矩阵是

$$\mathbf{K}_{ij}^{e} = \int \mathbf{B}_i^{\mathrm{T}}\mathbf{D}\mathbf{B}_j t\,\mathrm{d}x\mathrm{d}y, \tag{4.26}$$

式中 t 是单元的厚度，积分对该三角形的面积进行．如果假设单元厚度是常数（这一假设当单元尺寸减小时逼近真实情况），由于上式中的两个矩阵都不包含 x 或 y，我们就有

$$\mathbf{K}_{ij}^{e} = \mathbf{B}_i^{\mathrm{T}}\mathbf{D}\mathbf{B}_j t\Delta, \tag{4.27}$$

式中 Δ 是三角形的面积（已由式(4 5)确定）．实际的矩阵运算是

由计算机进行的，所以上面的算式已足够明显.

4.2.6 *初应变引起的节点力* 这些节点力直接由表达式(2.13)给出，该式完成积分后变成

$$(\mathbf{f}_i)^e_{\varepsilon_0} = -\mathbf{B}_i^{\mathrm{T}}\mathbf{D}\boldsymbol{\varepsilon}_0 t\Delta, \cdots. \tag{4.28}$$

这些“初应变”力不是均分于单元的各个节点，需要精确的计算. 对于初应力引起的力，导出了类似的表达式.

4.2.7 *分布体力* 在一般平面应力或平面应变情况下，x-y 平面内单位面积微元上作用有力

$$\mathbf{b} = \begin{Bmatrix} b_x \\ b_y \end{Bmatrix},$$

式中 b_x, b_y 分别为相应坐标轴方向的力.

仍按照式(2.13)，这些力对于节点力的贡献给出如下：

$$\mathbf{f}_i^e = -\int N_i \begin{Bmatrix} b_x \\ b_y \end{Bmatrix} \mathrm{d}x\mathrm{d}y,$$

如果体力 b_x, b_y 是常数，根据式(4.7)，有

$$\mathbf{f}_i^e = -\begin{Bmatrix} b_x \\ b_y \end{Bmatrix} \iint N_i \mathrm{d}x\mathrm{d}y, \cdots. \tag{4.29}$$

因为 N_i 已不是常数，必须以明显的方式进行积分. 在附录3中，给出了关于三角形域的某些一般积分公式.

如果以单元的形心为坐标原点，在这种特殊情况下，计算将会简化. 现在

$$\int x\mathrm{d}x\mathrm{d}y = \int y\mathrm{d}x\mathrm{d}y = 0,$$

应用式(4.8)及4.2.1节中的脚注所给出的关系式，则有

$$\begin{aligned}\mathbf{f}_i^e &= -\begin{Bmatrix} b_x \\ b_y \end{Bmatrix} \iint a_i \mathrm{d}x\mathrm{d}y/2\Delta \\ &= -\begin{Bmatrix} b_x \\ b_y \end{Bmatrix} a_i/2 = -\begin{Bmatrix} b_x \\ b_y \end{Bmatrix} \Delta/3.\end{aligned} \tag{4.30}$$

对于整个单元，显然有

$$\mathbf{f}^e = \begin{Bmatrix} \mathbf{f}_i^e \\ \mathbf{f}_j^e \\ \mathbf{f}_m^e \end{Bmatrix} = -\begin{Bmatrix} b_x \\ b_y \\ b_x \\ b_y \\ b_x \\ b_y \end{Bmatrix} \Delta/3, \tag{4.31}$$

这就表明，由体力引起的作用在 x 及 y 方向的总的力分别均分于三个节点. 这一事实与物理直观相应，并且常常不经说明地假设了这一点.

4.2.8 **体力位势** 在许多情况下，体力根据体力位势 ϕ 确定如下：

$$b_x = -\frac{\partial \phi}{\partial x}, \qquad b_y = -\frac{\partial \phi}{\partial y}, \tag{4.32}$$

在整个区域上，不是已知 b_x 及 b_y 的值，而是已知这一位势，并规定这一位势在各节点处的值. 如果用单元的三个节点处的三个位势值列成 $\boldsymbol{\phi}^e$：

$$\boldsymbol{\phi}^e = \begin{Bmatrix} \phi_i \\ \phi_j \\ \phi_m \end{Bmatrix}, \tag{4.33}$$

并且 $\boldsymbol{\phi}^e$ 必须与 b_x 及 b_y 的常数值相应，则 ϕ 在单元内必须线性变化. 显然，采用式 (4.4)—(4.6) 的推导方法，就会给出 ϕ 的变化的“形状函数”，并得到

$$\phi = [N_i, N_j, N_m]\boldsymbol{\phi}^e. \tag{4.34}$$

这样一来，

$$\begin{aligned} b_x &= -\frac{\partial \phi}{\partial x} = -[b_i, b_j, b_m]\boldsymbol{\phi}^e/2\Delta, \\ b_y &= -\frac{\partial \phi}{\partial y} = -[c_i, c_j, c_m]\boldsymbol{\phi}^e/2\Delta. \end{aligned} \tag{4.35}$$

现在，代替式 (4.31)，将有如下形式的体力位势引起的节点力向量：

$$
\mathbf{f}^e=\frac{1}{6}\begin{bmatrix} b_i, & b_j, & b_m \\ c_i, & c_j, & c_m \\ b_i, & b_j, & b_m \\ c_i, & c_j, & c_m \\ b_i, & b_j, & b_m \\ c_i, & c_j, & c_m \end{bmatrix}\boldsymbol{\phi}^e. \tag{4.36}
$$

4.2.9 应力的计算 前面已导出的公式使我们能得到集合结构的总刚度矩阵，并得到位移解答。

对于各个单元进行适当的代换，就得到以式(2.16)的一般形式给出的应力矩阵。

根据基本假设，应力在单元中是常量。通常将这些应力规定于单元形心处，本章的大部分例子都采用这种办法。另外一种办法是：求在一节点处相会合的单元的应力的平均值，以此作为该节点处的应力值。在这方面，还依靠经验采用过某些"加权"法，但其优越性好象不大。

通常，这要安排计算机计算每个单元的主应力及其方向。

4.3 例子——精度的评价

无疑地，在剖分的极限情况下，按4.2节那样建立公式的二维弹性力学问题的解答是精确解。实际上，在有限剖分的任一阶段上，得到的是近似解，比如说是具有有限项的傅里叶级数解。

如同在第二章中已经说明过的，在任一近似阶段所得到的总变形能会低于精确解答的真实变形能。实际上，这就意味着近似解在总体上给出较低的位移，因而也给出较低的应力。但是必须强调，对于连续体中任一单独的点说来，并不一定是这样，因此这种解答界限的实用价值不大。

采用一定精细程度的单元剖分时在一些典型问题中所能达到的精度阶次如何，这是工程师要知道的一件重要的事情。在任一特定的情况下，通过同已知的精确解进行比较，或者研究采用两级或多级剖分时解答的收敛性，就能够估计误差。

随着经验的积累，工程师能够事先估计按给定单元剖分处理某一特殊问题时的近似程度. 通过这本书中所考察的例子，也许会提供一些这方面的经验.

下面首先考察一些有精确解可用的简单问题.

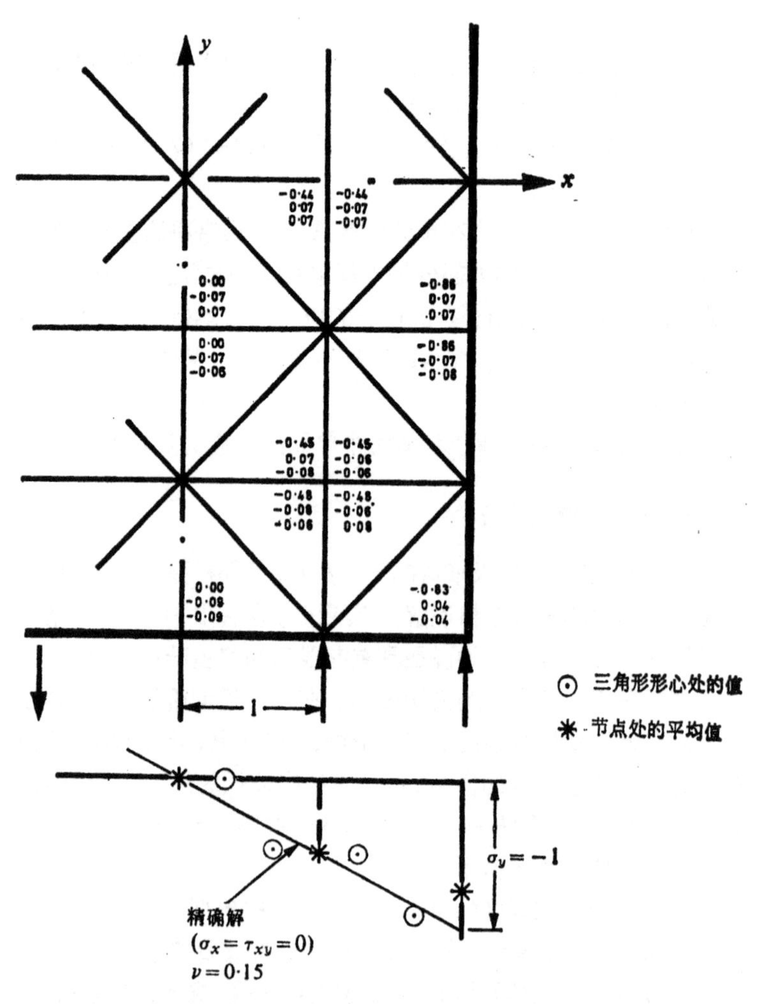

图 4.4 用粗的三角形单元剖分求解的梁的纯弯问题(各单元中数值从上到下分别为 σ_y，σ_x，τ_{xy})

均匀应力场　如果精确解实际上就是一均匀应力场，则无论单元剖分如何，有限元解会与精确解完全一致．虽然这是所用公式的显然的结果，但可用它初步校核所编制的计算机程序．

线性变化的应力场　显然，在这种情况下，单元中的应力为常量这一基本假设意味着解答将只是近似的．图 4.4 示出了一个简单的例子，这是一根两端承受相同弯矩的梁，其网格剖分相当粗．容易看出，由单元给出的轴向应力 σ_y“跨立”精确值两边．事实上，如果把这些常应力值规定于各单元形心处并在图上画出，则最好的“拟合”直线就描述了精确应力．（见第十一章关于最佳样点的讨论）．

水平及剪应力分量也同精确值不同(后者简单地为零)．然而也应指出，它们是以相等的小幅度围绕精确值上下波动．

在内部节点处，如果取在该节点处相会合的单元的应力的平均值，将会发现，这非常接近精确应力．但是外表面处的平均值没有这样好．为了改善近似程度，在实践中经常象图 4.4 所示那样，用节点处的平均值从总体上改善应力的描述．

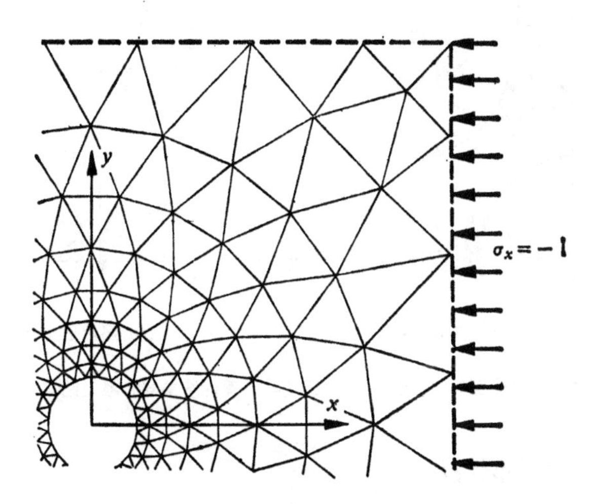

图 4.5　均匀应力场中的圆孔 (a) 各向同性材料；(b) 层状(正交异性)材料；$E_x=E_1=1$，$E_y=E_2=3$，$\nu_1=0.1$，$\nu_2=0$，$G_{xy}=0.42$

在靠近结构表面处，可以进一步用加权平均来改善结果．但这不是绝对的，当要求较好的精度时，采用更细的网格剖分似乎更好一些．

应力集中　图 4.5 及 4.6 示出了一个更现实的检验问题．在这里，考察远处承受均匀应力的各向同性以及各向异性层状材料中圆孔周围的应力流[6]．由于采用了分级网格，对于预料的高应力梯度区可以进行较详细的研究．在图 4.6 中，将一些计算结果同精确解[3,7]进行了比较，由此能够看出所能达到的高精度．

我们在以后各章中将看到，采用更高级的单元，能够得到甚至更精确的答案；然而分析的原理仍然一样．

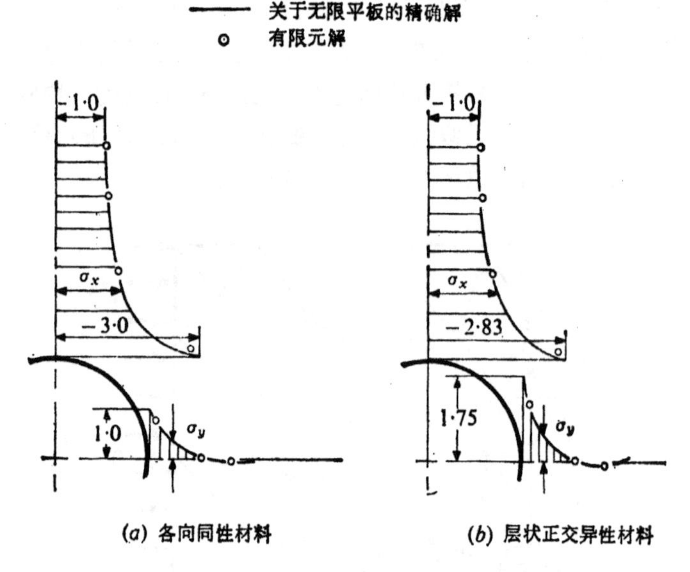

图 4.6　对于图4.5的情况 (a) 及 (b)，理论结果同有限元结果之间的比较

4.4　一些实际应用

显然，这种方法的实际应用是没有限制的．由于有限元法精度高、成本低、灵活通用，对于平面问题说来，它已经代替了实验方

法．另外，容易处理各向异性材料以及热应力及体力问题也是它的优点．

下面，将给出解决工程实际中复杂问题的几个实例．

加强开口周围的应力流（图 4.7） 在钢压力容器或飞机结构中，其受力外壳（或蒙皮）上必须有开口．穿过开口的导管对开口周围有所加强；此外，在开口周围外壳（或蒙皮）本身厚度的增加也降低集中效应引起的应力．

这种问题作为平面应力情况处理，它的分析没有什么困难．单元的大小遵照厚度变化的情况来选择，而厚度值是适当给定的．

对于开口周围厚度很大的那个狭窄带状区域，既可以用特殊的梁类单元来描述，也可以用给定了适当厚度的很细长的一般三角形单元来描述，后者更容易在标准程序中处理．图 4.7 所示问题采用了后一种办法，该图给出了靠近开口处算出的一些应力．应当注意，被分析的区域很大，并且采用了分级网格．

承受构造应力的各向异性山谷[6]（图 4.8） 考察一个承受均匀水平应力的对称的山谷．材料是层状的，因此是“横向各向同性”的，而各层的方向逐点变化．

应力图表明，存在拉伸区域．从事岩石力学工作的地质师及工程师对这个现象很感兴趣．

承受内外水压的坝[8,9]（图 4.9） 这里分析的是一个筑于比较复杂的岩基上的扶壁式坝．非均质的基础部分处于平面应变状态，而坝本身则作为变厚度平板（平面应力）来考虑．

外载及重力载荷在分析中不引起特殊的问题，然而或许应当指出，“自动”计算重力引起的节点载荷看来是值得的．

但是对于考虑渗透压力的情况，恐怕需要作一些说明．众所周知，在孔隙材料中，水压是作为体力传递给结构的，其大小为

$$b_x = -\frac{\partial p}{\partial x}, \quad b_y = -\frac{\partial p}{\partial y}, \tag{4.37}$$

外压现在不需考虑．

事实上，渗透压力 p 现在就是象式 (4.32) 那样定义的体力位

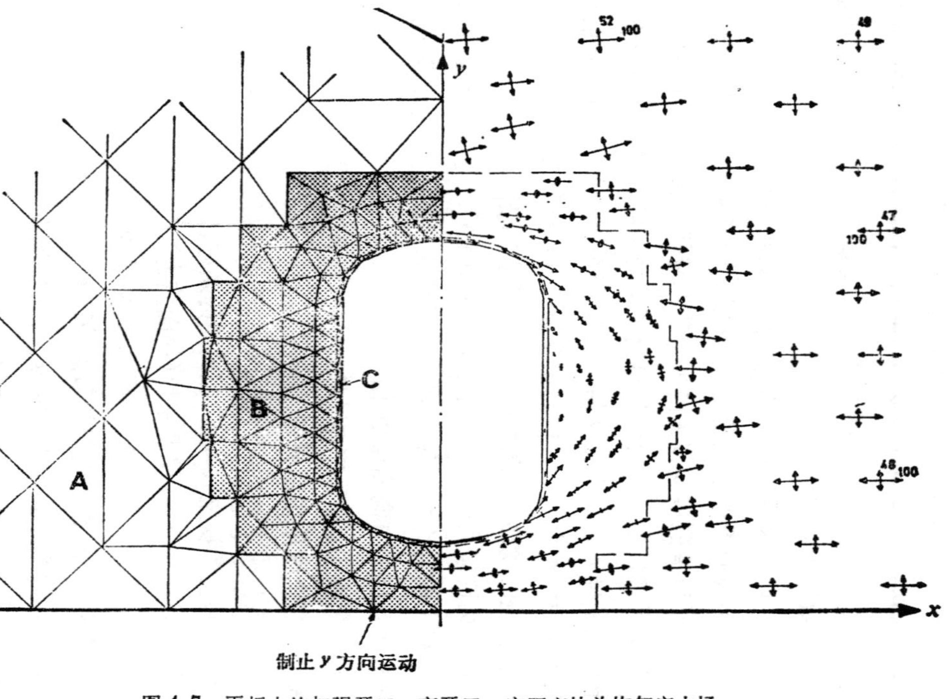

图 4.7　平板中的加强开口．离开口一定距离处为均匀应力场：$\sigma_x = 100$，$\sigma_y = 50$．区域 A，B，C 的板厚比值为 1:3:23

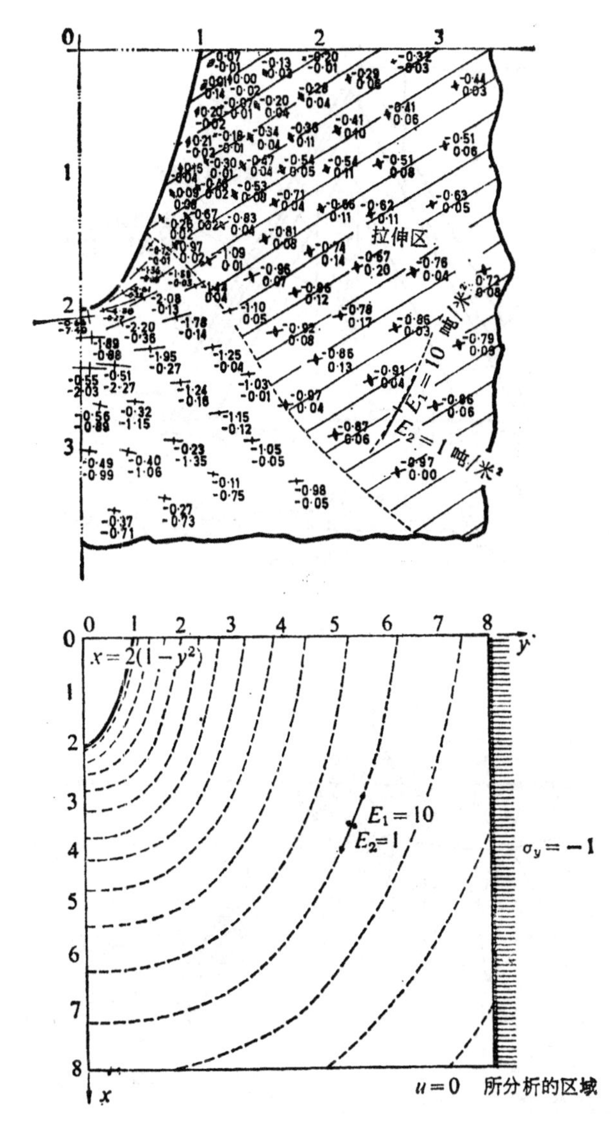

图 4.8 承受水平构造应力的各层为曲面的山谷(平面应变，170 个节点，298 个单元)

势．图 4.9 示出了所分析区域的单元剖分及坝的轮廓．图 4.10(a)及(b)示出了由重力(仅作用于坝本身)与水压共同引起的应力，图

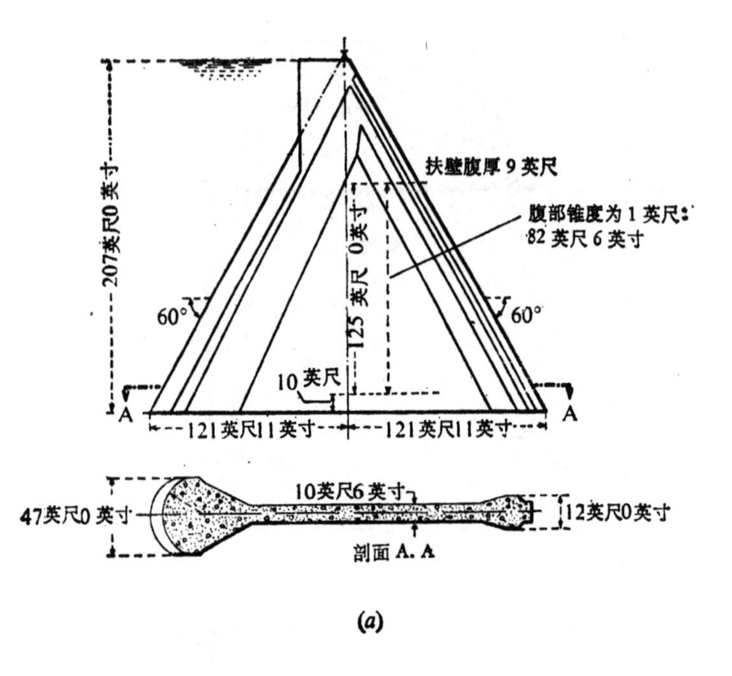

(*a*)

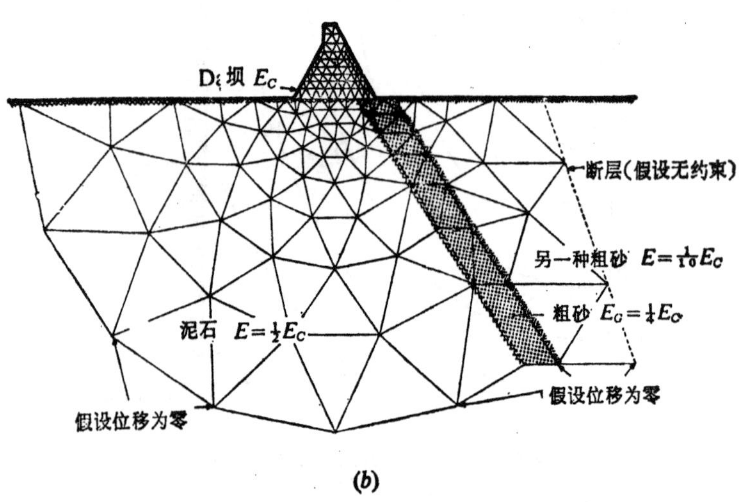

(*b*)

图 4.9 扶壁式坝的应力分析．假设坝处于平面应力状态，基础处于平面应变状态．(a)所分析的扶壁式坝的截面．(b)所考虑的基础的范围及其有限元剖分

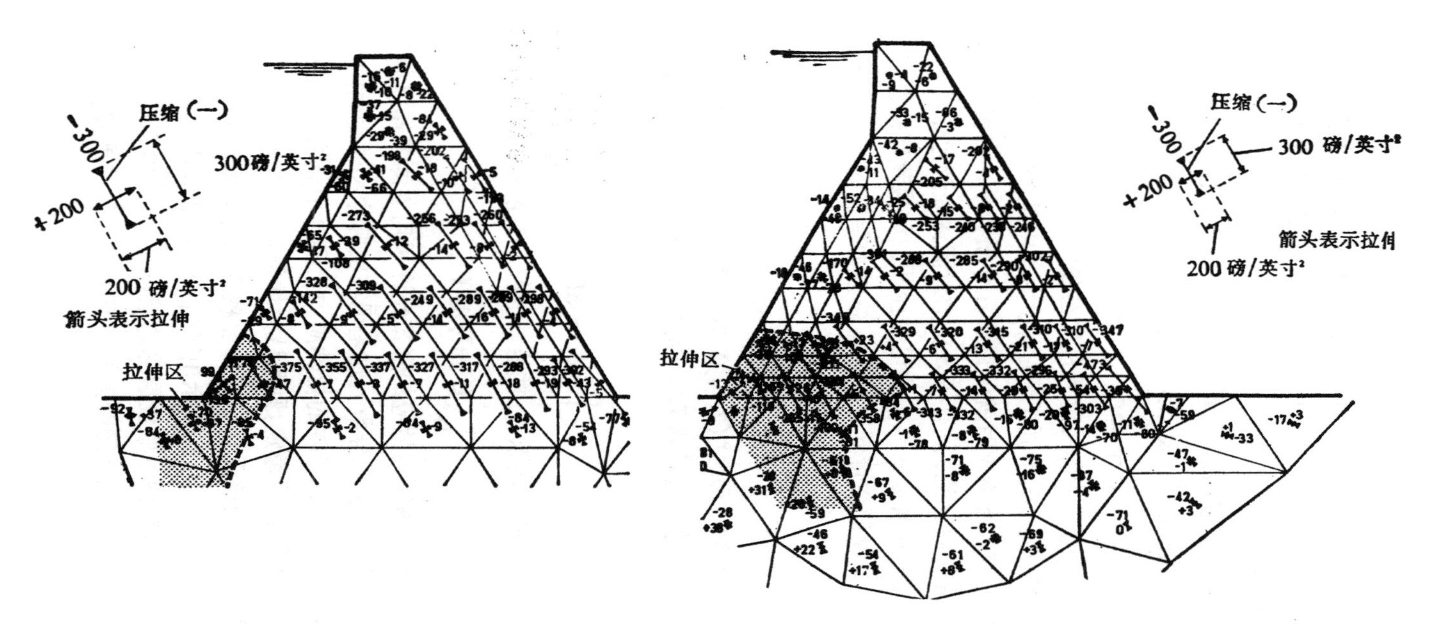

图 4.10　图 4.9 的扶壁式坝的应力分析. 重力载荷与水压共同作用时的主应力. (a) 假设水压作为外载荷作用，(b) 假设水压作为渗透压力引起的体力作用

(a) 假设水压作为外载，图 (b)则假设水压作为内部渗透压力. 两种解答都指出，存在一个大的拉伸区域，但第二种假设引起的应力增加是重要的.

这里算出的应力是所谓"等效"应力. 它们表示固体颗粒之间传递的力，由总应力 $\boldsymbol{\sigma}$ 及渗透压力 p 按下式确定:

$$\boldsymbol{\sigma}' = \boldsymbol{\sigma} + \mathbf{m}p, \qquad \mathbf{m}^{\mathrm{T}} = [1, 1, 0], \tag{4.38}$$

即简单地由总应力中除去静水压力分量[10].

等效应力在多孔介质 (颗粒体) 力学中是非常重要的，在研究例如土壤、岩石、混凝土时就要用多孔介质力学. 导出式 (4.37)的体力时的基本假设是，只有等效应力对固体变形起作用. 这直接导致建立另外一种公式系统的可能性[11]. 如果我们检查式 (2.10)的平衡条件，我们注意到这是根据总应力写出的. 根据等效应力写出本构关系式 (2.5)，即有

$$\boldsymbol{\sigma}' = \mathbf{D}'(\boldsymbol{\varepsilon} - \boldsymbol{\varepsilon}_0) + \sigma_0', \tag{4.39}$$

将上式代入平衡方程(式(2.10))，我们看到，也得到式(2.12)，形成式中刚度矩阵时采用矩阵 $\mathbf{D}'$，而式 (2.13b) 的力这一项增加如下的附加力:

$$-\int_{V^e} \mathbf{B}^{\mathrm{T}}\mathbf{m}p\mathrm{d}V, \tag{4.40}$$

或者，如果 p 用形状函数 N_i 插值，则附加力变成

$$-\int_{V^e} \mathbf{B}^{\mathrm{T}}\mathbf{m}\mathbf{N}'\mathrm{d}V\mathbf{P}^e. \tag{4.41}$$

这种引入渗透压力效应的形式允许采用 p 的不连续插值 (因为在式(4.40)中不出现导数)，这是现在实际中经常采用的.

开裂　前一个例子中的拉伸应力无疑会引起岩石开裂. 如果这种裂纹的扩展情况稳定，则可认为坝是安全的.

只要对选定的单元规定其弹性模量为零，就可非常简单地将裂缝引入分析中. 图 4.11 示出了对于具有宽的楔形裂缝的坝的分析，可以看出，在图示假设裂缝的情况下，坝体中不产生拉伸区.

可以建立一种更准确的方法，它允许裂缝扩展并得到重新分

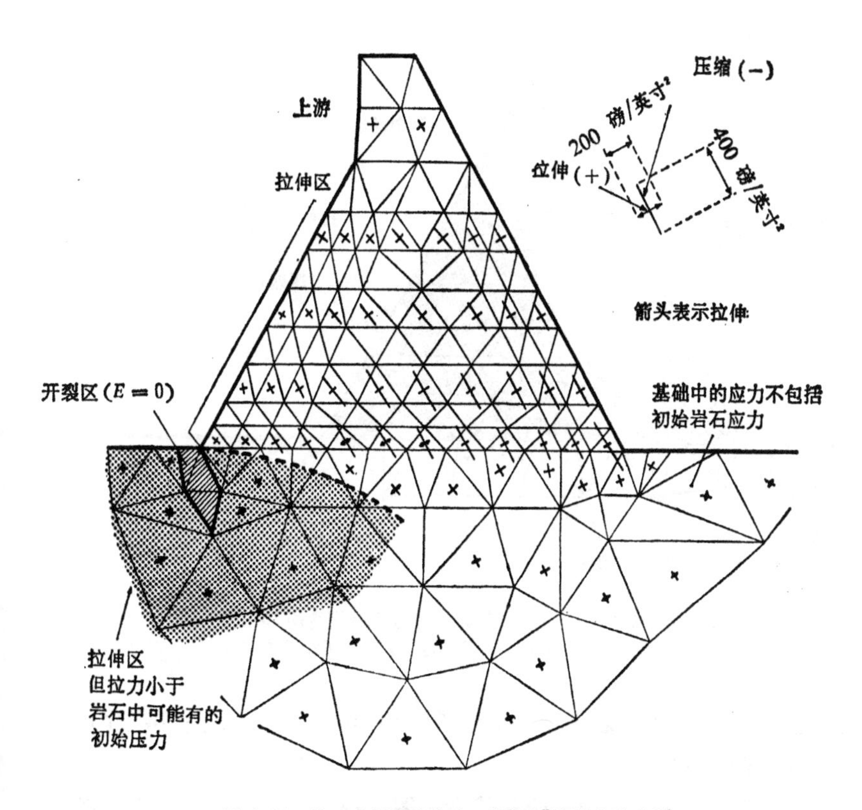

图 4.11　扶壁式坝中的应力."裂缝"的引入改变了应力分布(载荷与图 4.10(b) 相同)

布的应力,这将在后面讨论(见第十八章).

热应力　作为热应力计算的一个例子，在简单的温度分布假设下对同样的坝进行应力分析. 图 4.12 给出了这一分析的结果.

重力坝　扶壁式坝是应用有限元法的一个很自然的例子. 也可以简单地处理其它形式的坝，象有支墩或无支墩的重力坝等. 图 4.13 示出了一个有支墩与坝顶闸门的大坝的分析.

这种情况下,在截面突变处,即在支墩与大坝主体连接处,假设为二维情况来处理显然是近似的,但这仅导致局部误差.

重要的是，在这里要注意如何利用分级网格通过一次求解来研究钢索的锚固处的应力集中、坝中的一般应力流以及基础的性

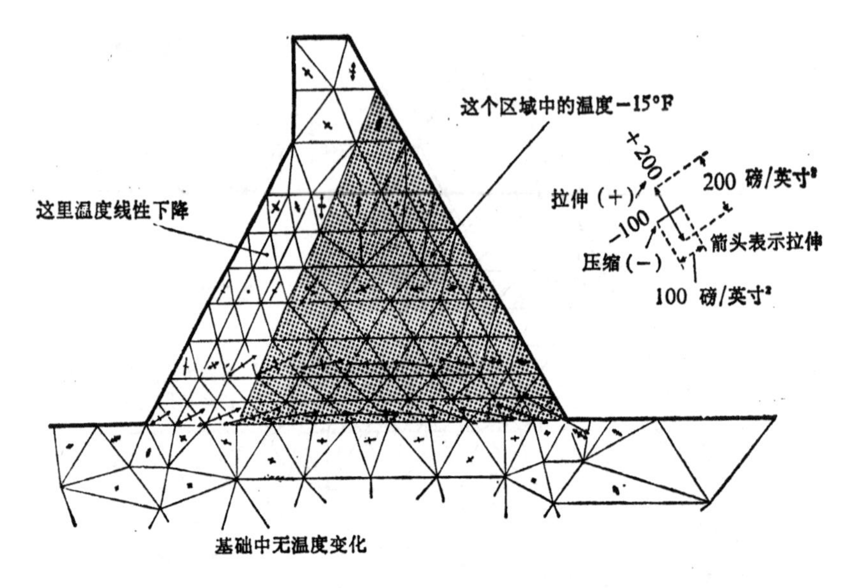

图 4.12 扶壁式坝的应力分析．由于阴影区冷却 15° F 引起的热应力 ($E = 3\times10^6$ 磅/英寸², $\alpha = 6\times10^{-6}$/°F)

态．最大单元与最小单元的边长比为 30∶1（最大单元在基础中，图上未画出）．

地下电站　最后一个例子示于图 4.14 与 4.15，这是一个有意义的大规模的应用问题．这里的主应力是自动画出的．由于地质条件不明确，在这一分析中采用了许多不同的初应力分量 $\boldsymbol{\sigma}_0$．由于可以很快求出解答并画出许多结果，使我们能够了解应力变化的范围，并能作出工程上的决定．

4.5　不可压缩材料平面应变问题的特殊处理

读者一定已注意到，当泊松比等于 0.5 时，定义各向同性材料弹性矩阵 $\mathbf{D}$ 的关系式 (4.20) 不再有效，因为这时分母的值为零．使泊松比的值接近于 0.5 而不等于 0.5，是避免这个困难的一个简单方法．但是经验表明，这会使解答的近似性变坏，除非采用象第十一章中所讨论的那些特殊公式．赫尔曼 (Herrmann)[12] 提出了

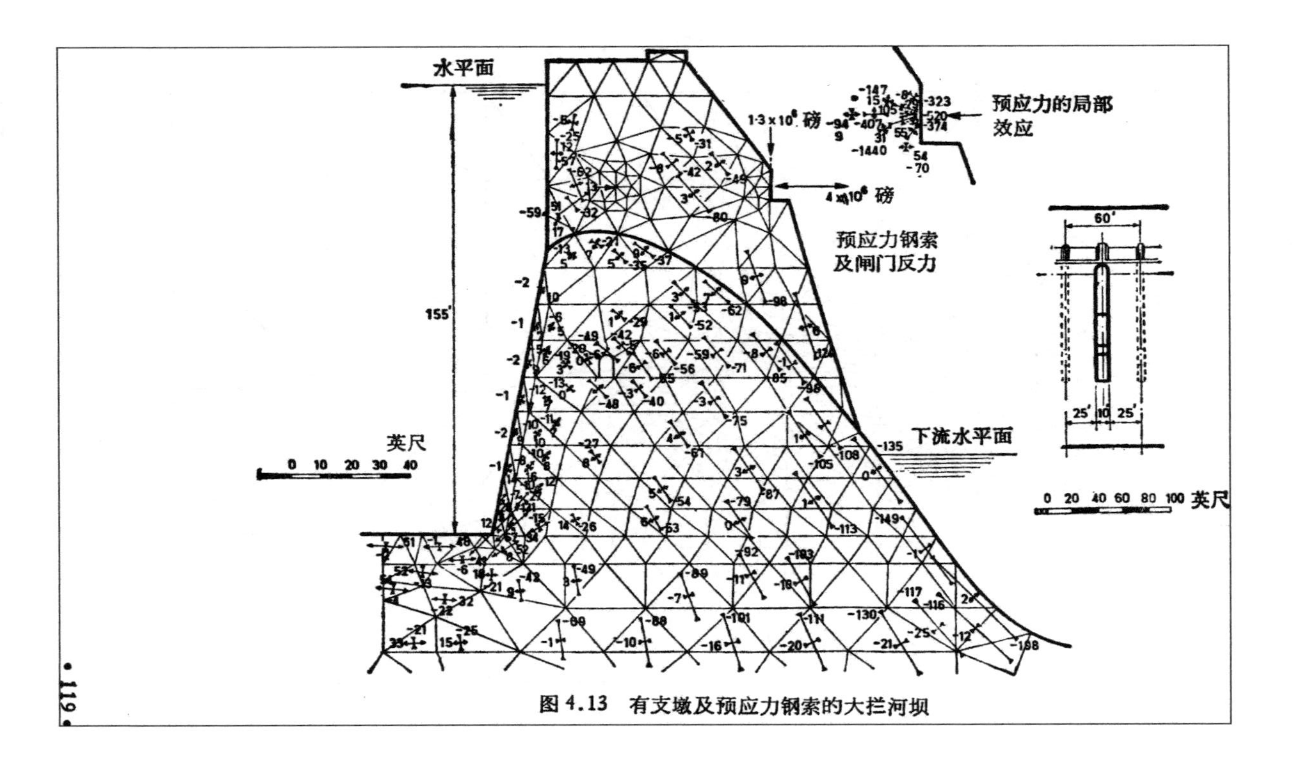

图 4.13 有支墩及预应力钢索的大拦河坝

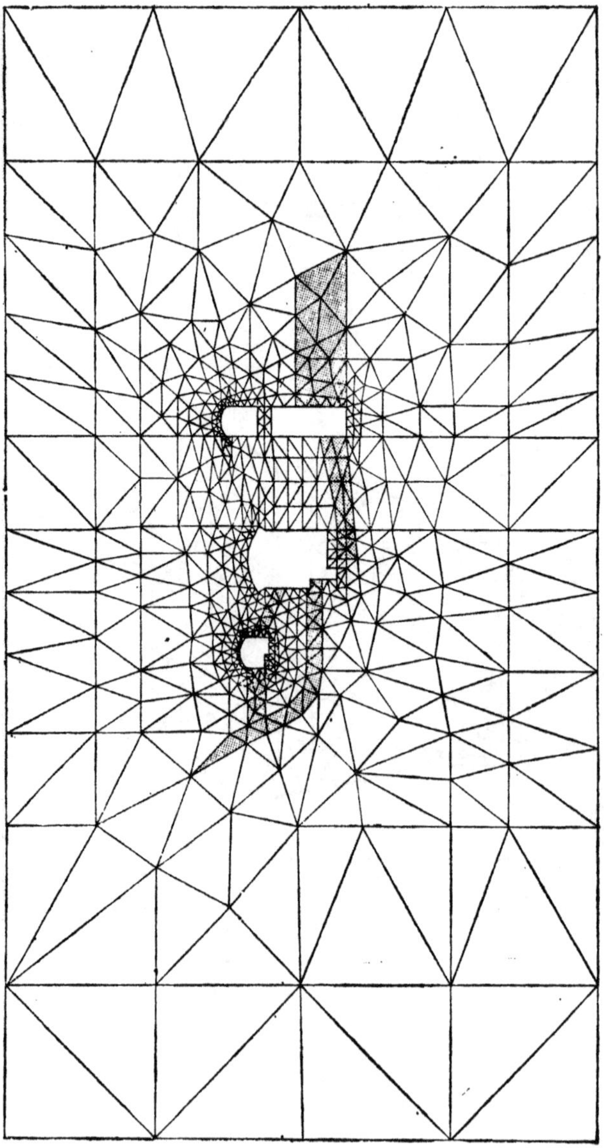

图 4.14 地下电站，分析时采用的网格

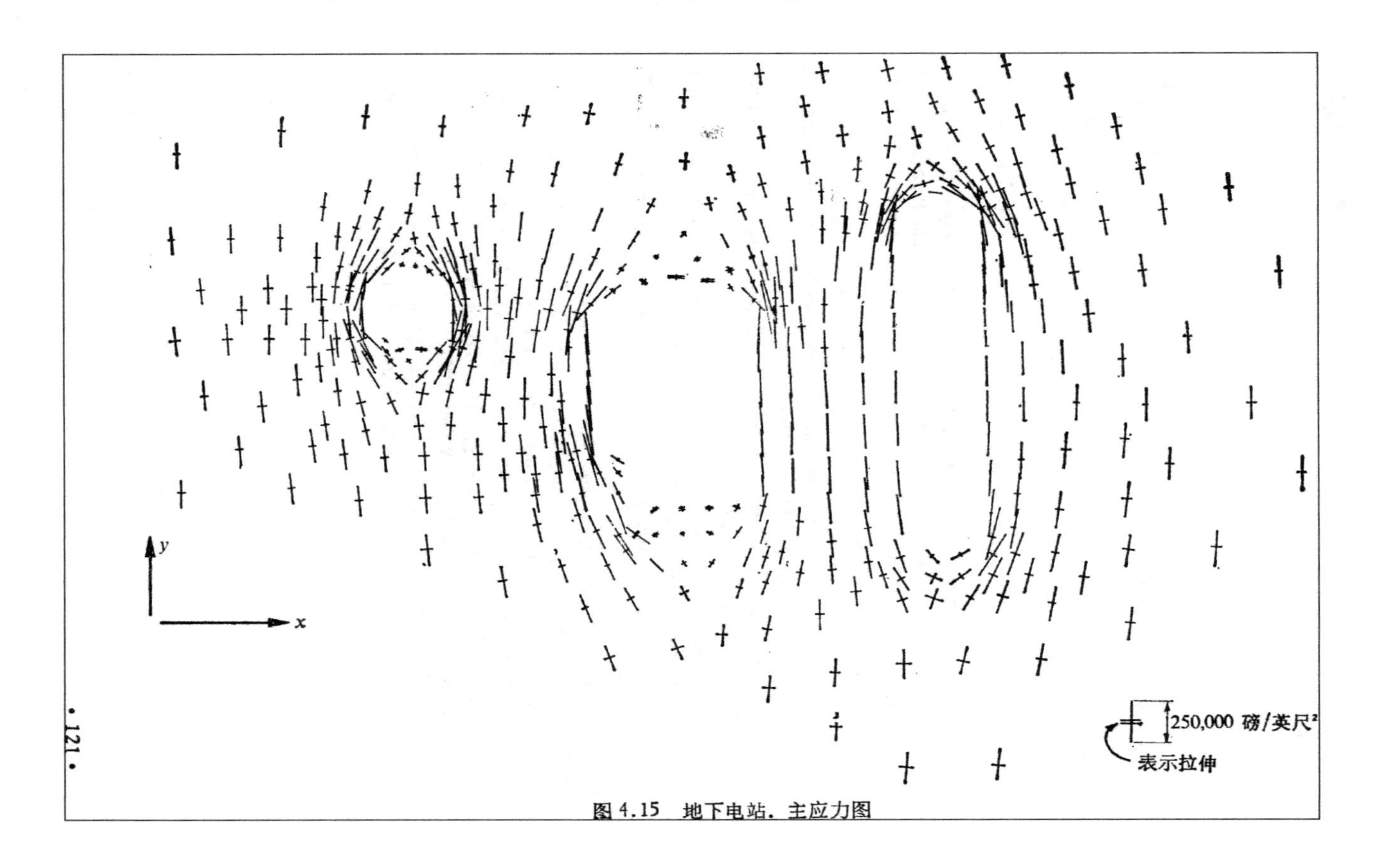

图 4.15　地下电站，主应力图

另一种办法。这种方法要采用不同的变分公式，在第十二章将讨论这种方法。

参考文献

[1] M. J. Turner, R. W. Clough, H. C. Martin, and L. J. Topp, 'Stiffness and deflection analysis of complex structures', *J. Aero. Sci.*, **23**, 805—23, 1956.

[2] R. W. Clough, 'The finite element in plane stress analysis', *Proc. 2nd A. S. C. E. Conf. on Electronic Computation,* Pittsburgh, Pa., Sept. 1960.

[3] S. Timoshenko and J. N. Goodier, *Theory of Elasticity,* 2nd ed., McGraw-Hill, 1951.

[4] S. G. Lekhnitskii, *Theory of Elasticity of an Anisotropic Elastic Body,* Translation from Russian by P. Fern, Holden Day, San Francisco, 1963.

[5] R. F. S. Hearmon, *An Introduction to Applied Anisotropic Elasticity,* Oxford Univ. Press, 1961.

[6] O. C. Zienkiewicz, Y. K. Cheung, and K. G. Stagg, 'Stresses in anisotropic media with particular reference to problems of rock mechanics', *J. Strain Analysis,* **1**, 172—82, 1966.

[7] G. N. Savin, *Stress Concentration Around Holes,* Pergamon Press, 1961. (Translation from Russian.)

[8] O. C. Zienkiewicz and Y. K. Cheung, 'Buttress dams on complex rock foundations', *Water Power,* **16**, 193, 1964.

[9] O. C. Zienkiewicz and Y. K. Cheung, 'Stresses in buttress dams', *Water Power,* **17**, 69, 1965.

[10] K. Terzhagi, *Theoretical Soil Mechanics,* Wiley, 1943.

[11] O. C. Zienkiewicz, C. Humpheson, and R. W. Lewis, 'A unified approach to soil mechanics problems, including plasticity and visco-plasticity', *Int. Symp. on Numerical Methods in Soil and Rock Mechanics,* Karlsruhe, 1975. See also Ch. 4 pp. 151—178 of *Finite Elements in Geomechanics,* ed. G. Gudehus, Wiley, 1977.

[12] L. R. Herrmann, 'Elasticity equations for incompressible, or nearly incompressible materials by a variational theorem', *J. A. I. A. A.*, **3**, 1896, 1965.

第 五 章

轴对称应力分析

5.1 引言

旋转体(轴对称固体)在轴对称载荷下的应力分布问题有相当大的实际意义. 从数学上来说，这与平面应力及平面应变问题很类似，因为它也属于二维情况[1,2]. 根据对称性，在通过对称轴的任一平截面内的两个位移分量，完全确定了物体的应变状态，因此也完全确定了应力状态. 这种横截面示于图5.1. 如果 r 及 z 分别表示一点的径向及轴向坐标，而 u 及 v 是相应的位移，容易看出，能够用与第四章中所用完全相同的位移函数来确定图示三角形单元 i, j, m 内的位移.

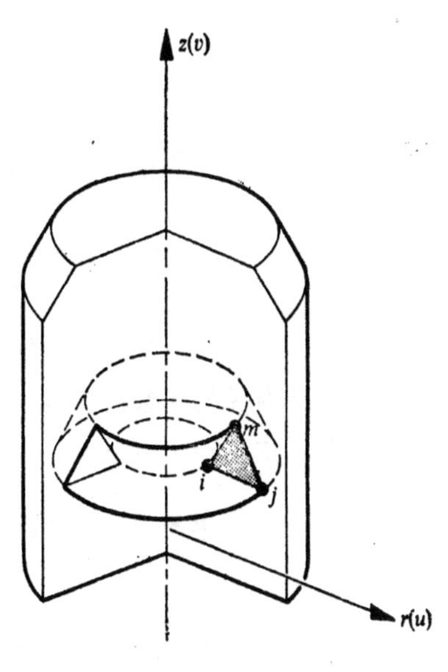

图 5.1 轴对称固体的单元

现在，一个"单元"的体积就是图5.1所示旋转体的体积，所有的积分都必须对于这一体积进行.

仍然主要以三角形单元为例进行说明，但所建立的原则完全是一般的.

在平面应力或平面应变问题中已经表明，内力功与坐标平面内的三个应变分量有关，与垂直于这一平面的应力分量无关，因为这一方向的应力或应变分量为零.

在轴对称情况下,任一径向位移自动引起周向的应变;又因为周向应力肯定不为零,所以必须考虑第四个应变分量及相应的应力分量. 处理轴对称情况与平面情况时的基本差别即在于此.

读者会看到,本章涉及的代数问题比前一章稍微烦琐一些,但从本质上来说,仍然是遵照第二章的一般公式进行同样的运算.

5.2 单元特性

5.2.1 *位移函数* 采用三角形形状的单元(图 5.1),它具有按逆时针方向编号的节点 i, j, m, 节点位移由它的两个分量定义如下:

$$\mathbf{a}_i = \begin{Bmatrix} u_i \\ v_i \end{Bmatrix}, \tag{5.1}$$

而单元节点位移则定义为如下向量:

$$\mathbf{a}^e = \begin{Bmatrix} \mathbf{a}_i \\ \mathbf{a}_j \\ \mathbf{a}_m \end{Bmatrix}. \tag{5.2}$$

同 4.2.1 节中一样,显然能够用线性多项式唯一确定该元中的位移. 因为有关的代数运算与第四章中的相同, 这里不重复. 位移场现在仍由式(4.7)给出:

$$\mathbf{u} = \begin{Bmatrix} u \\ v \end{Bmatrix} = [\mathbf{I}N_i, \mathbf{I}N_j, \mathbf{I}N_m]\mathbf{a}^e. \tag{5.3}$$

式中

$$N_i = (a_i + b_i r + c_i z)/2\Delta, \text{其余类推},$$

$\mathbf{I}$ 是 2×2 的单位矩阵. 另外,

$$\begin{aligned} a_i &= r_j z_m - r_m z_j, \\ b_i &= z_j - z_m = z_{jm}, \\ c_i &= r_m - r_j = r_{mj}, \end{aligned} \tag{5.4}$$

其它量按顺序循环下标得到. Δ仍然是该三角形的面积.

5.2.2 *(总)应变* 如同前面已经提到的, 现在必须考虑四个应变分量．在轴对称变形时，这四个分量事实上就是所有可能的非零应变分量．图 5.2 示出了这些应变分量及相应的应力分量．

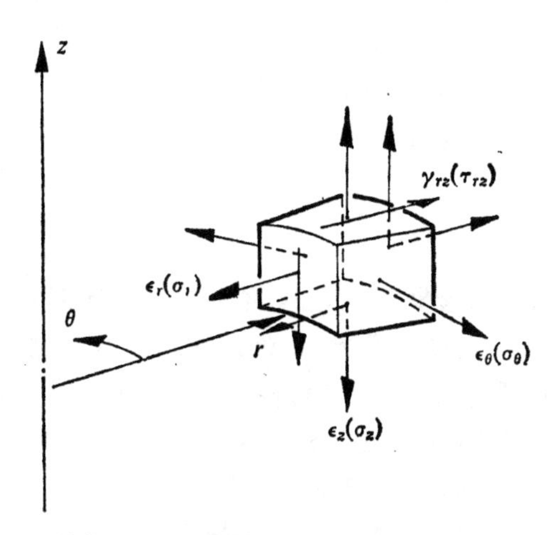

图 5.2 轴对称固体分析中所涉及的应变及应力

下面所定义的应变向量列出了有关的应变分量，它们用一点处的位移来定义．所给出的表达式几乎是不证自明的，这里不作推导．对于整个推导过程感兴趣的读者，可参阅标准的弹性力学教科书[3]．于是我们有

$$\boldsymbol{\varepsilon}=\begin{Bmatrix}\varepsilon_z\\ \varepsilon_r\\ \varepsilon_\theta\\ \gamma_{rz}\end{Bmatrix}=\begin{Bmatrix}\dfrac{\partial v}{\partial z}\\ \dfrac{\partial u}{\partial r}\\ \dfrac{u}{r}\\ \dfrac{\partial u}{\partial z}+\dfrac{\partial v}{\partial r}\end{Bmatrix}=\mathbf{Lu}. \tag{5.5}$$

如果采用式(5.3)及(5.4)所确定的位移函数，则有

$$\boldsymbol{\varepsilon}=\mathbf{B}\mathbf{a}^e=[\mathbf{B}_i,\ \mathbf{B}_j,\ \mathbf{B}_m]\mathbf{a}^e,$$

式中

$$
\mathbf{B}_i = \begin{bmatrix} 0, & \dfrac{\partial N_i}{\partial z} \\ \dfrac{\partial N_i}{\partial r}, & 0 \\ \dfrac{1}{r}N_i, & 0 \\ \dfrac{\partial N_i}{\partial z}, & \dfrac{\partial N_i}{\partial r} \end{bmatrix} = \frac{1}{2\Delta}\begin{Bmatrix} 0, & c_i \\ b_i, & 0 \\ a_i/r + b_i + c_i z/r, & 0 \\ c_i, & b_i \end{Bmatrix},\text{其余类推.}
$$

(5.6)

矩阵 **B** 现在包含坐标 r 及 z，单元中的应变不再象平面应力或平面应变情况下那样是常数. 单元中应变的变化是由 ε_θ 这一项引起的. 如果施加的节点位移使得 u 与 r 成比例，则所有应变分量都事实上将为常数. 因为只有这种位移状态与常应变状态一致，显然位移函数满足第二章的基本准则.

5.2.3 初应变(热应变) 在一般情况下，初应变向量可以有四个独立的分量：

$$
\boldsymbol{\varepsilon}_0 = \begin{Bmatrix} \varepsilon_{z0} \\ \varepsilon_{r0} \\ \varepsilon_{\theta 0} \\ \gamma_{rz0} \end{Bmatrix}. \tag{5.7}
$$

虽然一般地说，初应变能够在单元中变化，但在单元中取它为常数将会比较方便.

热膨胀引起的初应变是最经常遇到的情况. 对于各向同性材料，则有

$$
\boldsymbol{\varepsilon}_0 = \begin{Bmatrix} \alpha\theta^e \\ \alpha\theta^e \\ \alpha\theta^e \\ 0 \end{Bmatrix}, \tag{5.8}
$$

式中 θ^e 是一个单元中的平均温升，α 是热膨胀系数.

不需考虑一般的各向异性情况，因为在这种情况下不可能实

现轴对称性。与第四章所述类似的“层状”材料的情况有一定实际意义，这时各向同性平面与对称轴垂直（图 5.3）。在这种情况下，可能有两个不同的膨胀系数：一个是轴向的 α_z，另一个是垂直于对称轴的平面内的 α_r。

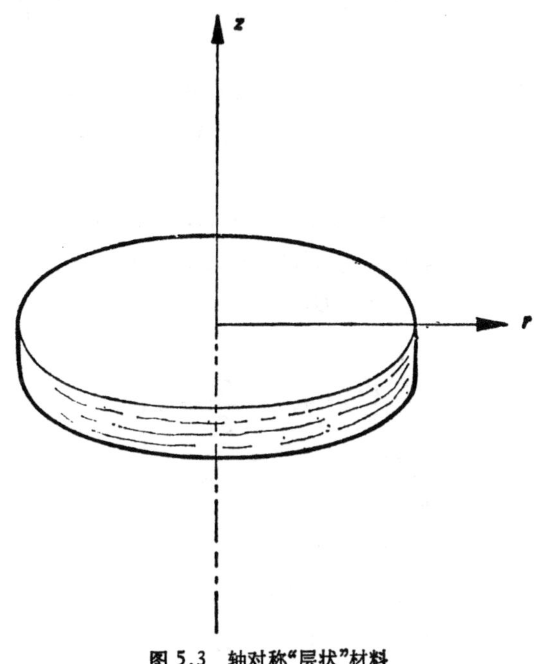

图 5.3 轴对称“层状”材料

现在，初始热应变向量变成

$$\varepsilon_0 = \begin{Bmatrix} \alpha_z\theta^e \\ \alpha_r\theta^e \\ \alpha_r\theta^e \\ 0 \end{Bmatrix}. \tag{5.9}$$

这种“层状”各向异性的实际情况常见于机器零件的夹层结构或玻璃纤维结构。

5.2.4 弹性矩阵 现在需要推导按标准形式（2.5）联系应变 $\boldsymbol{\varepsilon}$ 与应力 $\boldsymbol{\sigma}$ 的弹性矩阵 $\mathbf{D}$：

$$\boldsymbol{\sigma}=\begin{Bmatrix}\sigma_z\\ \sigma_r\\ \sigma_\theta\\ \tau_{rz}\end{Bmatrix}=\mathbf{D}(\boldsymbol{\varepsilon}-\boldsymbol{\varepsilon}_0)+\boldsymbol{\sigma}_0.$$

我们首先来考察各向异性“层状”材料,因为各向同性的情况能简单地作为其特殊情况给出.

各向异性层状材料(图 5.3)用 z 轴表示与分层平面垂直的方向,我们可将式(4.22)改写成(为方便起见,也忽略了初应变)

$$\begin{aligned}\varepsilon_z&=\sigma_z/E_2-\nu_2\sigma_r/E_2-\nu_2\sigma_\theta/E_2,\\ \varepsilon_r&=-\nu_2\sigma_z/E_2+\sigma_r/E_1-\nu_1\sigma_\theta/E_1,\\ \varepsilon_\theta&=-\nu_2\sigma_z/E_2-\nu_1\sigma_r/E_1+\sigma_\theta/E_1,\\ \gamma_{zr}&=\tau_{zr}/G_2.\end{aligned}\tag{5.10}$$

同样记

$$\frac{E_1}{E_2}=n,\qquad \frac{G_2}{E_2}=m,$$

由上式求解应力,则有

$$\mathbf{D}=\frac{E_2}{(1+\nu_1)(1-\nu_1-2n\nu_2^2)}\cdot\begin{bmatrix}1-\nu_1^2, & n\nu_2(1+\nu_1), & n\nu_2(1+\nu_1), & 0\\ & n(1-n\nu_2^2), & n(\nu_1+n\nu_2^2), & 0\\ & & n(1-n\nu_2^2), & 0\\ & \text{对称} & & m(1+\nu_1)(1-\nu_1-2n\nu_2^2)\end{bmatrix}.\tag{5.11}$$

各向同性材料 取

$$E_1=E_2=E \text{ 或 } n=1,$$

$$\nu_1=\nu_2=\nu,$$

并利用各向同性材料弹性常数间熟知的关系式

$$\frac{G_2}{E_2}=\frac{G}{E}=m=\frac{1}{2(1+\nu)},$$

我们就可得到各向同性材料的矩阵 **D**. 将以上式子代入式(5.11),

就有

$$\mathbf{D}=\frac{E(1-\nu)}{(1+\nu)(1-2\nu)}\begin{bmatrix}1, & \frac{\nu}{1-\nu}, & \frac{\nu}{1-\nu}, & 0 \\ & 1, & \frac{\nu}{1-\nu}, & 0 \\ & & 1, & 0 \\ \text{对称} & & & \frac{1-2\nu}{2(1+\nu)}\end{bmatrix} \tag{5.12}$$

5.2.5 刚度矩阵 现在，可按一般关系式（2.13）计算单元 ijm 的刚度矩阵．前已指出，体积积分必须在整个环形上进行，因此有

$$\mathbf{K}_{ij}^{e}=2\pi\int \mathbf{B}_{i}^{T}\mathbf{D}\mathbf{B}_{j}r\mathrm{d}r\mathrm{d}z, \tag{5.13}$$

式中 $\mathbf{B}$ 由式(5.6)给出，而 $\mathbf{D}$ 根据材料由式(5.11)或(5.12)给出．

积分现在不能象平面应力问题中那样简单地进行，因为矩阵 $\mathbf{B}$ 与坐标有关．这里有两种办法：第一种是数值积分；第二种是先作矩阵乘法，然后逐项进行显式积分．

最简单的近似办法是对于形心计算 $\mathbf{B}$，形心的坐标是

$$\bar{r}=(r_i+r_j+r_m)/3,$$

$$\bar{z}=(z_i+z_j+z_m)/3.$$

在这种情况下，作为一级近似，我们就有

$$\mathbf{K}_{ij}^{e}=2\pi\bar{\mathbf{B}}_{i}^{T}\mathbf{D}\bar{\mathbf{B}}_{j}\bar{r}\Delta, \tag{5.14}$$

式中△是三角形的面积．

也可以采用更精确的数值积分方案，即在三角形内几个点处计算被积函数． 在第八章中将详细讨论这种方法． 但是能够证明，如果用某阶次的数值积分能准确地确定单元的体积，则在网格细化的极限情况下，用该阶次的数值积分求出的解会收敛于准确答案[4]．上面建议的“一点”积分就是这种类型，因为众所周知，旋转体的体积由截面面积与其形心环绕路径的乘积准确给出．对于这里所用的简单三角形单元，在任何情况下，为了精确，剖分必须

相当精细；而大部分实用程序都采用简单的近似积分方法，说来可能奇怪，它实际上经常优于精确积分法（见第十一章）．精确积分公式中存在对数项，它是这一现象的一个原因．这些项涉及 r_i/r_m 这一类比值，当单元远离轴线时，这些项趋近于 1，对数计算不精确*．

5.2.6 外部节点力　在前一章的二维问题情况下，外载的分配十分明显，无须进一步解释．但在目前情况下，认识到这样一点很重要：节点力表示沿整个"节圆"圆周作用的力的联合效应．在单元刚度表达式的积分中已经出现过这个问题，这种积分是对整个环形区域进行的．

因此，如果 $\bar{R}$ 表示半径为 r 的节圆处每单位长度上作用的径向分力，则在计算中必须引入的外"力"是

$$2\pi r\bar{R}.$$

类似地，在轴向有

$$2\pi r\bar{Z},$$

以表示轴向力的联合效应．

5.2.7 由初应变引起的节点力　仍可由式(2.13)得到

$$\mathbf{f}^e = -2\pi\int \mathbf{B}^T\mathbf{D}\boldsymbol{\varepsilon}_0 r\mathrm{d}r\mathrm{d}z, \tag{5.15}$$

或者分块并注意到 $\boldsymbol{\varepsilon}_0$ 在单元中不变，则有

$$\mathbf{f}_i^e = -2\pi\left(\int \mathbf{B}_i^T r\mathrm{d}r\mathrm{d}z\right)\mathbf{D}\boldsymbol{\varepsilon}_0. \tag{5.16}$$

积分也可按照与确定刚度矩阵时类似的方式进行．

同样容易看出，利用形心处的值的近似表达式是

$$\mathbf{f}_i^e = -2\pi\mathbf{B}_i^T\mathbf{D}\boldsymbol{\varepsilon}_0\bar{r}\Delta. \tag{5.17}$$

初应力引起的力按同样方式处理．

5.2.8 分布体力　在轴对称问题中经常出现分布体力，象重

---

* 关于这个问题，请见：郭仲衡，«关于有限单元体法轴对称问题的一点注记»，计算数学，第 4 期，1978 年 11 月．该文认为出现这一奇怪现象的原因是：当单元有一边平行于 z 轴时，O. C. Zienkiewicz and Y. K. Cheung:"The Finite Element Method in Structural and Continuum Mechanics", Chapter 4中给出的关于 I_1 的精确积分公式不正确．——译者注

力(如果沿 z 轴方向作用)、旋转机械部件的离心力以及渗透压力.

用如下向量表示这种力:

$$\mathbf{b}=\begin{Bmatrix} b_r \\ b_z \end{Bmatrix}, \tag{5.18}$$

式中 b_r 及 b_z 分别是单位体积材料中 r 及 z 方向上的力. 根据一般关系式(2.13),我们有

$$\mathbf{f}_i^e=-2\pi\int \mathbf{I}N_i\begin{Bmatrix} b_r \\ b_z \end{Bmatrix}\mathrm{d}r\mathrm{d}z. \tag{5.19}$$

利用与4.2.7节中所用类似的坐标移动,容易证明,如果体力是常量,由一级近似得到

$$\mathbf{f}_i^e=-2\pi\begin{Bmatrix} b_r \\ b_z \end{Bmatrix}\bar{r}\Delta/3. \tag{5.20}$$

虽然这不是准确公式,但是会看到,误差项随单元尺寸减小而减小,并且由于自身平衡性,它不会引起不正确的结果. 实际上,如同第十一章中将表明的,收敛率是保持的.

如果类似于4.2.8节那样定义,由位势给出体力,即

$$b_r=-\frac{\partial\phi}{\partial r},\qquad b_z=-\frac{\partial\phi}{\partial z}, \tag{5.21}$$

并且位势由其节点值线性确定,则仍可采用与式(4.36)等价的表达式,且其近似程度相同.

在许多问题中,体力与 r 成比例地变化. 例如在旋转机械中,有离心力

$$b_r=\omega^2\rho r, \tag{5.22}$$

式中 ω 是角速度,ρ 是材料密度.

5.2.9 *应力的计算* 由式(5.5)及(5.6)可知,现在应力在单元中是变化的. 在这种情况下,计算单元形心处的平均应力比较方便. 照例由式(5.6)及(2.3)得到的应力向量如下:

$$\bar{\boldsymbol{\sigma}}^e=\mathbf{D}\bar{\mathbf{B}}\mathbf{a}^e-\mathbf{D}\boldsymbol{\varepsilon}_0+\boldsymbol{\sigma}_0. \tag{5.23}$$

可以发现,单元之间的应力值有一定程度的跳跃;计算平均的节点应力可以得到较好的近似.

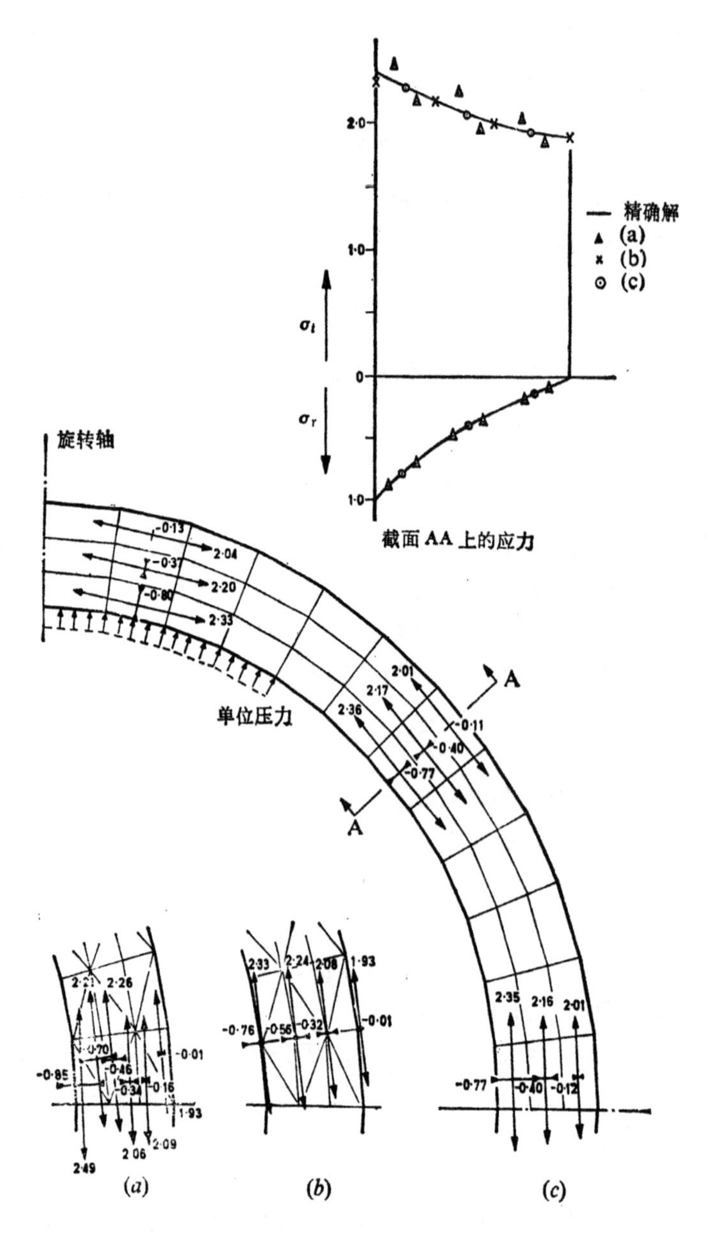

图 5.4　承受内压的球壳中的应力(泊松比$\nu = 0.3$). (a) 三角形网格——形心处的应力值; (b) 三角形网格——节点处的平均应力值; (c) 四边形网格——两个相邻三角形的平均应力值

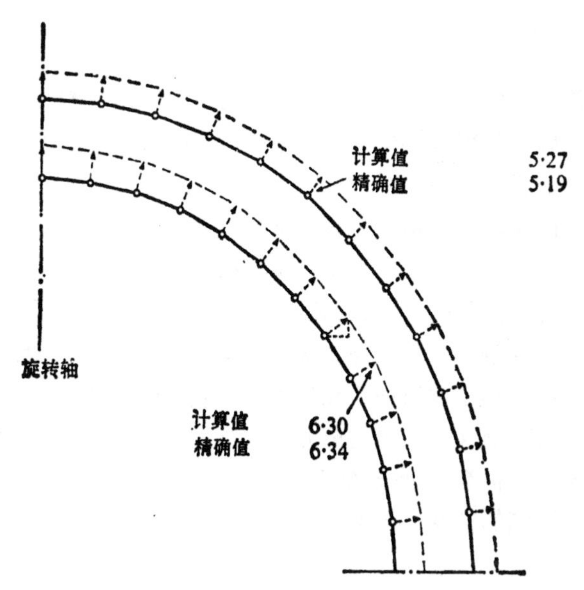

图 5.5 图 5.4 所示载荷作用下球壳内外表面的位移

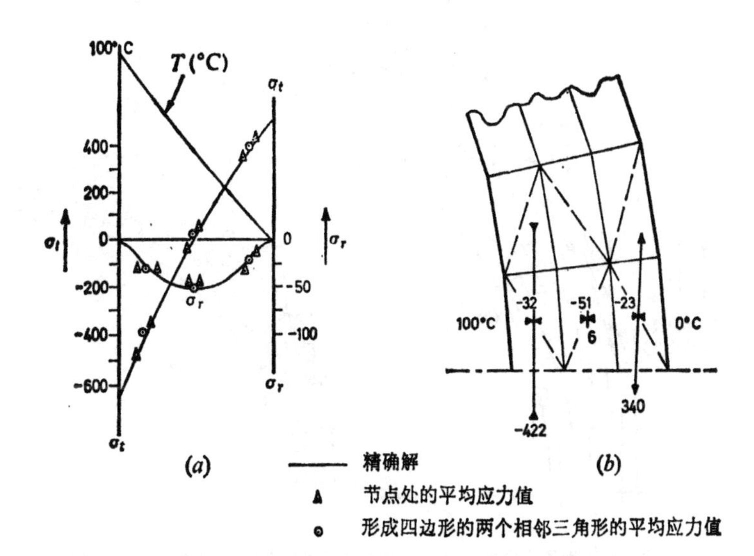

图 5.6 承受稳态热流（内表面温度为 100℃，外表面温度为 0℃)的球壳.（a) 径向截面的温度及应力分布，(b)“四边形”网格的平均值

5.3 一些示例

确实如同所料，不变的轴向或径向应力作用下的圆筒这类检验问题的解答与精确解相符．这也是位移函数具有描述常应变状态的能力的显然结果．

承受内压的球壳是一个有精确解可用并且其应力梯度几乎为线性的问题．图 5.4(a)示出了用比较粗的网格算出的单元形心处的应力．应当注意到,算出的应力在精确值附近跳动．(这种跳动当泊松比的值较大时更显著，虽然精确解与泊松比无关.）在图 5.4(b)中，示出了通过在节点处算平均应力而得到的好得多的近似解,而在图 5.4(c)中,通过单元平均给出了进一步改善．即使对于这里所用的很粗的剖分,结果也与精确解接近一致,这表明了本方法所能达到的精度． 在图 5.5 中，给出了节点位移同精确解的

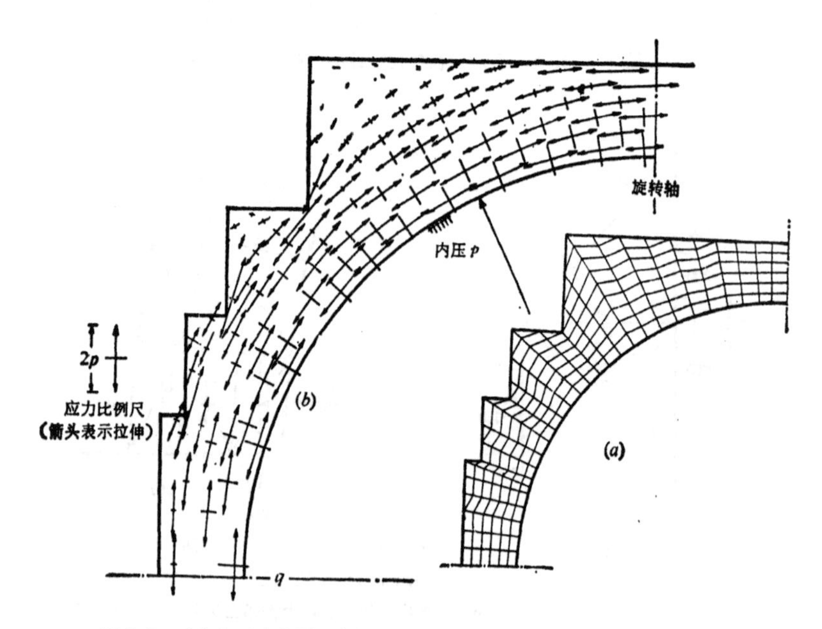

图 5.7 反应堆压力容器．(a) 分析时所用的“四边形”网格，这由计算机自动形成；(b) 由均匀内压引起的应力(由计算机自动画出的图). 解答是四边形内二相邻三角形的平均值,泊松比 $\nu=0.15$.

比较.

在图 5.6 中，给出了图示稳态温度分布下算出的同一球壳中的热应力. 与精确解的比较再次表明精度相当好.

5.4 实际应用

下面，给出轴对称应力分析程序的两个应用实例.

预应力混凝土反应堆压力容器 图 5.7 示出了一个比较简单的原型压力容器中的应力分布. 由于对称性，只分析了容器的一半，这里给出的结果是指内压引起的应力分量. 只要插入预应力钢索引起的适当节点载荷，就容易得到它们的影响所引起的类似

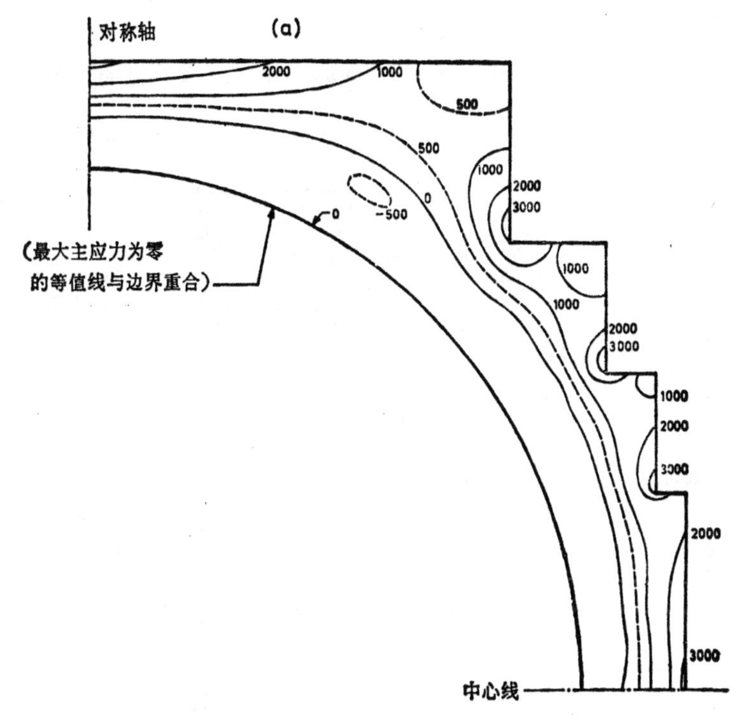

图 5.8 反应堆压力容器. 由稳态热传导引起的热应力. 等最大主应力线，单位为磅/英寸²（内部温度为 400℃，外部温度为 0℃，$\alpha=5\times10^{-6}/℃$，$E=2.58\times10^{6}$ 磅/英寸²，$\nu=0.15$）

的结果.

在图 5.8 中，示出了温度引起的等最大主应力线. 热状态由稳态热传导造成，热传导本身用有限元法按第十七章中介绍的办法确定.

基础桩　图 5.9 示出了穿过两层不同土壤的基础桩周围的应力分布. 这一非均质问题不存在任何困难，是用标准程序处理的.

5.5 非对称载荷

本章所介绍的方法可以推广，以处理非轴对称载荷. 如果用圆调和函数来表示周向载荷的变化，虽然现在自由度增加到三个，但仍可只研究一个轴截面.

这一推广的一些细节在第十五章中介绍. 要想全面了解，应

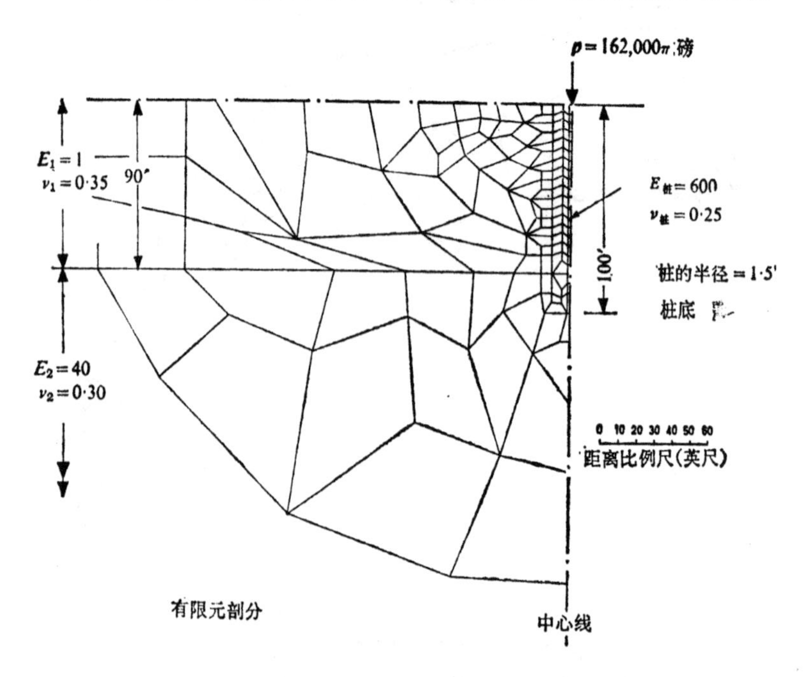

图 5.9(a) 层状土壤中的桩. 问题的不规则网格及数据

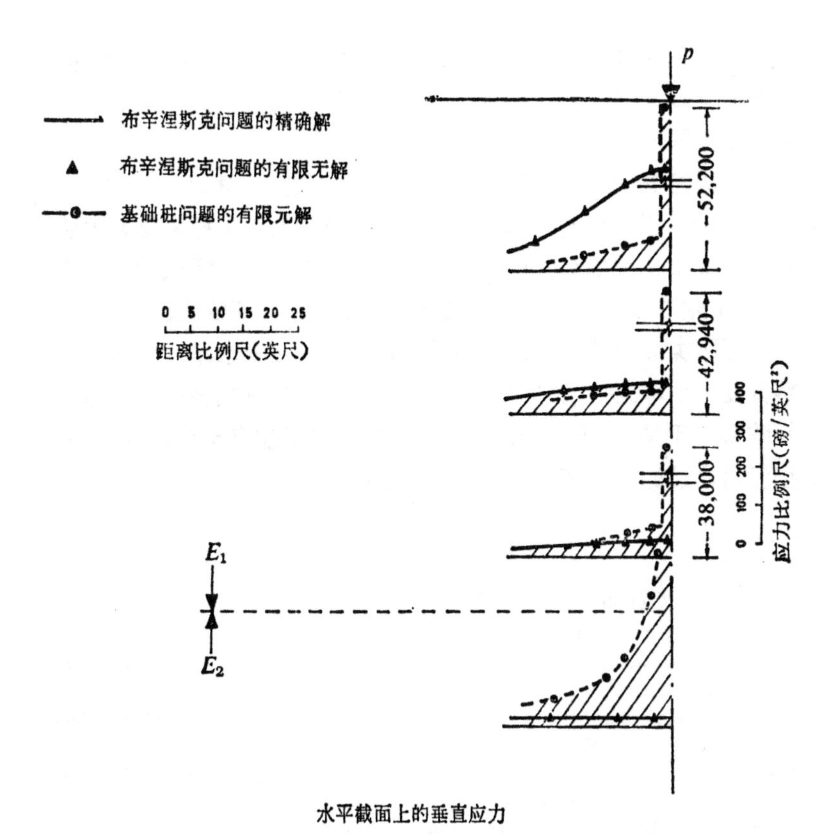

图 5.9(b) 层状土壤中的桩．水平截面上的垂直应力图．也画出了令 $E_1=E_2=E_{桩}$ 时得到的布辛涅斯克 (Boussinesq) 问题的解，并同精确值作了比较

当参阅文献[5].

5.6 轴对称、平面应力及平面应变

在前一章中我们已经注意到，平面应力及平面应变分析是用三个应力及应变分量来进行的．事实上，通常把这两种情况合并在一个程序中，这时用一个指示符来改变矩阵 **D** 中的适当常数．这种办法使平面应变情况中的应力分量 σ_z 不直接出现，必须另外计算它．此外，必须采用特殊的表达式（即式(4.13)）以引入初应

变．当采用非线性本构定律（在第十八章中将要讨论）时，这特别不方便．因此，极力推荐另外一种通过四个应力/应变分量把平面应变情况写成轴对称分析的特殊情况的方法．

如果考察轴对称应变的定义式(5.5)，我们注意到，$r=\infty$ 给出 $\varepsilon_\theta=0$．于是得到平面应变状况．如果我们用坐标 x 及 y 代替坐标 r 及 z，并在刚度矩阵表达式中把关系到积分区域的 $2\pi r$ 改为 1，则轴对称公式系统变成直接可用于平面应变情况．

可以类似地并入平面应力状况，但这时还要求用适当的一个零行及一个零列扩大式(4.18)或(4.23)的矩阵，以它替换轴对称的矩阵 **D**．于是，以第四个应力及应变分量的附加存储为代价，能够把已讨论过的所有情况合并在一个程序中．

参 考 文 献

[1] R. W. Clough, chapter 7, *Stress Analysis,* ed. O. C. Zienkiewicz and G. S. Holister, Wiley, 1965.

[2] R. W. Clough and Y. R. Rashid, 'Finite element analysis of axi-symmetric solids', *Proc. A. S. C. E.,* **91**, EM. 1, 71, 1965.

[3] S. Timoshenko and J. N. Goodier, *Theory of Elasticity,* 2nd ed., McGraw-Hill, 1951.

[4] B. M. Irons, Comment on 'Stiffness matrices for sector element' by I. R. Raju and A. K. Rao, *J. A. I. A. A.,* 7, 156—7, 1969.

[5] E. L. Wilson, 'Structural analysis of axisymmetric solids', *J. A. I. A. A.,* **3**, 2269—74, 1965.

第 六 章

三 维 应 力 分 析

6.1 引言

本章将向读者表明，只要稍进一步，就可把一般的有限元分析过程应用于完全的三维应力分析问题. 这种问题显然包括所有的实际情况，虽然对于某些情况，各种二维近似法给出合适并且比较经济的“模型”.

对于二维连续体，最简单的单元是三角形. 在三维情况下，与三角形相应的是四面体，这是一种具有四个角节点的单元，本章将建立这种单元的基本公式. 在这里，立刻出现一个前面没有遇到过的困难. 这就是节点编号的问题，实际上就是如何适当地表示被分成若干个四面体的物体这样一个问题.

最初建议应用这种简单四面体单元的显然是加拉格尔 (Gallagher) 等人[1]以及梅洛什 (Melosh)[2]. 后来，阿吉里斯[3,4]对此进行了详细研究；而拉希德 (Rashid)[5] 则表明利用最大的现代计算机，也可以将这种单元应用于实际问题.

但是显而易见，为了达到给定的精度，所用简单四面体单元的数目一定非常大. 在实际问题中，所得联立方程的数目很大，这可能大大限制本方法的实际应用. 此外，所得方程组的带宽较大，这就要求计算机的存储容量很大.

为了了解这种三维问题的规模，我们假设，二维分析中三角形单元的精度与三维分析中四面体单元的精度差不多. 如果在对于一个正方形的二维区域进行足够精确的应力分析时，需要采用约有 20×20=400 个节点的网格，由于每个节点有两个位移变量，联立方程的总数大约是 800（这种规模的问题在实际中是常见的）.

矩阵的带宽包含 20 个节点(见介绍计算方法的第二十四章),即大约 40 个变量.

与此相应的三维区域是有 $20\times20\times20=8000$ 个节点的立方体. 这时联立方程的总数大约是 24000, 因为每个节点处必须指定三个位移变量. 此外,现在带宽包含大约 $20\times20=400$ 个节点的相互联系,或者说包含 1200 个变量.

采用通常的解法时, 计算工作量大致与方程的数目以及带宽的平方成比例,由此即可了解这种三维问题的规模. 因此,在三维分析方面, 难怪人们努力于用具有许多自由度的复杂单元来改善精度[6-10]. 在后面有关章节中,将介绍这种单元及其实际应用. 本章给出建立三维弹性力学问题公式的所有必须事项, 这是直接仿照二维情况进行的. 推广于更高级的单元是不言而喻的事.

6.2 四面体单元的特性

6.2.1 *位移函数* 图 6.1 表示由 x, y, z 坐标所确定的空间中的一个四面体单元 $ijmp$.

一点的位移状态由 x, y, z 三个坐标方向的三个位移分量 u, v, w 所确定. 因此有

$$\mathbf{u}=\begin{Bmatrix} u \\ v \\ w \end{Bmatrix}. \tag{6.1}$$

在平面三角形中,一个线性变化的量由它的三个节点值所确定;与此一样,在四面体中,一个线性变化的量将由它的四个节点值所确定. 例如,可类似于式(4.3)写出

$$u=\alpha_1+\alpha_2x+\alpha_3y+\alpha_4z. \tag{6.2}$$

在上式中分别代入各个节点的坐标, 并令左端分别取各节点处的位移值,得到四个如下形式的方程:

$$u_i=\alpha_1+\alpha_2x_i+\alpha_3y_i+\alpha_4z_i, \text{ 其余类推}, \tag{6.3}$$

由此可算出 α_1 到 α_4.

同样地,可以应用行列式形式, 写出与式 (4.5) 类似的 u 的表

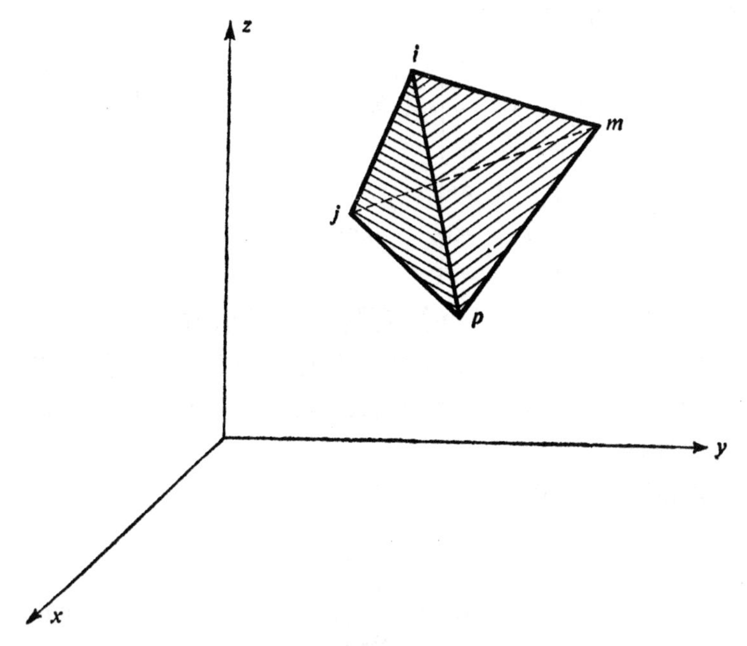

图 6.1　四面体单元(节点编号顺序必须一致,例如由点 p 开始,而且由点 p 看去,其它节点的顺序为反时针方向——$pijm$,或者采用 $mipj$ 等)

达式:

$$u=\frac{1}{6V}\{(a_i+b_ix+c_iy+d_iz)u_i+(a_j+b_jx+c_jy+d_jz)u_j+(a_m+b_mx+c_my+d_mz)u_m+(a_p+b_px+c_py+d_pz)u_p\},\tag{6.4}$$

式中

$$6V=\det\begin{vmatrix}1 & x_i & y_i & z_i\\ 1 & x_j & y_j & z_j\\ 1 & x_m & y_m & z_m\\ 1 & x_p & y_p & z_p\end{vmatrix},\tag{6.5a}$$

顺便指出,这里的 V 的值表示四面体的体积. 把其它有关的行列

式展开成它们的余子式，则有

$$a_i = \det\begin{vmatrix} x_j & y_j & z_j \\ x_m & y_m & z_m \\ x_p & y_p & z_p \end{vmatrix}, \quad b_i = -\det\begin{vmatrix} 1 & y_j & z_j \\ 1 & y_m & z_m \\ 1 & y_p & z_p \end{vmatrix},$$

$$c_i = -\det\begin{vmatrix} x_j & 1 & z_j \\ x_m & 1 & z_m \\ x_p & 1 & z_p \end{vmatrix}, \quad d_i = -\det\begin{vmatrix} x_j & y_j & 1 \\ x_m & y_m & 1 \\ x_p & y_p & 1 \end{vmatrix}, \tag{6.5b}$$

其它系数按 p, i, j, m 的顺序循环置换下标即可确定.

由图 6.1 显然可见，节点编号 p, i, j, m 的顺序必须遵守“右手”规则，如果从最后一个节点看去，前三个节点的顺序为顺时针*.（见附录 5.）

单元位移由各节点处的 12 个位移分量定义：

$$\mathbf{a}^e = \begin{Bmatrix} \mathbf{a}_i \\ \mathbf{a}_j \\ \mathbf{a}_m \\ \mathbf{a}_p \end{Bmatrix}, \tag{6.6}$$

式中

$$\mathbf{a}_i = \begin{Bmatrix} u_i \\ v_i \\ w_i \end{Bmatrix}, \text{其余类推.}$$

可以把任意一点的位移写成

$$\mathbf{u} = [\mathbf{I}N_i, \mathbf{I}N_j, \mathbf{I}N_m, \mathbf{I}N_p]\mathbf{a}^e, \tag{6.7}$$

式中的形状函数定义为

$$N_i = (a_i + b_i x + c_i y + d_i z)/6V\text{，其余类推，} \tag{6.8}$$

而 $\mathbf{I}$ 则是 3×3 的单位矩阵.

这里所用的位移函数显然也满足各单元间交界处的连续性要

* 原文误为反时针. ——译者注

求．这是位移在单元中线性变化的直接结果．

6.2.2　应变矩阵　在完全的三维分析中，有关的应变分量为六个．遵照铁摩辛柯的弹性力学教科书中的标准记号，应变向量现可定义为

$$\boldsymbol{\varepsilon}=\begin{Bmatrix}\varepsilon_x\\ \varepsilon_y\\ \varepsilon_z\\ \gamma_{xy}\\ \gamma_{yz}\\ \gamma_{zx}\end{Bmatrix}=\begin{Bmatrix}\dfrac{\partial u}{\partial x}\\ \dfrac{\partial v}{\partial y}\\ \dfrac{\partial w}{\partial z}\\ \dfrac{\partial u}{\partial y}+\dfrac{\partial v}{\partial x}\\ \dfrac{\partial v}{\partial z}+\dfrac{\partial w}{\partial y}\\ \dfrac{\partial w}{\partial x}+\dfrac{\partial u}{\partial z}\end{Bmatrix}=\mathbf{L}\mathbf{u}. \tag{6.9}$$

利用式(6.4)及(6.7),容易验证:

$$\boldsymbol{\varepsilon}=\mathbf{B}\mathbf{a}^e=[\mathbf{B}_i,\mathbf{B}_j,\mathbf{B}_m,\mathbf{B}_p]\mathbf{a}^e, \tag{6.10}$$

式中

$$\mathbf{B}_i=\begin{bmatrix}\dfrac{\partial N_i}{\partial x}, & 0, & 0\\ 0, & \dfrac{\partial N_i}{\partial y}, & 0\\ 0, & 0, & \dfrac{\partial N_i}{\partial z}\\ \dfrac{\partial N_i}{\partial y}, & \dfrac{\partial N_i}{\partial x}, & 0\\ 0, & \dfrac{\partial N_i}{\partial z}, & \dfrac{\partial N_i}{\partial y}\\ \dfrac{\partial N_i}{\partial z}, & 0, & \dfrac{\partial N_i}{\partial x}\end{bmatrix}=\frac{1}{6V}\begin{bmatrix}b_i, & 0, & 0\\ 0, & c_i, & 0\\ 0, & 0, & d_i\\ c_i, & b_i, & 0\\ 0, & d_i, & c_i\\ d_i, & 0, & b_i\end{bmatrix}, \tag{6.11}$$

只要简单地改变下标，就可按类似方式得到其它子矩阵.

初应变，例如由热膨胀引起的初应变，可按通常方式写成有六个分量的向量. 例如在各向同性热膨胀的情况下，就有

$$\boldsymbol{\varepsilon}_0 = \begin{Bmatrix} \alpha\theta^e \\ \alpha\theta^e \\ \alpha\theta^e \\ 0 \\ 0 \\ 0 \end{Bmatrix}, \tag{6.12}$$

式中 α 是膨胀系数，θ^e 是单元的平均温升.

6.2.3　弹性矩阵　对于完全各向异性材料，联系六个应力分量与六个应变分量的矩阵 $\mathbf{D}$ 可包含 21 个独立常数（参看 4.2.4 节）.

因此在一般情况下，有

$$\boldsymbol{\sigma} = \begin{Bmatrix} \sigma_x \\ \sigma_y \\ \sigma_z \\ \tau_{xy} \\ \tau_{yz} \\ \tau_{zx} \end{Bmatrix} = \mathbf{D}(\boldsymbol{\varepsilon} - \boldsymbol{\varepsilon}_0) + \boldsymbol{\sigma}_0. \tag{6.13}$$

由于矩阵的相乘根本不以显式进行，在处理这种各向异性材料时，运算本身不存在困难. 但是为了方便起见，这里只给出各向同性材料的矩阵 $\mathbf{D}$. 采用通常的弹性常数 E（弹性模量）及 ν（泊松比），这个矩阵可写成：

$$\mathbf{D} = \frac{E(1-\nu)}{(1+\nu)(1-2\nu)}$$

表 10.1　矩形单元的刚度矩阵

（图10.2：正交导性材料）

(FIG. 10.3: ORTHOTROPIC MATERIAL)

刚度矩阵

$$\mathbf{K} = \frac{1}{60ab}\mathbf{L}\{D_x\mathbf{K}_1 + D_y\mathbf{K}_2 + D_1\mathbf{K}_3 + D_{xy}\mathbf{K}_4\}\mathbf{L}$$

平衡方程

$$\begin{Bmatrix} \mathbf{f}_i \\ \mathbf{f}_j \\ \mathbf{f}_k \\ \mathbf{f}_l \end{Bmatrix} = \mathbf{K} \begin{Bmatrix} \mathbf{a}_i \\ \mathbf{a}_j \\ \mathbf{a}_k \\ \mathbf{a}_l \end{Bmatrix}$$

$$\mathbf{K}_1 = p^{-2} \left[\begin{array}{rrrrrrrrrrrr}
60 &&&&&&&&&&& \\
0 & 0 &&&&&&&&&& \\
30 & 0 & 20 &&&&&&&&& \\
30 & 0 & 15 & 60 &&&&&&&& \\
0 & 0 & 0 & 0 & 0 &&&&&&& \\
15 & 0 & 10 & 30 & 0 & 20 &&&&&& \\
-60 & 0 & -30 & -30 & 0 & -15 & 60 &&&&& \\
0 & 0 & 0 & 0 & 0 & 0 & 0 & 0 &&&& \\
30 & 0 & 10 & 15 & 0 & 5 & -30 & 0 & 20 &&& \\
-30 & 0 & -15 & -60 & 0 & -30 & 30 & 0 & -15 & 60 && \\
0 & 0 & 0 & 0 & 0 & 0 & 0 & 0 & 0 & 0 & 0 & \\
15 & 0 & 5 & 30 & 0 & 10 & -15 & 0 & 10 & -30 & 0 & 20
\end{array}\right] \quad p^{-2} = \frac{b^2}{a^2} \quad \text{对称}$$

$$\mathbf{K}_2 = p^2 \left[\begin{array}{rrrrrrrrrrrr}
60 &&&&&&&&&&& \\
-30 & 20 &&&&&&&&&& \\
0 & 0 & 0 &&&&&&&&& \\
-60 & 30 & 0 & 60 &&&&&&&& \\
-30 & 10 & 0 & 30 & 20 &&&&&&& \\
0 & 0 & 0 & 0 & 0 & 0 &&&&&& \\
30 & -15 & 0 & -30 & -15 & 0 & 60 &&&&& \\
-15 & 10 & 0 & 15 & 5 & 0 & -30 & 20 &&&& \\
0 & 0 & 0 & 0 & 0 & 0 & 0 & 0 & 0 &&& \\
-30 & 15 & 0 & 30 & 15 & 0 & -60 & 30 & 0 & 60 && \\
-15 & 5 & 0 & 15 & 10 & 0 & -30 & 10 & 0 & 30 & 20 & \\
0 & 0 & 0 & 0 & 0 & 0 & 0 & 0 & 0 & 0 & 0 & 0
\end{array}\right] \quad p^2 = \frac{a^2}{b^2} \quad \text{对称}$$

$$\mathbf{K}_3 = \left[\begin{array}{rrrrrrrrrrrr}
30 &&&&&&&&&&& \\
-15 & 0 &&&&&&&&&& \\
15 & -15 & 0 &&&&&&&&& \\
-30 & 0 & -15 & 30 &&&&&&&& \\
0 & 0 & 0 & 15 & 0 &&&&&&& \\
-15 & 0 & 0 & 15 & 15 & 0 &&&&&& \\
-30 & 15 & 0 & 30 & 0 & 0 & 30 &&&&& \\
15 & 0 & 0 & 0 & 0 & 0 & -15 & 0 &&&& \\
0 & 0 & 0 & 0 & 0 & 0 & -15 & 15 & 0 &&& \\
30 & 0 & 0 & -30 & -15 & 0 & -30 & 0 & 15 & 30 && \\
0 & 0 & 0 & -15 & 0 & 0 & 0 & 0 & 0 & 15 & 0 & \\
0 & 0 & 0 & 0 & 0 & 0 & 15 & 0 & 0 & -15 & -15 & 0
\end{array}\right] \quad \text{对称}$$

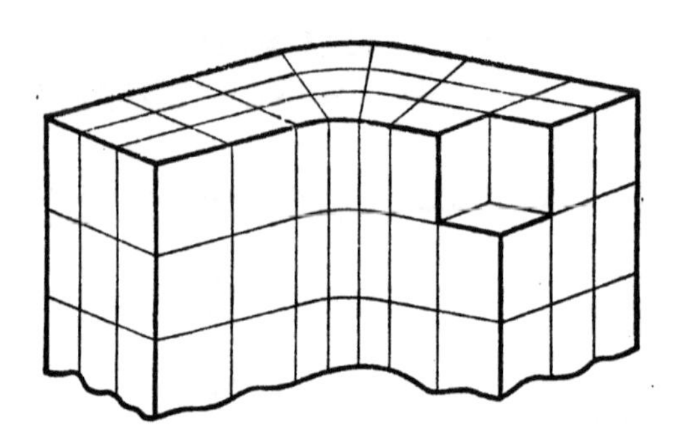

图 6.2 将三维物体分成“砖”型单元的一种系统化方法

较方便．我们用一些平行截面切割一个三维物体，而每个截面则被分成若干四边形，这就是图 6.2 所示的划分单元的一种系统化方法．

这种单元可由几个四面体自动地集合得到，而建立这些四面体的过程则由一个简单的逻辑程序完成．例如图 6.3 表明，怎样用两种(也只有两种)不同的方法把一个典型的砖型单元分成五个四面体．实际上，对这两种剖分进行平均，精度可稍有改善．整个砖型单元的平均应力比较好．

图 6.4 表明，也可以把砖型单元分成六个四面体．显然，这时有很多不同的剖分方法．

在后面有关章节中会看到，可以直接得到具有更复杂的形状函数的基本砖型元素．

6.4 例子及结语

简单四面体单元的一个简单应用示例示于图 6.5 及 6.6．在这里，分析一个承受一集中载荷的立方体，用它来近似表示承受点载荷的弹性半空间这个熟知的布辛涅斯克问题．利用了对称性以减小问题的规模，边界位移按图 6.5 所示方式规定[11]．因为规定在加载点下方有限距离处的位移为零，图 6.6 所示曲线是由精确解经过修正得到的．虽然所用网格很粗，但与精确解的比较表明，应

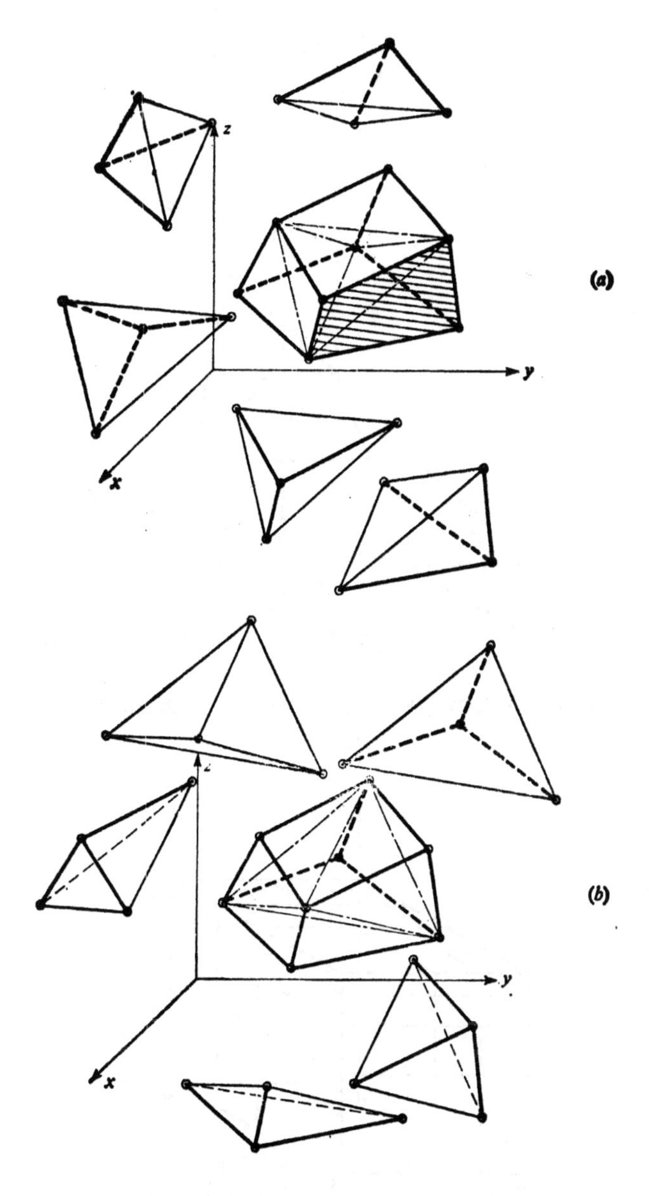

图 6.3 具有八个节点的组合单元，它由 (a) 及 (b) 这两种方式分成五个四面体

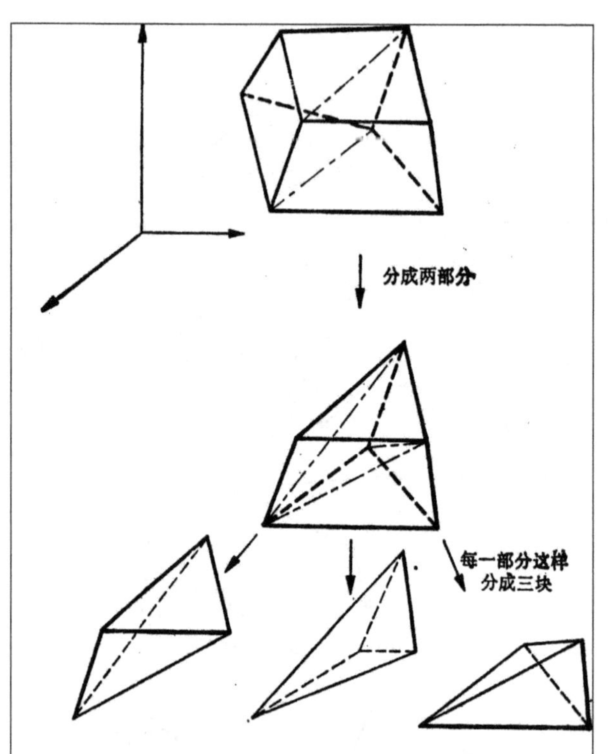

图 6.4 将八角砖型单元分成六个四面体的一种系统化方法

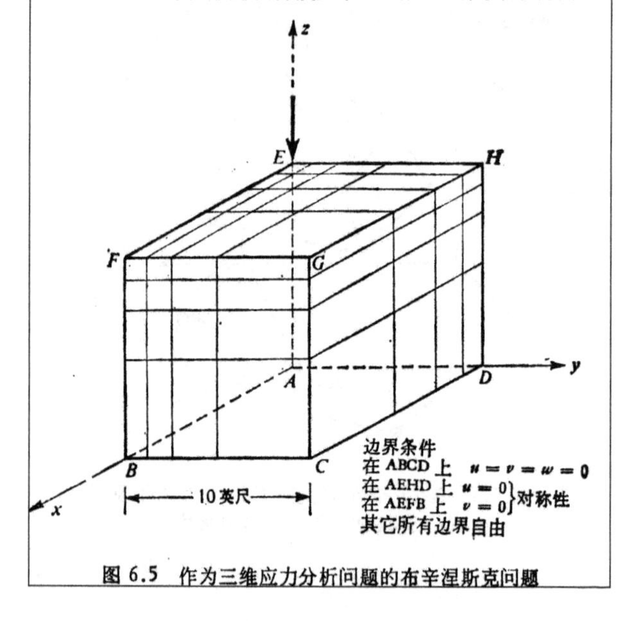

图 6.5 作为三维应力分析问题的布辛涅斯克问题

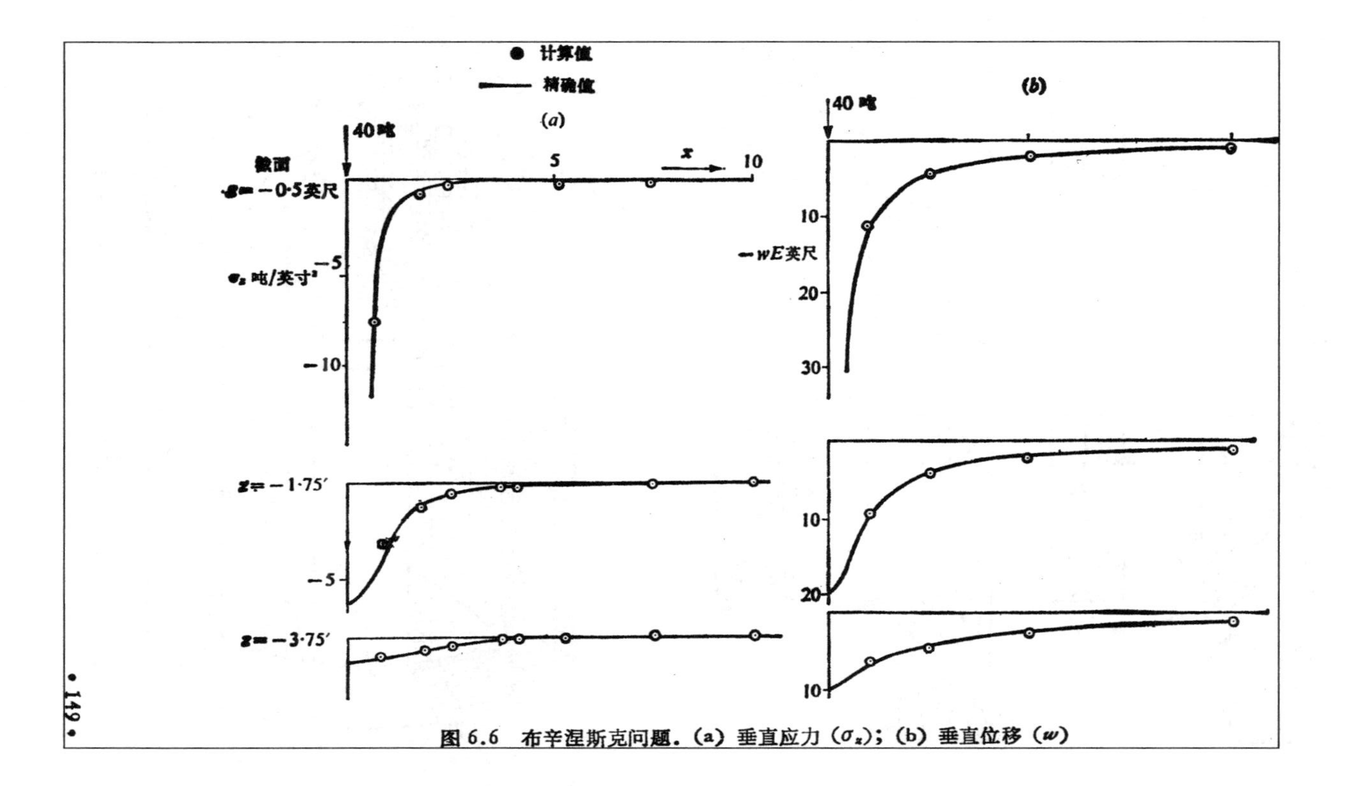

图 6.6　布辛涅斯克问题．(a) 垂直应力 (σ_z)；(b) 垂直位移 (w)

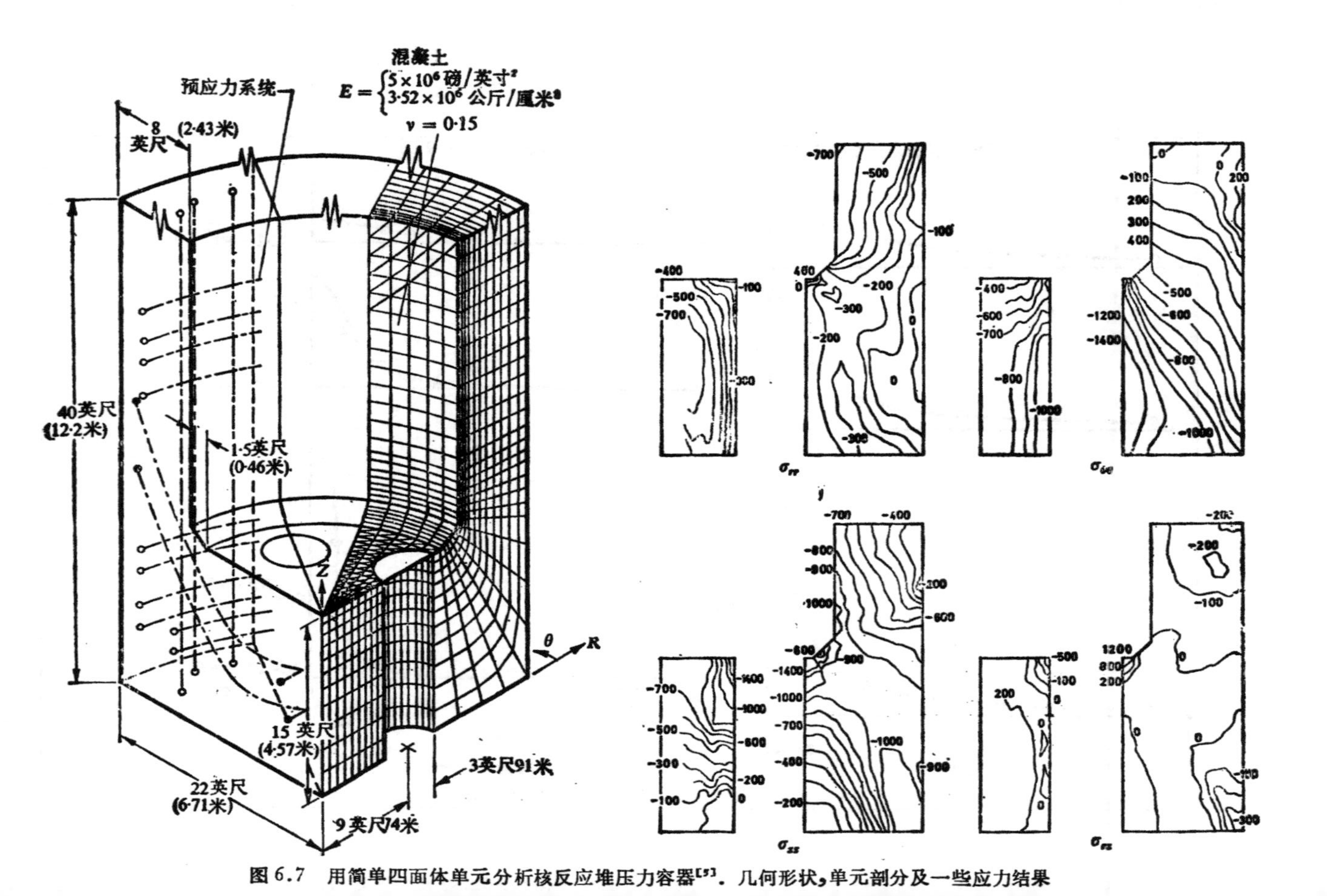

图 6.7 用简单四面体单元分析核反应堆压力容器[5]. 几何形状，单元剖分及一些应力结果

力及位移都是合理的．不过，即使这样一个小问题，也要求解大约375个方程．在文献[5]及[11]中，用简单的四面体单元处理了更复杂的问题．图6.7取自文献[5]，这里分析的是一个复杂的压力容器． 这一分析包含大约10000个自由度． 在第九章中将会看到，对于一个很类似的问题，如果采用复杂的单元，只要很少的总自由度数就可进行足够精确的分析．

参考文献

[1] R. H. Gallagher, J. Padlog, P. P. Bijlaard, 'Stress analysis of heated complex shapes', *A. R. S. Journal,* 700—7, 1962.

[2] R. J. Melosh, 'Structural analysis of solids', *Proc. Amer. Soc. Civ. Eng.,* S. T. 4, 205—23, Aug. 1963.

[3] J. H. Argyris, 'Matrix analysis of three-dimensional elastic media—small and large displacements', *J. A. I. A. A.,* 3, 45—51, Jan. 1965.

[4] J. H. Argyris, 'Three-dimensional anisotropic and inhomogeneous mediamatrix analysis for small and large displacements', *Ingenieur Archiv.,* 34, 33—55, 1965.

[5] Y. R. Rashid and W. Rockenhauser, 'Pressure vessel analysis by finite element techniques', *Proc. Conf. on Prestressed Concrete Pressure Vessels,* Inst. Civ. Eng., 1968.

[6] J. H. Argyris, 'Continua and Discontinua', *Proc. Conf. Matrix Methods in Structural Mechanics,* Wright Patterson Air Force Base, Ohio, Oct. 1965.

[7] B. M. Irons, 'Engineering applications of numerical integration in stiffness methods', *J. A. I. A. A.,* 4, 2035—7, 1966.

[8] J. G. Ergatoudis, B. M. Irons, and O. C. Zienkiewicz, 'Three dimensional analysis of arch dams and their foundations', *Proc. Symp. Arch Dams,* Inst. Civ. Eng., 1968.

[9] J. H. Argyris and J. C. Redshaw, 'Three dimensional analysis of two arch dams by a finite element method', *Proc. Symp. Arch Dams,* Inst. Civ. Eng., 1968.

[10] S. Fjeld, 'Three dimensional theory of elastics', *Finite Element Methods in Stress Analysis* (eds. I. Holand and K. Bell), Tech. Univ. of Norway, Tapir Press, Trondheim, 1969.

[11] J. Oliveira Pedro, Thesis 1967, Laboratorio Nacional de Engenharia Civil, Lisbon.

第　七　章

单元形状函数
——C_0 连续性的一些一般族

7.1　引言

在前三章中已经相当详细地表明，怎样用非常简单的有限元形式建立线性弹性力学问题的公式并求解．虽然只是对于三角形及四面体的形状函数进行了详细的代数运算，但是现在显然也可以采用其它的单元形式．实际上，一旦确定了单元及相应的形状函数，随后的工作就遵照完全确定的标准过程进行，可由不熟悉问题的物理内容的数学工作者去作．后面会看出，实际上只要规定了形状函数，就可以编制程序处理各类问题．但是，选择形状函数时必须动脑筋，在这里人的作用仍然是最重要的．在本章中，将介绍建立几族一、二、三维单元的一些规则．

在第四、五、六章所考察的弹性力学问题中，位移变量是具有两个或三个分量的向量，而形状函数以矩阵形式写出．但是，推导形状函数是对于各个分量分别进行的，形状函数的矩阵表达式实际上就是用一个单位矩阵乘一个标量函数得到（例如式（4.7），（5.3）及（6.7））．因此，本章将着眼于标量形状函数的形式，并称之为 N_i．

在弹性力学问题的位移型公式系统中，所用形状函数满足第二、三两章所述收敛准则：

（a）在单元之间，仅必须有未知量的连续性（即不要求斜率的连续性），也就是 C_0 连续性．

（b）形状函数必须允许取任意的线性形式，以便满足常应变（一阶导数为常量）准则．

本章中所介绍的形状函数，将只要求满足这两条准则．因此，这样的形状函数可应用于前面各章的所有问题，以及仅要求满足上述两个条件的其它问题．例如，第十七章的所有问题就可应用这里所确定的形式．实际上，对于泛函 Π (见第三章)仅由一阶导数所确定的任何情况，这样的形状函数均适用．

所讨论的单元族的自由度数逐步增加．当然可以提出这样一个问题：如此增加单元的复杂性，是否会得到经济性或者其它好处．这个问题不容易回答，虽然一般地说，对于给定的精度，随着单元阶次提高，一个问题的未知量总数能够减少．然而从经济效益来看，则要求减少总的计算及数据准备工作量．虽然现在减少了求解方程的时间，但计算单元特性所需的时间却增加了，因此未知量总数的减少不一定提高经济效益．

前一章已经提到，在三维分析的情况下，采用复杂元有很大经济效益．有时对于其它问题也是这样，但是一般地说，必须视具体情况确定最优单元．

在第二章 2.6 节(更一般地，在第三章 3.8 节)中，我们已经表明，近似的误差的阶是 $O(h^{p+1})$，这里 h 是单元的“尺寸”，而 p 是展开式中出现的完全多项式的次数．显然，单元形状函数的阶次增加，误差的阶也会增加，解答会更迅速地收敛于精确值．虽然这没有指出某一具体网格剖分时误差的大小，但有一点是清楚的：对于给定的自由度数，我们应当寻求具有最高次完全多项式的单元形状函数．

二　维　单　元

7.2　矩形单元——一些预备知识

从概念上讲（对于只学过在笛卡儿坐标系中考虑问题的读者尤其如此），最简单的单元形式是各边分别与 x 轴及 y 轴平行的矩形．例如，考察图 7.1 所示矩形，它具有位置如图所示并从 1 至 8 编号的节点，未知函数 ϕ 的节点值形成单元参数．试问，怎样确定这种单元的适当的形状函数?

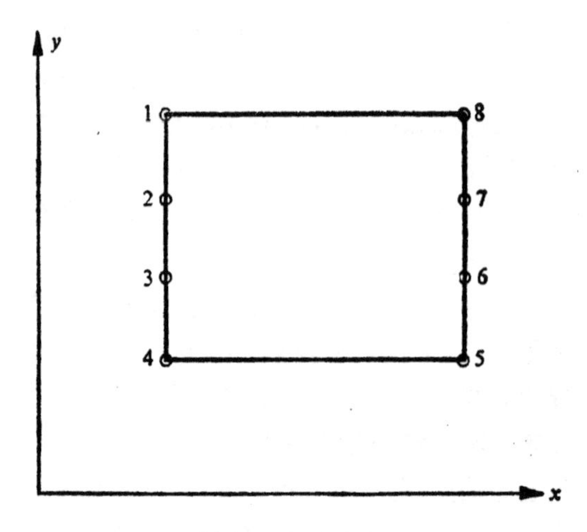

图 7.1 矩形单元

让我们首先假设，形状函数用 x 及 y 的多项式形式来表示. 为了保证 ϕ 在单元间的连续性，ϕ 沿顶边及底边必须线性变化. 在顶边以及底边上的两个点处，上、下单元所给出的函数值相同；因为两个值唯一地确定一个线性函数，所以沿这些边所有点处，相邻单元所给出的函数值相同. 在对三角形规定线性展开式时，就已经利用过这一事实.

类似地，如果假设形状函数沿垂直边按三次多项式变化，那里也会保证连续性，因为四个值确定一个唯一的三次展开式. 现在，满足了前述的第一个准则.

为了保证任意的一阶导数值的存在，只要展开式中包含所有线性项即可.

最后，由于形状函数要由八个节点处的值唯一确定，所以展开式中只可包含八个系数，于是可写出

$$\phi = \alpha_1 + \alpha_2 x + \alpha_3 y + \alpha_4 xy + \alpha_5 y^2 + \alpha_6 xy^2 + \alpha_7 y^3 + \alpha_8 xy^3. \quad (7.1)$$

一般地说，选择展开式时，以保留次数尽可能低的项为好；不过这

里的选择显然不是这样[1]. 读者容易验证,所有的要求现在都已满足.

代入各个节点的坐标,就得到一组联立方程.

按照与三角形的式(4.4)中所作完全相同的方式，这组联立方程能够写成

$$\left\{\begin{matrix}\phi_1\\ \vdots \\ \phi_8\end{matrix}\right\}=\begin{bmatrix}1, & x_1, & y_1, & x_1y_1, & y_1^2, & x_1y_1^2, & y_1^3, & x_1y_1^3\\ & & & \cdots\cdots\cdots & & & & \\ & & & \cdots\cdots\cdots & & & & \end{bmatrix}\left\{\begin{matrix}\alpha_1\\ \vdots \\ \alpha_8\end{matrix}\right\}, \tag{7.2}$$

或简写成

$$\boldsymbol{\phi}^e=\mathbf{C}\boldsymbol{\alpha}. \tag{7.3}$$

上式的形式解是

$$\boldsymbol{\alpha}=\mathbf{C}^{-1}\boldsymbol{\phi}^e, \tag{7.4}$$

我们可将式(7.1)写成

$$\phi=\mathbf{P}\boldsymbol{\alpha}=\mathbf{P}\mathbf{C}^{-1}\boldsymbol{\phi}^e, \tag{7.5}$$

式中

$$\mathbf{P}=[1,\ x,\ y,\ xy,\ y^2,\ xy^2,\ y^3,\ xy^3]. \tag{7.6}$$

因此,由

$$\phi=\mathbf{N}\boldsymbol{\phi}^e=[N_1, N_2,\cdots, N_8]\boldsymbol{\phi}^e \tag{7.7}$$

所定义的该单元的形状函数可由下式得到:

$$\mathbf{N}=\mathbf{P}\mathbf{C}^{-1}. \tag{7.8}$$

在实践中常常采用上述方法，因为这不需要很大的技巧；但是，这种方法也有很大的缺点．有时，$\mathbf{C}$ 的逆可能不存在[1,2]．此外,要得到适用于各种单元形状的一般形式的逆矩阵,在代数上总是相当困难的．因此值得考察一下，是否能够直接写出形状函数 $N_i(x, y)$．在此之前,必须先指出这些函数的某些一般性质.

观察定义形状函数的关系式(7.7),立刻可以看出一些重要的特性．首先，因为这一表达式对于 $\boldsymbol{\phi}^e$ 的所有分量均成立，所以在节点 i 处有

1) 如果保留展开式的高次项而略去低次项，虽然仍保证收敛性，但通常近似性较差[1].

$$N_i = 1,$$

而在所有其它节点处有

$$N_i = 0.$$

其次，函数沿边界必须保持由连续性要求所确定的基本的变化型式（例如在上例中，它是 x 的线性函数，y 的三次函数）。在图 7.2 中，对于两个典型节点，用等距图示出了所考察的这个单元的形状函数的典型形式。显然，可以直接把这些形状函数写出来，它们是一个适当的 x 的线性函数与一个 y 的三次函数的乘积。当然，对于其它元素，并不总是象这个例子一样容易解决，而是需要足够的技巧，但我们总是建议直接推导形状函数。

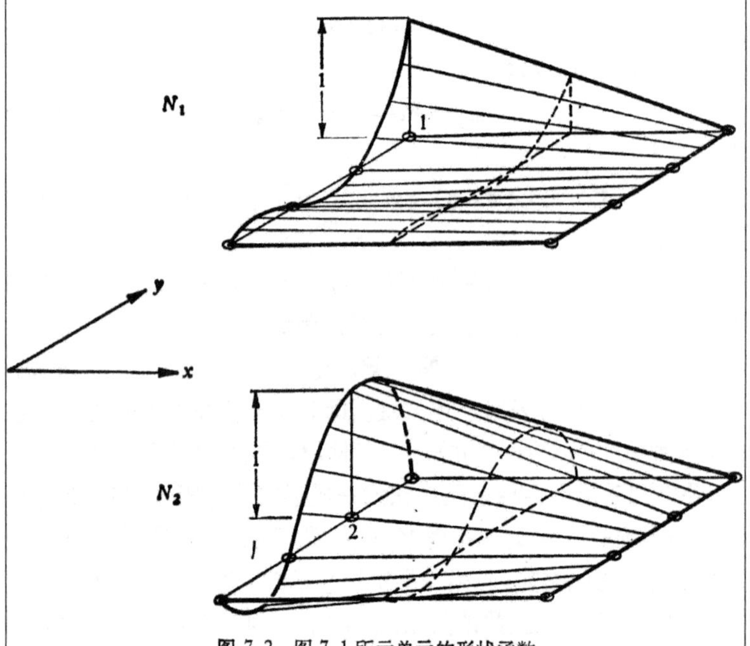

图 7.2 图 7.1 所示单元的形状函数

在进一步研究时，采用正规化坐标比较方便。这种正规化坐标示于图 7.3，它选择得使矩形各边处总有一个坐标值为 1 或 −1。即

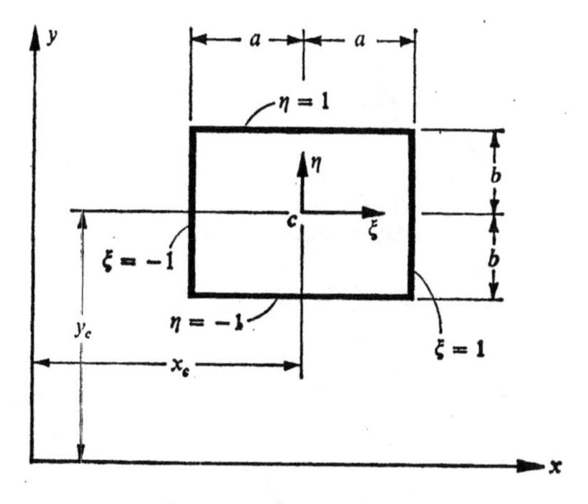

图 7.3 矩形的正规化坐标

$$
\begin{aligned}
\xi &= (x - x_c)/a, \quad d\xi = dx/a, \\
\eta &= (y - y_c)/b, \quad d\eta = dy/b.
\end{aligned}
\tag{7.9}
$$

一旦知道了用正规化坐标表示的形状函数，无论是将形状函数变换到实际坐标系，还是变换例如推导刚度时所遇到的各个表达式，都是比较容易的.

7.3 多项式的完备性

上一节中导出的形状函数是一种相当特殊的形式（见式(7.1)）. 虽然对于坐标 y 采用完全的三次式，但对于坐标 x 只允许线性变化. 因此，这一形状函数中所包含的完全多项式的阶次是 1，而在一般应用中，不管变量总数如何增加，其收敛阶次只相应于线性变化的情况. 只是在 x 方向的线性变化与精确解严密相应的情况下，才会出现高阶收敛性——正是因为如此，具有这种“倾向性”方向的单元应被限于特殊应用，例如窄梁或板条. 一般来说，我们应当寻求自由度最少而具有最高次完全多项式的单元展开式. 在这方面，回忆一下巴斯卡（Pascal）三角形（图 7.4）是有用的，关于 x, y 两个变量的多项式中所出现的项数，容易由这个三角形确定. 例如，一次多项式需要三项，二次多项式需要六项，三次多项式需要十项等等.

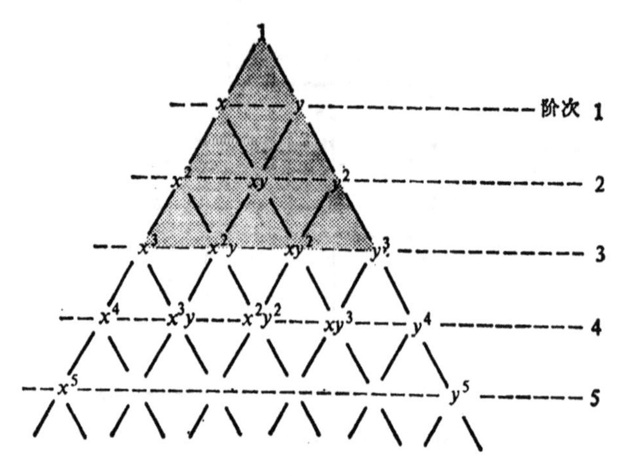

图 7.4 巴斯卡三角形(阴影区为三次展开式——十项)

7.4 矩形单元——拉格朗日族[3,4,5,6]

简单地把两个坐标的适当多项式相乘，是形成任意阶次形状函数的一种比较容易而系统化的方法. 考察图 7.5 所示单元，它的一系列外部及内部节点被置于一个规则的网格上. 现在来确定双圆圈所示点的形状函数. 把一个 ξ 的五次多项式与一个 η 的四次多项式相乘,前者在左边第二列节点处取单位值,在其它节点处为零,后者在上面第一行节点处取单位值,在其它节点处为零. 显然,这样的乘积满足所有的单元间连续性条件,并在所考察的节点处给出单位值.

具有这种性质的一个坐标的多项式叫作拉格朗日多项式，可直接写出如下:

$$l_k^n = \frac{(\xi-\xi_0)(\xi-\xi_1)\cdots(\xi-\xi_{k-1})(\xi-\xi_{k+1})\cdots(\xi-\xi_n)}{(\xi_k-\xi_0)(\xi_k-\xi_1)\cdots(\xi_k-\xi_{k-1})(\xi_k-\xi_{k+1})\cdots(\xi_k-\xi_n)}, \tag{7.10}$$

上式在 ξ_k 处给出单位值并且通过 n 个点.

因此,在二维情况下,如果用其列号 J 及行号 I 来标明一个节

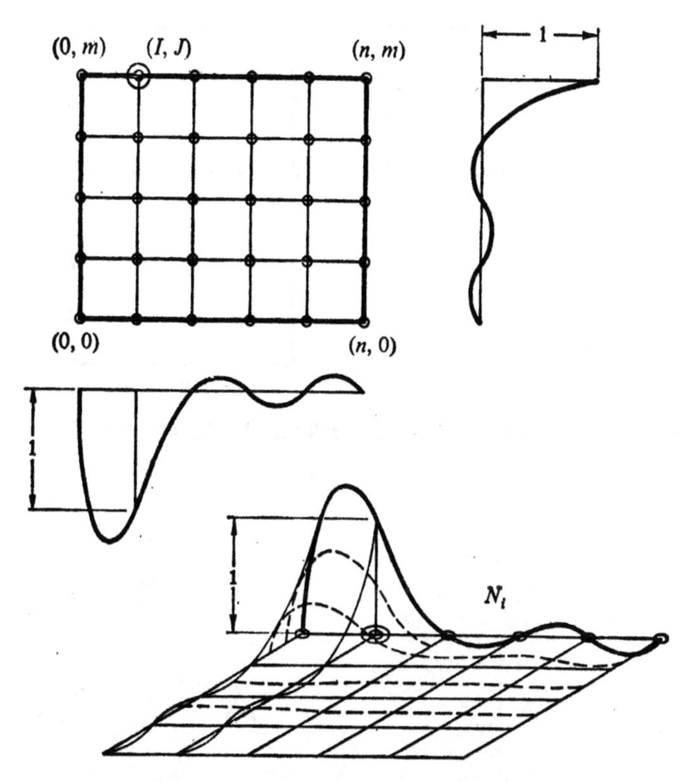

图 7.5　拉格朗日元素的典型形状函数，($n=5$，$m=4$，$I=1$，$J=4$)

点，则有

$$N_i \equiv N_{IJ} = l_I^n l_J^m, \tag{7.11}$$

式中 n 及 m 分别是在两个方向所剖分的段数.

这族单元的阶次是不受限制的，图 7.6 示出了其中的几个元素. 虽然这族单元比较容易建立，但它的用处有限，这不仅是因为它具有大量内部节点，也是因为高次多项式的曲线拟合性质差. 应当注意，形状函数的表达式将包含一些次数很高的项，而略去一些低次项.

实际上，如果我们检查在 $n=m$ 的情况下所出现的多项式项，根据巴斯卡三角形，在图 7.7 中看到，出现很多寄生多项式项[7].

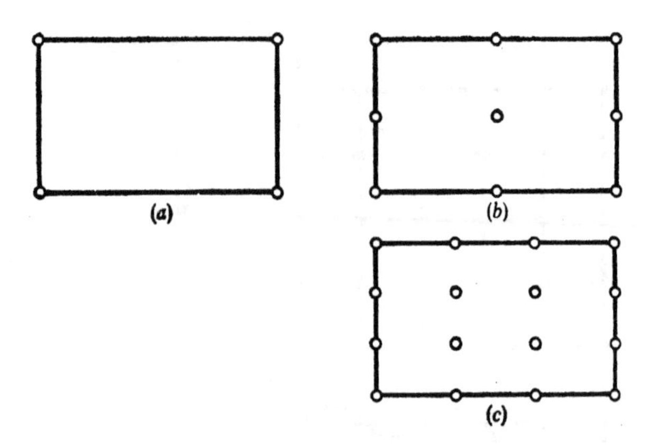

图 7.6　三个拉格朗日族单元；(a) 线性单元，(b) 二次单元，(c) 三次单元

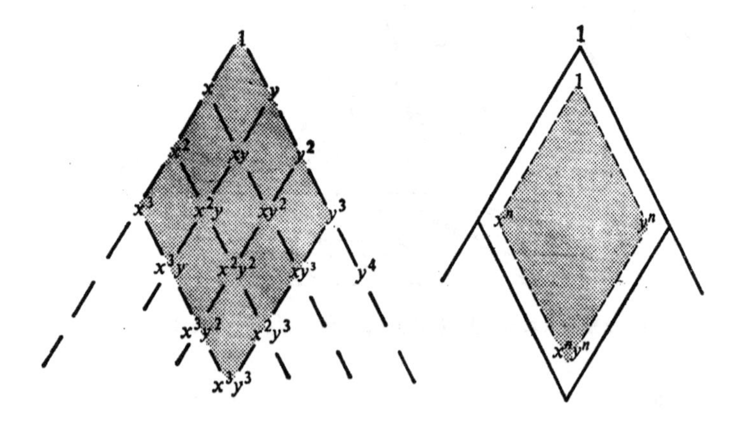

图 7.7　由 3×3 (或 $n\times n$) 次拉格朗日展开式所产生的项.
3 (或 n) 次完全多项式

7.5　矩形单元——“Serendipity” 族[3,4]

根据单元边界上节点的值来确定形状函数，通常是最方便的方法．例如，考察图 7.8 所示前三个单元．在这里，节点数目逐渐增加，同时同一单元各条边上的节点数目相等．为了保证连续性，沿 (a)，(b)，(c) 的单元的各边，形状函数分别按线性、二次以及三次规律变化．

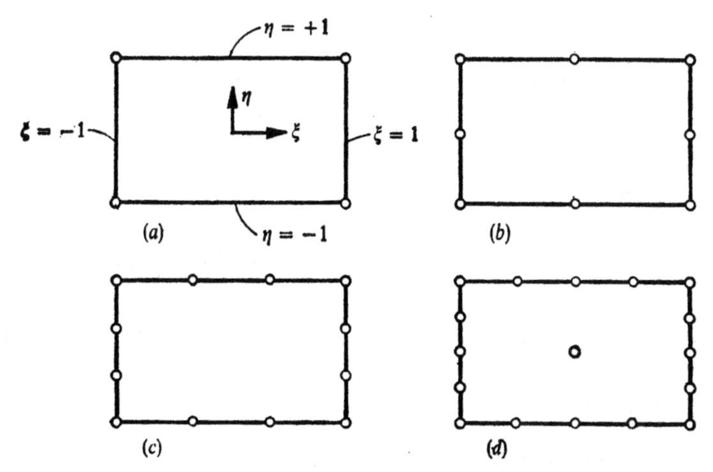

图 7.8 具有边界节点的矩形（Serendipity）族；(a) 线性单元，(b) 二次单元，(c) 三次单元，(d) 四次单元

为了建立第一个单元的形状函数，显然，形如

$$\frac{1}{4}(\xi+1)(\eta+1) \tag{7.12}$$

的乘积在坐标 $\xi=\eta=1$ 的右上角节点处给出单位值，而在所有其它节点处则为零．此外，这一形状函数沿各边均线性变化，因此满足连续性要求． 实际上，这个单元同 $n=1$ 的拉格朗日族单元一样．

引入新变量

$$\xi_0=\xi\xi_i, \qquad \eta_0=\eta\eta_i, \tag{7.13}$$

形如

$$N_i=\frac{1}{4}(1+\xi_0)(1+\eta_0) \tag{7.14}$$

的一个式子可表示所有的形状函数．

因为这些形状函数的线性组合产生 ϕ 的任意的线性变化，所以满足第二个收敛准则．

读者可以验证，对于该族中的二次及三次单元，下面写出的形状函数满足所有的收敛准则．

"二次"单元

对于角节点，有

$$N_i = \frac{1}{4}(1+\xi_0)(1+\eta_0)(\xi_0+\eta_0-1),$$

对于边中节点，有

$$\xi_i = 0, \qquad N_i = \frac{1}{2}(1-\xi^2)(1+\eta_0),$$

$$\eta_i = 0, \qquad N_i = \frac{1}{2}(1+\xi_0)(1-\eta^2). \tag{7.15}$$

"三次"单元

对于角节点，有

$$N_i = \frac{1}{32}(1+\xi_0)(1+\eta_0)[-10+9(\xi^2+\eta^2)],$$

对于边中节点，有

$$\xi_i = \pm 1, \quad \eta_i = \pm\frac{1}{3},$$

$$N_i = \frac{9}{32}(1+\xi_0)(1-\eta^2)(1+9\eta_0), \tag{7.16}$$

其它边中节点处形状函数的表达式通过改变变量即可得到.

其次，对于这一族中的四次单元[8]，增加了一个中心节点，因此可利用完全的四次展开式中的所有项. 这个中心节点增加一个形状函数 $(1-\xi^2)(1-\eta^2)$，它在所有外边界上均为零.

上述形状函数最初是通过观察导出的，推广于更高阶的单元比较困难，需要一些技巧. 因此，利用以发现宝藏的运气而著称的有名的探宝王子（princes of Serendip）（霍勒斯·沃波尔（Horace Walpole），1754）的名字，把这一族单元命名为"Serendipity"族是比较合适的*.

然而，能够作出一种生成"Serendipity"族形状函数的完全系

* 霍勒斯·沃波尔是十八世纪的英国作家，Serendipity 是沃波尔在他所写的一个童话故事中造的词，意为发掘宝藏的本领. ——译者注

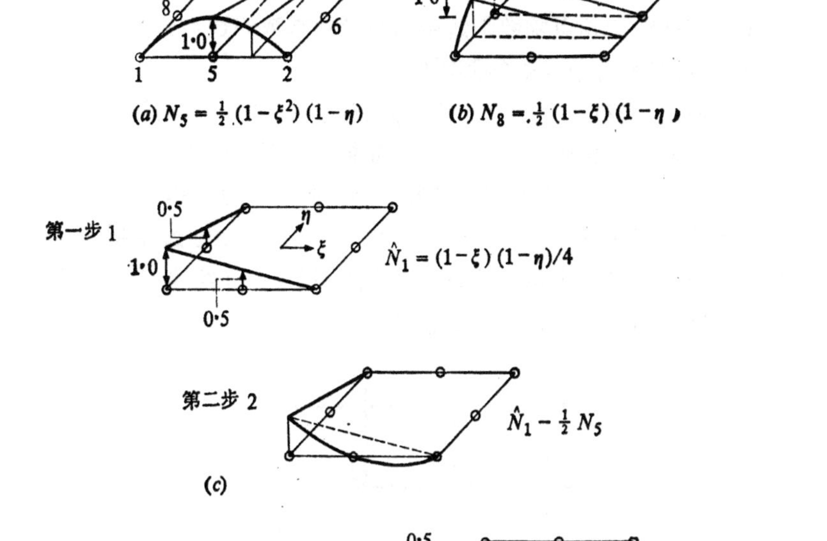

图 7.9 "Serendipity"族单元的系统化的生成

统化的方法，这可由图 7.9 看明白，该图中示出了二次形状函数的生成[9].

首先我们观察到，对于边中节点，二次×线性的拉格朗日插值足以确定节点 5 至节点 8 处的 N_i. N_5 及 N_8 分别示于图 7.9 的 (a) 及 (b). 对于例如图 7.9(c) 的角节点的情况，我们从双线性的 $\hat{N}_1$ 着手，并且立刻注意到，虽然在节点 1 处 $\hat{N}_1 = 1$，但它在节点 5 或节点 8 处不为零(第一步). 从 N_1 中相继减去 $\frac{1}{2}N_5$ (第二步)及 $\frac{1}{2}N_8$ (第三步)，保证了在这些节点处得到零值. 读者能够验证，这样所得到的表达式与式(7.15)及式(7.16)一致.

其实，对于所有的高阶单元，其边中节点及角节点处的形状函数都能通过同样的办法产生，这一点现在应当是清楚的．对于边中节点，把m次与一次拉格朗日插值简单相乘即可．对于角节点，必须把双线性的角点函数同边中节点形状函数的适当分数组合起来，以保证在相应节点处得到零值．

实际上，通过一个系统化的算法，对于各边的节点数目不相同的单元，很容易生成其形状函数．如果要实现不同阶次单元之间的过渡，以使所研究的大问题的各个部分能有不同阶的精度，就会非常需要上述这种单元．图 7.10 示出了三次或线性过渡单元的形状函数．这种混合单元的采用是文献[9]首先介绍的，不过这里所用的比较简单的公式取自文献[7]．

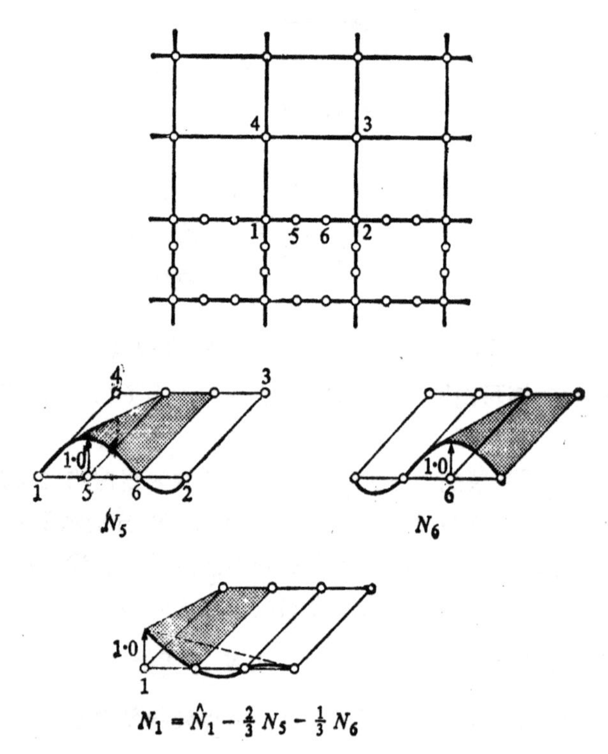

图 7.10　过渡的 “Serendipity” 族单元的形状函数，三次或线性

显然，采用这种方式来产生这样的可用单元的形状函数，对于

给定的完全多项式展开式，现在只需要较少的自由度．图 7.11 针对三次单元表明了这一点，这里只出现两个剩余项(与次数相同的拉格朗日展开式中的六个剩余项比较)．

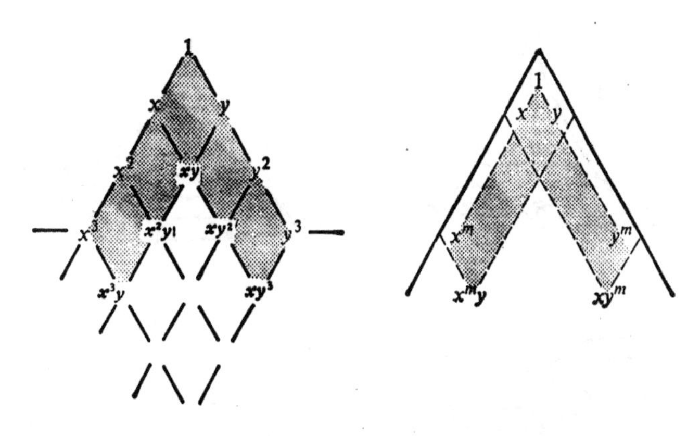

图 7.11　由“serendipity”型单元中边缘形状函数所产生的项 (3×3 及 $m\times m$)

然而十分明显，仅处于边缘上的节点所产生的形状函数，不能形成三次以上的完全多项式．对于更高阶的单元，必须通过内部节点(如同图 7.8 的四次单元中所作)，或者通过采用包含适当多项式项的“无节点”变量(下一节中讨论)来补充展开式．

7.6　内部节点及“无节点”变量

值得指出，图 7.6 及图 7.8 的“Serendipity”单元与“拉格朗日”单元的线性形式是一样的，但二次单元由于有无中心节点而不同．这两种二次单元的形状函数示于图 7.12．

在单元边界上，函数仅由边界节点唯一确定；虽然两种边缘形状函数的实际形状在单元内部不同，但在边界上二者一样．拉格朗日型单元所增加的自由度，用一个参数乘以一个在所有边界上取值为零的形状函数来表示．所乘的这个参数实际上就是 ϕ 在中心节点处的值．

现在，增加一个在所有边界上取值为零的附加的形状函数，并

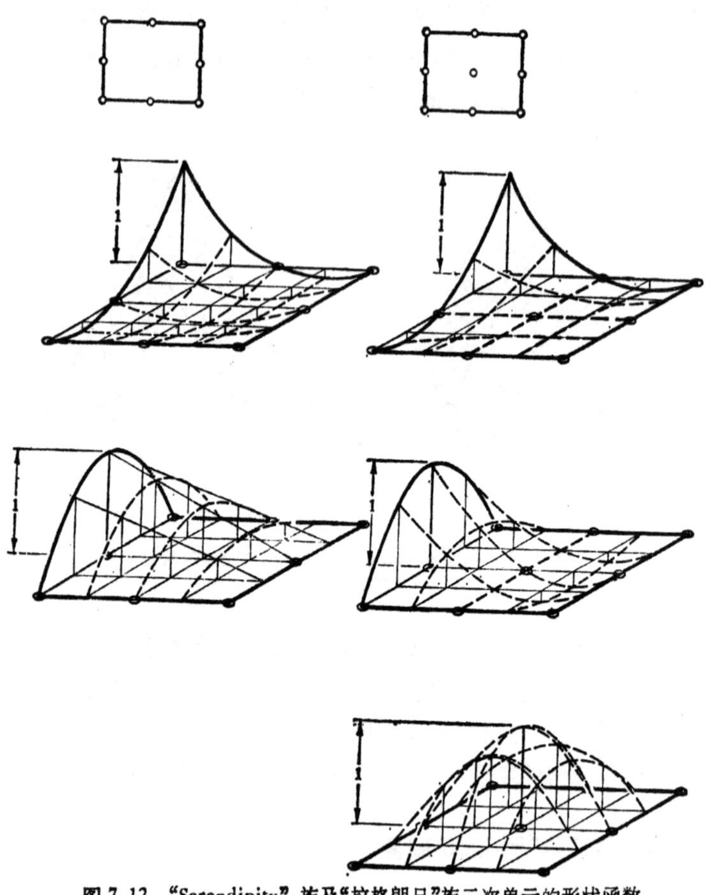

图 7.12 “Serendipity”族及“拉格朗日”族二次单元的形状函数

把它乘以与该元素有关的某一参数 a^*. 显然,这可使“Serendipity”型单元的自由度与拉格朗日单元完全一样. 在这里,可再次采用拉格朗日单元中可用的全部形状函数,但所乘的因子显然不与 ϕ 的任何节点值相应. a^* 可叫作与该元有关的无节点变量.

可以完全象对内部节点一样,使泛函关于这种变量取极小值,但象节点力等这样一些量的物理意义不再是明显的. 如果需要,任一单元可以有几个这种无节点变量.

不过,这样作通常好处不大,因为所增加的自由度虽然使形状函数选择最好形式，对单元边界却没有影响.

到目前为止，形状函数表达式只采用了多项式的形式. 这有许多优点，其中最重要的是：它含有为满足常导数要求所需要的线性项. 但是在考虑附加的高阶自由度时，不必受此限制.

例如，如下形式的函数完全适用于上例：

$$\cos\frac{\pi\xi}{2}\cdot\cos\frac{\pi\eta}{2}, \tag{7.17}$$

它在边界上恒等于零，而且不改变完全多项式的次数.

二次或更高次"serendipity"型单元中为补充不完全展开式而必需的形状函数，通过这种"无节点"变量引入最为方便.

7.7 在集合之前消去内部变量——子结构

采用内部节点及无节点变量时，按通常方式得到单元性质(见第二章及第三章)：

$$\frac{\partial \Pi^e}{\partial \mathbf{a}^e}=\mathbf{K}^e\mathbf{a}^e+\mathbf{f}^e. \tag{7.18}$$

因为 $\mathbf{a}^e$ 可以分成两部分：$\bar{\mathbf{a}}^e$ 是单元间共同的，$\bar{\bar{\mathbf{a}}}^e$ 则仅仅出现在特定单元中，所以我们可立刻写出

$$\frac{\partial \Pi}{\partial \bar{\bar{\mathbf{a}}}^e}=\frac{\partial \Pi^e}{\partial \bar{\bar{\mathbf{a}}}^e}=0,$$

并且通过进一步研究消去 $\bar{\bar{\mathbf{a}}}^e$. 我们将式 (7.18) 写成如下分块形式：

$$\frac{\partial \Pi^e}{\partial \mathbf{a}^e}=\begin{Bmatrix}\dfrac{\partial \Pi^e}{\partial \bar{\mathbf{a}}^e}\\ \dfrac{\partial \Pi^e}{\partial \bar{\bar{\mathbf{a}}}^e}\end{Bmatrix}=\begin{bmatrix}\bar{\mathbf{K}}^e & \hat{\mathbf{K}}^e\\ \hat{\mathbf{K}}^{eT} & \bar{\bar{\mathbf{K}}}^e\end{bmatrix}\begin{Bmatrix}\bar{a}^e\\ \bar{\bar{\mathbf{a}}}^e\end{Bmatrix}+\begin{Bmatrix}\bar{f}^e\\ \bar{\bar{\mathbf{f}}}^e\end{Bmatrix}$$

$$=\begin{Bmatrix}\dfrac{\partial \Pi^e}{\partial \bar{\mathbf{a}}^e}\\ 0\end{Bmatrix}. \tag{7.19}$$

由上面所给出的第二组方程，我们能够写出

$$\bar{\bar{\mathbf{a}}}^e=-(\bar{\bar{\mathbf{K}}}^e)^{-1}(\hat{\mathbf{K}}^{eT}\bar{\mathbf{a}}^e+\bar{\bar{\mathbf{f}}}^e), \tag{7.20}$$

把上式代入式(7.19)的第一组方程，得到

$$\frac{\partial \Pi^e}{\partial \bar{\mathbf{a}}^e} = \mathbf{K}^{*e}\bar{\mathbf{a}}^e + \mathbf{f}^{*e}, \tag{7.21}$$

式中

$$\begin{aligned}\mathbf{K}^{*e} &= \bar{\mathbf{K}}^e - \hat{\mathbf{K}}^e\bar{\bar{\mathbf{K}}}^{e-1}\hat{\mathbf{K}}^{eT},\\ \mathbf{f}^{*e} &= \bar{\mathbf{f}}^e - \hat{\mathbf{K}}^e(\bar{\bar{\mathbf{K}}}^e)^{-1}\bar{\bar{\mathbf{f}}}^e.\end{aligned} \tag{7.22}$$

然后，对整个区域进行集合，只考虑单元边界上的变量．这样一来，通过在单元这一阶段增加少量运算，显著减少了求解方程的工作量．

读者可能希望从结构力学上来解释这种消去内自由度的方法．实际上，这就是把结构的一部分由其周围分离出来，并对于相互连接边界上任一规定的位移单独确定这一部分的解答．$\mathbf{K}^{*e}$ 现在就是分离出来的结构的总刚度，$\mathbf{f}^{*e}$ 则是等价的一组节点力．

如果把图 7.13 的三角剖分解释成两端铰接杆的集合体，读者会立刻认出结构力学中经常采用的熟知的“子结构”法．

实际上，这种子结构就是一个已经消去了内自由度的复杂单元．

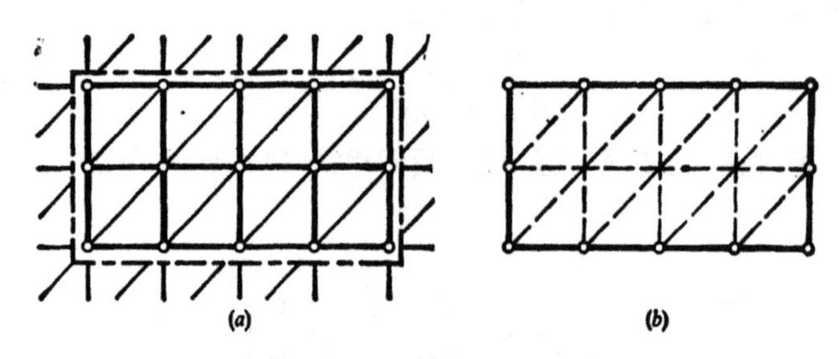

图 7.13　一个复杂单元的子结构

显然，有可能由此形成更复杂甚至更精确的单元．

让我们把图 7.13(a) 解释为被分成许多三角形单元的一连续体．该子结构实际上导致图 7.13(b) 所示的一个具有许多边界节点的复杂元．

这种元与前一节中导出的元的唯一差别是：在元内部，现在

不是用一组光滑的形状函数来近似未知函数 ϕ，而是采用一系列的分段近似. 这大概会使近似性稍差;但是,如果这样的集合体的总计算时间有所节省,那么经济效益提高便是它的优点.

子结构化是解决复杂问题的一种重要方法，当求解区域由一些相同而且复杂的部分组成时尤其如此.

在简单的小规模有限单元分析中,采用三角形（或四面体）的简单子集比直接采用简单的三角形（或四面体）单元好得多. 例如,由四个三角形组成一个四边形,并消去中心节点（图 7.14），人们发现,采用它比直接采用简单三角形经济. 多尔蒂 (Doherty)[10] 详细讨论过由三角形组成的这种子集以及其它子集.

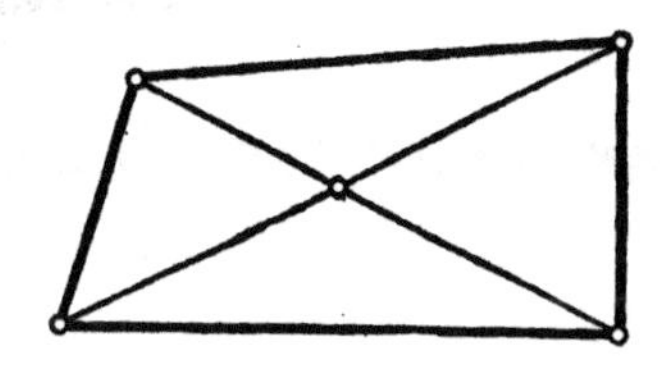

图 7.14　由四个简单三角形组成的四边形

7.8　三角形单元族

在前面有关章节中，已充分表明了任意三角形在近似任何边界形状这一点上的有利之处. 在这方面,它显然优于矩形,这一点不需进一步讨论. 需要进一步研究的问题是，如何形成更精致的三角形单元.

考察按图 7.15 所示方式形成的一系列三角形. 在该族的每一个单元中，节点数目是这样选定的：保证形状函数是完全的多项式展开式，而该多项式的阶次是满足单元间协调性所必须的. 与图 7.4 的巴斯卡三角形作比较就会明白这一点,我们看到，节点数目与所需多项式项的数目完全一致. 这一特点使该三角形元素族处于特殊地位,这时式(7.3)中矩阵 $\mathbf{C}$ 的逆总是存在[2]. 但是我们仍主张直接形成形状函数,实际上,这样作特别容易.

下面先定义三角形的一组特殊的正规化坐标，它对于进一步

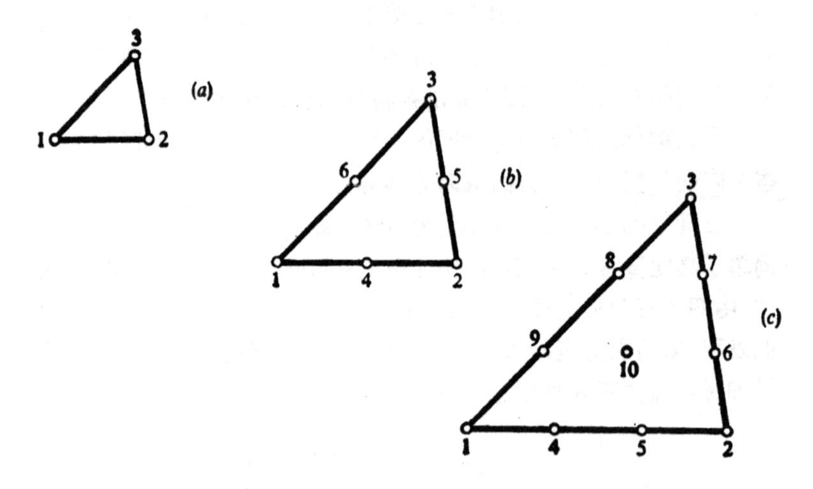

图 7.15 三角形单元族；(a) 线性元，(b) 二次元，(c) 三次元

的研究比较方便.

7.8.1 **面积坐标** 在研究矩形单元时，自然要选择坐标轴分别与矩形各边平行的笛卡儿坐标系. 但是，这种坐标系对于三角形并不方便.

对于图 7.16 所示三角形 1，2，3，定义一组方便的坐标 L_1，L_2，L_3，它们与笛卡儿坐标之间有如下线性关系：

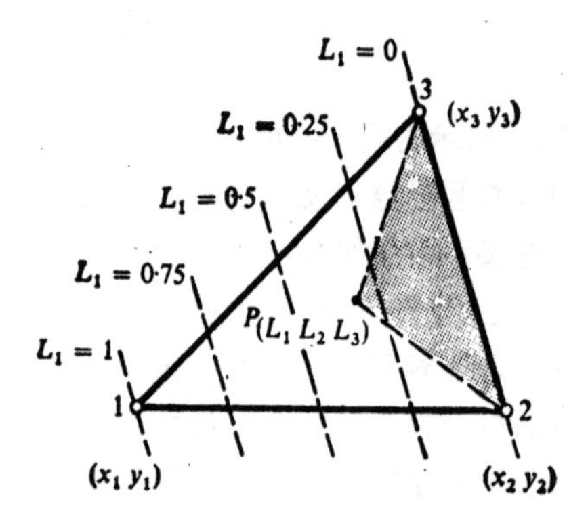

图 7.16 面积坐标

$$
\begin{aligned}
x &= L_1x_1 + L_2x_2 + L_3x_3, \\
y &= L_1y_1 + L_2y_2 + L_3y_3, \\
1 &= L_1 + L_2 + L_3.
\end{aligned}
\tag{7.23}
$$

对于每一组 L_1, L_2, L_3（它们不独立，而是由式(7.23)的第三个式子联系起来），相应地有唯一的一组笛卡儿坐标．在点1处，有 $L_1 = 1$ 及 $L_2 = L_3 = 0$，其它可类推．新坐标与笛卡儿坐标之间的线性关系表明，$L_1 =$ 常数的线是与边2-3（在这里 $L_1=0$）平行的直线，并且 L_1 的值与到边2-3的距离成正比．对于 L_2 及 L_3 可类推．

实际上容易看出，可另外用阴影三角形与整个三角形的面积比来定义点 P 的坐标 L_1：

$$
L_1 = \frac{\text{三角形 } P23 \text{ 的面积}}{\text{三角形 } 123 \text{ 的面积}}. \tag{7.24}
$$

面积坐标的名称即由此而来．

求解式(7.23)，得到

$$
\begin{aligned}
L_1 &= (a_1 + b_1x + c_1y)/2\Delta, \\
L_2 &= (a_2 + b_2x + c_2y)/2\Delta, \\
L_3 &= (a_3 + b_3x + c_3y)/2\Delta,
\end{aligned}
\tag{7.25}
$$

式中

$$
\Delta = \frac{1}{2}\det\begin{vmatrix} 1 & x_1 & y_1 \\ 1 & x_2 & y_2 \\ 1 & x_3 & y_3 \end{vmatrix} = \text{三角形 } 123 \text{ 的面积}, \tag{7.26}
$$

$$
\begin{aligned}
a_1 &= x_2y_3 - x_3y_2, \\
b_1 &= y_2 - y_3, \\
c_1 &= x_3 - x_2.
\end{aligned}
$$

值得指出，上述表达式与第四章中导出的表达式(式(4.5b,c))相同．

7.8.2 形状函数　对于图7.15(a)所示单元，形状函数就是面积坐标．于是有

$$
N_1 = L_1, \qquad N_2 = L_2, \qquad N_3 = L_3. \tag{7.27}
$$

这是十分明显的，因为每个面积坐标都在一个节点处取单位值而在其它节点处为零，并且处处按线性规律变化.

为了推导其它单元的形状函数，可以导出一个简单的递推关系[2]. 但是，按照与对 7.4 节的拉格朗日单元所作相似的方式，写出一个任意的M次三角形单元是一件非常简单的事情.

用相应于坐标位置 L_{1i}，L_{2i}，L_{3i} 的三个号码 I，J，K 来表示一个典型节点 i，我们能够依据三个拉格朗日插值函数（参见式(7.10)）写出它的形状函数：

$$N_i = l_I^I(L_1)l_J^J(L_2)l_K^K(L_3). \tag{7.28}$$

上式中的 l_I^I 等由表达式(7.10)给出，这时用 L_1 等代替 ξ.

容易验证，上面这个表达式给出

$$N_i = 1，在\ L_1 = L_{1I}，L_2 = L_{2I}，L_3 = L_{3I}\ 处，$$

而在所有其它节点处则为零.

该展开式中出现的最高项是

$$L_1^I L_2^J L_3^K,$$

因为对于所有点有

$$I + J + K \equiv M,$$

所以该多项式是M次.

表达式(7.28)对于图 7.17 中给出的节点分布方式相当任意的情况是成立的，如果节线间距相等(即为 $1/m$)，该式可被简化. 这个公式是由阿吉里斯等人[11]首先得到的，后来由其它人[7,12]按照不同的方式定型.

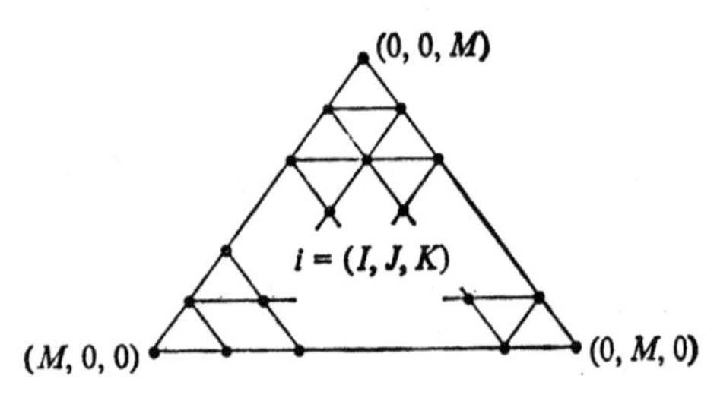

图 7.17 一般三角形单元

读者容易验证下面给出的二次及三次元的形状函数，实际上不难导出任一高阶元的形状函数.

二次三角形单元（图 7.15(b)）

对于角节点，有

$$N_1 = (2L_1 - 1)L_1, \cdots 等,$$

对于边中节点，有

$$N_4 = 4L_1L_2, \cdots 等. \tag{7.29}$$

三次三角形单元（图 7.15(c)）

对于角节点，有

$$N_1 = \frac{1}{2}(3L_1 - 1)(3L_1 - 2)L_1, \cdots 等,$$

对于边中节点，有

$$N_4 = \frac{9}{2}L_1L_2(3L_1 - 1), \cdots 等,$$

对于内部节点，有

$$N_{10} = 27L_1L_2L_3. \tag{7.30}$$

最后一个形状函数是在边界上贡献为零的形状函数，第十章中将在不同的意义上应用它.

二次三角形单元是由乌贝克（Veubeke）[13] 首先导出的，阿吉里斯[14]把它应用于平面应力分析问题.

在计算单元矩阵时，常常要在三角形区域上对于由面积坐标所确定的量进行积分. 在这一方面，值得注意如下积分公式：

$$\iint_\Delta L_1^a L_2^b L_3^c \mathrm{d}x\mathrm{d}y = \frac{a!b!c!}{(a+b+c+2)!}2\Delta. \tag{7.31}$$

一 维 单 元

7.9 线性元

到目前为止，本书中一般是用二维或三维元处理连续体. 一般有精确解可用的“一维”元件，仅在第三章中作为小例子处理过.

在许多实际的二维或三维问题中，事实上既出现较常见的连续体单元，也出现这种一维元，并且希望统一地处理它们．对于弹性力学问题，可以用这种单元表示平面或三维问题中的加强筋，或者表示轴对称及三维物体中的薄层衬垫材料．对于第十七章所要讨论的那类场问题，能用这种单元表示渗透性较低的多孔介质中的排水线．

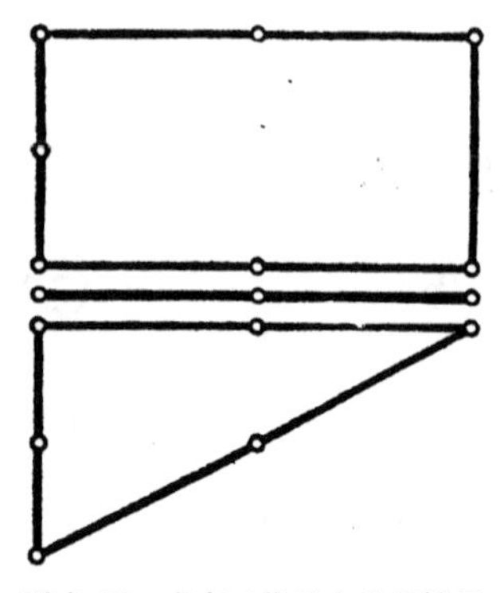

图 7.18　夹在二维元中的线性元

对于这类单元，一旦选定了象位移这种函数的形状，就能确定它的性质．但是要注意，只能在一个方向考虑象应变等这样的导出量．

图 7.18 示出了夹在两个相邻二次型单元之间的这种一维单元．显然，为了保证函数的连续性，只需要未知量随 ξ 这一个变量按二次规律变化．因此，这种形状函数由式(7.15)所确定的拉格朗日多项式直接给出．

三　维　单　元

7.10　矩形棱柱——“Serendipity”族[4,9,15]

可以用与前一节中所作完全类似的方式来描述相应的一类三维元．

现在，为了保证单元间的连续性，必须对于前面所给出的简单规则加以修正．必须作到的是：未知函数沿单元表面的变化规律，由面上节点处的值唯一确定．采用不完全多项式时，只要通过观察就能保证这一点．

图 7.19 所示的一族元与图 7.8 所示那族元完全对应．现在采用三个正规化坐标，其它都遵照 7.5 节的术语，我们有如下形状函数．

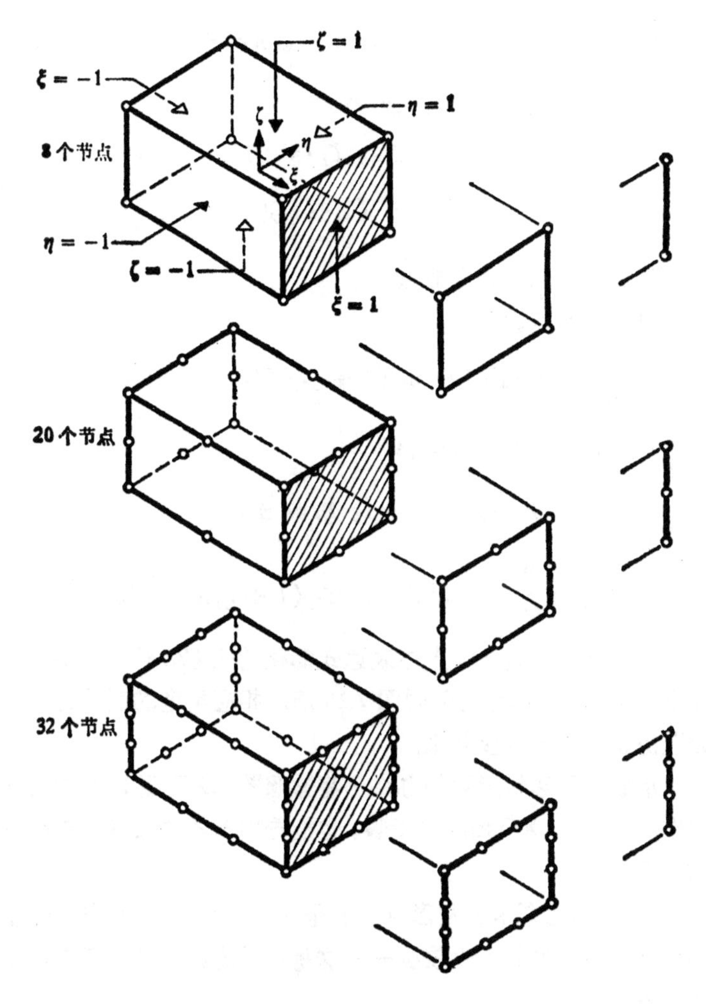

图 7.19 具有边界节点的直立棱柱 (Serendipity)
族及相应的面单元、线单元

"线性"单元(8 个节点)

$$N_i = \frac{1}{8}(1+\xi_0)(1+\eta_0)(1+\zeta_0). \tag{7.32}$$

"二次"单元(20 个节点)

对于角节点,有

$$N_i=\frac{1}{8}(1+\xi_0)(1+\eta_0)(1+\zeta_0)(\xi_0+\eta_0+\zeta_0-2),$$

对于典型的边中节点，有

$$\left.\begin{aligned}&\xi_i=0,\ \eta_i=\pm 1,\ \zeta_i=\pm 1,\\&N_i=\frac{1}{4}(1-\xi^2)(1+\eta_0)(1+\zeta_0).\end{aligned}\right\}\tag{7.33}$$

“三次”单元（32 个节点）

对于角节点，有

$$N_i=\frac{1}{64}(1+\xi_0)(1+\eta_0)(1+\zeta_0)[9(\xi^2+\eta^2+\zeta^2)-19],$$

对于典型的边中节点，有

$$\left.\begin{aligned}&\xi_i=\pm\frac{1}{3},\ \eta_i=\pm 1,\ \zeta_i=\pm 1,\\&N_i=\frac{9}{64}(1-\xi^2)(1+9\xi_0)(1+\eta_0)(1+\zeta_0).\end{aligned}\right\}\tag{7.34}$$

当 $\zeta=1=\zeta_0$ 时，上述表达式简化为式(7.14)—(7.16)．实际上，这种三维单元可以同图 7.19 所示相应类型的面单元或线单元以协调的方式连接起来．

形成这种形状函数的办法仍将遵照图 7.9 及图 7.10 中所介绍的作法；并且，遵照相同的步骤，也能导出沿各边具有不同自由度的单元．

现在，与巴斯卡三角形对应的是一个四面体，并且我们仍能看到剩余自由度的数目比较少——这是一种比在二维分析中还要重要的情况．

7.11 矩形棱柱——拉格朗日族

对于图 7.20 所示那类元，直接用三个拉格朗日多项式相乘就会得到其形状函数．将式(7.11)的记号推广，对于各边分别被分成 n, m, p 段的情况，我们现在有

$$N_i\equiv N_{IJK}=l_I^n l_J^m l_K^p.\tag{7.35}$$

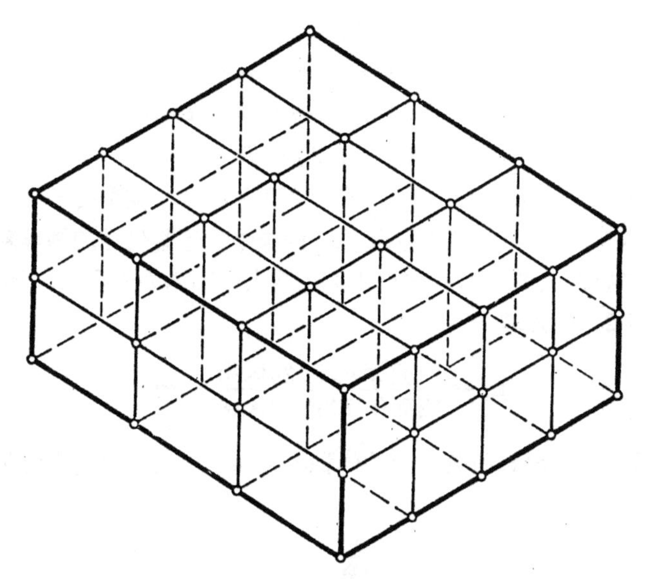

图 7.20 拉格朗日族直立棱柱

这种元也是厄盖图迪斯 (Ergatoudis)[5] 提出的，而由阿吉里斯[7]作了改善. 前面关于内部节点的全部讨论以及 7.4 节中对公式系统所作的限制，在这里也适用，而这种元的实际应用一般效果不好.

7.12 四面体单元

毫不奇怪，图 7.16 所示四面体单元族具有与三角形单元族相似的性质.

首先，在每一个单元中也都得到关于三个坐标的完全多项式. 其次，因为各面上的节点的布置方式与前面的三角形单元一样，所得到的关于表面平面上的两个坐标的多项式的次数也与三角形单元的一样，并且保证了单元协调性. 多项式中不产生多余项.

7.12.1 体积坐标 同样地，引进按如下方式定义的特殊坐标(图 7.22)：

$$
\begin{aligned}
x &= L_1x_1 + L_2x_2 + L_3x_3 + L_4x_4, \\
y &= L_1y_1 + L_2y_2 + L_3y_3 + L_4y_4, \\
z &= L_1z_1 + L_2z_2 + L_3z_3 + L_4z_4, \\
1 &= L_1 + L_2 + L_3 + L_4.
\end{aligned}
\tag{7.36}
$$

并由上式求解 L_1 至 L_4，得到式(7.25)及(7.26)类型的表达式，式中常数可由第六章式(6.5)确定. 同样地，这些坐标的物理意义，可看成以内点 P 为顶点的小四面体同大四面体的体积比. 例如，如图 7.22 所示，有

$$
L_1 = \frac{\text{四面体 } P234 \text{ 的体积}}{\text{四面体 } 1234 \text{ 的体积}}, \cdots \text{等}. \tag{7.37}
$$

7.12.2 *形状函数* 因为体积坐标随笛卡儿坐标线性变化，并

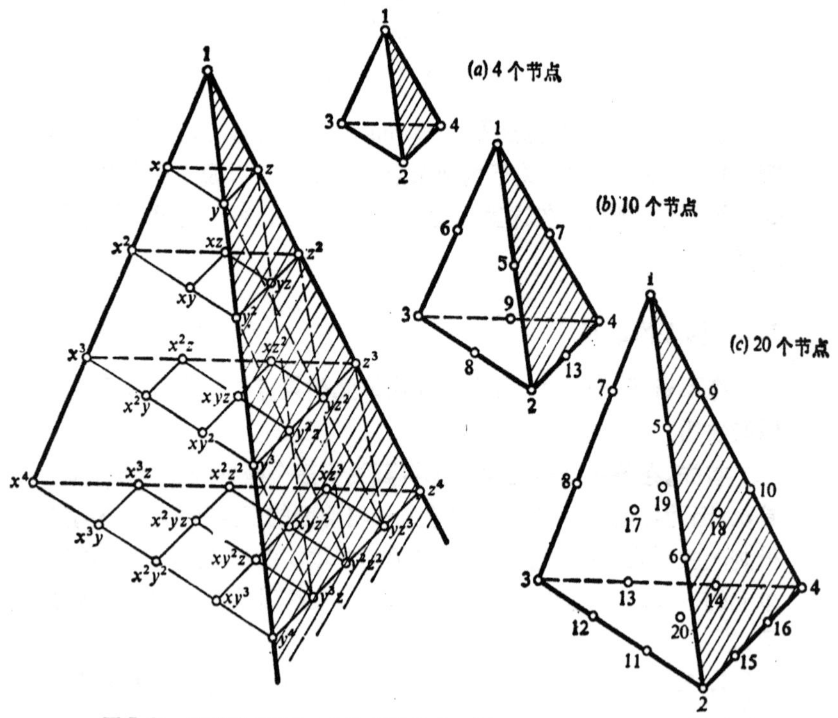

图 7.21 四面体单元族；(a) 线性单元，(b) 二次单元，(c) 三次单元

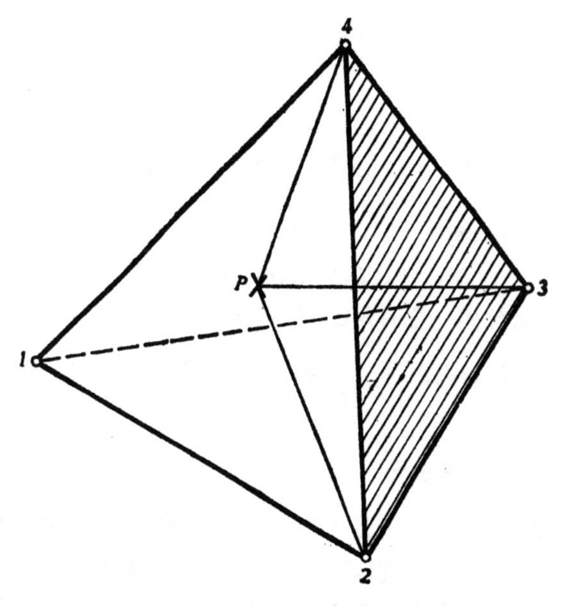

图 7.22 体积坐标

且分别在一个顶点处为单位值而在该顶点对面上为零，所以图7.21(a)所示线性元的形状函数就是

$$N_1 = L_1, \ N_2 = L_2, \cdots, \text{ 等}. \tag{7.38}$$

可以采取与对三角形单元所作完全相同的方式，通过建立类似于式(7.28)的拉格朗日型公式，导出高阶四面体单元的形状函数公式. 我们把这作为一个适当的练习留给读者去作，下面只援引一些结果.

“二次”四面体(图 7.21(b))

对于角节点，有

$$N_1 = (2L_1 - 1)L_1, \cdots \text{等},$$

对于边中节点，有

$$N_5 = 4L_1L_2, \cdots \text{等}. \tag{7.39}$$

“三次”四面体(图 7.21(c))

对于角节点，有

$$N_1 = \frac{1}{2}(3L_1 - 1)(3L_1 - 2)L_1, \cdots 等,$$

对于边中节点,有

$$N_5 = \frac{9}{2} L_1 L_2 (3L_1 - 1), \cdots 等,$$

对于面上节点,有

$$N_{18} = 27 L_1 L_2 L_3, \cdots 等. \tag{7.40}$$

这里也可以给出一个有用的积分公式:

$$\iiint_V L_1^a L_2^b L_3^c L_4^d dx dy dz = \frac{a!b!c!d!}{(a+b+c+d+3)!} 6V. \tag{7.41}$$

7.13 其它简单的三维单元

显然,在三维情况下,可以建立比二维情况下更多的形状简单的元. 例如,基于三棱柱可以建立一系列很有用的单元(图 7.23). 在这里,也可以分成拉格朗日多项式乘积方法及“Serendipity”型方法. 两族单元中的头一个元是一样的,而且实际上它们的形状函数是如此明显,以致不必在这里写出.

对于图 7.23(b) 所示“二次”单元,其形状函数如下:

对于角节点 1($L_1 = \zeta = 1$),有

$$N_1 = \frac{1}{2} L_1 (2L_1 - 1)(1 + \zeta) - \frac{1}{2} L_1 (1 - \zeta^2)。 \tag{7.42}$$

对于三角形的边中节点,有

$$N_{10} = 2 L_1 L_2 (1 + \zeta), \cdots 等. \tag{7.43}$$

对于四边形的边中节点,有

$$N_7 = L_1 (1 - \zeta^2), \cdots 等. \tag{7.44}$$

这种单元并不是秘而不用的,而是有实际的应用——作为“充填”单元与具有 20 个节点的平行六面体单元配合使用.

7.14 结语

本章向读者介绍了一些单元类型,它们可供选择的数目是无

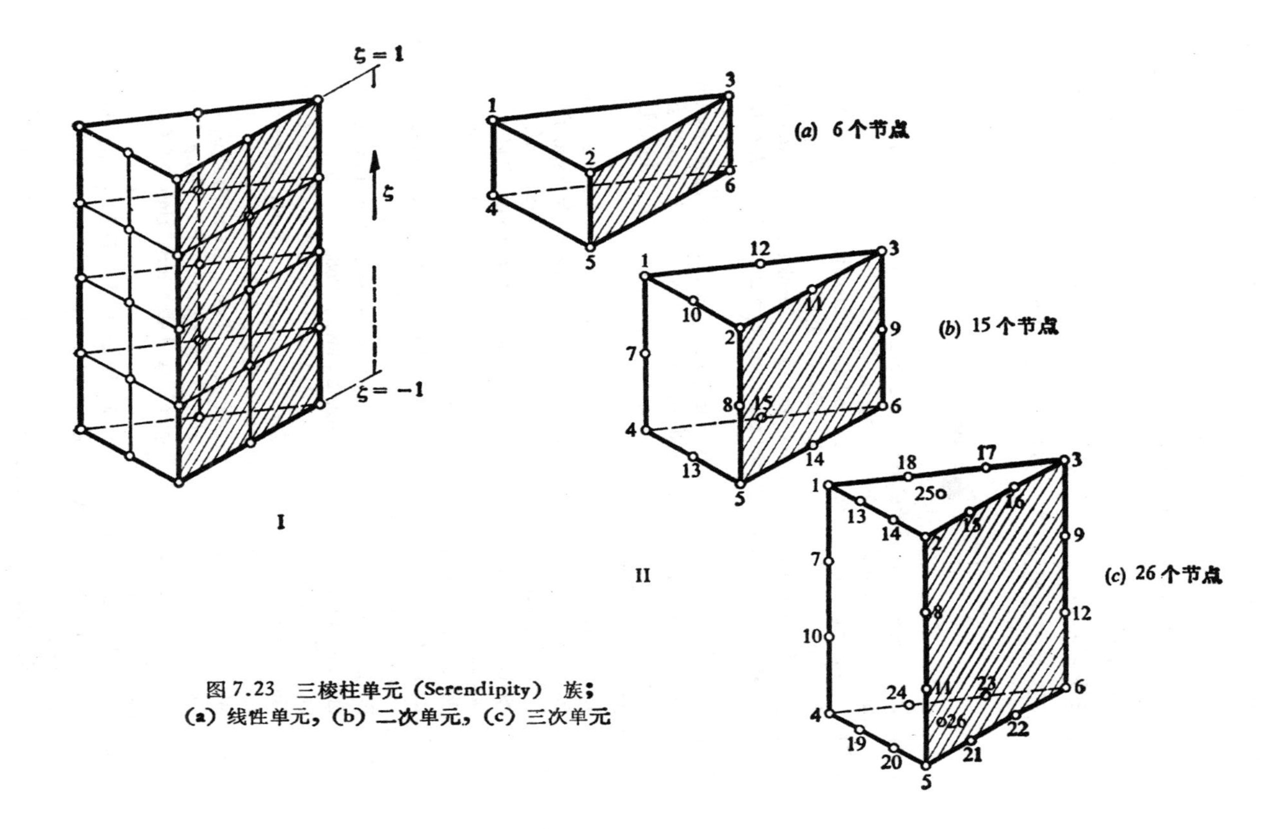

图 7.23　三棱柱单元（Serendipity）族；
(a) 线性单元，(b) 二次单元，(c) 三次单元

限的；实际上，同样还有无限的其它可能形式[4,9]. 试问，这些复杂单元的实用价值如何？除三角形及四面体外，所有其它单元仅适用于实际区域的形状能以矩形或直立棱柱的集合体来描述的情况. 这种限制如此严重，以致很少推导这些形状函数以供实用，除非是能找到某种方法畸变这些单元以拟合真实边界. 实际上，现在已有这种方法可用，下一章就将介绍这种方法.

参 考 文 献

[1] P. C. Dunne, 'Complete polynomial displacement fields for finite element methods', *Trans Roy. Aero. Soc.*, 72, 245, 1968.

[2] B. M. Irons, J. G. Ergatoudis, and O. C. Zienkiewicz, Comment on ref. 1, *Trans. Roy. Aero. Soc.*, **72**, 709—11, 1968.

[3] J. G. Ergatoudis, B. M. Irons, and O. C. Zienkiewicz, 'Curved, isoparametric, quadrilateral elements for finite element analysis', *Int. J. Solids Struct.*, **4**, 31—42, 1968.

[4] O. C. Zienkiewicz *et al.*, 'Iso-parametric and associate elements families for two and three dimensional analysis', Chapter 13, in *Finite Element Methods in Stress Analysis*, ed. I. Holand and K. Bell, Techn. Univ. of Norway, Tapir Press, Norway., Trondheim, 1969.

[5] J. G. Ergatoudis, *Quadrilateral elements in plane analysis: Introduction to solid analysis* M. Sc. thesis, University of Wales, Swansea, 1966.

[6] J. H. Argyris, K. E. Buck, I. Fried, G. Mareczek, and D. W. Scharpf, 'Some new elements for matrix displacement methods', *2nd Conf. on Matrix Methods in Struct. Mech.*, Air. Force Inst. of Techn., Wright Patterson Base, Ohio, Oct. 1968.

[7] R. L. Taylor, 'On completeness of shape functions for finite element analysis', *Int. J. Num. Meth. Eng.*, **4**, 17—22, 1972.

[8] F. C. Scott, 'A quartic, two dimensional isoparametric element', Undergraduate Project, Univ. of Wales, Swansea, 1968.

[9] O. C. Zienkiewicz. B. M. Irons, J. Campbell, and F. C. Scott, 'Three dimensional stress analysis', *Int. Un Th. Appl. Mech. Symposium on High Speed Computing in Elasticity*, Liège, 1970.

[10] W. P. Doberty, E. L. Wilson and R. L. Taylor, *Stress Analysis of Axisymmetric Solids utilizing Higher-Order Quadrilateral Finite Elements*, Repore 69—3, Structural Engineering Laboratory, Univ. of California, Berkeley, Jan. 1969.

[11] J. H. Argvris. I. Fried and D. W. Scharpf. 'The TET 20 and the TEA 8 elements for the matrix displacement method', *Aero. J.*, **72**. 618—25, 1968.

[12] P. Silvester, 'Higher order polynomial triangular finite elements for

potential problems', *Int. J. Eng. Sci.*, **7**, 849—61, 1969.

[13] B. Fraeijs de Veubeke, 'Displacement and equilibrium models in the finite element method', Chapter 9 of *Stress Analysis*, ed. O. C. Zienkiewicz and G. S. Holister, J. Wiley and Son, 1965.

[14] J. H. Argyris. 'Triangular elements with linearly varying strain for the matrix displacement method', *J. Roy. Aero. Soc. Tech. Note.* **69**, 711—13, Oct. 1965.

[15] J. G. Ergatoudis, B. M. Irons, and O. C. Zienkiewicz, 'Three dimensional analysis of arch dams and their foundations', *Symposium on Arch Dams*, Inst. Civ. Eng., London, 1968.

第 八 章

曲的等参数单元及数值积分

8.1 引言

我们在前一章中已经表明怎样得到一些一般的有限元族. 该族中的每一个新单元都比前一个单元增加了节点数目，因此也改善了精度特性；而当用这种新单元求得适当解答时，所需的单元数目则可能急剧减少. 要想能用少数单元描述实际的而非学院式的问题中常出现的比较复杂的形状，简单的矩形及三角形不再有效. 因此，本章讨论把这种简单形状畸变成另外的较任意的形状的问题.

基本的一维、二维及三维各类单元，将按图 8.1 及 8.2 所示方式"映射"成畸变形式.

这些图表明，当画于笛卡儿空间时，ξ, η, ζ 或 L_1, L_2, L_3, L 坐标能畸变成新的曲线坐标.

不仅能将二维单元畸变成二维空间中另外的形状，而且能将其映射到三维空间中. 后一种情况正如图 8.2 所示，图中的平面单元被畸变到三维空间中. 这一原理是普遍适用的，只要能在笛卡儿坐标与曲线坐标之间建立一一对应关系，即建立如下形式的关系式：

$$\begin{Bmatrix} x \\ y \\ z \end{Bmatrix} = f\begin{Bmatrix} \xi \\ \eta \\ \zeta \end{Bmatrix} \text{ 或 } \begin{Bmatrix} x \\ y \\ z \end{Bmatrix} = f\begin{Bmatrix} L_1 \\ L_2 \\ L_3 \\ L_4 \end{Bmatrix}. \tag{8.1}$$

一旦知道了这种坐标关系式，就能在局部坐标系中规定形状函数，并通过适当变换来确定单元性质.

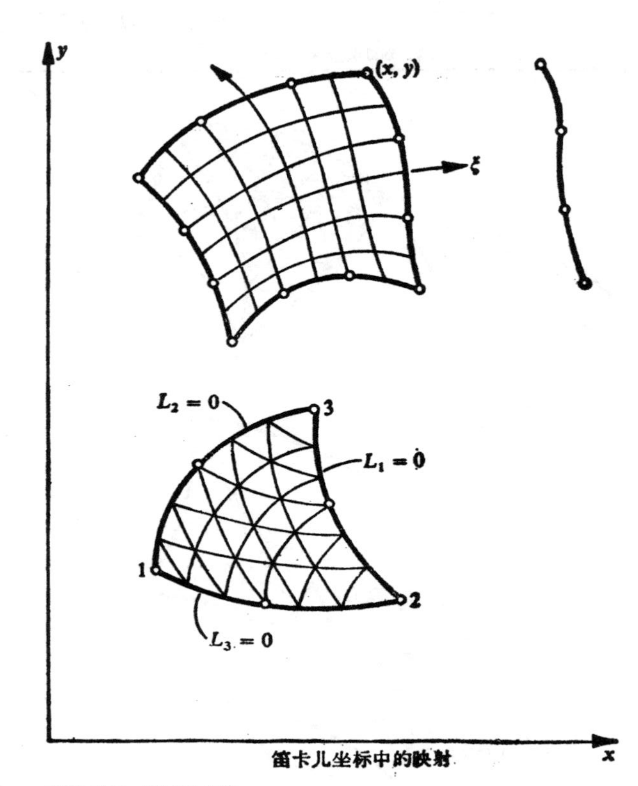

图 8.1　一些单元的二维“映射”

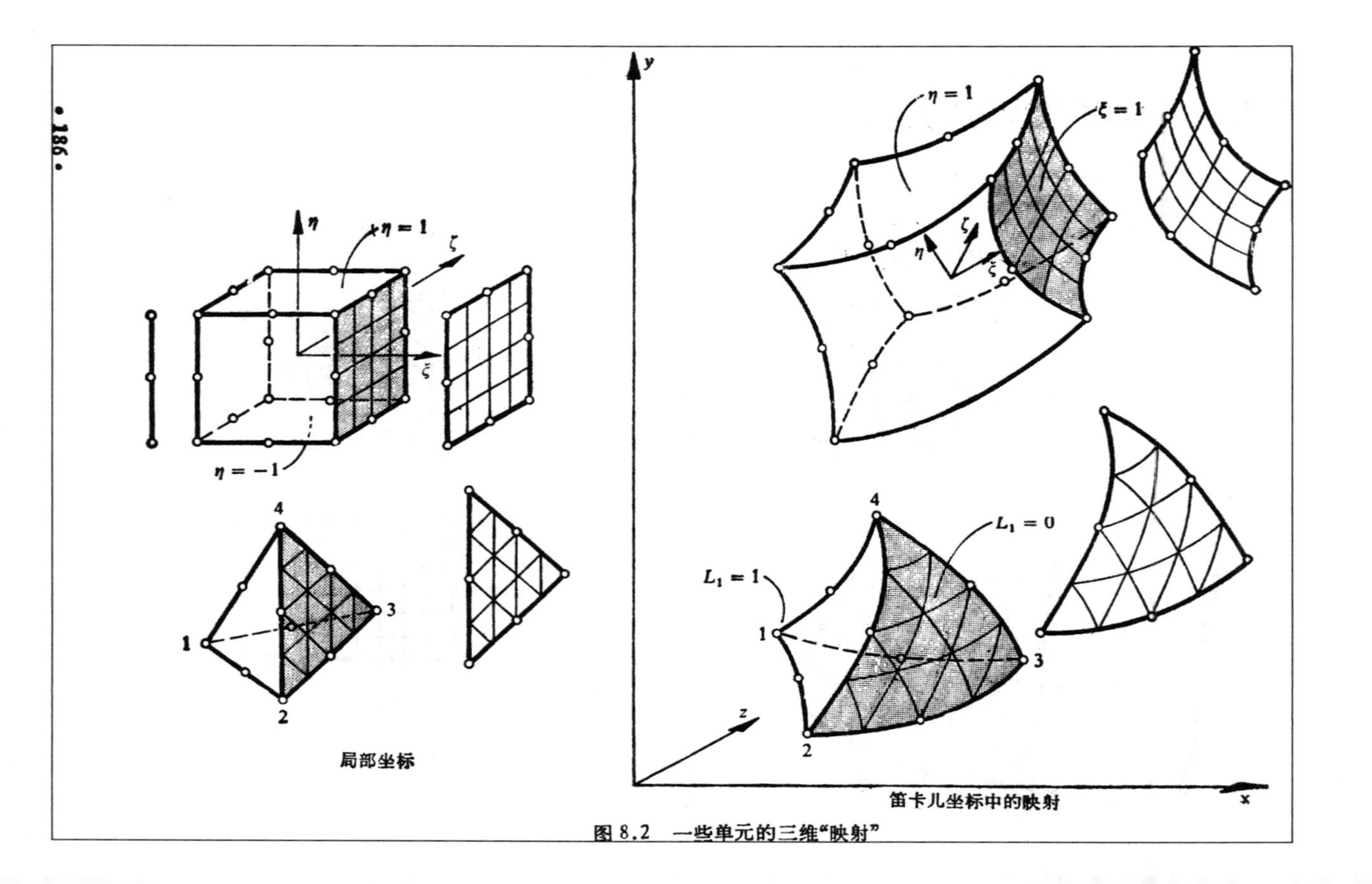

图 8.2　一些单元的三维“映射”

下面，我们将首先讨论关系式 8.1 的所谓等参数形式，已发现这种形式有大量实际应用．将给出这一公式系统的全部细节，包括通过数值积分确定单元性质．将会看到，数值积分是极重要的．

在最后一节中，我们将表明，许多其它形式的坐标变换也很有用．

参数曲线坐标

8.2 利用"形状函数"建立坐标变换

建立坐标变换的最方便的方法是利用那种我们已经导出以描述未知函数变化的形状函数．

例如，如果我们对于每个单元写出

$$
\begin{aligned}
x &= N'_1 x_1 + N'_2 x_2 + \cdots = \mathbf{N}' \begin{Bmatrix} x_1 \\ x_2 \\ \vdots \end{Bmatrix} = \mathbf{N}'\mathbf{x}, \\
y &= N'_1 y_1 + N'_2 y_2 + \cdots = \mathbf{N}' \begin{Bmatrix} y_1 \\ y_2 \\ \vdots \end{Bmatrix} = \mathbf{N}'\mathbf{y}, \qquad (8.2) \\
z &= N'_1 z_1 + N'_2 z_2 + \cdots = \mathbf{N}' \begin{Bmatrix} z_1 \\ z_2 \\ \vdots \end{Bmatrix} = \mathbf{N}'\mathbf{z},
\end{aligned}
$$

式中 $\mathbf{N}'$ 是根据局部坐标给出的形状函数，就有了所需形式的关系式．此外，坐标为 (x_1, y_1, z_1) 等的点将位于单元边界上相应各点处（因为由形状函数的一般定义可知，它在所考察的点处取单位值，而在其它地方则为零）．

对于每一组局部坐标，将对应地有一组笛卡儿坐标，并且一般只有一组这种坐标．但是我们将看到，由于剧烈畸变，有时会出现非唯一性．

在有限单元分析方面，利用这种单元形状函数来建立曲线坐标的想法，是泰格(Taig)[1]首先提出的．在他的初次应用中，建立了基本的线性四边形关系． 艾恩斯[2,3]将这一思想推广到了其它单元．

在为工程设计制定形成曲面的各种实用方法时，孔斯(Coons)[4,5] 完全独立地建立了类似的确定曲面的方法． 实际上，由于这一努力，目前曲面的确定与分析是紧密联系在一起的．

在图 8.3 中，示出了基于“Serendipity”族中三次及二次形式

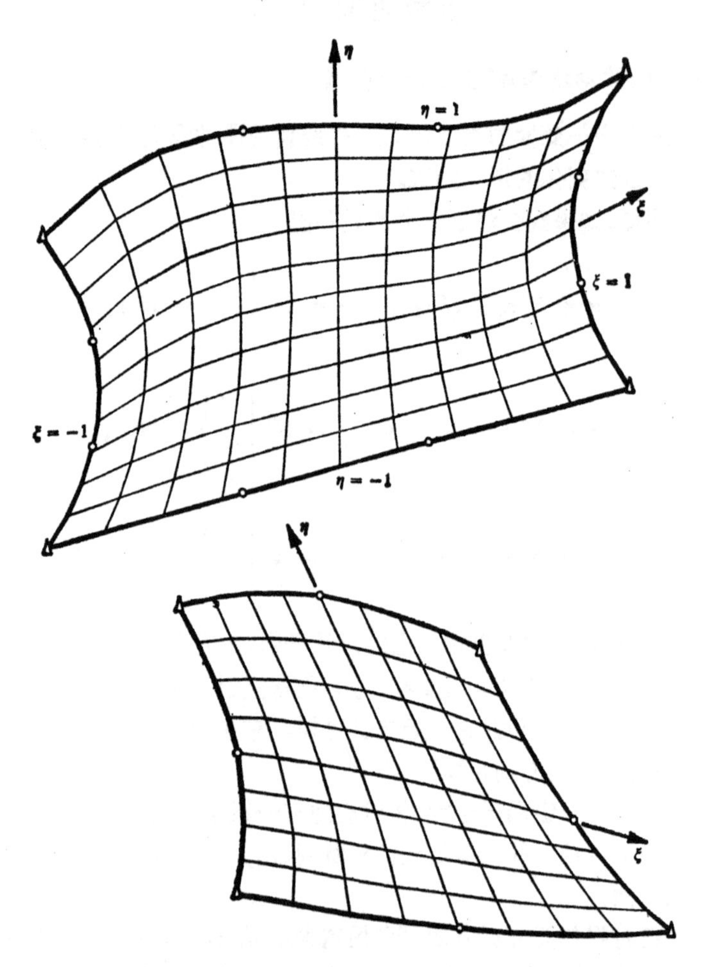

图 8.3 用计算机画出的三次单元及抛物型单元的曲线坐标图(合理的畸变)

的单元的实际畸变情况．在这里看到，局部坐标（ξ，η）与总体坐标（x，y）之间存在一一对应关系． 如果固定点使得剧烈畸变发生，则可能以图 8.4 中两种情况所示的方式产生非唯一性． 这时某些内点被映射到单元边界外面，或者在畸变单元的一些内点处有两组局部坐标．在实际应用中，必须小心避免这种严重畸变．

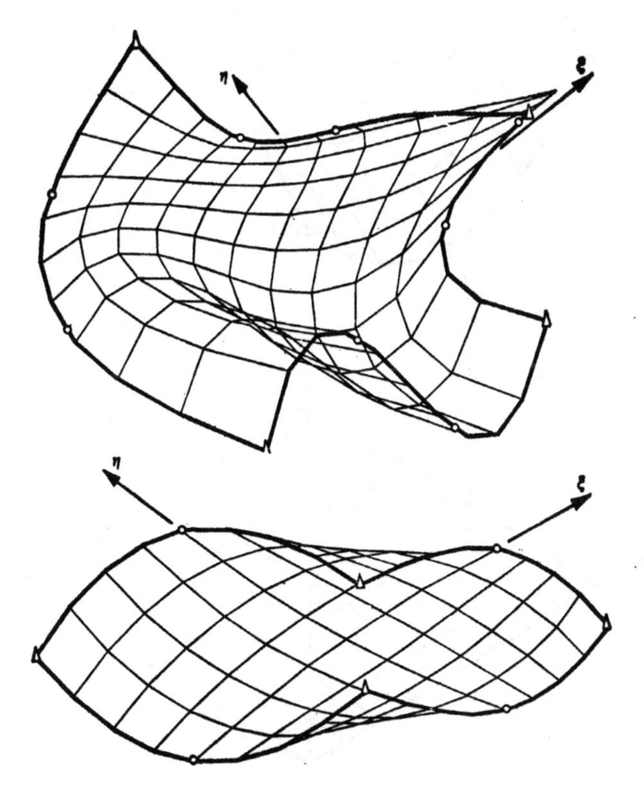

图 8.4 不合理的单元畸变导致非唯一性映射及“内点出界”．三次单元及抛物型元素

图 8.5 示出了二维（ξ，η）单元映射到三维（x，y，z）空间中的两个例子．

在本章中，我们将常常把未畸变的局部坐标中的基本单元称为“母”单元．

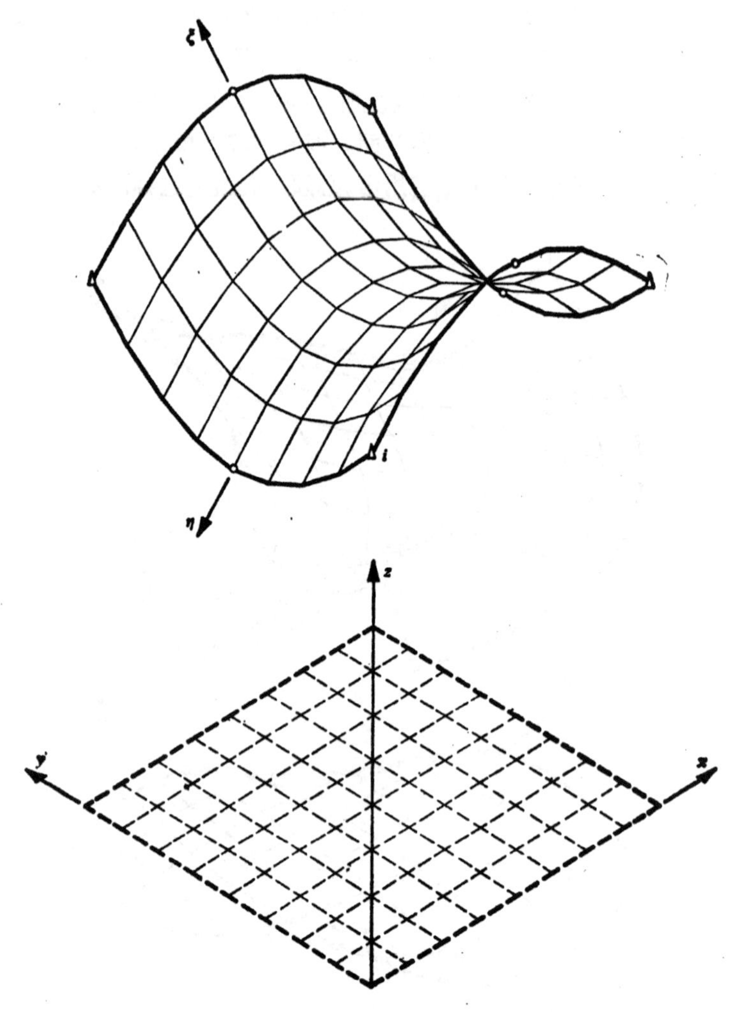

图 8.5 映射到三维空间中的(抛物型)平面单元

在 8.5 节中，我们将定义一个被称为雅可比（Jacobian）行列式的量。熟知的一一对应映射条件（例如，图 8.3 中存在这种条件，而图 8.4 中不存在这种条件）是，在映射区域的所有点处，雅可比行列式的符号应保持不变.

能够证明，利用基于线性形状函数的参数变换时，必要条件是

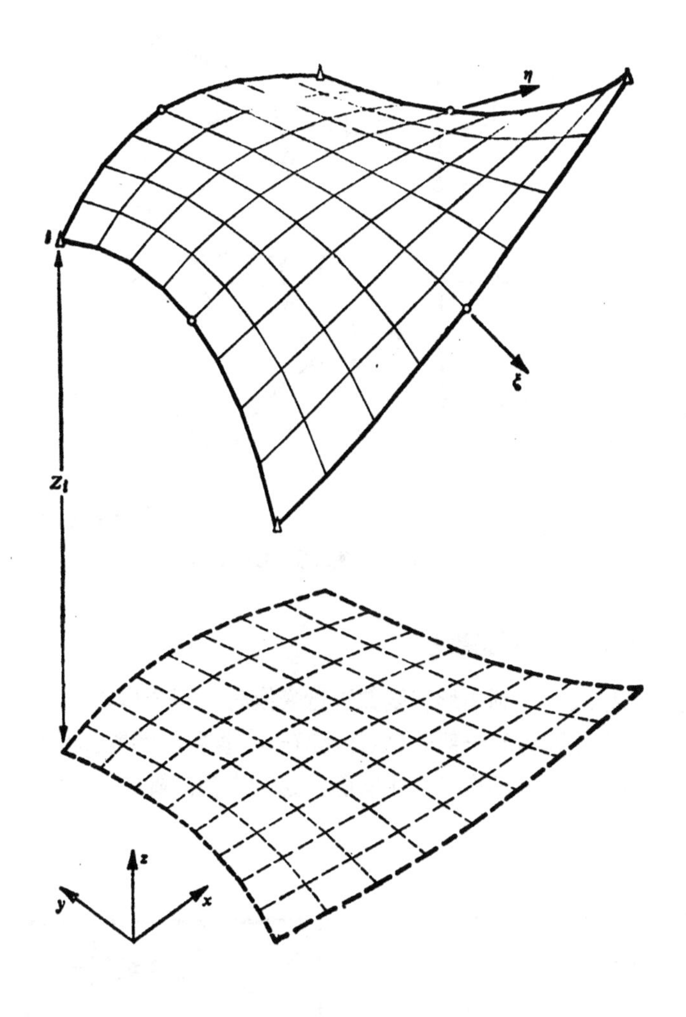

图 8.5 (续)

没有大于 180° 的内角(例如图 8.6(a) 中的 α)[6]. 在基于抛物型 "Serendipity" 函数的变换中,除了保证上述要求之外,边中节点必须处于相邻角点间距离的中间三分之一内[7]. 对于三次函数,这种一般规则不适用,而必须对雅可比行列式的符号进行数值检查. 在实践中,通常采用抛物型畸变就可以了.

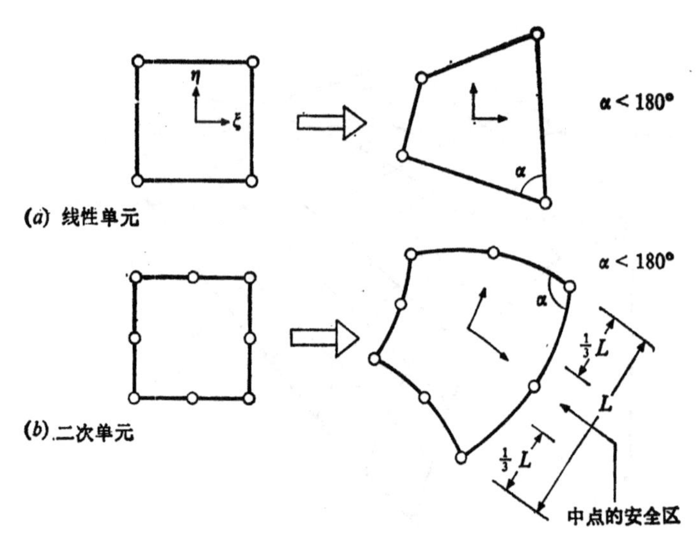

图 8.6 关于映射唯一性的规则

8.3 单元的几何协调性

已经表明，利用形状函数进行变换时，每个母单元都唯一地映射为实际物体的一部分；但是还有一个重要的问题，即物体的新的曲的单元剖分不应该产生间隙．这种产生间隙的可能性示于图8.7。

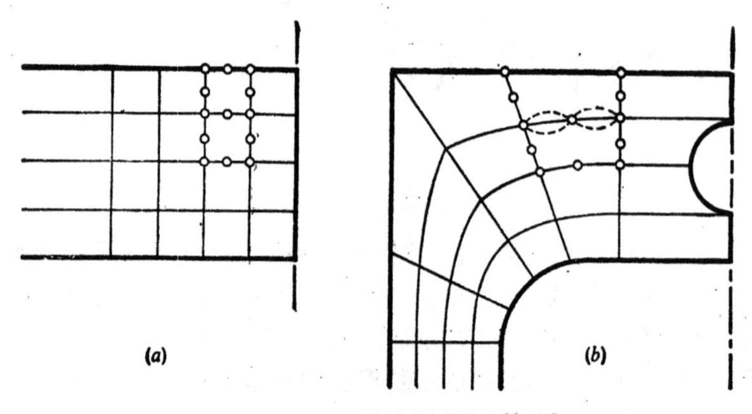

图 8.7 真实的空间剖分中的协调性要求

定理 1　如果两个相邻单元由形状函数满足连续性要求的“母”单元形成，则这两个畸变单元之间将没有间隙.

这个定理显然成立，因为在这种情况下，由连续性所要求的任一函数 ϕ 的唯一性条件，已被坐标 x，y 或 z 的唯一性条件所代替. 由于相邻单元在相邻处的节点坐标相同，这就意味着连续性.

新的畸变单元的节点，不一定只位于规定了形状函数的点处. 可以在界面或边界上另外附加对应的各组节点.

8.4 畸变曲线单元中未知函数的变化. 连续性要求

现在，单元的形状由形状函数 $\mathbf{N}'$ 所确定；而在我们能够确定元素性质之前，必须规定未知函数 ϕ 的变化. 对此，最方便的办法是利用局部曲线坐标，采用如下常见的表达式：

$$\phi = \mathbf{N}\mathbf{a}^e, \tag{8.3}$$

式中 $\mathbf{a}^e$ 列出了 ϕ 的节点值.

定理 2　如果式(8.3)中所用形状函数 $\mathbf{N}$ 在母单元坐标系中保证 ϕ 的连续性，则在畸变单元中也满足连续性要求.

这一定理的证明方式与前一节相同.

确定未知函数时所用的节点值，可以同规定单元几何形状时所用的节点有关，也可以无关. 例如，在图 8.8 中，以圆圈标示的点被用来确定单元的几何形状. 为了确定未知量的变化，我们可利用由方框所标示的点处的函数值.

在图 8.8(a) 中，用相同的点来确定几何形状并用于有限元分析. 如果

$$\mathbf{N} = \mathbf{N}', \tag{8.4}$$

即确定几何形状及未知函数的形状函数相同，则将这种单元称为等参数单元.

但是，我们可以只用四个角点来确定 ϕ 的变化（图 8.8(b)). 注意到几何形状的变化比实际未知量的变化更一般，我们将这种单元叫作超参数单元.

类似地，如果与确定几何形状相比，我们引入更多的节点来确

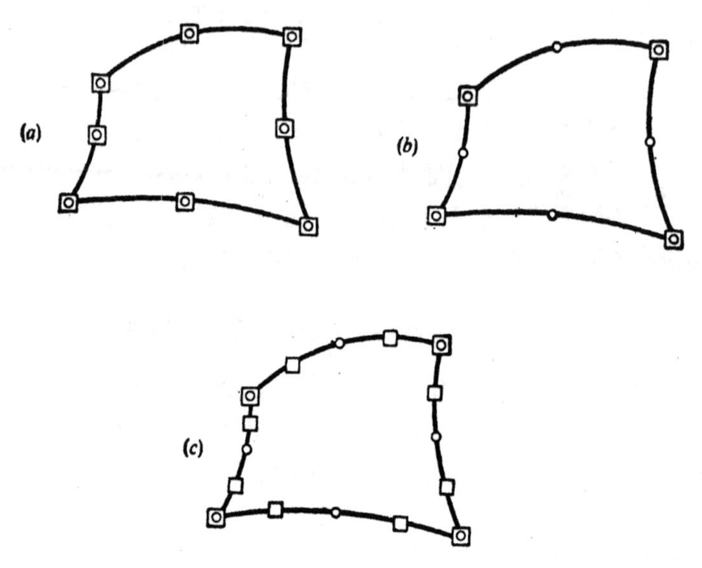

图 8.8 各类单元
○表示规定了坐标的点 □表示规定了函数参数的点
(a) 等参数 (b) 超参数 (c) 亚参数

定 ϕ,则将得到亚参数单元 (图 8.8(c)). 将会看到,在实际中这种单元用得比较多.

变 换

8.5 单元矩阵的计算(变换到 ξ, η, ζ 坐标系中)

为了进行有限元分析,必须求出确定单元性质的矩阵,象刚度矩阵等. 这些矩阵具有如下形式:

$$\int_V \mathbf{G} \mathrm{d}V, \tag{8.5}$$

式中的矩阵 **G** 取决于 **N** 或其对总体坐标的导数. 例如,刚度矩阵是

$$\int_V \mathbf{B}^{\mathrm{T}} \mathbf{D} \mathbf{B} \mathrm{d}V, \tag{8.6}$$

而相应载荷向量是

$$\int_V \mathbf{N}^{\mathrm{T}}\mathbf{b}\mathrm{d}V. \tag{8.7}$$

对于弹性问题，矩阵 $\mathbf{B}$ 按其分量以显式给出（参见式（4.10），(5.6)，(6.11)等一般形式）． 援引适用于平面问题的第一个式子(4.10)，我们有

$$\mathbf{B}_i=\left\{\begin{matrix}\dfrac{\partial N_i}{\partial x}, & 0\\ 0, & \dfrac{\partial N_i}{\partial y}\\ \dfrac{\partial N_i}{\partial y}, & \dfrac{\partial N_i}{\partial x}\end{matrix}\right\}. \tag{8.8}$$

因此，在弹性力学问题中，矩阵 $\mathbf{G}$ 是 $\mathbf{N}$ 的一阶导数的函数，而且在其它许多类问题中也会出现这一情况．在所有情况下都需要 C_0 连续性，而如同我们已经注意到的，这种连续性容易被第七章中根据曲线坐标写出的函数所满足．

为了计算这些矩阵，我们注意到需要两个变换． 首先，因为 N_i 是根据局部(曲线)坐标确定的，所以必须有办法用对局部坐标的导数来表示式(8.8)中出现的那类对总体坐标的导数．

其次，必须根据局部坐标来表示积分中的体积(或面积)单元，同时适当改变积分的上下限．

例如，考察一组局部坐标 ξ，η，ζ 及与其对应的一组总体坐标 x，y，z． 按照通常的求偏导数规则，我们可以将例如对 ξ 的导数写成

$$\frac{\partial N_i}{\partial \xi}=\frac{\partial N_i}{\partial x}\frac{\partial x}{\partial \xi}+\frac{\partial N_i}{\partial y}\frac{\partial y}{\partial \xi}+\frac{\partial N_i}{\partial z}\frac{\partial z}{\partial \xi}. \tag{8.9}$$

按照同样方式对其它两个坐标取偏导数，并写成矩阵形式，我们有

$$\begin{Bmatrix} \dfrac{\partial N_i}{\partial \xi} \\ \dfrac{\partial N_i}{\partial \eta} \\ \dfrac{\partial N_i}{\partial \zeta} \end{Bmatrix} = \begin{bmatrix} \dfrac{\partial x}{\partial \xi}, & \dfrac{\partial y}{\partial \xi}, & \dfrac{\partial z}{\partial \xi} \\ \dfrac{\partial x}{\partial \eta}, & \dfrac{\partial y}{\partial \eta}, & \dfrac{\partial z}{\partial \eta} \\ \dfrac{\partial x}{\partial \zeta}, & \dfrac{\partial y}{\partial \zeta}, & \dfrac{\partial z}{\partial \zeta} \end{bmatrix} \begin{Bmatrix} \dfrac{\partial N_i}{\partial x} \\ \dfrac{\partial N_i}{\partial y} \\ \dfrac{\partial N_i}{\partial z} \end{Bmatrix} = \mathbf{J} \begin{Bmatrix} \dfrac{\partial N_i}{\partial x} \\ \dfrac{\partial N_i}{\partial y} \\ \dfrac{\partial N_i}{\partial z} \end{Bmatrix}. \tag{8.10}$$

上式的左边可以算出，因为函数 N_i 是在局部坐标系中规定的．此外，由于 x，y，z 由定义曲线坐标的关系式(8.2)明显给出，所以可以根据局部坐标明显地求出矩阵 $\mathbf{J}$．这个矩阵叫作**雅可比矩阵**．

现在,为了得到对总体坐标的导数,我们对 $\mathbf{J}$ 求逆,并写出

$$\begin{Bmatrix} \dfrac{\partial N_i}{\partial x} \\ \dfrac{\partial N_i}{\partial y} \\ \dfrac{\partial N_i}{\partial z} \end{Bmatrix} = \mathbf{J}^{-1} \begin{Bmatrix} \dfrac{\partial N_i}{\partial \xi} \\ \dfrac{\partial N_i}{\partial \eta} \\ \dfrac{\partial N_i}{\partial \zeta} \end{Bmatrix}. \tag{8.11}$$

利用确定坐标变换的形状函数 $\mathbf{N}'$(如同所见，只是当采用等参数公式系统时,它才与形状函数 $\mathbf{N}$ 一样),我们有

$$\mathbf{J} = \begin{bmatrix} \Sigma \dfrac{\partial N_i'}{\partial \xi} x_i, & \Sigma \dfrac{\partial N_i'}{\partial \xi} y_i, & \Sigma \dfrac{\partial N_i'}{\partial \xi} z_i \\ \Sigma \dfrac{\partial N_i'}{\partial \eta} x_i, & \Sigma \dfrac{\partial N_i'}{\partial \eta} y_i, & \Sigma \dfrac{\partial N_i'}{\partial \eta} z_i \\ \Sigma \dfrac{\partial N_i'}{\partial \zeta} x_i, & \Sigma \dfrac{\partial N_i'}{\partial \zeta} y_i, & \Sigma \dfrac{\partial N_i'}{\partial \zeta} z_i \end{bmatrix}$$

$$= \begin{bmatrix} \dfrac{\partial N_1'}{\partial \xi} & \dfrac{\partial N_2'}{\partial \xi} & \cdots \\ \dfrac{\partial N_1'}{\partial \eta} & \dfrac{\partial N_2'}{\partial \eta} & \cdots \\ \dfrac{\partial N_1'}{\partial \zeta} & \dfrac{\partial N_2'}{\partial \zeta} & \cdots \end{bmatrix} \begin{bmatrix} x_1 & y_1 & z_1 \\ x_2 & y_2 & z_2 \\ \vdots & \vdots & \vdots \end{bmatrix}. \tag{8.12}$$

为了对变量及进行积分的区域作变换，将要用到一个涉及 $\mathbf{J}$ 的行列式的标准方法．例如对于体积单元，有

$$dxdydz = \det \mathbf{J} d\xi d\eta d\zeta. \tag{8.13}$$

不论所用坐标数目如何，这种变换都适用．关于其证明，请读者参考标准的数学教科书．在这一方面，默纳汉（Murnaghan）[8] 作了特别清楚的叙述1)．（也见附录 6．）

假设能够求出 $\mathbf{J}$ 的逆，现在单元性质的计算就被化为求式(8.5)形式的积分．

如果曲线坐标是基于直立棱柱的正规化坐标，我们可以将式(8.5)更明显地写成

$$\int_{-1}^{1}\int_{-1}^{1}\int_{-1}^{1} \bar{\mathbf{G}}(\xi, \eta, \zeta) d\xi d\eta d\zeta. \tag{8.14}$$

实际上积分正是在这种棱柱内进行，而不是在复杂的畸变形状中进行，所以积分限很简单．对于一维及二维问题，将类似地得到积分限简单的关于一个或两个坐标的积分．

虽然在上述情况下积分限是简单的，但遗憾的是 $\bar{\mathbf{G}}$ 无显式．除了最简单的单元，代数积分通常超出了我们的数学能力，必须依靠数值积分．由后几节将看出，这并不是严重的负担；相反，数值积分的优点是比较容易避免代数误差，并能与具体单元无关地对于各类问题写出一般程序．实际上，在这种数值计算中，$\mathbf{J}$ 的逆是不能以显式求出的．

面积分　在弹性力学及其应用中，经常出现面积分．这里给出计算面力贡献的典型表达式(参见第二章式(2.24 b))

$$\mathbf{f} = -\int_A \mathbf{N}^{\mathrm{T}} \bar{\mathbf{t}} dA,$$

元素 dA 通常将处于一个坐标(比如说 ξ)为常数的表面上．

处理上述积分的最方便的办法是，把 dA 看成是一个垂直于该表面的方向上的向量(见附录 6)．对于二维问题，我们形成一个向量乘积

1) 在文献中，雅可比矩阵的行列式简称为“雅可比”，常写成

$$\det \mathbf{J} = \frac{\partial(x, y, z)}{\partial(\xi, \eta, \zeta)}.$$

$$
\mathbf{dA}=\begin{Bmatrix}\dfrac{\partial x}{\partial \xi}\\[2ex]\dfrac{\partial y}{\partial \xi}\\[2ex]\dfrac{\partial z}{\partial \xi}\end{Bmatrix}\times\begin{Bmatrix}\dfrac{\partial x}{\partial \eta}\\[2ex]\dfrac{\partial y}{\partial \eta}\\[2ex]\dfrac{\partial z}{\partial \eta}\end{Bmatrix}\mathrm{d}\xi\mathrm{d}\eta,
$$

并通过代换在域 $1\leqslant\xi,\ \eta\leqslant 1$ 内积分.

对于二维问题,出现线长 $\mathbf{dS}$,在 η 为常数的表面上,其大小就是

$$
\mathrm{d}\mathbf{S}=\begin{Bmatrix}\dfrac{\partial x}{\partial \xi}\\[2ex]\dfrac{\partial y}{\partial \xi}\\[2ex]\dfrac{\partial z}{\partial \xi}\end{Bmatrix}\mathrm{d}\xi.
$$

8.6 单元矩阵．面积坐标及体积坐标

关于坐标映射的一般关系式(8.2),以及实际上随后的所有定理,对于任何一组局部坐标都适用．并且,式(8.2)可将上一章中对三角形及四面体所用的局部坐标 L_1,L_2,$\cdots$ 同总体笛卡儿坐标联系起来.

实际上,只要我们适当地改变这些坐标的名称,上一章的大部分讨论仍然有效．但是,有两个重要的差别.

首先,局部坐标不独立,实际上它比笛卡儿坐标多了一个．因此,显然矩阵 $\mathbf{J}$ 将不是一个方阵,它没有逆．其次就是积分限的差别,现在的积分限必须与三角形或四面体“母”单元对应.

为了克服第一个困难,我们把最后一个变量看成是不独立的．这个办法虽然不一定最好,但是最简单．于是,例如在四面体的情况下,我们可以在形式上引入(按照前一章的定义)

$$
\begin{aligned}
\xi&=L_1,\\
\eta&=L_2,\\
\zeta&=L_3,\\
1-\xi-\eta-\zeta&=L_4,
\end{aligned}
\tag{8.15}
$$

而这就保证了不改变式(8.9)以及直到式(8.14)的所有式子.

因为函数 N_i 实际上是由 L_1, L_2 等给出,所以必有

$$\frac{\partial N_i}{\partial \xi}=\frac{\partial N_i}{\partial L_1}\frac{\partial L_1}{\partial \xi}+\frac{\partial N_i}{\partial L_2}\frac{\partial L_2}{\partial \xi}+\frac{\partial N_i}{\partial L_3}\frac{\partial L_3}{\partial \xi}+\frac{\partial N_i}{\partial L_4}\frac{\partial L_4}{\partial \xi}. \tag{8.16}$$

利用式(8.15),上式即变成

$$\frac{\partial N_i}{\partial \xi}=\frac{\partial N_i}{\partial L_1}-\frac{\partial N_i}{\partial L_4},$$

其它导数可由类似表达式得到.

但是,式(8.14)的积分限现在变成与四面体的界限相应.作为一种典型情况,有

$$\int_0^1\int_0^{1-\eta}\int_0^{1-\eta-\zeta}\bar{\mathbf{G}}(\xi,\eta,\zeta)\mathrm{d}\xi\mathrm{d}\eta\mathrm{d}\zeta. \tag{8.17}$$

在三角形坐标的情况下,同样的办法显然也适用.

必须注意,对表达式 $\bar{\mathbf{G}}$ 积分同样需要采用数值积分法,但这是在简单的未畸变的母区域(无论是三角形或者是四面体)内进行的.

最后应当指出,前一章所给出的任一单元都能被映射.在象三棱柱这样一些单元中,采用面积坐标及矩形坐标这两种坐标(图 8.9).对于这种情况下的面积坐标,同样有坐标不独立的问题,但是不难仿照本节所述方法处理.

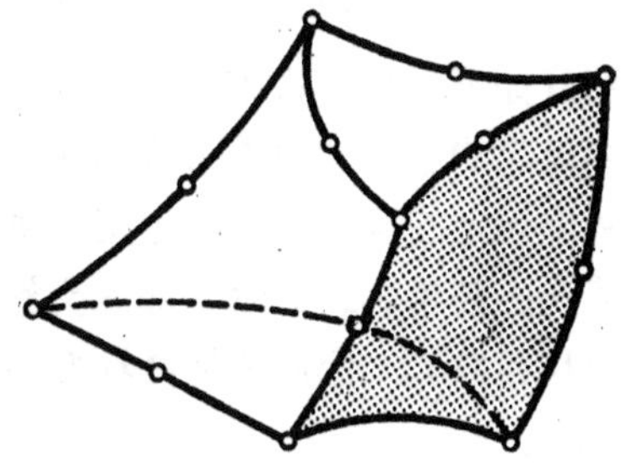

图 8.9 畸变了的三棱柱

8.7 曲线坐标中单元的收敛性

为了考察在曲线坐标中提出的问题的收敛性这个方面,方便的办法是回到近似性的出发点.当时,通过基本上与式(8.5)相似

的体积积分定义了一能量泛函Π或一等价的积分形式（弱问题表达形式），其中的被积表达式是ϕ及其一阶导数的函数.

于是，例如对于标量函数ϕ，变分原理中的泛函能表示成（参见式(3.61)）

$$\Pi=\int_{\Omega}F\left(\phi,\ \frac{\partial\phi}{\partial x},\ \frac{\partial\phi}{\partial y},\ x,\ y\right)\mathrm{d}\Omega+\int_{\Gamma}E(\phi,\cdots)\mathrm{d}\Gamma. \tag{8.18}$$

坐标变换通过雅可比关系式(8.11)改变任一函数的导数. 于是，有

$$\begin{Bmatrix}\dfrac{\partial\phi}{\partial x}\\ \dfrac{\partial\phi}{\partial y}\end{Bmatrix}=\mathbf{J}^{-1}(\xi,\ \eta)\begin{Bmatrix}\dfrac{\partial\phi}{\partial\xi}\\ \dfrac{\partial\phi}{\partial\eta}\end{Bmatrix}, \tag{8.19}$$

而只要用关于ξ，η等的关系式代替式(8.18)那种形式的关于x，y等的关系式，就能表示该泛函，并且这时导数的最高阶数不变.

由此立刻得出，如果在曲线坐标空间选择服从通常收敛性规则（连续性及完全一次多项式的存在）的形状函数，则收敛性是得到保证的. 此外，只要h与曲线坐标相关，关于单元尺寸为h时收敛性阶次的全部论证仍然有效.

实际上，以上所说的一切都适用于包含高阶导数的问题及大部分保证坐标变换唯一性的问题. 应当注意，在x，y，$\cdots$坐标系中设想的小块检验不再普遍适用；原则上说来，应当配合曲线坐标系中规定的多项式场来应用小块检验. 等参数（或亚参数）单元的情况比较有利. 这时，曲线坐标展开式总是再现线性（关于x，y的常导数）场，因此能够按标准公式对于这种单元应用最低阶小块检验.

为了证明这一点，考察一个能由以下展开式得到的线性场：

$$\phi=\Sigma N_i a_i\equiv\mathbf{N}\mathbf{a}^e=\alpha_1+\alpha_2x+\alpha_3y+\alpha_4z, \tag{8.20}$$

在这里，

$$\mathbf{N}=\mathbf{N}(\xi,\ \eta,\ \zeta).$$

因为这时在节点处我们一定有

$$a_i=\alpha_1+\alpha_2x_i+\alpha_3y_i+\alpha_4z_i, \tag{8.21}$$

所以头一个等式能改写成

$$\mathbf{Na}^e = \alpha_1 \Sigma N_i + \alpha_2 \Sigma N_i x_i + \alpha_3 \Sigma N_i y_i + \alpha_4 \Sigma N_i z_i. \quad (8.22)$$

如果

$$\begin{aligned} \Sigma N_i &= 1, \\ \Sigma N_i x_i &= x, \\ \Sigma N_i y_i &= y, \\ \Sigma N_i z_i &= z, \end{aligned} \quad (8.23)$$

式(8.22)总是被满足．式(8.2)中提出的坐标变换表明，

$$\begin{aligned} \Sigma N'_i x_i &= x, \\ \Sigma N'_i y_i &= y, \\ \Sigma N'_i z_i &= z, \end{aligned} \quad (8.24)$$

因此有以下定理 3．

定理 3 只要 $\Sigma N_i = 1$，所有的等参数单元都会满足常导数条件．

可以证明，实际上，对于亚参数变换，必须有同样的要求，并且上述定理也成立，只要我们能将 $\mathbf{N}'$ 表示成 $\mathbf{N}$ 的线性组合，即

$$N'_i = \Sigma C_{ij} N_j. \quad (8.25)$$

数 值 积 分

8.8 数值积分——一维

在用简单三角形环单元处理比较简单的轴对称应力分布问题的第五章中已经指出，单元矩阵表达式的精确积分是一件麻烦的事情．现在，对于更复杂的畸变单元，数值积分极为重要．

这里将概述数值积分的一些原理，并给出便于使用的数值积分系数表．

为了进行一元函数的数值积分，可按以下两个基本方法之一处理[9,10]．

牛顿-科特斯(Cotes)求积法[1)] 我们事先确定一些要求出其

1) “求积”也就是“数值积分”．

处函数值的点（通常使点距相等），然后通过这些点处的函数值作一多项式，并对这一多项式进行精确积分（图 8.10(a)）。

因为“n”个函数值确定一个 $(n-1)$ 次多项式，所以误差是 $O(\Delta^n)$，这里 Δ 是点距．这就导致熟知的牛顿-科特斯“求积”公式．对于从 -1 到 $+1$ 之间的积分范围，积分可以写成（图 8.10(a)）：

$$I=\int_{-1}^{1} f(\xi)\mathrm{d}\xi=\sum_{1}^{n} H_i f(\xi_i). \tag{8.26}$$

例如，如果 $n=2$，就有熟知的梯形规则：

$$I=f(-1)+f(1). \tag{8.27}$$

对于 $n=3$，就有熟知的辛普森（Simpson）“三分之一”规则：

$$I=\frac{1}{3}[f(-1)+4f(0)+f(1)]. \tag{8.28}$$

对于 $n=4$，则有：

$$I=\frac{1}{4}\left[f(-1)+3f\left(-\frac{1}{3}\right)+3f\left(\frac{1}{3}\right)+f(1)\right]. \tag{8.29}$$

科帕尔（Kopal）[10] 给出了 n 直到 21 的公式．

高斯（Gauss）求积法　如果不是事先规定样点的位置，而是允许这些点位于能得到精度最好的积分之处，在给定了样点数目的情况下，这样作可提高精度．实际上，如果我们仍然采用

$$I=\int_{-1}^{1} f(\xi)\mathrm{d}\xi=\sum_{1}^{n} H_i f(\xi_i), \tag{8.30}$$

并仍然假设多项式表达式，则容易看出：对于 n 个样点，我们有 $2n$ 个未知量（f_i 及 ξ_i），因此能构成一个 $(2n-1)$ 次多项式并对其进行精确积分（图 8.10(b)）．这时，误差为 $O(\Delta^{2n})$．

有关的联立方程很难求解，但是通过一些数学处理[9]可知，能够利用勒让德（Legendre）多项式得到显式的解答．因此，这样的方法常常叫作高斯-勒让德求积法．

表 8.1 示出了高斯求积法的样点位置及权系数．

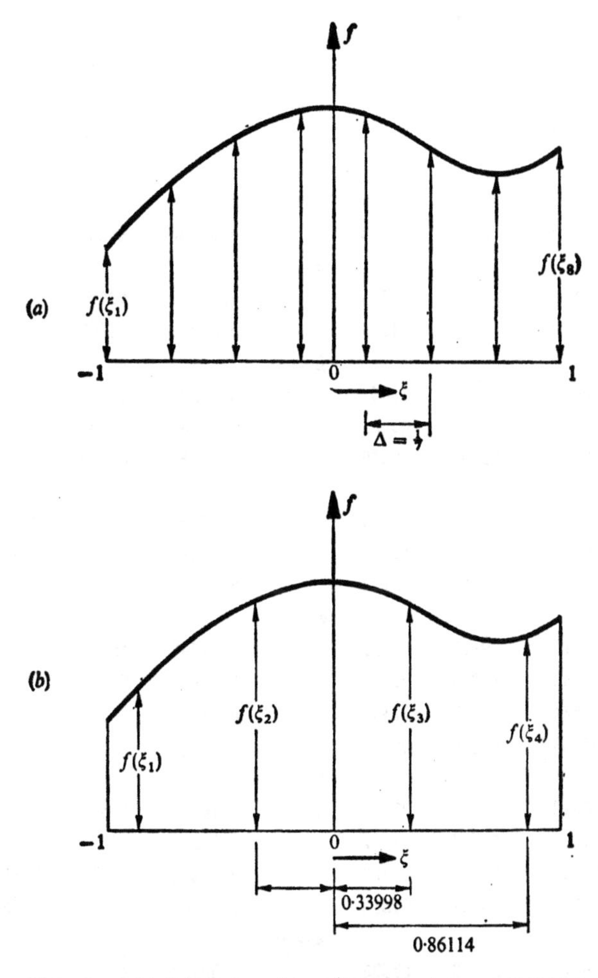

图 8.10 牛顿-科特斯求积 (a) 及高斯求积 (b). 二者均能精确积分七次多项式(即误差为 $O(\Delta^8)$)

对于有限元分析这种情况,在确定被积函数 f 的值时,涉及到复杂的计算. 因此,计算次数最少的高斯求积法最适用. 从现在起,我们只采用这种求积方法.

对于规定了 $w(\xi)$ 的形式的情况,可以导出如下形式的另外一种求积表达式:

表 8.1　高斯求积公式的横坐标及权系数

$$\int_{-1}^{1} f(x)\mathrm{d}x = \sum_{j=1}^{n} H_j f(a_j)$$

$\pm a$			H		
			$n=1$		
0			2.00000	00000	00000
			$n=2$		
0.57735	02691	89626	1.00000	00000	00000
			$n=3$		
0.77459	66692	41483	0.55555	55555	55556
0.00000	00000	00000	0.88888	88888	88889
			$n=4$		
0.86113	63115	94053	0.34785	48451	37454
0.33998	10435	84856	0.65214	51548	62546
			$n=5$		
0.90617	98459	38664	0.23692	68850	56189
0.53846	93101	05683	0.47862	86704	99366
0.00000	00000	00000	0.56888	88888	88889
			$n=6$		
0.93246	95142	03152	0.17132	44923	79170
0.66120	93864	66265	0.36076	15730	48139
0.23861	91860	83197	0.46791	39345	72691
			$n=7$		
0.94910	79123	42759	0.12948	49661	68870
0.74153	11855	99394	0.27970	53914	89277
0.40584	51513	77397	0.38183	00505	05119
0.00000	00000	00000	0.41795	91836	73469
			$n=8$		
0.96028	98564	97536	0.10122	85362	90376
0.79666	64774	13627	0.22238	10344	53374
0.52553	24099	16329	0.31370	66458	77887
0.18343	46424	95650	0.36268	37833	78362
			$n=9$		
0.96816	02395	07626	0.08127	43883	61574
0.83603	11073	26636	0.18064	81606	94857
0.61337	14327	00590	0.26061	06964	02935
0.32425	34234	03809	0.31234	70770	40003
0.00000	00000	00000	0.33023	93550	01260
			$n=10$		
0.97390	65285	17172	0.06667	13443	08688
0.86506	33666	88985	0.14945	13491	50581
0.67940	95682	99024	0.21908	63625	15982
0.43339	53941	29247	0.26926	67193	09996
0.14887	43389	81631	0.29552	42247	14753

$$I=\int_{-1}^{1} w(\xi)f(\xi)\mathrm{d}\xi=\sum_{1}^{n} H_i f(\xi_i), \tag{8.31}$$

它也是对 $f(\xi)$ 的多项展开式进行一定精度的积分[9].

8.9 数值积分——矩形区域及直立棱柱区域

为了得到积分

$$I=\int_{-1}^{1}\int_{-1}^{1} f(\xi,\eta)\mathrm{d}\xi\mathrm{d}\eta, \tag{8.32}$$

最明显的办法是先保持 η 不变,计算内积分,即按如下公式计算:

$$\int_{-1}^{1} f(\xi,\eta)\mathrm{d}\xi=\sum_{j=1}^{n} H_j f(\xi_j,\eta)=\phi(\eta). \tag{8.33}$$

再按类似方式计算外积分,就有

$$\begin{aligned} I=\int_{-1}^{1}\phi(\eta)\mathrm{d}\eta &=\sum_{i=1}^{n} H_i\phi(\eta_i)\\ &=\sum_{i=1}^{n} H_i\sum_{j=1}^{n} H_j f(\xi_j,\eta_i)\\ &=\sum_{i=1}^{n}\sum_{j=1}^{n} H_i H_j f(\xi_j,\eta_i). \end{aligned} \tag{8.34}$$

对于直立棱柱,类似地有

$$\begin{aligned} I&=\int_{-1}^{1}\int_{-1}^{1}\int_{-1}^{1} f(\xi,\eta,\zeta)\mathrm{d}\xi\mathrm{d}\eta\mathrm{d}\zeta\\ &=\sum_{m=1}^{n}\sum_{j=1}^{n}\sum_{i=1}^{n} H_i H_j H_m f(\xi_i,\eta_j,\zeta_m). \end{aligned} \tag{8.35}$$

在前面,假设各个方向积分点的数目相同. 显然,不是非要这样不可;有时,在各个积分方向采用不同的积分点可能更有利.

值得指出,实际上很容易把矩形区域上的双重求和解释成对 $n\times n$ 个点(对于立方体则是 n^3 个点)的单重求和. 在图 8.11 中,示出九个样点,它们在两个方向上都产生五次多项式的精确积分.

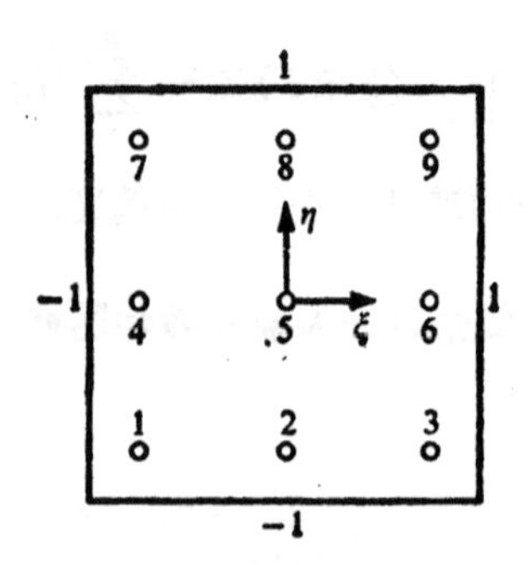

图 8.11 正方域中 $n=3$ 时的积分点(对于每个方向的五次多项式是精确的)

但是,我们可以直接处理这个问题,并且也在两个方向上要求五次多项式的精确积分．在如下加权公式中:

$$I=\int_{-1}^{1}\int_{-1}^{1} f(\xi,\eta)\mathrm{d}\xi\mathrm{d}\eta=\sum_{1}^{m} w_i f(\xi_i,\eta_i), \tag{8.36}$$

必须确定任一样点处的两个坐标及 f 的值．显然，这时只要有七个点就足以得到同样阶次的精度．三维砖体的这类公式已由艾恩斯[11]导出,并得到了成功的应用[12].

8.10 数值积分——三角形区域及四面体区域

对于一个三角形,采用面积坐标时,积分为如下形式:

$$I=\int_{0}^{1}\int_{0}^{1-L_1} f(L_1,L_2,L_3)\mathrm{d}L_2\mathrm{d}L_1. \tag{8.37}$$

对此,我们同样能用 n 个高斯点求积,并得到上节所用那类求和表达式．但是现在积分限包含变量本身．比较方便的办法是:应用式(8.31)给出的那类高斯求积表达式(式中的 w 现在是线性函数),对第二个积分采用不同的样点．这种办法是兰道(Radau)[13]给出的,并已被成功地用于有限元分析[14]．然而,更希望(而且形式上令人满意)的是采用对于自然坐标 L_i 中的任何一个均无偏向的特殊公式．哈默尔(Hammer)等人[15,16]首先导出了这种公式,表 8.2[17] 中给出了一系列必要的样点及权系数．(在文献 [6]184 页上更全面地列出了由考珀(Cowper)所导出的高阶公式.)

表 8.2 三角形的数值积分公式

阶次	图	误差	积分点	三角形坐标	权
线性	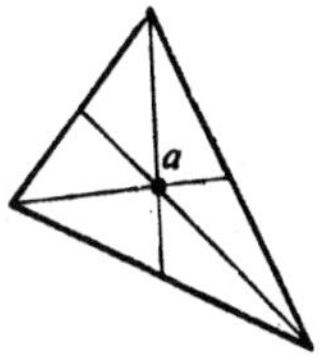	$R=O(h^2)$	a	$\frac{1}{3},\ \frac{1}{3},\ \frac{1}{3}$	1
二次	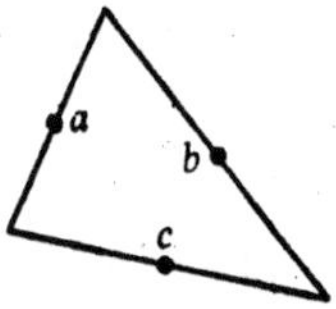	$R=O(h^3)$	a	$\frac{1}{2},\ \frac{1}{2},\ 0$	$\frac{1}{3}$
			b	$0,\ \frac{1}{2},\ \frac{1}{2}$	$\frac{1}{3}$
			c	$\frac{1}{2},\ 0,\ \frac{1}{2}$	$\frac{1}{3}$
三次	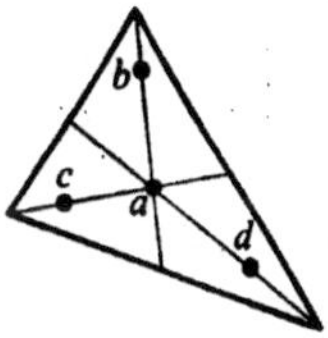	$R=O(h^4)$	a	$\frac{1}{3},\ \frac{1}{3},\ \frac{1}{3}$	$-\frac{27}{48}$
			b	0.6, 0.2, 0.2	$\frac{25}{48}$ (b, c, d)
			c	0.2, 0.6, 0.2	
			d	0.2, 0.2, 0.6	
四次	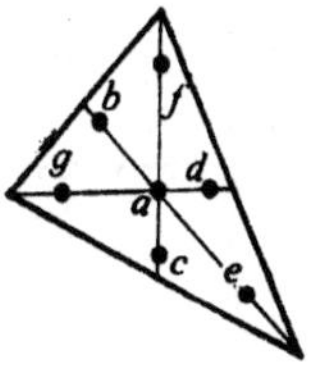	$R=O(h^6)$	a	$\frac{1}{3},\ \frac{1}{3},\ \frac{1}{3}$	0.22500,00000
			b	$\alpha_1,\ \beta_1,\ \beta_1$	0.13239,41527 (b, c, d)
			c	$\beta_1,\ \alpha_1,\ \beta_1$	
			d	$\beta_1,\ \beta_1,\ \alpha_1$	
			e	$\alpha_2,\ \beta_2,\ \beta_2$	0.12593,91805 (e, f, g)
			f	$\beta_2,\ \alpha_2,\ \beta_2$	
			g	$\beta_2,\ \beta_2,\ \alpha_2$	
			其中 $\alpha_1=0.0597158717$ $\beta_1=0.4701420641$ $\alpha_2=0.7974269853$ $\beta_2=0.1012865073$		

显然可以对于四面体进行类似的推广. 表 8.3 根据文献 [15] 给出了一些这样的公式.

表 8.3*　四面体的数值积分公式

序号	阶次	图	误　差	积分点	四面体坐标	权
1	线性		$R=O(h^2)$	a	$\frac{1}{4},\ \frac{1}{4},\ \frac{1}{4},\ \frac{1}{4}$	1
2	二次		$R=O(h^3)$	a	$\alpha,\ \beta,\ \beta,\ \beta$	$\frac{1}{4}$
				b	$\beta,\ \alpha,\ \beta,\ \beta$	$\frac{1}{4}$
				c	$\beta,\ \beta,\ \alpha,\ \beta$	$\frac{1}{4}$
				d	$\beta,\ \beta,\ \beta,\ \alpha$	$\frac{1}{4}$
					$\alpha=0.58541020$ $\beta=0.13819660$	
3	三次		$R=O(h^4)$	a	$\frac{1}{4},\ \frac{1}{4},\ \frac{1}{4},\ \frac{1}{4}$	$-\frac{4}{5}$
				b	$\frac{1}{2},\ \frac{1}{6},\ \frac{1}{6},\ \frac{1}{6}$	$\frac{9}{20}$
				c	$\frac{1}{6},\ \frac{1}{2},\ \frac{1}{6},\ \frac{1}{6}$	$\frac{9}{20}$
				d	$\frac{1}{6},\ \frac{1}{6},\ \frac{1}{2},\ \frac{1}{6}$	$\frac{9}{20}$
				e	$\frac{1}{6},\ \frac{1}{6},\ \frac{1}{6},\ \frac{1}{2}$	$\frac{9}{20}$

8.11　必需的数值积分的阶次

用数值积分代替精确积分时，在计算中引入了附加的误差，我们的第一个印象就是应当尽量降低这一误差。显然，数值积分的代价可能很高，而且实际上在某些早期程序中，单元特性的数值计

* 原表第三栏中 $b,\ c,\ d,\ e$ 四点的坐标误为 $\left(\frac{1}{3},\ \frac{1}{6},\ \frac{1}{6},\ \frac{1}{6}\right)$, $\left(\frac{1}{6},\frac{1}{3},\ \frac{1}{6},\ \frac{1}{6}\right)$, $\left(\frac{1}{6},\ \frac{1}{6},\ \frac{1}{3},\ \frac{1}{6}\right)$, $\left(\frac{1}{6},\ \frac{1}{6},\ \frac{1}{6},\ \frac{1}{3}\right)$. 请见：卓家寿，“关于有限单元法中数值积分公式的两点注记”，数值计算与计算机应用，Vol. 2, No. 4, 1981.——译者注

算所用的时间，比得上随后求解方程所用的时间。因此，确定下面这两点是有意义的：(a) 保证收敛性的最小的积分要求，(b) 为保持收敛率(这一收敛率是采用精确积分时将会出现的)所必需的积分要求。

后面(第十一章)将会看到，事实上，所用积分阶次高于按 (b) 所实际需要的阶次常常会是不利的。这是因为，有充分的理由说明，在离散化引起的误差和不精确积分引起的误差之间，会出现“误差相消”。

8.11.1 *保证收敛性的最小积分阶次* 在能量泛函(或等价的伽辽金积分表达形式)确定近似性的问题中，我们已经说过，只要能够再现第 m 阶导数的任一常数值，就将保证收敛性。在目前情况下，$m=1$，因此我们要求，在式(8.5)形式的积分中，$\bar{\mathbf{G}}$ 的常数值被正确地积分。这样一来，为了保证收敛性，单元体积 $\int_V dV$ 必须正确地计算出来。因此我们可以认为，在曲线坐标系中，$\int_V \det|J|\,d\xi d\eta d\zeta$ 必须精确地计算出来[3,6]。

实际上我们可以证明，甚至这个条件也太过分，只要正确地求出 $\int_V d\xi d\eta d\zeta$，就将保证收敛性。因此，任一具有 $O(h)$ 阶误差的积分就足够了。我们将看到，这种低积分阶次常常是不实用的，虽然我们实际上已在第四章中对于轴对称问题用过它。

8.11.2 *保证不损失收敛性的积分阶次* 在一般问题中，我们已经看到，能量的有限单元近似计算(以及实际上所有其它的伽辽金型近似积分)精确到 $2(p-m)$ 阶，这里 p 是所用的完全多项式的次数，m 是相应表达式中出现的导数的阶次。

只要该积分精确到 $2(p-m)$ 阶，或者是证明误差为 $O(h^{2(p-m)+1})$ 或更低，则将不会损失收敛性。如果我们在曲线坐标中取单元的曲线尺寸 h，则可应用同样的规则。对于 C_0 问题 (即 $m=1$)，积分公式应当如下：

$$p=1,\ \text{线性单元}\ O(h),$$

$$p = 2，\text{二次单元}\ O(h^3)，$$
$$p = 3，\text{三次单元}\ O(h^5).$$

如后所见，我们将把这些结果用于实际问题；但是应当注意，对于线性四边形或者三角形，单点积分即已足够．对于抛物型四边形（或砖体），2×2（或 $2 \times 2 \times 2$）的高斯点积分已足够；而对于抛物型三角形（或四面体），必须用表 8.2 及 8.3 的三点（及四点）公式．

本节的基本定理是在最近发表的工作[18,19,20,21]中引入并得到数值证明的．

8.11.3　由数值积分引起的矩阵奇异性　线性问题的有限元近似的最终结果是方程组

$$\mathbf{Ka} + \mathbf{f} = 0, \tag{8.38}$$

上式中已引入了边界条件．求解参数 $\mathbf{a}$，上式应当给出该物理问题的一个近似解．如果解答是唯一的，如同适定物理问题的那种情况那样，则矩阵 $\mathbf{K}$ 应当是非奇异的．我们事先假设这是具有精确积分的情况，而一般地说，我们不会感到失望．在采用数值积分时，对于低的积分阶次可能出现奇异性，而这可能使得这种积分阶次不实用．在某些情况下，容易证明怎样就一定出现 $\mathbf{K}$ 的奇异性；但是，证明怎样就一定不出现奇异性是比较困难的．因此，我们将集中讨论前一个问题．

采用数值积分时，我们用节点参数 $\mathbf{a}$ 之间独立线性关系的加权和来代替积分．这些线性关系提供了构成矩阵 $\mathbf{K}$ 的唯一信息．如果未知量 $\mathbf{a}$ 的数目超过了所有积分点处提供的独立关系的数目，则矩阵 $\mathbf{K}$ 必定奇异．

为了说明这一点，我们用线性及抛物型四边形单元来考察二维弹性力学问题，这两种单元分别采用一点或四点求积公式．

在这里，每个积分点处采用三个独立"应变关系"，独立关系的总数等于 $3 \times$（积分点数）．未知量 $\mathbf{a}$ 的数目就是 $2 \times$（节点数目）再减去被约束的自由度．

在图 8.12(a) 及 (b) 中，我们分别示出了单个的单元及两个单

× 积分点(3个独立关系)

o 具有两个自由度的节点

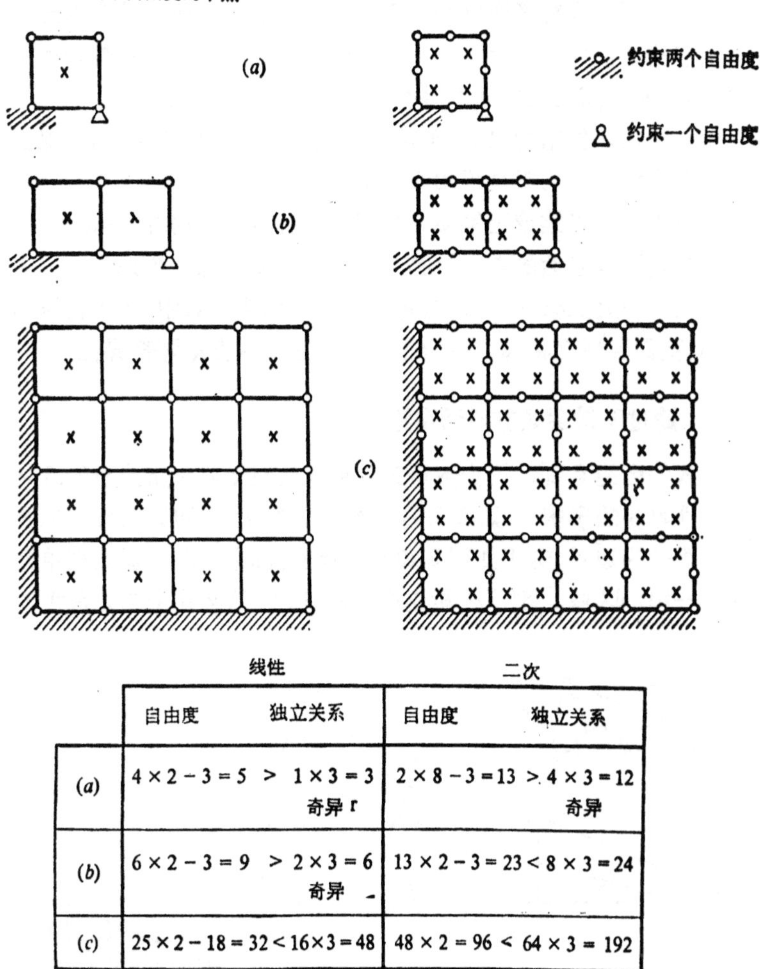

	线性		二次	
	自由度	独立关系	自由度	独立关系
(a)	4 × 2 − 3 = 5 >	1 × 3 = 3 奇异	2 × 8 − 3 = 13 >	4 × 3 = 12 奇异
(b)	6 × 2 − 3 = 9 >	2 × 3 = 6 奇异	13 × 2 − 3 = 23 <	8 × 3 = 24
(c)	25 × 2 − 18 = 32 <	16×3 = 48	48 × 2 = 96 <	64 × 3 = 192

图 8.12　对于二维弹性力学问题中矩阵奇异性的检查

元的集合体，它们均由最少数目的消去刚体运动的规定位移所支持. 简单计算表明，只是在二次单元的集合体中有可能消除奇异性，在所有其它情况下都是奇异的.

在图 8.12(c) 中，考察了充分支持的两种单元块，在这里，对于两种单元都可以(并将会)出现非奇异矩阵.

读者可以仔细考察将图 8.12(c) 中的支持仍改成最少的三个自由度约束后的集合体. 采用一个积分点的线性单元的集合体一定是奇异的，而二次单元的集合体实际上会是良态的.

由于刚才指出的原因，不常采用线性的单点积分单元，而现在对于抛物型单元几乎全采用四点求积法.

对于其它二维或三维单元的集合体，能够进行相同的论证，我们把探查这种必然的奇异性的工作留给读者作为一个练习.

最后，指出这样一点是有意义的：在第十一章中，为了特殊的目的，我们实际上将通过完全相同的办法来探查矩阵奇异性.

8.12 通过映射生成有限元网格

我们已经看到，用少数等参数单元较粗地剖分所分析的区域是一件容易的事情. 如果采用二次或三次单元，可以很好地拟合十分复杂的边界，这正如图 8.13 (a) 所示，图中用四个抛物型单元规定一扇形区域. 对于分析这个目的来说，这么几个单元是太少

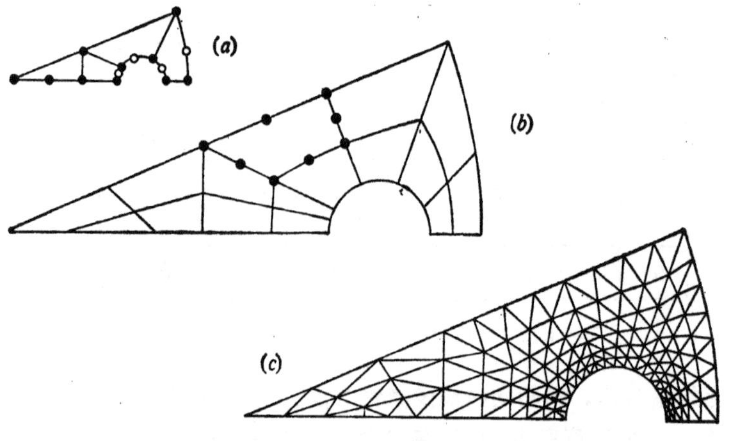

图 8.13 采用抛物型等参数单元的自动网格生成. (a) 指定的网点. (b) 自动剖分成少数的等参数单元. (c) 自动剖分成线性三角形

了，但通过某种办法（比如说把曲线坐标的中点指定为新的节点，这样导致大量的类似的单元），可以自动地实现网格细化，这正如图 8.13(b)所示．实际上，能够进一步实现自动剖分以生成三角形单元场．因此，这种办法允许用少量的原始输入数据导出所需要的任意精细的有限单元网格．在文献[22]中，对于二维、三维固体及表面建立了这种类型的网格生成法，这种办法大概是最有效的剖分方法之一．

上面所提出的映射及网格生成法的主要缺点在于，图 8.13(a)中的圆边界一开始就是用简单的抛物线来近似的，而由此会产生几何误差． 为了克服这个困难，可以采用另外一种映射形式[23, 24]，这种映射形式最初是为了描述复杂的汽车车体形状而建立的．在这种映射中，未知量 ϕ 的混合插值函数（blending interpolation function）沿 ξ，η 坐标系中正方形的边界严格地满足 ϕ 的变化．如果坐标 x，y 采用式(8.2)给出的那类参数表达式，则可由一个单元映射成任一复杂的形状．在文献[23]中，图 8.13 所示区域实际上就是这样映射的，并直接得到了在边界上没有任何几何误差的网格剖分．

这种混合方法（blending process）相当重要，已被用来构成某些有意义的单元族[25]（实际上，这样的单元包含作为其一个亚族的 Serendipity 单元）．为了解释这种方法，我们来看一看怎样插出沿边界按规定变化的函数．

考察图 8.14 所示区域 $-1\leqslant\xi,\ \eta\leqslant 1$，函数 ϕ 在区域边界上是规定的（即给出了 $\phi(-1,\eta)$，$\phi(1,\eta)$，$\phi(\xi,-1)$，$\phi(\xi,1)$）．所提出的问题是，插一个函数 $\phi(\xi,\eta)$，以得到精确再现边界值的光滑表面．对于我们常见的一维线性插值函数，写出

$$\begin{aligned} N^1(\xi)&=(1+\xi)/2,\ N^2(\xi)=(1-\xi)/2,\\ N^1(\eta)&=(1+\eta)/2,\ N^2(\eta)=(1-\eta)/2, \end{aligned} \tag{8.39}$$

我们注意到，在 η 方向，

$$P_\eta\phi\equiv N^2(\eta)\phi(\xi,1)+N^1(\eta)\phi(\xi,-1) \tag{8.40}$$

在规定函数间线性插值，这如图 8.14(b) 所示．类似地，

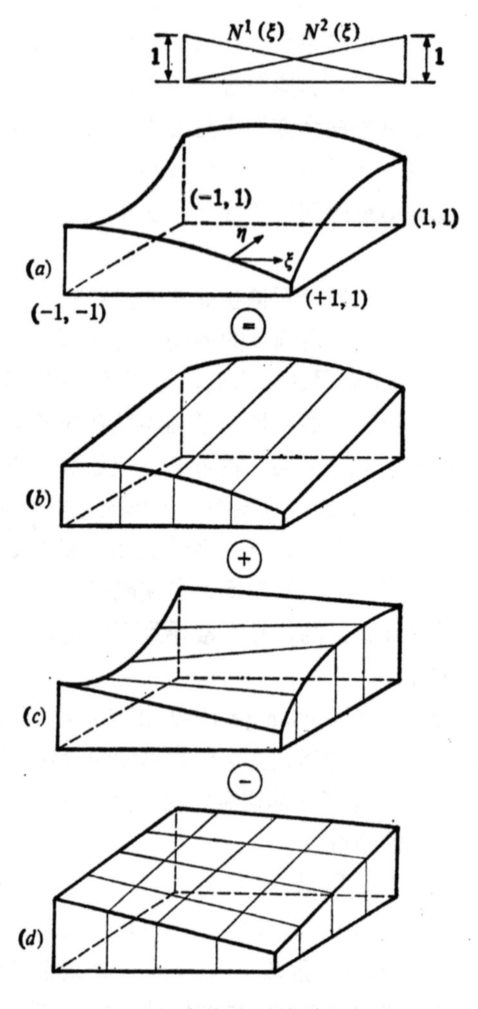

图 8.14 构成混合插值的各步

$$P_\xi \phi \equiv N^2(\xi)\phi(\eta, 1) + N^1(\xi)\phi(\eta, -1) \qquad (8.41)$$

在 ξ 方向线性插值(图 8.14(c)). 下面构成第三个函数，它是我们已经遇到过的那类标准的线性拉格朗日插值(图 8.14(d))，即有

$$P_\xi P_\eta \phi = N^2(\xi)N^2(\eta)\phi(1, 1) + N^2(\xi)N^1(\eta)\phi(1, -1)$$

$$+ N^1(\xi)N^2(\eta)\phi(-1, 1) + N^1(\xi)N^1(\eta)\phi(-1, -1). \quad (8.42)$$

我们通过观察注意到，

$$\phi = P_\eta\phi + P_\xi\phi + P_\xi P_\eta\phi \quad (8.43)$$

是一个精确地插出边界函数的光滑表面.

推广到具有高次混合的函数（functions with higher order blending）几乎是明显的事情，从而，映射四边形区域 $-1 \leqslant \xi, \eta \leqslant 1$ 为任意形状的方法也是明显的.

8.13 结语

在这一章中，我们表明了怎样来建立许多曲线单元的公式. 由于数值积分法的必要性，我们叙述了这方面的一些内容. 关于进一步的细节，请读者参考关于数值分析的各种教科书.

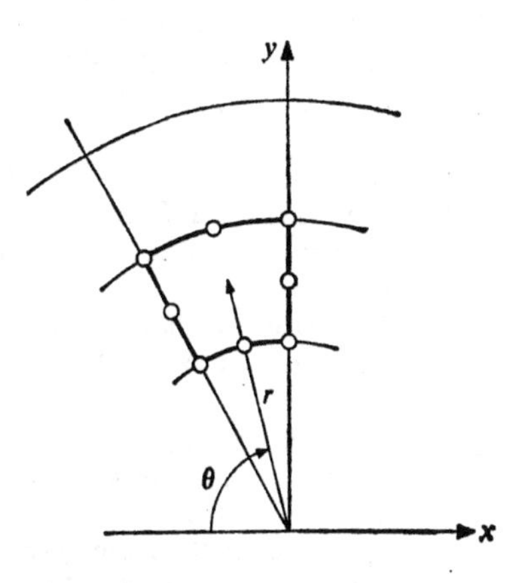

图 8.15 采用极坐标的扇形单元

本章的概念在有限元生成过程中是十分重要的，读者现在应已注意到，等参数坐标这种目前应用最广的有限元形式，只不过是许多可能的坐标之一. 作为一个练习，我们建议读者用显式建立扇形形式的平面应力单元的公式，这种单元中的插值函数用径向坐标及角坐标写出，并且这些坐标间的几何关系构成式 (8.1). 有时为了特殊目的，当这种单元适合问题的几何要求（图 8.15）时，要应用这种单元.

参 考 文 献

[1] I. C. Taig, *Structural analysis by the matrix displacement method*, Engl. Electric Aviation Report No. S017, 1961.

[2] B. M. Irons. 'Numerical integration applied to finite element methods', *Conf. Use of Digital Computers in Struct. Eng.* Univ. of Newcastle, 1966.
[3] B. M. Irons, 'Engineering application of numerical integration in stiffness method', *J. A. I. A. A.*, **14**, 2035—7, 1966.
[4] S. A. Coons, *Surfaces for computer aided design of space form*, M. I. T. Project MAC, MAC-TR-41, 1967.
[5] A. R. Forrest, *Curves and surfaces for computer aided design*, Computer Aided Design Group, Cambridge, England, 1968.
[6] G. Strang and G. J. Fix, *An Analysis of the Finite Element Method* pp. 156—63, Prentice-Hall, 1973.
[7] W. B. Jordan, *The plane isoparametric structural element*, General Elec. Co. Repat KAPL-M-7112, Schenectady, New York, 1970.
[8] F. D. Murnaghan, *Finite Deformation of an Elastic Solid*, Wiley, 1951.
[9] F. Schied, *Numerical Analysis*, Schaum Series, McGraw-Hill, 1968.
[10] Z. Kopal, *Numerical Analysis*, 2nd ed., Chapman and Hall, 1961.
[11] B. M. Irons, 'Quadrature rules for brick based finite elements', *Int. J. Num. Meth. Eng.*, **3**, 1971.
[12] T. K. Hellen, 'Effective quadrature rules for quadratic solid isoparametric finite elements', *Int. J. Num. Meth. Eng.*, **4**, 597—600, 1972.
[13] Radau, *Journ. de Math.*, **3**, 283, 1880.
[14] R. G. Anderson, B. M. Irons, and O. C. Zienkiewicz, 'Vibration and stability of plates using finite elements', *Int. J. Solids Struct.*, **4**, 1031—55, 1968.
[15] P. C. Hammer, O. P. Marlowe, and A. H. Stroud, 'Numerical integration over simplexes and cones', *Math. Tables Aids Comp.*, **10**, 130—7, 1956.
[16] C. A. Felippa *Refined finite element analysis of linear and non-linear twodimensional structures*, Structures Materials Research Report No. 66—22, Oct. 1966, Univ. of California, Berkeley.
[17] G. R. Cowper, 'Gaussian quadrature formulas for triangles', *Int. J. Num. Meth. Eng.*, **7**, 405—8, 1973.
[18] G. J. Fix, 'On the effect of quadrature errors in the finite element method', *Advances in Computational Methods in Structural Mechanics and Design*, pp. 55—68 (eds. J. T. Oden, R. W. Clough, and Y. Yamamoto), Univ. of Alabama Press, 1972. (See also pp. 525—56, *The Mathematical Foundations of the Finite Element Method with Applications to Differential Equations* (ed. A. K. Aziz), Academic Press, 1972.)
[19] I. Fried, 'Accuracy and condition of curved (isoparametric) finite elements', *J. Sound Vibration*, **31**, 345—55, 1973.
[20] I. Fried, 'Numerical integration in the finite element method', *Comp Struc.*, **4**, 921—32, 1974.
[21] M. Zlamal, 'Curved elements in the finite element method', *SIAM J. Num Anal.*, **11**, 347—62, 1974.

[22] O. C. Zienkiewicz and D. V. Phillips, 'Anautomatic mesh generation scheme for plane and curved element domains', *Int. J. Num. Meth. Eng.*, **3**, 519—28, 1971.

[23] W. J. Gordon, 'Blending-function methods of bivariate and multivariate interpolation and approximation', *SIAM J. Num. Anal.*, **8**, 158—77, 1971.

[24] W. J. Gordon and C. A. Hall, 'Construction of curvilinear co-ordinate systems and application to mesh generation', *Int. J. Num. Meth. Eng.*, **7**, 461—77, 1973.

[25] W. J. Gordon and C. A. Hall, 'Transfinite element methods blending-function interpolation over arbitrary curved element domains', *Numer. Math.*, **21**, 109—29, 1973.

第 九 章

等参数单元在二维及三维应力分析中的一些应用

9.1 引言

对于前面两章中引进的高阶单元，需要作一些说明. 由于增加了复杂性，单元的性质计算需要较多的计算机时间. 因此，必须考虑经济问题.

图 9.1 示出了悬臂梁这一简例，对它应用了各种单元. 由两种载荷下的结果可以看出，在自由度数目相同的情况下，采用复杂单元时，精度有引人注目的改善. 对于一个所要求的数值精度，由于复杂单元使带宽增加，求解的时间不一定与单元的复杂程度成比例地减少，但是一般说来，它有相当大的减少.

另外，采用复杂单元时，数据准备工作量大大减少. 在所示例子中，三个第二、四两行那种复杂单元分别代替六个及十八个简单三角形，这样就只须规定较少数的单元. 另外，还可以非常简单地在程序中编入一个子程序，用它插出边中节点的位置，如果这些边是直线的话. 这样一来，需要规定的坐标的数目很少.

如果采用有效的自动网格生成过程，复杂单元的上述优点就可完全被抵消，但是前者总是使程序设计比较困难.

另一方面，有时会看到，采用很少数目的单元时，数目极少的复杂单元可能不适于描述实际问题的所有的局部形状. 在这种情况下，常常主张采用简单的公式.

复杂的曲边单元的最严重的经济性问题，大概在于进行数值积分所需要的计算机时间. 在这里，对于这一积分所要求的精度，显然必须规定一些经济性方面的限制.

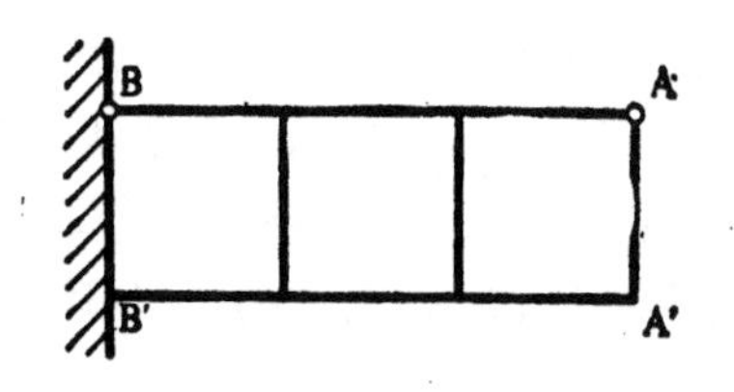

单元类型	A处作用垂直载荷		AA′处作用力偶	
	AA′处最大挠度	BB′处最大应力	AA′处最大挠度	BB′处最大应力
	0·26	0·19	0·22	0·22
	0·65	0·56	0·67	0·67
	0·53	0·51	0·52	0·55
	0·99	0·99	1·00	1·00
	1·00	1·00	1·00	1·00
精确解	1·00	1·00	1·00	1·00

图 9.1　用各种单元对悬臂梁进行平面应力分析．采用高阶单元时精度的改善

在上一章中，我们已经讨论过“最小”积分阶次的问题．在第十一章中，我们将表明，“接近最小”的积分阶次在很多情况下是最好的．

通过有效地组织刚度及其它单元性质计算中涉及的矩阵乘法运算，就能在计算时间上获得进一步的节约[1,2]．文献[2]的算法已被证明是最有效的．

9.2　采用数值积分的有限单元在计算上的优点[3]

采用数值积分的有限单元有一个显著的优点，那就是在一个单独的计算机程序中就可实现的灵活通用性.

可以看到,对于给定的一类问题,用形状函数及其导数来表示的一般矩阵总是具有相同的形式(参见式(8.8)这个例子).

为了计算单元性质,首先必须规定形状函数及其导数,其次是规定积分阶次.

于是,单元性质的计算由图 9.2 所示三个不同部分组成. 对于给定的一类问题,只需要改变形状函数的规定,就可实现各种可能的单元形式.

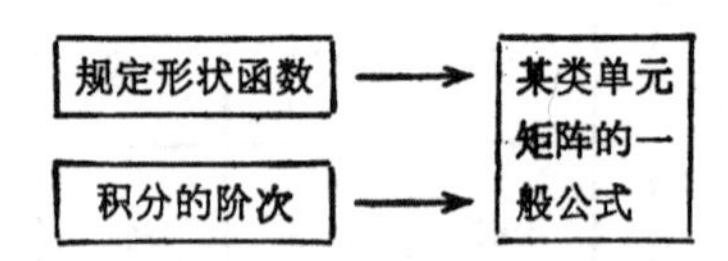

图 9.2 采用数值积分的单元的计算方式

相反,如第二十四章中所示,在许多不同类型的问题中,可以采用相同的形状函数子程序.

因此,不论是应用各种不同的单元、检验新单元在某方面的效率、还是推广程序以处理新的情况,都能够比较容易地实现,并避免了相当大量的代数运算(以及这种运算固有的出错可能性).

这样一来,就能免于编制许多子程序,计算机用起来就很方便.

采用通用的形状函数子程序,其最大的实际优点是:用一个简单的程序就能明确地检查错误. 通常,只需要检查节点值及导数值是否正确;采用简单的有限差分公式,并且对两个很近的点调用该子程序,就可作到这一点. 偶而也采用其它的检验法. 最令人感兴趣的是与特征值有关的检验法,但它的经济性较差[4].

顺便指出,如果把简单的可精确积分的单元也并入这种系统中,对它不会不利,因为对于这种单元,精确积分与数值积分需要的时间几乎一样.

9.3 一些二维应力分析实例[5-11]

用下面这些轴对称例子说明用曲边单元进行二维分析的一些

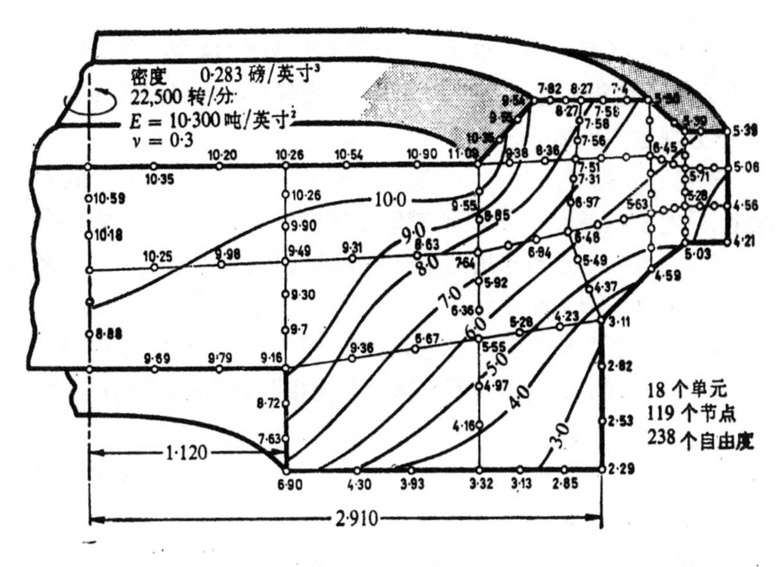

图 9.3 旋转的盘——用三次单元分析

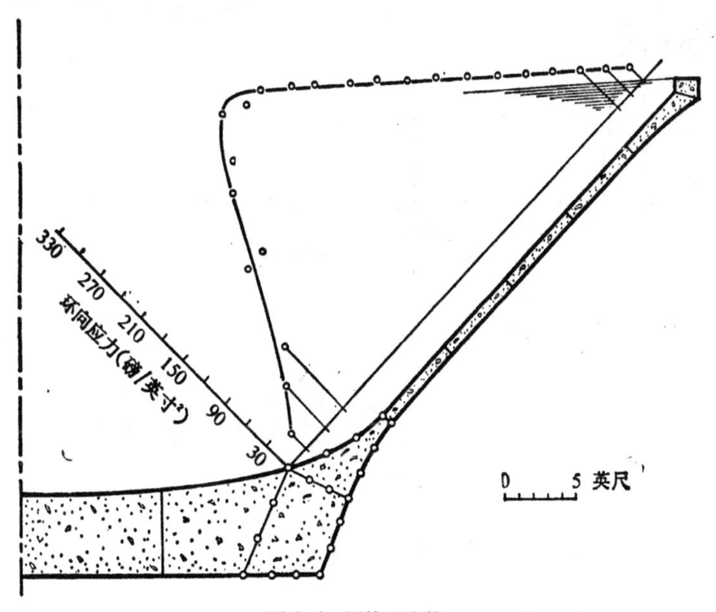

图 9.4 圆锥形水箱

可能性.

旋转的盘(图 9.3) 在这里,为了得到合适的解答,只需要十八个单元. 值得注意,这种三次单元的所有边中节点都由程序产生,不必规定其坐标.

圆锥形水箱(图 9.4) 在这个问题中也采用三次单元. 值得注意,只要沿壁厚取一个单元,就能描述容器厚薄两部分中的弯曲效应. 而如前所见,当采用简单三角形单元时,为了给出适当的解答,必须沿壁厚取几个单元.

半球形圆顶(图 9.5) 在这里,进一步利用上一个例子中探讨过的处理壳体的方法,以表明:采用完全相同的程序,只要用少数

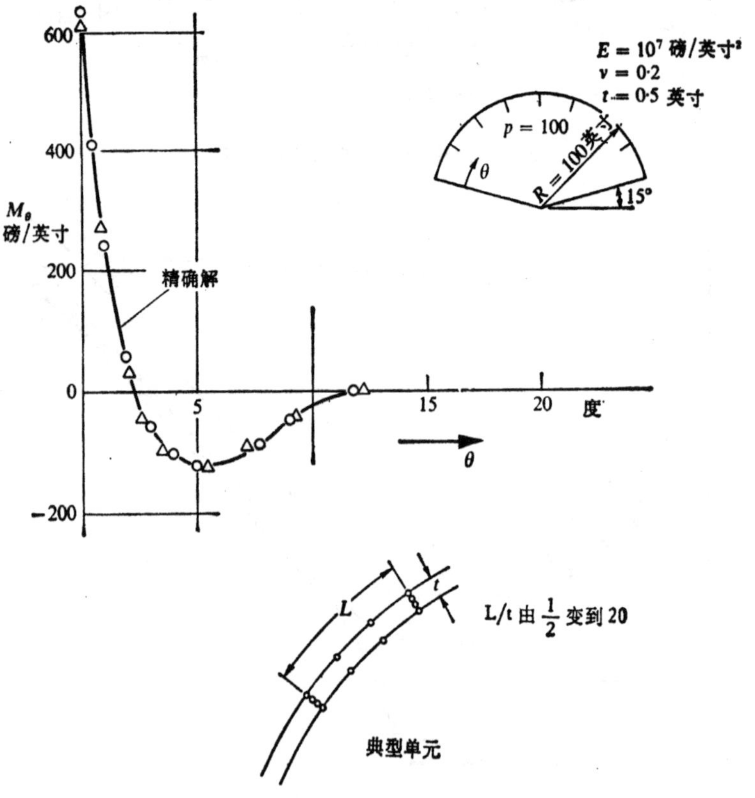

图 9.5 固支半球形薄壳. 用 15 及 24 个三次单元得到的解

单元就能适当求解薄壳问题. 从经济性方面来看，如果利用熟知的壳体假设，即认为位移沿厚度线性变化，就能进一步改善这种解答. 这时，能够减少自由度的数目. 在第十六章中将详细介绍这种方法.

9.4 三维应力分析

如同第六章中已经提到过的，在三维分析中，复杂单元提供显著的经济性方面的优点. 这里给出了一些典型例子，它们几乎都采用二次 Serendipity 族单元. 在所有这些例子中，都采用了每个方向有三个高斯积分点的数值积分公式.

旋转的球（图 9.6）[6] 这个例子或许可以说明高度畸变单元的效力，它将算出的离心作用引起的应力同精确值作了比较. 这里用了七个单元，结果与精确应力比较一致.

刚性谷中的拱坝 由工程师看来，这个问题可能有些不合乎实际情况. 这是由土木工程师协会进行的一个研究课题，它是关于三维分析的收敛性研究方面的一个很好的检查. 图 9.7 示出了四种网格剖分，两种采用二次单元，两种采用三次单元. 图 9.8 示出了中间截面处位移的收敛性，它表明，即使用一个单元也可以得到很好的精度.

图 9.9 中应力比较的结果也很好，只是用粗剖分时出现较大的“摆动”. 可以把由最细剖分得到的结果作为“精确”解，因为它与模型试验及用其它分析方法[9]所得到的结果一致.

上述检查题目说明曲面单元的普遍适用性及精度. 下面进一步给出两个解决实际问题的示例.

压力容器（图 9.10）；生物力学问题的分析（图 9.11） 所示两种剖分都足以得到适当的工程精度. 所分析的压力容器与第六章图 6.7 所示的有些类似，它表明，采用比较复杂的单元可以大大减少总自由度数.

图 9.11 示出了所用单元的透视图，它是根据分析数据在自动绘图机上直接得到的. 这种图不仅仅是对于使问题形象化有用，

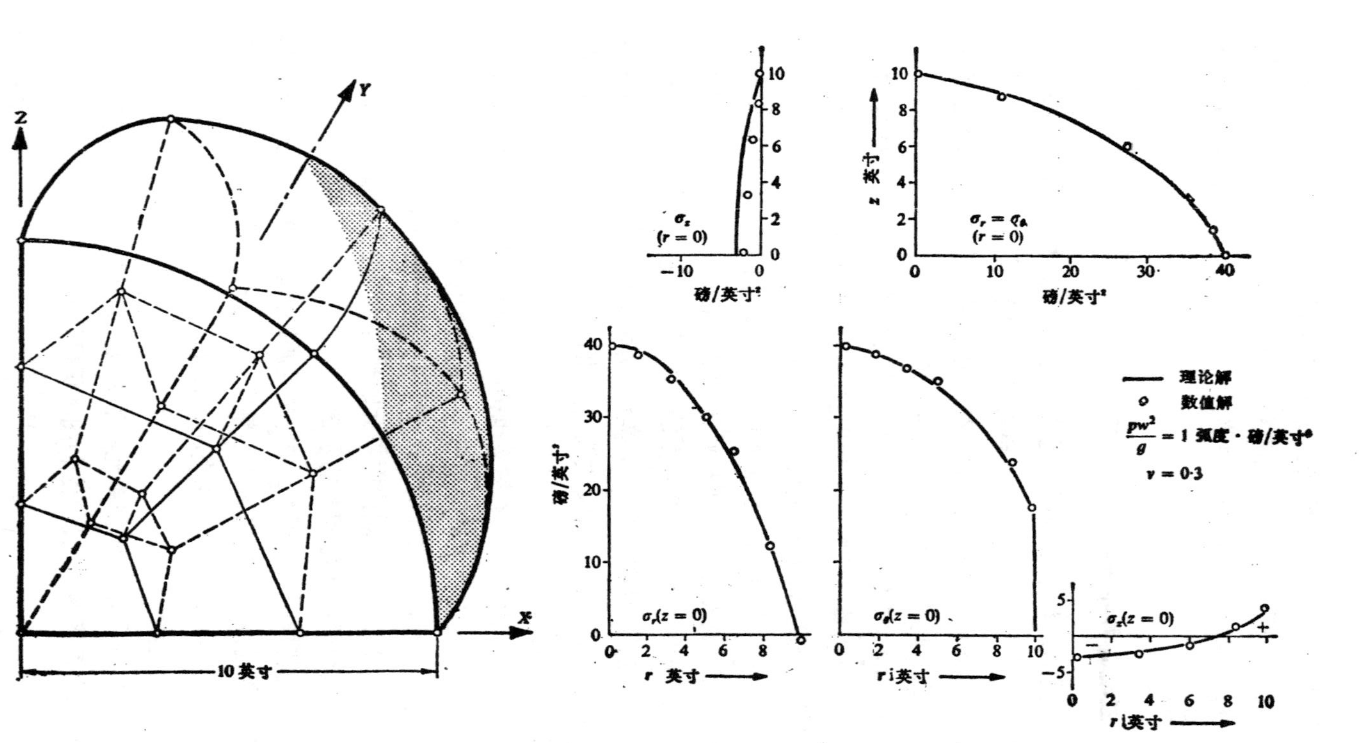

图 9.6　作为三维问题处理的旋转的球．七个抛物型单元．$z=0$ 及 $r=0$ 处的应力

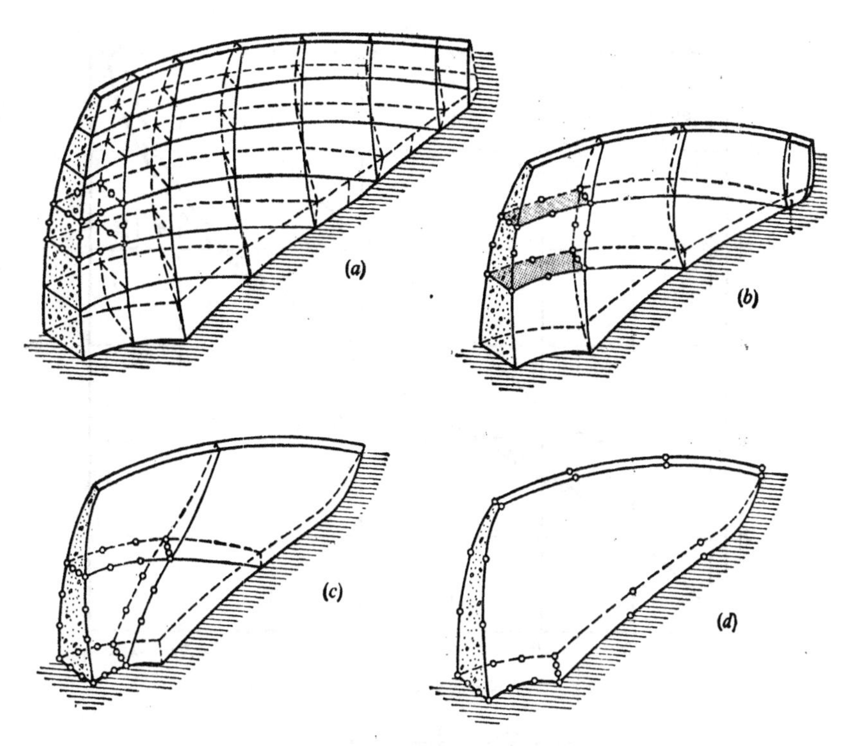

图 9.7 刚性谷中的拱坝——各种单元剖分

它在数据正确性检查中也是重要的，因为容易由这些图发现任何严重的几何错误．对所有的规定节点的“联接性”都是自动地加以检查的．

在复杂的三维问题中，避免数据错误的重要性是显而易见的，因为这种问题需要大量的计算机时间． 因此，这种以及其它各种[10]检查方法必须是任何计算系统的重要组成部分．

9.5 对称性及重复性

在所示出的大部分问题中，规定边界条件时利用了载荷及几何形状的对称性这一有利之点，这样就把整个问题简化为易于处理的问题． 对称性条件的利用为工程师及物理学家所熟知，以致不必对它作过多的说明． 然而，对于相同的结构及载荷连续地

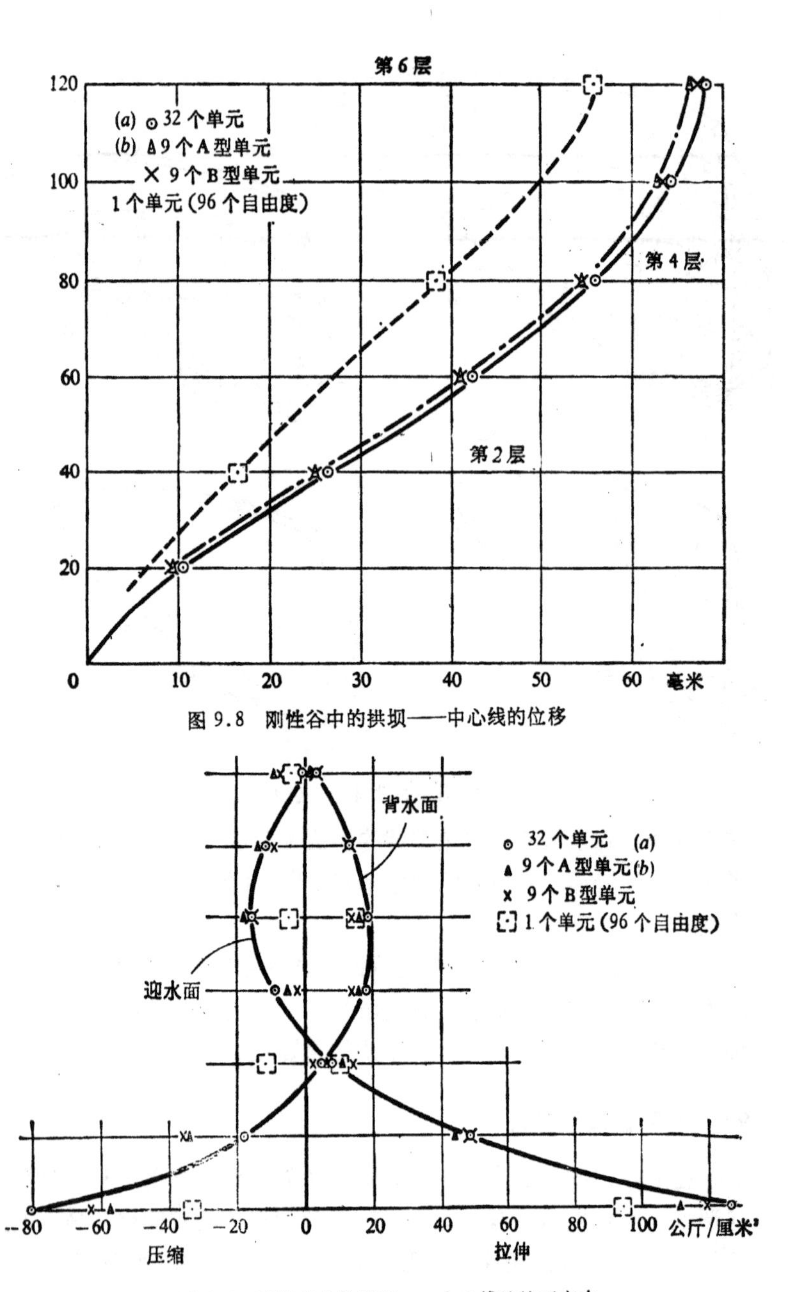

图 9.8 刚性谷中的拱坝——中心线的位移

图 9.9 刚性谷中的拱坝——中心线处的正应力

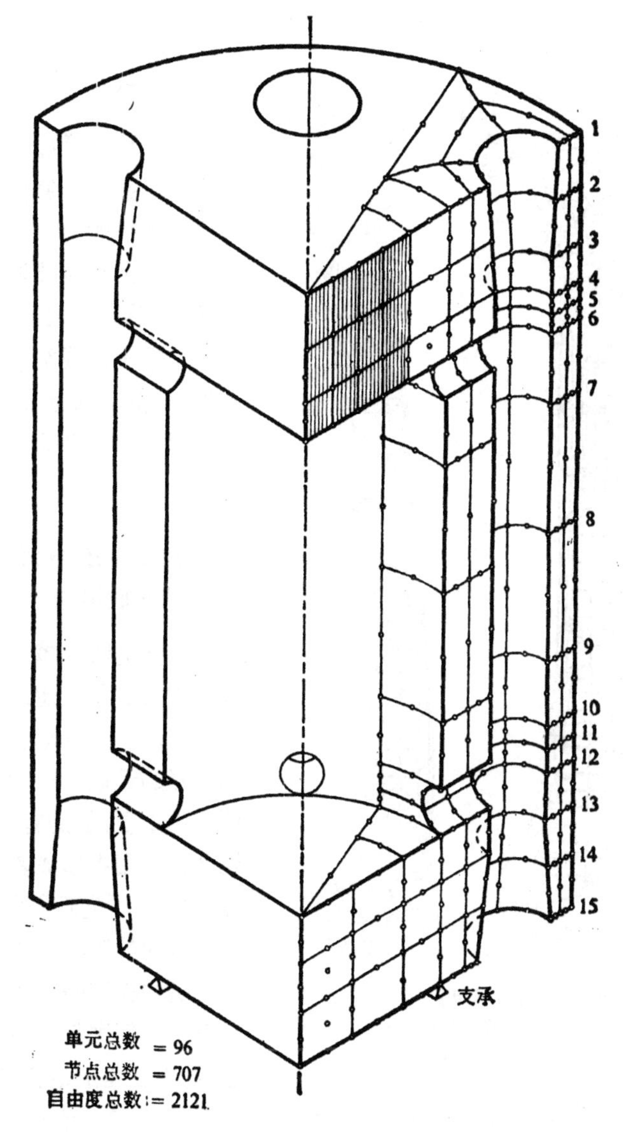

图 9.10　压力容器的三维分析

重复时利用重复性[12]的问题，看来知道得比较少，这种重复性如同图 9.12 中关于无限叶栅所示．显然，如斜线所示出的每一段与下

一段有完全相同的性态；因此，象速度及位移这样的函数在 AA 及 BB 的相应点处就是一样的，即有

$$\mathbf{U}_{\mathrm{I}}=\mathbf{U}_{\mathrm{II}}.$$

这种相同是在计算机程序中直接作出的.

在涉及涡轮叶轮或泵叶轮的问题中，在放射性坐标中经常出现类似的重复性。图 9.13 示出了这种重复段的典型的三维分析.

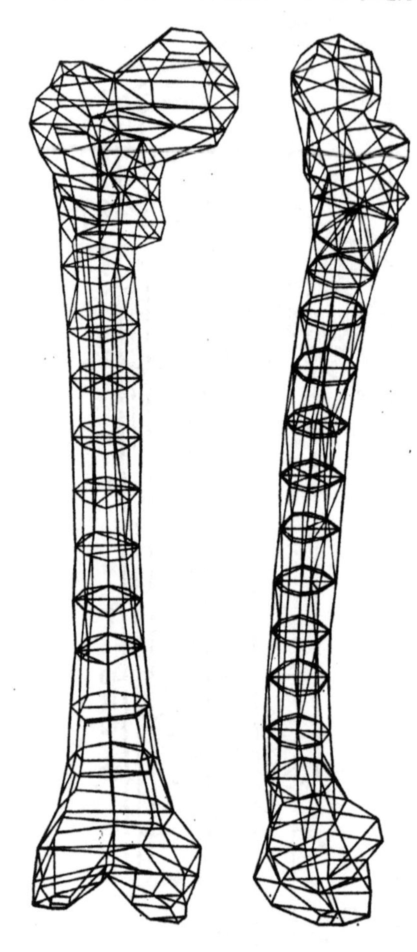

图 9.11 生物力学问题. 仅形成了线性单元图，忽略了单元的曲率. 注意退化的单元的形状

9.6 关于高阶单元的一些一般结论

单元的阶次越高，就越难进行容易设想的物理理想化. 如果实际上能得到更好的近似，这种困难倒是不重要；但是有时，这还会在实用中造成其它困难. 例如，"直观"地分配分布载荷就不再正确了.

例如在第四章中，已经表明如何进行适当的分配，对于三角形单元，重力引起的一致的节点力就是三个相等的节点载荷（4.2.7 节）. 这一结果与按直观方法得到的结果一致. 如果对二维系列的"Serendipity"族单元(第七章图 7.8)进行类似的载荷分配工作，则得到图 9.14(a) 所示的结果. 只是对于该系列中最简单的第一个单元，结

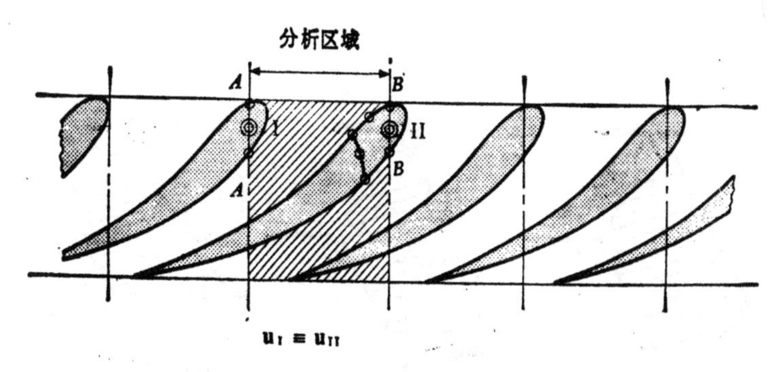

图 9.12 重复的各段及分析区域(阴影区)

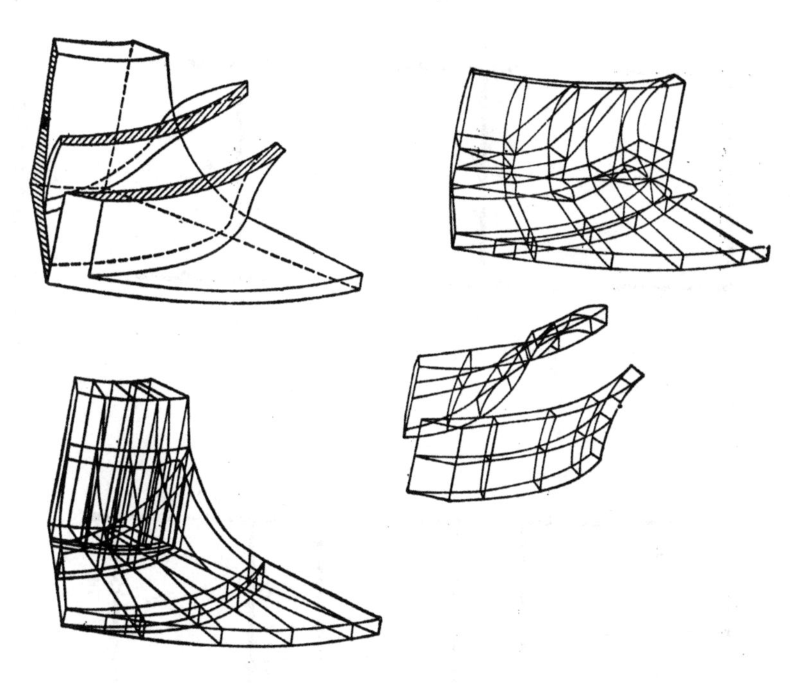

图 9.13 叶轮分析中的重复扇形区

果才与按直观方法所得到的一致. 在所有其它单元中,角节点处的载荷为负值,这从直观上完全看不出.

实际上,如果这是一些曲单元,则载荷分布还要更复杂,为了

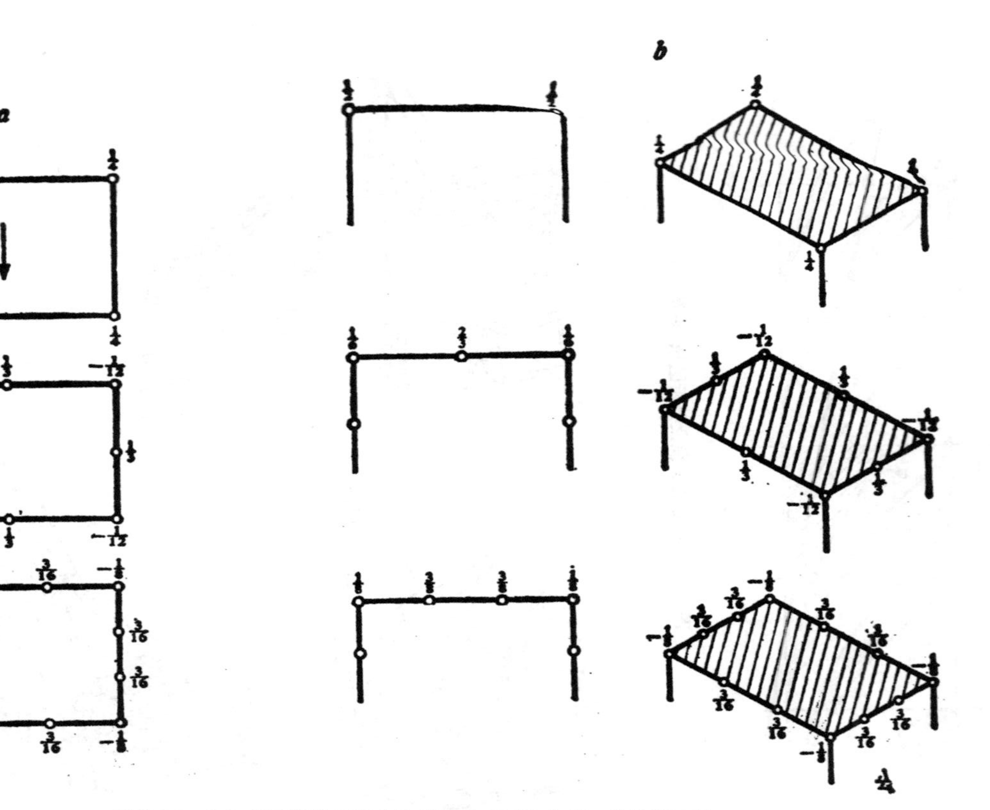

图 9.14 （a）在矩形单元族中均匀体力对于各个节点的分配比数
（b）作用于二维及三维单元顶边及顶面上的均匀面载荷的分配

保证适当地分配载荷，这时必须细心.

对此，工程师会说：从物理意义来看，如果对每个节点分配相等的载荷，在极限情况下，仍将同一致方法的结果一样. 当然，情况一定是这样；但是在有限剖分时，由这种不自然的然而却是一致的载荷分配，会得到更精确的结果.

如图 9.14(b) 所示，表面载荷的分配也存在类似的情况，不能直观地预先确定.

由以上考察可知，很难再按通常的工程方式来解释单元间的作用力，必须对此进行修正.

另外，当采用高阶单元时，在作用有集中载荷的奇点附近的区域，应力的描述受到损害；在这种载荷附近，有时会得到出乎意外的应力. 但是这实际上并不表明精度降低，而是表明一个单元力图平均地表现改善精度的真实效果.

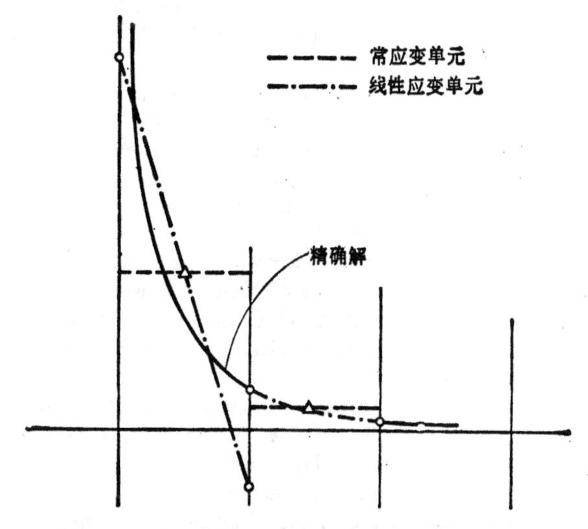

图 9.15 采用复杂单元时集中载荷附近可能出现的异常现象

在这种奇点附近分别采用常应变单元及应变线性变化的单元，图 9.15 对于二者给出的应力描述作了定性比较. 力求更加逼近真实应力，较高阶的单元在奇点处给出有所改善的值，但在奇点附近可能产生反常的应力变号，采用比较简单的单元时则不会这样。显然，这时必须依靠适当的修匀，并正确地解释计算结果。在第十一章中，我们将讨论最优的应力描述方法。

参 考 文 献

[1] B. M. Irons, 'Economical computer techniques for numerically integrated finite elements', *Int. J. Num. Meth. Eng.,* **1**, 201—3,1969.

[2] A. K. Gupta and B. Mohraz, 'Amethod of computing numerically integrated stiffness matrices', *Int. J. Num. Meth. Eng., 5,* 83—9, 1972.

[3] B. M. Irons, Discussion, p. 328—31, of *Finite Element Techniques in Structural Mechanics,* ed. H. Tottenham and C. Brebbia, Southampton Univ. Press, 1970.

[4] B. M. Irons, 'Testing and assessing finite elements by an eigenvalue techniqus', *Proc. Conf. on Recent Developments in Stress Analysis, J. Br. Soc. St. An.,* Royal Aero Soc., 1968.

[5] O. C. Zienkiewicz, B. M. Irons, J .G. Ergatoudis. S. Ahmad, and F. C. Scott, 'Isoparametric and associated element families for two and three dimensional analysis'. *Proc. Course on Finite Element Methods in Stress Analysis,* ed. I. Holand and K. Bell, Trondheim Tech. University, 1969.

[6] B .M. Irons and O. C. Zienkiewicz, 'The isoparametric finite element system—a new concept in finite element analysis', *Proc. Conf. Recent Advances in Stress Analysis* Royal Aero Soc., 1968.

[7] J. G. Ergatoudis, B. M. Irons, and O. C. Zienkiewicz, 'Curved, Isoparametric, "Quadrilateral" elements for finite element analysis', *Int. J. Solids and Struct.,* **4**, 31—42, 1968.

[8] J. G. Ergatoudis, *Isoparametric elements in two and three dimensional analysis,* Ph. D. Thesis, University of Wales, Swansea, 1968.

[9] J. G. Ergatoudis, B. M. Irons and O. C. Zienkiewicz, 'Three dimensional analysis of arch dams and their foundations', *Symposium on Arch Dams,* Inst. Civ. Eng., London, 1968.

[10] O. C. Zienkiewicz, B. M. Irons, J. Campbell, and F. C. Scott, 'Three Dimensional Stress Analysis' *Int. Un. Th. Appl. Mech. Symp. on High Speed Computing in Elasticity,* Liège, 1970.

[11] O. C. Zienkiewicz, 'Isoparametric and other numerically integrated elements' in *Numerical and Computer Methods in Structural Mechanics,* pp. 13—41 (ed. S. J. Fenves, N. Perrone, A. R. Robinson and W. C. Schnobrich), Academic Press, 1973.

[12] O. C. Zienkiewicz and F. C. Scott. 'On the principle of repeatability and its application in analysis of turbine and pump impellers', *Int. J. Num. Meth Engrs.,* **9**, 445—52, 1972.

第 十 章

薄板的弯曲，C_1 连续性问题

10.1 引言

在前面各章所处理的所有问题中，虽然最终解答引入了近似，但基本应力-应变关系都是以精确形式给出的．在经典板理论[1]中，起初就引入了某些近似，以便把问题简化成二维的．这种假设就是应变及应力沿垂直于板平面的直线线性变化．因此，仅当这一假设成立时，板理论的所谓“精确”解才是真实的．薄板小挠度问题就符合上述假设．

在这里所介绍的解法中，出发点同样基于经典板理论的假设，因此近似的数值处理的有效性必须用板理论的解答来检验．它也要受完全相同的限制．

用一个量就完全能够描述板的应变状态．这个量就是板“中面”的横向位移 w．然而，现在不仅必须对于 w 规定单元间的连续性条件，而且必须对于它的导数规定这种条件．这是为了保证板仍然连续，并且不“扭折”[1)]．因此，每个节点处通常将规定三个平衡及连续条件．

确定适当的形状函数现在是一件非常复杂的事情．实际上，如果在各单元间的交界面处要求完全的斜率连续性，数学上及计算上通常会出现非常大的困难．然而，建立这样一种形状函数却比较简单：在单元之间，它保持 w 的连续性，但可以违背斜率的连续性(规定了连续性的节点处自然除外)．如果这样选择的函数满足“常应变”准则并且通过“小片检验”(见第二章及第十一章)，则将

1) 如果发生“扭折”，二阶导数或曲率成为无限大，在能量表达式中出现某些无限大的项．

仍然是收敛的. 本章第一部分将介绍这种"非协调"形状函数. 在第二部分中引入新的函数,通过它们能恢复连续性.用这种"协调"形状函数所得到的解答,现在将会给出正确解的界;但在许多情况下,解答的精度不好. 对于实用来说,通常推荐采用本章第一部分所介绍的方法.

最简单的单元形状现在是矩形,下面将首先介绍它. 三角形及四边形单元带来一些困难,将放在后面介绍;对于求解任意形状的板的问题,或者是处理壳体问题,这两种单元是极重要的.

位能泛函包含未知函数的二阶导数的薄板问题,代表了一大类与四阶微分方程有关的物理问题. 因此,虽然本章只研究结构力学问题,但研究其它物理问题的读者将会看到,这里所建立的方法在别处同样适用.

对形状函数规定 C_1 连续性这一困难导致了解决这种问题的许多其它方法,这些方法迴避了这一困难.

提出了两种基本的方法:

(a) 利用拉格朗日乘子或罚函数,把连续性的规定作为一个约束.

(b) 根据只要求 C_0 连续性的关系式及能量泛函,完全重新建立问题的公式系统.

两种方法通常都需要(通过新变量)引入附加的自由度. 其中一些方法已被证明极其有效. 然而,我们将把这种重新建立公式系统的方法放到第十一章及第十二章去考虑. 这样,关于薄板问题的讨论就完整了.

10.2 板问题的位移法公式

按照通常的薄板理论,一旦已知所有点处的挠度 w,就唯一地确定了板的位移.

我们写出如下一般形式:

$$w = \mathbf{N}\mathbf{a}^e, \tag{10.1}$$

式中的形状函数是依赖于笛卡儿坐标 x, y 的,而 $\mathbf{a}^e$ 列出了单元的(节点)参数.

现在必须按第二章的办法来规定广义"应变"及"应力",即"应变"与"应力"的标量积给出内力功. 因此,我们把应变定义为(图10.1):

$$\boldsymbol{\varepsilon}=\begin{Bmatrix}-\dfrac{\partial^2 w}{\partial x^2}\\ -\dfrac{\partial^2 w}{\partial y^2}\\ 2\dfrac{\partial^2 w}{\partial x\partial y}\end{Bmatrix}. \tag{10.2}$$

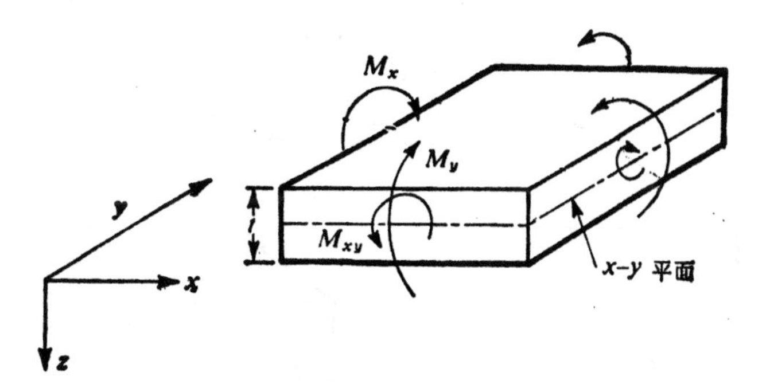

图 10.1 板弯曲时的应力合力或"应力"

相应的"应力"实际上就是 x 及 y 方向每单位长度上的弯矩及扭矩[1]:

$$\boldsymbol{\sigma}=\begin{Bmatrix}M_x\\ M_y\\ M_{xy}\end{Bmatrix}. \tag{10.3}$$

由于真实应变及应力沿板厚线性变化[1], 它们可由下式得到:

$$\sigma_x=\frac{12M_x}{t^3}z,\ \cdots,\ 等,$$

式中 z 由板的中面量起, t 是板厚.

将会看到,表达式(10.2)与(10.3)的乘积同内力功这一要求完全相应。

由于现在是用二阶导数来定义应变，连续性准则要求，在单元之间，形状函数应使 w 及其在交界面法线方向的斜率都连续。

常应变准则要求，单元中应能出现二阶导数的任一常数值。

为了保证至少是近似地满足斜率连续性，以三个位移分量作为节点参数：第一个是 z 方向的实际位移 w_n，第二个是绕 x 轴的转角 $(\theta_x)_n$，第三个是绕 y 轴的转角 $(\theta_y)_n$。图 10.2 示出了这些转角及其正向，后者由右手螺旋定则确定。它们的大小用沿坐标轴的向量的长度来表示。

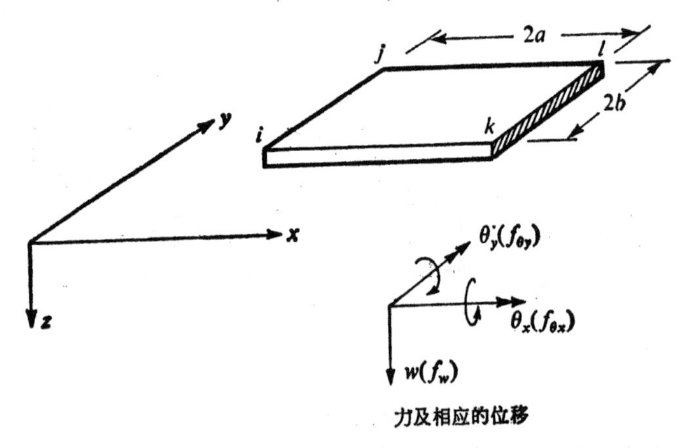

图 10.2 矩形板单元

显然，w 的斜率与上述转角是一样的(正负号除外)，并且我们能写出

$$\mathbf{a}_i = \begin{Bmatrix} w_i \\ \theta_{xi} \\ \theta_{yi} \end{Bmatrix} = \begin{Bmatrix} w_i \\ -\left(\dfrac{\partial w}{\partial y}\right)_i \\ \left(\dfrac{\partial w}{\partial x}\right)_i \end{Bmatrix}. \tag{10.4}$$

与这些位移相应的节点“力”可以解释成如图 10.2 所示的一个力及两个力矩

$$\mathbf{f}_i = \begin{Bmatrix} \mathbf{f}_{wi} \\ \mathbf{f}_{\theta xi} \\ \mathbf{f}_{\theta yi} \end{Bmatrix}. \tag{10.5}$$

一旦确定了矩阵 **B**，按照通常的方式，可由第二章的表达式得到刚度矩阵及单元的其它矩阵．

由定义式(10.1)及(10.2)直接得到：

$$\mathbf{B}_i = \begin{Bmatrix} -\dfrac{\partial^2}{\partial x^2}\mathbf{N}_i \\ -\dfrac{\partial^2}{\partial y^2}\mathbf{N}_i \\ 2\dfrac{\partial^2}{\partial x \partial y}\mathbf{N}_i \end{Bmatrix} \tag{10.6}$$

这里的形状函数保留了矩阵记号，以表明它是一个关系到三项的量(一个 3×1 矩阵)．

弹性矩阵 **D** 由通常的定义式确定：

$$\boldsymbol{\sigma} \equiv \mathbf{M} = \mathbf{D}(\boldsymbol{\varepsilon} - \boldsymbol{\varepsilon}_0) + \boldsymbol{\sigma}_0. \tag{10.7}$$

对于**各向同性板**，我们有(见文献[1]第 81 页)

$$\mathbf{D} = \frac{Et^3}{12(1-\nu^2)} \begin{bmatrix} 1 & \nu & 0 \\ \nu & 1 & 0 \\ 0 & 0 & (1-\nu)/2 \end{bmatrix}. \tag{10.8}$$

对于主方向与 x 及 y 轴一致的**正交异性板**，确定材料性态需要四个常数，即有

$$\mathbf{D} = \begin{bmatrix} D_x & D_1 & 0 \\ D_1 & D_y & 0 \\ 0 & 0 & D_{xy} \end{bmatrix}. \tag{10.9}$$

可以象文献 [1] 中那样，把 D_x 等同相应的材料弹性常数联系起来． 但是采用式(10.9)的形式更方便，因为板理论经常用于解决板架问题，这时必须把 D_x 等同板架处的性质联系起来．显然，对于最一般的各向异性情况，为了确定 **D**，至多需要六个常数，这是因为 **D** 总是必须对称．

我们现在具备了按第二章表明的方式确定刚度矩阵等所需要的一切成分．实际上，只要边界功这一项包含作为面力的弯矩及总的边缘力，第二章中导出的能量表达式（式(2.29)）的形式同样成立．

但是，直接由板的平衡方程重新推导整个公式系统是有教益的．如果考察象图 10.1 中所示的微元 $dxdy$，容易证明，其平衡由如下方程给出：

$$\frac{\partial^2 M_x}{\partial x^2}+\frac{\partial^2 M_y}{\partial y^2}-2\frac{\partial^2 M_{xy}}{\partial x\partial y}+q=0, \qquad (10.10)$$

式中 q 是每单位面积上的横向分布载荷．

注意到由式(10.2),(10.3)及(10.7)给出的力矩与应变之间的关系式，我们得到作为研究问题的出发点的一个四阶微分方程：

$$\left[\frac{\partial^2}{\partial x^2},\ \frac{\partial^2}{\partial y^2},\ -2\frac{\partial^2}{\partial x^2\partial y^2}\right]\mathbf{D}\left[\frac{\partial^2 w}{\partial x^2},\ \frac{\partial^2 w}{\partial y^2},\ -2\frac{\partial^2 w}{\partial x\partial y}\right]^{\mathrm{T}}+q=0, \qquad (10.11)$$

在等厚度各向同性板的情况下，上式化为熟知的双调和方程：

$$\frac{\partial^4 w}{\partial x^4}+2\frac{\partial^4 w}{\partial x^2\partial y^2}+\frac{\partial^4 w}{\partial y^4}+q\frac{12(1-\nu^2)}{Et^3}=0. \qquad (10.12)$$

如果我们用 δw 左乘式(10.10)（或式(10.11)/(10.12)）两边，并按第三章 3.6 节所示方式分部积分两次，则我们可以作为一个纯粹的数学练习重新导出所有的虚功（及能量）表达形式．我们把详细的推导留给读者去作，这里之所以提到这种直接的方法，是因为在某些数学问题中不能直接利用虚功原理．

10.3 形状函数的连续性要求（C_1 连续性）

为了保证越过交界面处的 w 及其法向斜率连续，我们必须有由这一交界面上的值唯一地确定的 w 及 $\partial w/\partial n$.

考察图 10.3，图中画出一个矩形单元的边 1-2．该边的法线方向实际上就是 y 方向，我们希望这条边上的 w 及 $\partial w/\partial y$ 是由这

条边上各节点处的 w，$\partial w/\partial x$，$\partial w/\partial y$ 的值唯一地确定的.

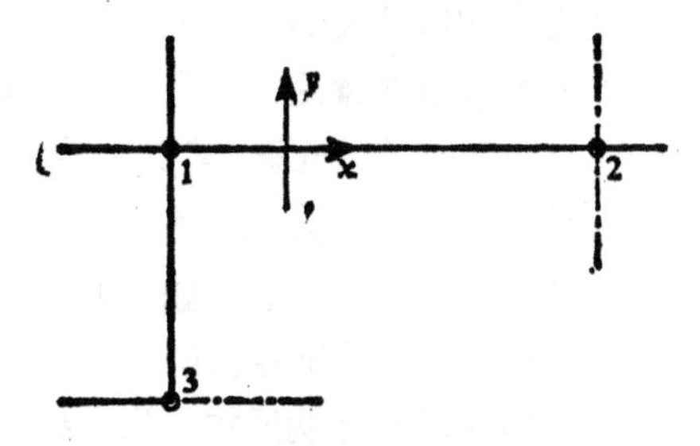

图 10.3　法向斜率的连续性要求

遵照第七章的原则，沿边 1-2 可写出

$$w = A_1 + A_2x + A_3x^2 + \cdots \tag{10.13}$$

及

$$\frac{\partial w}{\partial y} = B_1 + B_2x + B_3x^2 + \cdots, \tag{10.14}$$

以上两式中常数的数目，正好足以用该边上的节点参数来确定这两个表达式.

因此，如果只给出两个节点，注意到每个节点处都规定了 $\partial w/\partial x$ 及 w，则允许 w 按三次规律变化. 类似地，这时只允许 $\partial w/\partial y$ 按线性规律变化.

沿 y 方向可以进行类似的工作，以保持 $\partial w/\partial x$ 的连续性.

于是，沿边 1-2 有仅与边 1-2 上节点参数有关的 $\partial w/\partial y$，沿边 1-3 有仅与边 1-3 上节点参数有关的 $\partial w/\partial x$.

将前者对 x 取偏导数，在边 1-2 上就有仅与边 1-2 上节点参数有关的 $\partial^2 w/\partial x\partial y$；类似地，在边 1-3 上有仅与边 1-3 上节点参数有关的 $\partial^2 w/\partial y\partial x$.

在公共点 1 处显然出现不相容性，因为对于节点 2 及 3 的任意参数值，我们不能在节点 1 处自动地得到以下连续函数的恒等式：

$$\frac{\partial^2 w}{\partial x\partial y} \equiv \frac{\partial^2 w}{\partial y\partial x}.$$

因此，仅以 w 及其斜率作为节点参数时，不可能用简单的多项式表达式作为保证完全的协调性的形状函数[2].

如果对应于这三个节点变量建立了满足协调性的任一形状函数，在角节点处，它必定不能连续可微，其交叉导数必定不唯一.在本章第二部分中，讨论了一些这样的函数[3-9].

以上讨论是针对矩形单元进行的. 显然，这一论证能推广于角节点 1 处有两个不垂直的交界面相交的情况.

克服这一困难的方法看来是明显的. 我们将交叉导数规定为一个节点参数. 对于矩形单元的集合，这是方便的，实际上也是容许的. 博格勒（Bogner）等人[10]提出并成功地应用了这类简单的函数.

遗憾的是，一般地说，不允许推广于一个节点处有几个互不垂直的交界面相交的情况(图 10.4). 这时，几组正交方向的交叉导数的连续性，实际上就意味着规定该节点处的所有二阶导数.

然而，当板的刚度在单元之间有突变时，这样作是违背物理要求的，因为这时不能保证垂直于交界面的力矩相等. 不过在均匀板的情况下，已经成功地应用过这种办法[11-18].

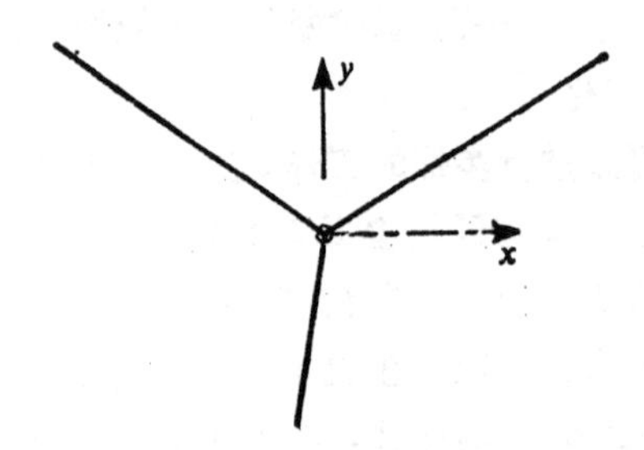

图 10.4　有几个互不垂直的交界面相交的节点

在文献[11]中，史密斯（Smith）研究了对于某些高阶导数强加这种过度连续性所造成的影响.

由于难以建立协调的位移函数，人们便试图不管完全的斜率连续性，只是满足其它必要的连续性准则. 在极限情况下，只规定节点处的斜率连续性，必将导致完全的斜率连续性. 根据这一朴素而直观的想法，已经建立了几个很成功的单元[4,19-26].

这种单元的收敛性不是明显的，但能通过应用小块检验或者通过与有限差分算法的比较来证明[27]. 我们在第三章中已经提到过小块检验，但在第十一章中将回过头来讨论它的重要性. 实际上，一些非常成功的单元就是通过几乎只考虑小块检验而导出的，并且这些单元列于最流行的板单元之中.

由于这种单元的简单性及实用性，值得在下一节中专门介绍这些单元.

非协调形状函数

10.4 具有角节点的矩形单元[19,28-31]

10.4.1 *形状函数* 考察图 10.2 所示处于 xy 平面内的矩形板单元 $ijkl$. 在每个节点处引入位移 $\mathbf{a}_n$. 它们都具有三个分量：第一个是 z 方向的位移 w_n，第二个是绕 x 轴的转角 $(\theta_x)_n$，第三个是绕 y 轴的转角 $(\theta_y)_n$.

节点位移按式(10.4)定义，而与通常一样，列出各节点的位移就给出单元位移. 现在共有四个节点，所以有

$$\mathbf{a}^e=\begin{Bmatrix}\mathbf{a}_i\\ \mathbf{a}_j\\ \mathbf{a}_l\\ \mathbf{a}_k\end{Bmatrix}. \tag{10.15}$$

多项式表达式被方便地用来根据十二个参数确定形状函数. 这时，必须从完全的四次多项式中略去某些项. 我们写出

$$w=\alpha_1+\alpha_2x+\alpha_3y+\alpha_4x^2+\alpha_5xy+\alpha_6y^2+\alpha_7x^3+\alpha_8x^2y+\alpha_9xy^2+\alpha_{10}y^3+\alpha_{11}x^3y+\alpha_{12}xy^3, \tag{10.16}$$

这一表达式有某些优点. 具体地说，这时沿任何 $x=$ 常数或 $y=$ 常数的直线，位移 w 将按三次规律变化. 单元的边界或交界面就是这种直线. 因为三次多项式由四个常数唯一确定，因此边界上的位移将由该边两端的斜率及位移值唯一地确定. 对于相邻单元

来说，这种边界两端的参数值是相同的，所以沿任一交界面都将有w的连续性.

可以看到，w在任一边界处的法向梯度沿该边也按三次规律变化(例如，考察$\partial w/\partial x$沿x为常数的直线如何变化). 由于在这种直线上仅确定了两个法向斜率值，所以不能唯一地确定该三次多项式，法向斜率通常会出现不连续性. 因此，这种函数是"非协调"的.

在式(10.4)中代入相应的节点坐标值，写出十二个联立方程，它们把各节点处的w与其斜率的值联系起来，由此能解出常数α_1至α_{12}. 例如有

$$w_i = \alpha_1 + \alpha_2 x_i + \alpha_3 y_i + \cdots,$$

$$\left(-\frac{\partial w}{\partial y}\right)_i = \theta_{xi} = \qquad -\alpha_3 \quad + \cdots,$$

$$\left(\frac{\partial w}{\partial x}\right)_i = \theta_{yi} = \alpha_2 \qquad\qquad + \cdots.$$

列出十二个方程，我们能以矩阵形式写出

$$\mathbf{a}^e = \mathbf{C}\boldsymbol{\alpha}, \tag{10.17}$$

式中$\mathbf{C}$是与节点坐标有关的12×12的矩阵，$\boldsymbol{\alpha}$是由12个未知常数组成的向量. 把上式反过来，则有

$$\boldsymbol{\alpha} = \mathbf{C}^{-1}\mathbf{a}^e. \tag{10.18}$$

这里的求逆能由计算机完成. 如果希望得到刚度矩阵等的显式，也能用代数方法求逆. 实际上，监凯维奇与张佑启[19]已经这样作过.

现在，可以按标准形式写出单元中位移的表达式.

$$\mathbf{u} \equiv w = \mathbf{N}\mathbf{a}^e = \mathbf{P}\mathbf{C}^{-1}\mathbf{a}^e, \tag{10.19}$$

式中

$$\mathbf{P} = [1, x, y, x^2, xy, y^2, x^3, x^2y, xy^2, y^3, x^3y, xy^3].$$

上述表达式的显式是梅洛什[28]导出的.

能够利用第七章的正规化坐标简单地写出形状函数。于是，对于任一节点，我们能写出

$$\mathbf{N}_i = \frac{1}{2}[(\xi_0+1)(\eta_0+1)(2+\xi_0+\eta_0-\xi^2-\eta^2),$$
$$a\xi_i(\xi_0+1)^2(\xi_0-1)(\eta_0+1),$$
$$b\eta_i(\xi_0+1)(\eta_0+1)^2(\eta_0-1)], \tag{10.20}$$

在这里

$$\xi=(x-x_c)/a,\quad \eta=(y-y_c)/b,$$
$$\xi_0=\xi\xi_i,\qquad \eta_0=\eta\eta_i.$$

利用式(10.6)，$\mathbf{B}$ 的形式由式(10.16)或式(10.20)直接得到。于是我们有

$$\boldsymbol{\varepsilon}=\begin{Bmatrix}-2\alpha_4-6\alpha_7x-2\alpha_8y-6\alpha_{11}xy\\ -2\alpha_6-2\alpha_9x-6\alpha_{10}y-6\alpha_{12}xy\\ 2\alpha_5+4\alpha_8x+4\alpha_9y+6\alpha_{11}x^2+6\alpha_{12}y^2\end{Bmatrix}.$$

我们能够写出

$$\boldsymbol{\varepsilon}=\mathbf{Q}\boldsymbol{\alpha}=\mathbf{QC}^{-1}\mathbf{a}^e,\ 因此\ \mathbf{B}=\mathbf{QC}^{-1}, \tag{10.21}$$

式中

$$\mathbf{Q}=\begin{bmatrix}0&0&0&-2&0&0&-6x&-2y&0&0&-6xy&0\\ 0&0&0&0&0&-2&0&0&-2x&-6y&0&-6xy\\ 0&0&0&0&2&0&0&4x&4y&0&6x^2&6y^2\end{bmatrix}. \tag{10.22}$$

现在值得指出，所选择的位移函数实际上允许常应变（曲率）状态存在[1)]，因此满足第二章所述收敛准则之一。

---

1) 如果 α_7 至 α_{12} 为零，则“应变”是常数。由式(10.16)能求出相应的 $\mathbf{a}^e$。因为 $\mathbf{a}^e$ 与 α 之间有唯一相应性，所以这种状态是唯一的。在这里，总是认为 $\mathbf{C}^{-1}$ 实际上存在。代数求逆表明，矩阵 $\mathbf{C}$ 决非奇异。

10.4.2 刚度矩阵及载荷矩阵 现在能按标准方法建立这些矩阵，重述细节几乎是多余的.

按照式 (2.13a)，把节点力(它由各个节点处的横向力及两个力矩组成)与相应节点位移联系起来的刚度矩阵是

$$\mathbf{K}^{e}=\iint \mathbf{B}^{\mathrm{T}}\mathbf{D}\mathbf{B}\,\mathrm{d}x\mathrm{d}y, \tag{10.23}$$

或者代入式(10.21)，则有

$$\mathbf{K}^{e}=\mathbf{C}^{-1\mathrm{T}}\left(\iint \mathbf{Q}^{\mathrm{T}}\mathbf{D}\mathbf{Q}\,\mathrm{d}x\mathrm{d}y\right)\mathbf{C}^{-1}. \tag{10.24}$$

现在，不含 x 及 y 的项已移至积分号外. 如果 t 为常数，可以把积分号内的项乘开，并且不难进行显式积分.

已经算出了正交异性材料的刚度矩阵的显式，结果在表 10.1 中给出.

在表 10.2 中，则给出了关于各节点处的内力矩的相应的应力矩阵.

通过“观察”，分配一定的面积作为对任一节点的贡献，就能确定各节点处由分布载荷所引起的外力. 但是，这时再次采用标准表达式(2.9)更合乎逻辑，并且更精确.

如果一个单元每单位面积上作用有 w 方向的分布载荷 q，应用式(2.11)，这些载荷对每个节点的贡献是

$$\mathbf{f}_{i}=-\iint \mathbf{N}^{\mathrm{T}}q\,\mathrm{d}x\mathrm{d}y, \tag{10.25}$$

或者利用式(10.19)，则有

$$\mathbf{f}_{i}=-\mathbf{C}^{-1\mathrm{T}}\iint \mathbf{P}^{\mathrm{T}}q\,\mathrm{d}x\mathrm{d}y. \tag{10.26}$$

这一积分的计算也很简单. 一般地说，现在会看到，任一节点处外力的三个分量都具有非零值. 简单地分配外载荷时，得不到这样的结果. 表 10.3 示出了关于均布载荷 q 的节点载荷向量.

表 10.1 矩形单元的刚度矩阵

（图10.2：正交导性材料）

(Fig. 10.3: Orthotropic Material)

刚度矩阵

$$\mathbf{K}=\frac{1}{60ab}\mathbf{L}\{D_x\mathbf{K}_1+D_y\mathbf{K}_2+D_1\mathbf{K}_3+D_{xy}\mathbf{K}_4\}\mathbf{L}$$

平衡方程

$$\begin{Bmatrix}\mathbf{f}_i\\ \mathbf{f}_j\\ \mathbf{f}_k\\ \mathbf{f}_l\end{Bmatrix}=\mathbf{K}\begin{Bmatrix}\mathbf{a}_i\\ \mathbf{a}_j\\ \mathbf{a}_k\\ \mathbf{a}_l\end{Bmatrix}$$

$$\mathbf{K}_1=p^{-2}\left[\begin{array}{rrrrrrrrrrrr}
60 & & & & & & & & & & & \\
0 & 0 & & & & & & & & & & \\
30 & 0 & 20 & & & & & & & & & \\
30 & 0 & 15 & 60 & & & & & & & & \\
0 & 0 & 0 & 0 & 0 & & & & & & & \\
15 & 0 & 10 & 30 & 0 & 20 & & & & & & \\
-60 & 0 & -30 & -30 & 0 & -15 & 60 & & & & & \\
0 & 0 & 0 & 0 & 0 & 0 & 0 & 0 & & & & \\
30 & 0 & 10 & 15 & 0 & 5 & -30 & 0 & 20 & & & \\
-30 & 0 & -15 & -60 & 0 & -30 & 30 & 0 & -15 & 60 & & \\
0 & 0 & 0 & 0 & 0 & 0 & 0 & 0 & 0 & 0 & 0 & \\
15 & 0 & 5 & 30 & 0 & 10 & -15 & 0 & 10 & -30 & 0 & 20
\end{array}\right]\quad p^{-2}=\frac{b^2}{a^2}\quad \text{对称}$$

$$\mathbf{K}_2=p^{2}\left[\begin{array}{rrrrrrrrrrrr}
60 & & & & & & & & & & & \\
-30 & 20 & & & & & & & & & & \\
0 & 0 & 0 & & & & & & & & & \\
-60 & 30 & 0 & 60 & & & & & & & & \\
-30 & 10 & 0 & 30 & 20 & & & & & & & \\
0 & 0 & 0 & 0 & 0 & 0 & & & & & & \\
30 & -15 & 0 & -30 & -15 & 0 & 60 & & & & & \\
-15 & 10 & 0 & 15 & 5 & 0 & -30 & 20 & & & & \\
0 & 0 & 0 & 0 & 0 & 0 & 0 & 0 & 0 & & & \\
-30 & 15 & 0 & 30 & 15 & 0 & -60 & 30 & 0 & 60 & & \\
-15 & 5 & 0 & 15 & 10 & 0 & -30 & 10 & 0 & 30 & 20 & \\
0 & 0 & 0 & 0 & 0 & 0 & 0 & 0 & 0 & 0 & 0 & 0
\end{array}\right]\quad p^{2}=\frac{a^2}{b^2}\quad \text{对称}$$

$$\mathbf{K}_3=\left[\begin{array}{rrrrrrrrrrrr}
30 & & & & & & & & & & & \\
-15 & 0 & & & & & & & & & & \\
15 & -15 & 0 & & & & & & & & & \\
-30 & 0 & -15 & 30 & & & & & & & & \\
0 & 0 & 0 & 15 & 0 & & & & & & & \\
-15 & 0 & 0 & 15 & 15 & 0 & & & & & & \\
-30 & 15 & 0 & 30 & 0 & 0 & 30 & & & & & \\
15 & 0 & 0 & 0 & 0 & 0 & -15 & 0 & & & & \\
0 & 0 & 0 & 0 & 0 & 0 & -15 & 15 & 0 & & & \\
30 & 0 & 0 & -30 & -15 & 0 & -30 & 0 & 15 & 30 & & \\
0 & 0 & 0 & -15 & 0 & 0 & 0 & 0 & 0 & 15 & 0 & \\
0 & 0 & 0 & 0 & 0 & 0 & 15 & 0 & 0 & -15 & -15 & 0
\end{array}\right]\quad \text{对称}$$

表 10.1(续)

$$
\mathbf{K}_4 = \begin{bmatrix}
84 & & & & & & & & & & & \\
-6 & 8 & & & & & & & & & & \\
6 & 0 & 8 & & & & \text{对称} & & & & & \\
-84 & 6 & -6 & 84 & & & & & & & & \\
-6 & -2 & 0 & 6 & 8 & & & & & & & \\
-6 & 0 & -8 & 6 & 0 & 8 & & & & & & \\
-84 & 6 & -6 & 84 & 6 & 6 & 84 & & & & & \\
6 & -8 & 0 & -6 & 2 & 0 & -6 & 8 & & & & \\
6 & 0 & -2 & -6 & 0 & 2 & -6 & 0 & 8 & & & \\
84 & -6 & 6 & -84 & -6 & -6 & -84 & 6 & 6 & 84 & & \\
6 & 2 & 0 & -6 & -8 & 0 & -6 & -2 & 0 & 6 & 8 & \\
-6 & 0 & 2 & 6 & 0 & -2 & 6 & 0 & -8 & -6 & 0 & 8
\end{bmatrix}
$$

$$
\mathbf{L} = \begin{bmatrix} 1 & 0 & 0 & 0 \\ 0 & 1 & 0 & 0 \\ 0 & 0 & 1 & 0 \\ 0 & 0 & 0 & 1 \end{bmatrix} \qquad \mathbf{l} = \begin{bmatrix} 1 & 0 & 0 \\ 0 & 2b & 0 \\ 0 & 0 & 2a \end{bmatrix}
$$

如果板中引入了初应变，可按类似方法求得由这种初应变及初应力引起的节点力向量．这里必须指出，初应变(例如可由温升引起)对曲率的影响很少受到限制．通常，在板内需附加上平面应变，所以只要考虑平面应力问题以及弯曲问题，就能解决整个问题．

10.5　四边形及平行四边形单元

不易将矩形单元推广为四边形单元．可以进行第八章所述那种坐标变换，但遗憾的是将会看到，现在违反了常曲率准则．如同所料，这种单元性态不好，但是按照第八章(8.7 节)的论证，只要在曲线坐标系中通过小块检验，仍可出现收敛性． 亨歇尔(Henshell)等人[32]研究了这种单元(以及一些高阶单元)的性态，其结论是能得到适当的精度．他们的论文给出了进行等参数映射所需变换的全部细节以及进行数值积分所需要的结果．

只是对于平行四边形这种情况，才可以仅仅采用 ξ 及 η 的函数实现常曲率状态．

这种单元是在对于文献[19]的讨论中提出的，道 (Dawe)[21]算

表 10.2　应力矩阵$\left(p=\frac{a}{b}\right)$

图 10.2　的矩形元素,正交导性材料

$$\begin{Bmatrix} \mathbf{M}_i \\ \mathbf{M}_j \\ \mathbf{M}_k \\ \mathbf{M}_l \end{Bmatrix} = \frac{1}{4ab}[\ \cdots\ ]\begin{Bmatrix} \mathbf{a}_i \\ \mathbf{a}_j \\ \mathbf{a}_k \\ \mathbf{a}_l \end{Bmatrix}$$

$6p^{-1}D_x+6pD_1$	$-8aD_1$	$8bD_x$	$-6pD_1$	$-4aD_1$	0	$-6p^{-1}D_x$	0	$4bD_x$	0	0	0
$6pD_y+6p^{-1}D_1$	$-8aD_y$	$8bD_1$	$-6pD_y$	$-4aD_y$	0	$-6p^{-1}D_1$	0	$4bD_1$	0	0	0
$-2D_{xy}$	$4bD_{xy}$	$-4aD_{xy}$	$2D_{xy}$	0	$4aD_{xy}$	$2D_{xy}$	$-4bD_{xy}$	0	$-2D_{xy}$	0	0
$-6pD_1$	$4aD_1$	0	$6p^{-1}D_x+6pD_1$	$8aD_1$	$8bD_x$	0	0	0	$-6p^{-1}D_x$	0	$4bD_x$
$-6pD_y$	$4aD_y$	0	$6pD_y+6p^{-1}D_1$	$8aD_y$	$8bD_1$	0	0	0	$-6p^{-1}D_1$	0	$4bD_1$
$-2D_{xy}$	0	$-4aD_{xy}$	$2D_{xy}$	$4bD_{xy}$	$4aD_{xy}$	$2D_{xy}$	0	0	$-2D_{xy}$	$-4bD_{xy}$	0
$-6p^{-1}D_x$	0	$-4bD_x$	0	0	0	$6p^{-1}D_x+6pD_1$	$-8aD_1$	$-8bD_x$	$-6pD_1$	$-4aD_1$	0
$-6p^{-1}D_1$	0	$-4bD_1$	0	0	0	$6pD_y+6p^{-1}D_1$	$-8aD_y$	$-8bD_1$	$-6pD_y$	$-4aD_y$	0
$-2D_{xy}$	$4bD_{xy}$	0	$2D_{xy}$	0	0	$2D_{xy}$	$-4bD_{xy}$	$-4aD_{xy}$	$-2D_y$	0	$4aD_{xy}$
0	0	0	$-6p^{-1}D_x$	0	$-4bD_x$	$-6pD_1$	$4aD_1$	0	$6p^{-1}D_x+6pD_1$	$8aD_1$	$-8bD_x$
0	0	0	$-6p^{-1}D_1$	0	$-4bD_1$	$-6pD_y$	$4aD_y$	0	$6pD_y+6p^{-1}D_1$	$8aD_y$	$-8bD_1$
$-2D_{xy}$	0	0	$2D_{xy}$	$4bD_{xy}$	0	$2D_{xy}$	0	$-4aD_{xy}$	$-2D_{xy}$	$-4bD_{xy}$	$4aD_{xy}$

表 10.3　图 10.2 所示矩形单元在均布载荷 q 作用下的载荷矩阵

$$\begin{Bmatrix} \mathbf{f}_i \\ \mathbf{f}_j \\ \mathbf{f}_k \\ \mathbf{f}_l \end{Bmatrix} = 4qab \begin{Bmatrix} 1/4 \\ -b/12 \\ a/12 \\ 1/4 \\ b/12 \\ a/12 \\ 1/4 \\ -b/12 \\ -a/12 \\ 1/4 \\ b/12 \\ -a/12 \end{Bmatrix}, \quad \mathbf{f}_i = \begin{Bmatrix} f_{wi} \\ f_{\theta xi} \\ f_{\theta yi} \end{Bmatrix}$$

出了它的刚度矩阵.

阿吉里斯[22]提出了稍有不同的一组形状函数.

对于平行四边形单元，能由如下明显表达式把局部坐标与总体坐标联系起来(参见图 10.5)

$$\xi = (x - y\,\text{cotan}\alpha)/a,$$

$$\eta = y\,\text{cosec}\,\alpha/b, \tag{10.27}$$

因此所有的表达式也都能直接导出.

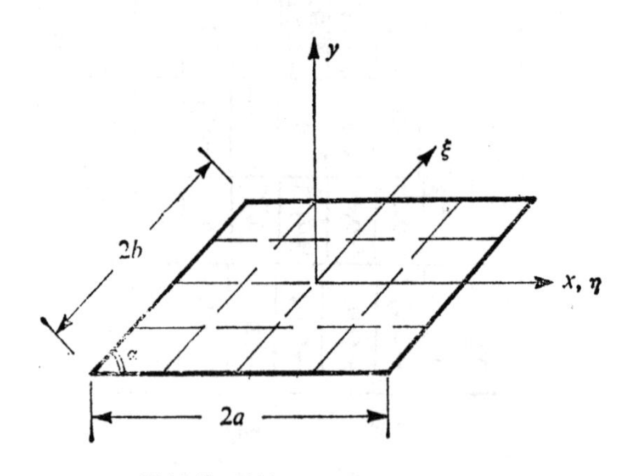

图 10.5　平行四边形单元及斜角坐标

10.6 具有角节点的三角形单元

10.6.1 *形状函数* 初看起来,似乎能够按前一节的方式仍然采用简单的多项式展开式. 由于仅规定了九个独立的运动, 展开式中只允许包含九项. 这里立刻就出现了困难, 因为完全的三次展开式包含十项(式(10.16)), 必须多少有些任意地删去一项. 为了保持一定的形式上的对称性,可以保留所有这十项,并令两个系数相等(例如 $\alpha_8=\alpha_9$), 以使未知量数目等于九. 研究了这样的几种可能的形式;但是,又出现了更加严重的问题. 对于三角形各边处于某些方位的情况, 与式(10.17)中 $\mathbf{C}$ 相应的矩阵变成奇异的. 例如,当三角形的两边分别与 x 及 y 轴平行时就是如此.

另外一种"显然"的办法是: 对公式系统附加一个中心节点, 并且通过静凝聚消去它(见第七章). 这将允许采用完全的三次式, 但是同样看到,在这一基础上导出的单元并不收敛.

采用第七章中介绍的面积坐标, 能够避免这种不对称性. 实际上,对于三角形说来,几乎总是自然地选择面积坐标.

同前面一样,我们将采用多项式展开式的各项;值得指出, 它们是按通常形式以面积坐标给出的. 例如,

$$\alpha_1L_1+\alpha_2L_2+\alpha_3L_3$$

给出完全的线性多项式的三项,而

$$\alpha_1L_1L_2+\alpha_2L_2L_3+\alpha_3L_3L_1+\alpha_4L_1^2+\alpha_5L_2^2+\alpha_6L_3^2$$

则给出二次多项式的所有六项(其中包含着线性项). 三次表达式的十项,类似地由所有可能的三次的乘积得到,它们是:

$$L_1^3,\ L_2^3,\ L_3^3,\ L_1^2L_2,\ L_2^2L_3,\ L_3^2L_1,\ L_1L_2^2,\ L_2L_3^2,\ L_3L_1^2,$$
$$L_1L_2L_3.$$

对于有九个自由度的单元, 可以按照适当的组合采用上面的任何一项;但是要记住,只需要九个独立函数, 并且必须得到常曲率状态. 图 10.6 示出了几个重要的函数. 第一个(图 10.6(a)) 描述了板的简单的无应变移动,这样的函数有三个. 显然,这些模式一定是可用的.

其次,在三次表达式中,有六个 $L_1^2L_2$ 这种类型的函数. 可以看出,这类函数所取的形式与图 10.6(b) 相似(虽然不尽相同).

最后,图 10.6(c) 所示函数 $L_1L_2L_3$ 表明,这只是一个内模式,其函数值及斜率在三个角点处为零. 因此,这个函数能用于无节点变量或内变量;但是不可以独立地采用它,因为它不能用角点变量来描述. 不过,可用任一乘数将其附加于任一角点的任何其它的基本形状函数.

因此,第二类函数有重要意义. 在各个角点处,其 w 的值为零,而沿一条边的方向斜率实际上也总是为零. 两个这种函数(例如 $L_2^2L_3$ 及 $L_2^2L_1$) 的线性组合,就能使一个节点处 x 及 y 方向的斜率为任一所需要的值,并且保持所有其它的斜率为零.

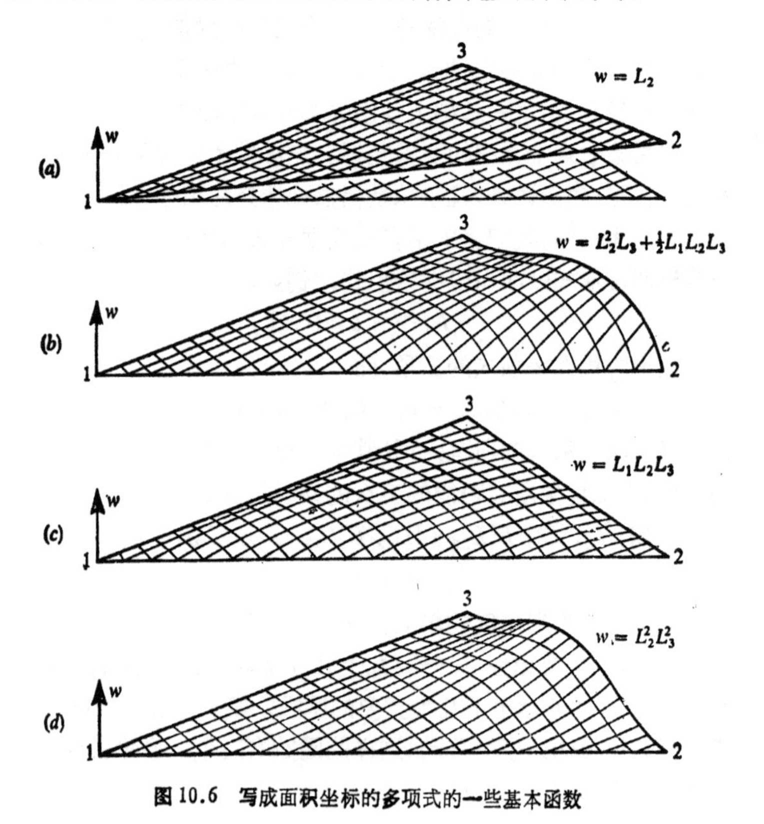

图 10.6 写成面积坐标的多项式的一些基本函数

然而，为了具有一般性，我们将考虑下面这种模式（因为后一项在节点处无斜率贡献）：

$$L_2^2L_3 + cL_1L_2L_3.$$

因为只有这些模式对曲率有贡献，所以保证下面这一点是重要的：在六个这种函数的线性组合中，包含一般的任意状态的曲率（这时节点处的 w 的值为零）．用代数术语来讲，这意味着：系数 A 可取任意值的表达式

$$A_1L_1L_2 + A_2L_2L_3 + \cdots + A_6L_3^2$$

必须能用下式来表示：

$$B_1(L_2^2L_1 + cL_1L_2L_3) + B_2(L_1^2L_2 + cL_1L_2L_3) + \cdots$$

上式同样有六个常数 B．通过一些代数处理可以证明，只有 $c = \frac{1}{2}$ 时才能作到这一点．因此，图 10.6(b) 所画出的模式是形成形状函数所需要的基本函数中的一个．

现在，可以按如下形式描述板的位移：

$$w = \beta_1L_1 + \beta_2L_2 + \beta_3L_3 + \beta_4\left(L_2^2L_1 + \frac{1}{2}L_1L_2L_3\right) + \cdots + \beta_9\left(L_1^2L_3 + \frac{1}{2}L_1L_2L_3\right), \tag{10.28}$$

代入节点值

$$w_i,\ \theta_{xi} = -(\partial w/\partial y)_i,\ \theta_{yi} = (\partial w/\partial x)_i$$

等，就能确定各个常数以及形状函数．

显然，采用第四章的定义，能够将节点 1 的形状函数写成如下形式：

$$\mathbf{N}_1^{\mathrm{T}} = \begin{Bmatrix} L_1 + L_1^2L_2 + L_1^2L_3 - L_1L_2^2 - L_1L_3^2 \\ b_3\left(L_1^2L_2 + \frac{1}{2}L_1L_2L_3\right) - b_2\left(L_3L_1^2 + \frac{1}{2}L_1L_2L_3\right) \\ c_3\left(L_1^2L_2 + \frac{1}{2}L_1L_2L_3\right) - c_2\left(L_3L_1^2 + \frac{1}{2}L_1L_2L_3\right) \end{Bmatrix}, \tag{10.29}$$

式中

$$b_1 = y_2 - y_3, \quad c_1 = x_3 - x_2, \cdots.$$

节点 2 及 3 的形状函数通过循环置换下标 $1 \overrightarrow{\underleftarrow{-2-}} 3$ 写出．由上述函数所规定的单元是文献[4]首先提出的．

10.6.2 刚度及载荷矩阵 由式 (10.2) 的应变的定义及式 (10.6)的一般的矩阵 $\mathbf{B}_i$，我们看出，$\mathbf{N}$ 的二阶导数是必需的．

这里唯一的新特点是：必须对笛卡儿坐标进行微分．注意到

$$\frac{\partial}{\partial x} = \frac{\partial L_1}{\partial x}\frac{\partial}{\partial L_1} + \frac{\partial L_2}{\partial x}\frac{\partial}{\partial L_2} + \frac{\partial L_3}{\partial x}\frac{\partial}{\partial L_3}$$

$$= \frac{1}{2\Delta}\left(b_1\frac{\partial}{\partial L_1} + b_2\frac{\partial}{\partial L_2} + b_3\frac{\partial}{\partial L_3}\right), \text{ 等}, \quad (10.30)$$

这种微分是很容易的．

所有的表达式都仍然是面积坐标的多项式，能够用第七章的一般表达式(7.31)简单地进行积分．刚度及载荷矩阵的最终显式稍长一些，有兴趣的读者在文献[30]中将会找到它们．

但是，象第八章介绍的那样采用数值积分来编制程序比较简单．由于刚度矩阵只包含二次项，只有三个积分点的三角形积分表达式就是精确的(参见第八章的表 8.2)，而这种数值积分所用的实际计算机时间与显式积分的时间没有差别．

"应力"矩阵给出线性变化的力矩．但是由于展开式中不包含所有的三次项，力矩的近似程度不好．通常只计算形心处的力矩，而为了使结果进一步光顺，实际上采用的是节点处的平均值．

10.7 非协调单元的收敛性

上一节所介绍的两类单元违反斜率连续性条件，因此它们只是近似地采用了最小总位能原理．但是在下一节中将给出一些计算结果，以说明这类单元的实用精度．读者可能会问，随着网格细化，实际上是否总是出现对于精确解答的收敛性．虽然这个问题比较艰深，但是必须回答它．

关于矩形单元，沃尔兹 (Walz) 等人[16]研究了由一组这样的

单元所得到的算法，把它同均质板情况下的控制微分方程的展开式作了比较，发现这时保证收敛性。但是，把这一结论推广于这一已被证明的情况之外的其它情况是不恰当的。

艾恩斯[4]证明了，当网格由三组等距平行线形成时，简单的三角形单元也收敛于精确解。

这里应用的小块检验很简单。如果由大量单元集合而成的系统能精确再现所施加的所有常曲率状态，则在网格细化的极限情况下，板的性态严格遵从对于无限小的材料微元所规定的物理规律。反之，得不到这种再现就不可能出现收敛性。

对图 10.7 (4 × 4*B*) 所示那类网格进行了同样的检验，这里的三角形通过画出平行四边形的两条对角线而得到。结果表明，位移的误差约为 1.5%。因此，这里的非协调三角形不收敛于精确解，但是收敛于误差为上述数量级的解。

在文献[4]中，对于非协调矩形单元也进行了类似的检验，并第一次证明了这一单元的收敛性。

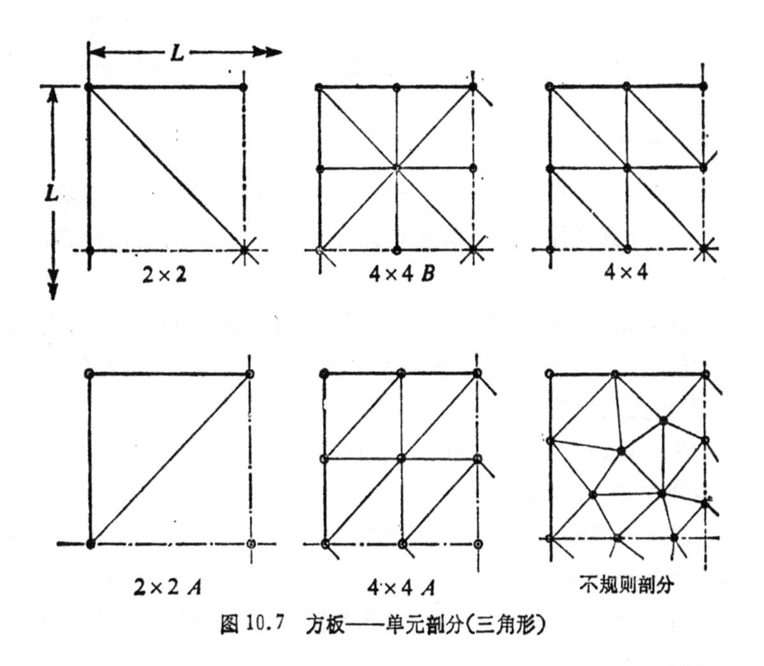

图 10.7 方板——单元剖分(三角形)

对于工程实用来说，在大多数情况下，由非协调三角形单元所得到的精度是足够的。实际上，在大多数实用的剖分情况下，这种单元给出的结果优于等价的协调三角形单元[4]。这可能是因为，解答现在不再遵从第二章中给出的能量界限，它具有较大的自由度，以采取最好的形状。

在推导这里给出的非协调单元时，认为至少位移 w 应当连续，而且在所有交界点处应当满足斜率连续的条件。这总是导致 w 至少按三次规律变化。如果我们放松一些要求，则有可能进一步得到一些有意义的单元。例如，如果取具有六个节点的三角形，规定它的六个自由度是角点处的 w 及边中节点处的法向斜率 $\partial w/\partial n$，我们看到，可以确定一个完全的二次展开式。这将使整个单元中的力矩及曲率为常量，并得到相应于常应变三角形单元的最简单的弯曲单元。

莫利 (Morley)[23,24] 导出了这种单元，他指出，尽管这种单元的不连续性看起来相当严重，但它是一种收敛的单元，并且它给出的近似与前面所讨论的更复杂的三角形单元所给出的差不多。

关于推导这种单元的刚度矩阵的问题，留给读者作为练习。

10.8 算例

10.8.1 *矩形单元* 已编制了基于式(10.16)那种位移函数的程序，并计算了几个简单的检查题，以说明精度及可以预料的收敛率。

各向同性方板 图 10.8 示出了受均布载荷的四边固支方板的分析结果。只给出了 2 × 2，4 × 4 以及 6 × 6 三种网格时的结果，但精度及一般收敛性已使人信服。

在所有各级剖分的情况下，力矩的线性分布都力图给出精确力矩分布的“最佳拟合”。

表 10.4 更有力地说明了收敛性及精度。该表比较了方板在各种边界条件下承受集中及分布载荷时的中心挠度。分成 8 × 8 的网格时，最大误差为 3%。在所有载荷及边界条件情况下，显然

对于各种剖分都出现收敛性.

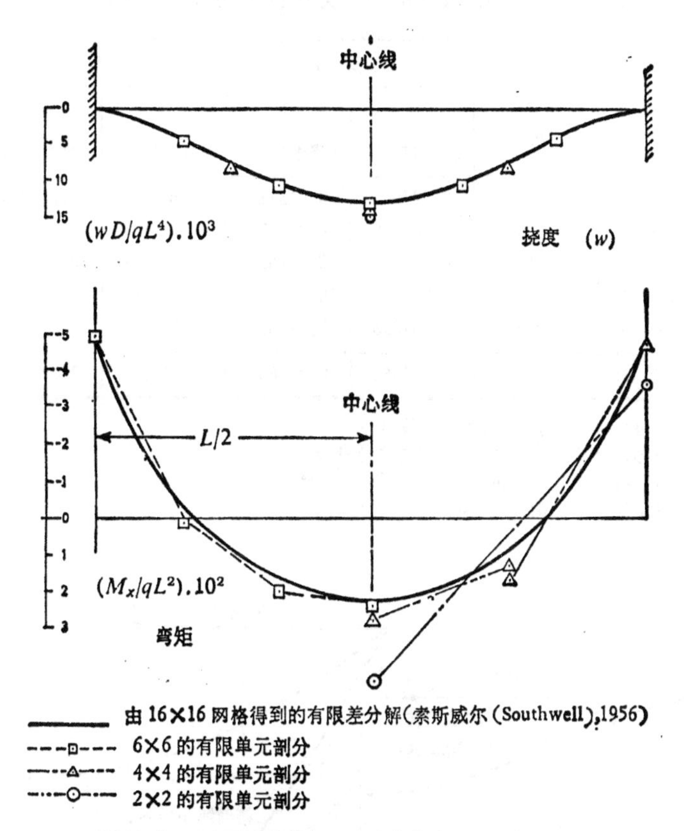

图 10.8 四边固支的方板. 均布载荷为 q. 正方形单元

四角支承的板[19] 对于四角支承于柱的方板，已进行了各种实验及近似分析. 在表 10.5 中，把有限单元分析的结果同另外一些近似解作了比较[33,34]. 即使在这种难以处理角点处集中力的情况下,位移及应力也明显地同其它解答相当一致.

10.8.2 三角形单元——九个自由度的单元——各向同性方板 仍选用方板来说明收敛性. 现在，对该板采用不同的三角形单元剖分. 一些网格以正方形网格为基础，一些网格则完全不规则. 图 10.7 示出了各类单元剖分,图 10.9 示出了对于各种边界及

表 10.4　对于几种网格算出的方板的中心挠度(矩形单元)

网格	节点总数	简支板		固支板	
		α（均布载荷）	β（集中载荷）	α（均布载荷）	β（集中载荷）
(2×2)	9	0.003446	0.013784	0.001480	0.005919
(4×4)	25	0.003939	0.012327	0.001403	0.006134
(8×8)	81	0.004033	0.011829	0.001304	0.005803
(12×12)	169	0.004050	0.011715	0.001283	0.005710
(16×16)	289	0.004056	0.011671	0.001275	0.005672
精确解(铁摩辛柯)		0.004062	0.01160	0.00126	0.00560

$w_{最大}=\alpha qL^4/D$，对于均布载荷 q；
$w_{最大}=\beta PL^2/D$，对于中心处集中载荷 P.
取自托切尔（Tocher）与卡普（Kapur）[31]。
（上面给出的剖分是指整块板而言）

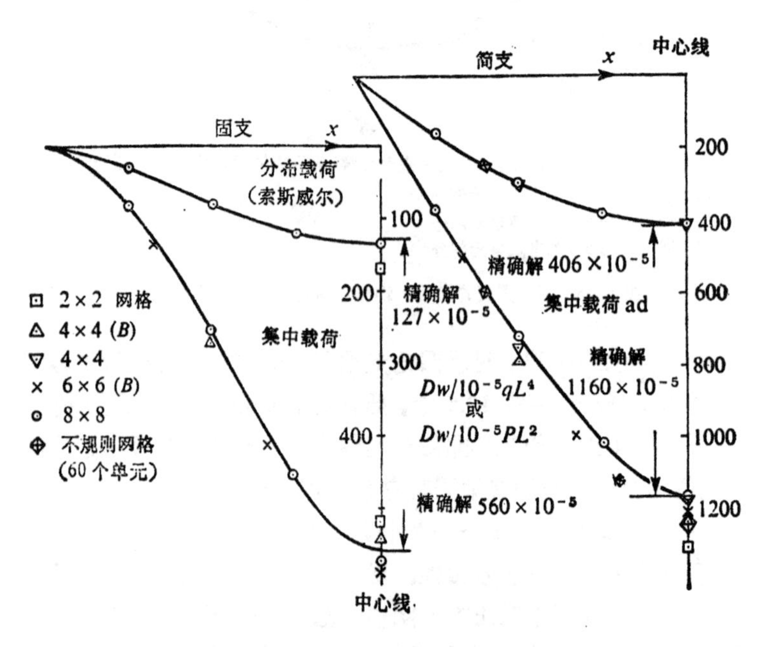

图 10.9　方板中线上的挠度(三角形单元)

表 10.5　四角支承的方板

		点 1		点 2	
		w	M_x	w	M_x
有限单元	2×2	0.0126	0.139	0.0176	0.095
	4×4	0.0165	0.149	0.0232	0.108
	6×6	0.0173	0.150	0.0244	0.109
马卡斯 (Marcus)[33]		0.0180	0.154	0.0281	0.110
巴利斯特洛斯 (Ballesteros) 与李 (Lee)[34,35]		0.0170	0.140	0.0265	0.109
乘　数		qL^4/D	qL^2	qL^4/D	qL^2

点 1 为侧边中点，点 2 为板中心.

载荷条件所得到的位移. 位移的精度及收敛性也是好的（虽然也许不如矩形单元）.

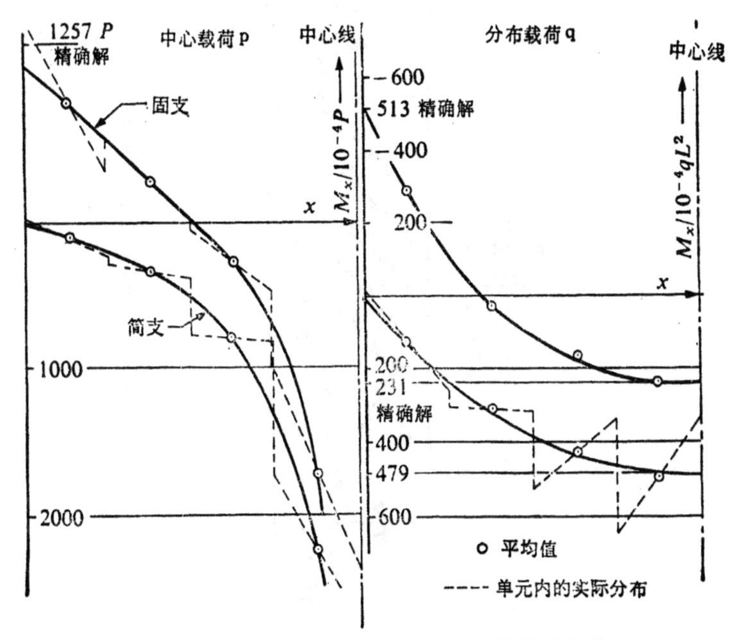

图 10.10　方板. 中线截面上 M_x 的分布(三角形单元).
在分布载荷的情况下采用了“集中”节点力

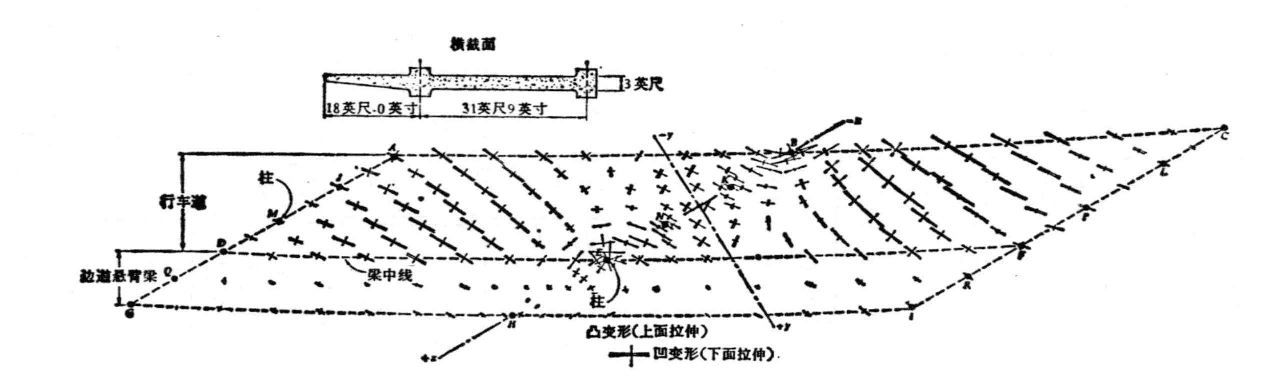

图 10.11　具有边架的变厚度两跨斜桥．计算机画出的静载荷下的主力矩 图

图 10.10 示出了有代表性的中心截面上弯矩的变化. 如果采用平均值,这些力矩同精确值很一致. 然而,我们不能再说线性变化的应力给出真实应力分布的“最佳拟合”. 因此,在实际问题中,我们推荐计算单元形心处的应力(力矩).

10.8.3 一些实际应用 板弯曲问题的分析程序的实用范围很广,采用三角形单元的程序尤其如此. 用它容易处理基础板、桥面板或者船壳问题.

确实,桥梁结构问题是广泛的实际应用之一,这方面的应用已经非常多. 图 10.11 示出了计算机自动画出的多跨桥的应力值.

在图 10.12 及 10.13 中,示出了形状更复杂的桥的情况. 作为

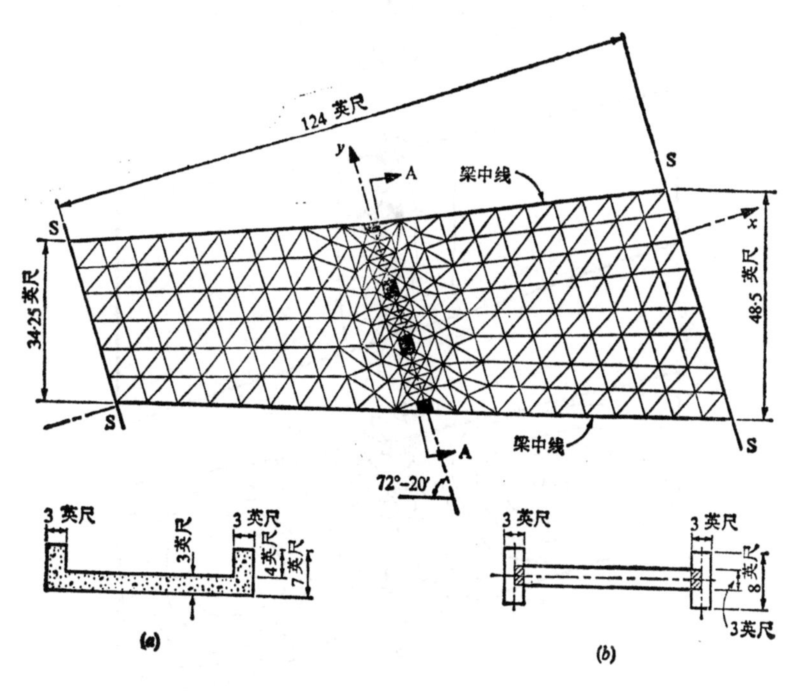

图 10.12 卡斯尔汤 (Castleton) 桥.
主要尺寸及有限单元剖分详图:
(a) 典型的实际截面,
(b) 该截面的理想化.

另外一种描述方法，这里给出了力矩分量的等值线图．在这子中有边梁存在，假设其中性轴与板的中面一致．按照第一标准方法进行集合，不难把这种梁单元同板结构结合起来．

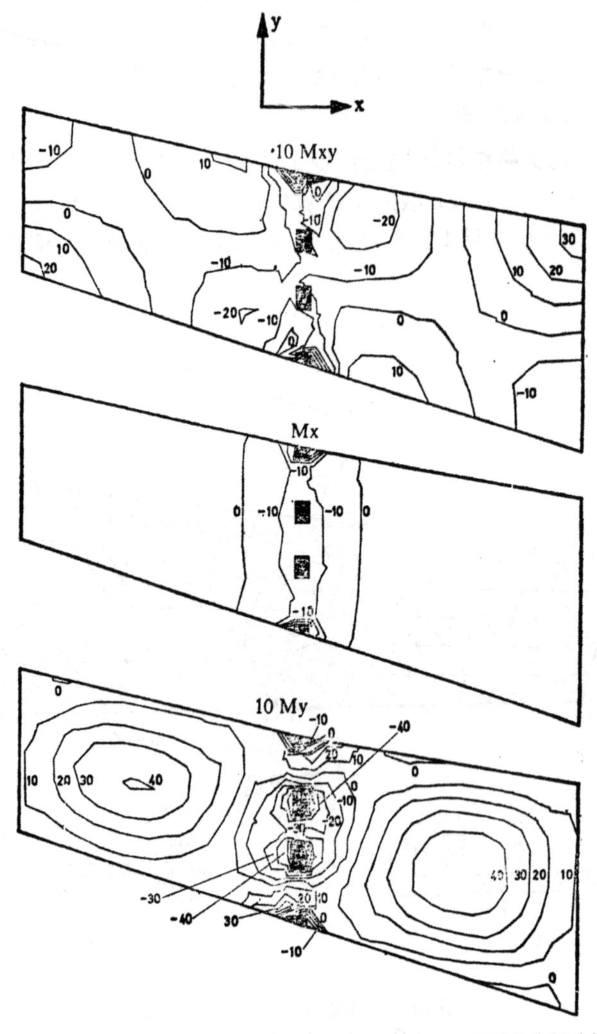

图 10.13　图 10.12 所示桥在均布载荷（150 磅/英尺²）作用下的力矩分量（吨·英尺/英尺）．计算机画出的等值线图．注意，本例中的大部分载荷是由横向板弯曲来承受

具有节点奇异性的协调形状函数

10.9 总的说明

在 10.3 节已经看到，只用每个节点处的三个自由度，不可能得到能满足斜率连续性要求的简单的多项式函数．然而，在节点处规定曲率参数的另外一种方法则有强加了过度的连续性条件这一缺点．此外，从许多方面看来，希望每个节点处的变量仅限于三个．这些变量具有简单的物理意义，它们使得板单元推广于壳体时容易解释．这在计算上也有利．

另外一种简单的方法是，采用其二阶导数值在节点处无唯一性的附加的形状函数．只要节点处的二阶导数值不是无限大，收敛性是保证的．

下面，将针对三角形及四边形单元讨论这种形状函数．不讨论简单的矩形单元．

10.10 简单三角形单元的奇异形状函数

例如，考察以下任何一组函数：

$$\varepsilon_{23}=\frac{L_1L_2^2L_3^2}{(L_1+L_2)(L_2+L_3)},\ \cdots \tag{10.31}$$

或

$$\varepsilon_{23}=\frac{L_1L_2^2L_3^2(1+L_1)}{(L_1+L_2)(L_2+L_3)},\ \cdots. \tag{10.32}$$

两组函数都有如下性质：沿三角形的 (1-2) 边及 (1-3) 边(图 10.14)，它们的函数值及法向导数值均为零．在第三条边(2-3)上，它们的函数值为零，但法向导数值不为零，都按抛物线规律变化．式(10.32)中的函数 ε_{23} 的形状示于图 10.14(a)．

现在，用来定义非协调三角形单元的所有的函数（参见式(10.28)）都是三次函数，从而许可法向导数按抛物线规律变化，而这一变化不能由两端的节点值唯一确定(因此产生非协调性)．但

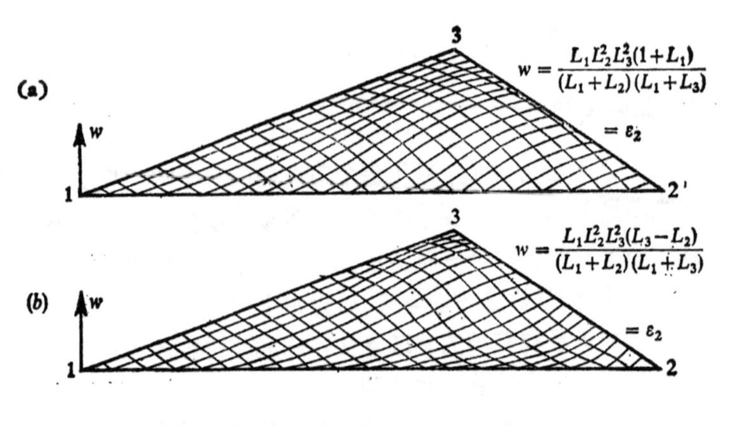

图 10.14 用面积坐标表示的一些奇异函数

是，如果我们规定每边中点处的 w 的法向斜率为附加的变量，只要把新函数 ε 同前面给出的其它函数组合起来，则沿单元间交界面得到法向斜率的唯一的抛物线性变化，从而得到一个协调的单元.

显然，只要在表达式(10.28)中增加三个这种附加的自由度并按 10.6 节所述处理，就能作到这一点. 这将得到图 10.15(a) 所示的单元，该单元具有六个节点，三个角节点与原来的一样，而在三个附加节点处仅规定法向斜率.

这种单元的集合有一些困难，因为各节点处自由度的数目不同.

为了避免这个困难，现在可以限制边中节点的自由度. 例如，我们可以假设某边中点处的法向斜率是该边两端处斜率的平均值. 这样作得到一个协调单元，其自由度与前节所述单元完全相同(图 10.15(b)).

根据这里介绍的方法建立适当的形状函数时，涉及的代数运算冗长，这里不详细介绍. 简单说来，这是按下述方法进行的.

首先，由基本的单元形状函数(式 (10.29))算出边中节点处的法向斜率:

$$\begin{Bmatrix} \left(\dfrac{\partial w}{\partial n}\right)_4 \\ \left(\dfrac{\partial w}{\partial n}\right)_5 \\ \left(\dfrac{\partial w}{\partial n}\right)_6 \end{Bmatrix} = \mathbf{Z}\mathbf{a}^e. \tag{10.33}$$

类似地，对于这些点，由这些函数算出该边上角节点处的法向斜率的平均值：

$$\begin{Bmatrix} \left(\dfrac{\partial w}{\partial n}\right)_4^a \\ \left(\dfrac{\partial w}{\partial n}\right)_5^a \\ \left(\dfrac{\partial w}{\partial n}\right)_6^a \end{Bmatrix} = \mathbf{Y}\mathbf{a}^e. \tag{10.34}$$

然后，以 $\varepsilon_{23} \times \nu_1$ 等形式加上函数 ε 对于法向斜率的贡献，这一贡献就是(因为 ε_{23} 等给出单位法向斜率)

$$\boldsymbol{\nu} = \begin{Bmatrix} \nu_1 \\ \nu_2 \\ \nu_3 \end{Bmatrix}. \tag{10.35}$$

把式(10.29)同上面三个关系式结合起来，我们有

$$\mathbf{Y}\mathbf{a}^e = \mathbf{Z}\mathbf{a}^e + \boldsymbol{\nu}, \tag{10.36}$$

由上式确定 $\boldsymbol{\nu}$ 后，立刻就有

$$w = \mathbf{N}^o\mathbf{a}^e + [\varepsilon_{23}, \varepsilon_{31}, \varepsilon_{13}](\mathbf{Y} - \mathbf{Z})\mathbf{a}^e \tag{10.37}$$

式中 $\mathbf{N}^o$ 是式(10.29)中定义的非协调形状函数. 于是，现在可由式(10.37)得到形状函数.

克拉夫与托切尔[3]提出了另外一种建立协调三角形单元的方法. 如图 10.15(a) 所示，首先基于一个内点 P 把每个单元三角形分成三个小三角形. 对于每个小三角形，写出包含十项的三次展开式. 最终展开式是以节点 1，2，3 处的九个一般的自由度及节点 4，5，6 处的法向斜率来表示. 因为在每个角节点处两个小三

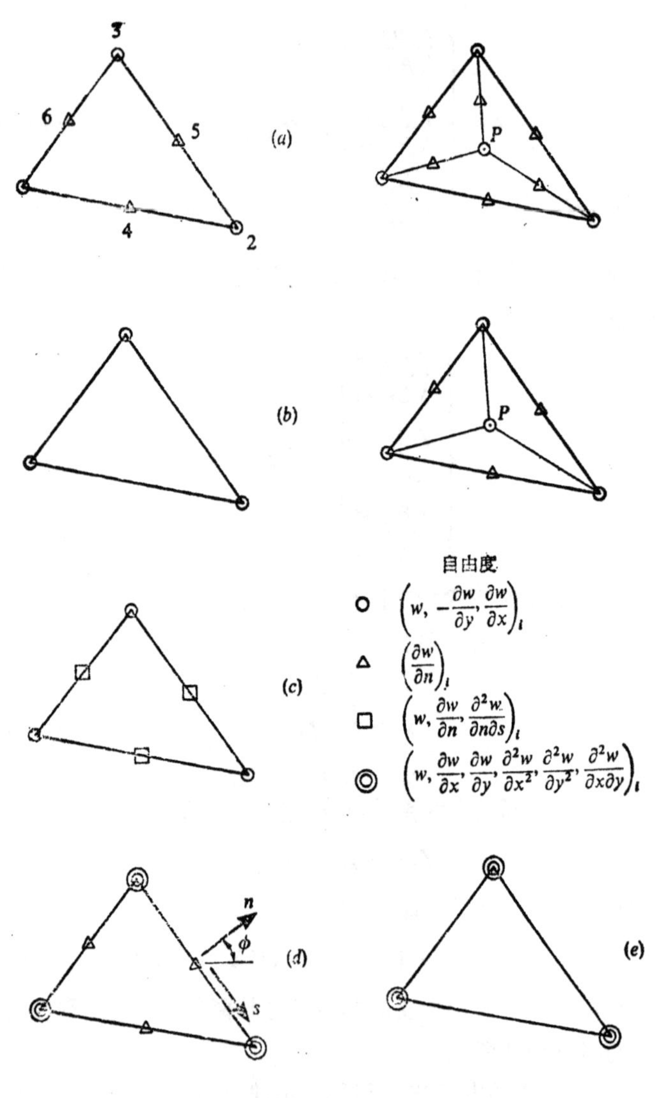

图 10.15　各种协调三角形单元

角形必须给出相同的节点值，所以在那里给出两组方程，于是总共给出 $9 \times 2 + 3 = 21$ 个方程．另外，中心点 P 处位移及斜率的连续性给出附加的六个方程，单元三角形内部各个边中节点处斜率的连续性又给出三个方程.

这样一来，我们有三十个方程、三十个未知量. 在这种情况下,完全能够以显式确定形状函数,从而得到与前面类似的具有十二个自由度的单元.

限制外边上的法向斜率,就得到具有九个自由度的单元.

这些单元是以在角点处给出两个二阶导数值为代价而得到的. 实际上,在前面所讨论的那组函数中,形状函数 ε 根据逼近角点的方向而给出无数个导数值.

实际上,象文献[4]中已表明的那样定义另外一组函数 ε，也能导出克拉夫与托切尔的三角形单元.

因为两类单元导致几乎相同的数值结果，所以计算上简便的那种比较好. 如果采用数值积分（正如对于这种单元特别主张的那样)，象式(10.29)及(10.37)那样在整个三角形上连续地定义的函数形式是有利的,虽然能够证明,由于这种函数的奇异性，必须用很高阶的数值积分.

10.11 具有协调形状函数的十八个自由度的三角形单元

图 10.15(c) 所示单元对图 10.15(a) 所示单元作了很大改进. 这里,在边中节点处,除法向斜率 $\partial w/\partial n$ 外，还考虑 w 及其交叉导数 $\partial w/\partial n\partial s$，所以自由度数增加到十八个.

这样一来，每个节点处的自由度数目相等，而这在计算上有利.在边中节点处规定交叉导数的连续性并不涉及附加的限制,因为从物理意义来看，交叉导数实际上必须连续.

这种单元是艾恩斯[7]导出的，这里只需指出：除已经讨论过的模式外,还采用了图 10.6(d) 所示那种四次项及图 10.14(b) 的“扭转”函数. 实际上能够简单地验证,除“奇异”函数外,这种单元还包含四次展开式的所有十五项.

10.12 协调的四边形单元

前面介绍的任何一种三角形单元，都能够组合成为具有或不具有内自由度的协调的四边形单元．图 10.16 示出了三个这种四边形单元，它们的外边界上都没有边中节点．这样安排是为了避免前面提到过的集合上的困难．

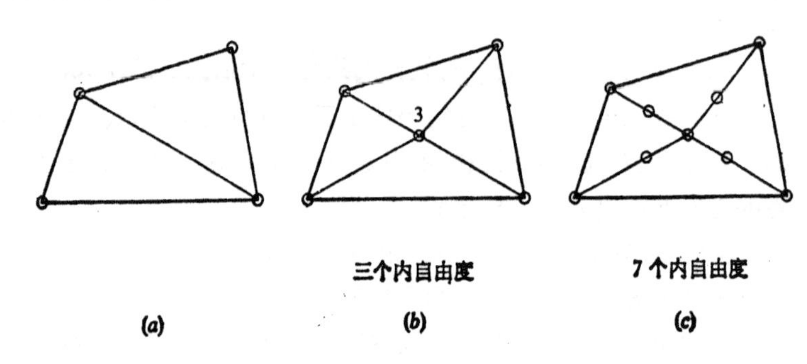

图 10.16　一些复合的四边形单元

第一个单元没有内自由度，预料得到，与对应的协调三角形单元相比，它实际上不会有什么改进．后两个单元分别具有三个及七个内自由度．在这里，最后一个单元中规定的法向斜率的连续性并不妨碍单元的集合，因为在所有情况下都消去了内自由度．克拉夫与菲利帕 (Felippa)[8] 已表明，采用这种单元时，精度有显著改善．

桑德尔 (Sander)[5] 及乌贝克[6,9]提出了另外一种直接导出四边形单元的方法，现概述如下．在图 10.17 所示四边形单元中，对于由三个函数确定的位移，取具有十项的完全三次式来表示其第一个分量．于是有

$$w = w^a + w^b + w^c$$

及

$$w^a = \alpha_1 + \alpha_2 x + \cdots + \alpha_{10} y^3. \tag{10.38}$$

第二个函数 w^b 以分段的方式定义． 它在图 10.17(b) 的下三角形中为零；在上三角形中则是具有三个常数的三次表达式，且这一表达式在两个三角形之间不产生斜率不连续性．因此，在三角形 jkm 中有

$$w^b = \alpha_{11} y'^2 + \alpha_{12} y'^3 + \alpha_{13} x' y'^2, \tag{10.39}$$

式中 x' 及 y' 是所规定的局部坐标．类似地，对于第三个函数(图 10.20(c))，在下三角形中有 $w^c=0$，而在三角形 imj 中则有

$$w^c=\alpha_{14}y''^2+\alpha_{15}y''^3+\alpha_{16}x''y''^2. \tag{10.40}$$

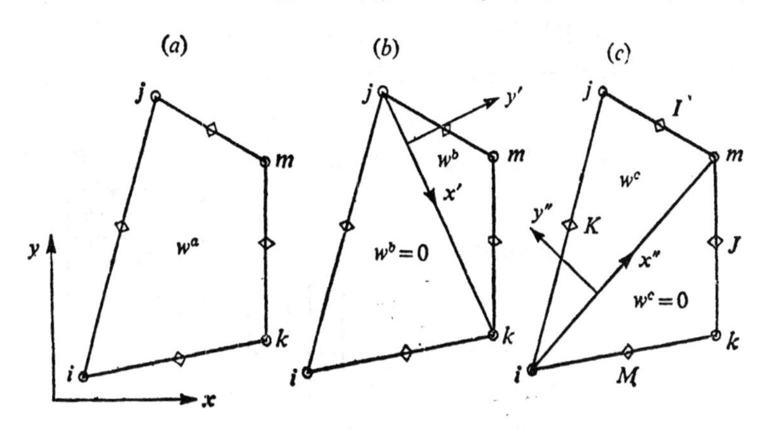

图 10.17 乌贝克提出的协调函数

各角点处的三个一般的变量及各边中节点处的法向斜率共给出十六个外自由度，这允许通过求逆确定十六个常数 α_1—α_{16}．协调性被保证了，而角点处再次出现不唯一的二阶导数值．

如果需要，也可对这种单元的边中节点的自由度施加限制，从而得到具有十二个自由度的单元．

如同乌贝克[9]所表明的，能够确定这种展开式的显式；并且得到了有用的单元．

对于非凸四边形，不能建立上述单元公式．这一限制并不严重，但是如果这种单元退化为接近三角形，则有必要考虑这种限制．

10.13 哪种单元好？数值评价

已经介绍了大量的协调及非协调单元，并给出了关于后者的一些数值结果．在所有这些单元中，采用了最简单的节点自由度，即只采用了位移及其一阶导数．这些单元非常适于推广到壳体问

题，并且实际上也很适于推广到要求 C_1 连续性的其它问题.

因为所有单元都收敛于正确答案（或者，在不规则的九自由度三角形网格的情况下，收敛于接近正确的答案），所以都可被安心地使用，而使用者的选择受方便性及经济性控制. 不容易做出求解的成本同精度的定量比较，但成本大致取决于总未知量数. 如果选择一个简单的检查问题，则可作出各种单元的数值评价. 在文献[3,8,26]中已有一些这样的比较. 在图 10.18 中，我们对于中心处承受集中载荷的简支板，示出了一些已经讨论过的单元的

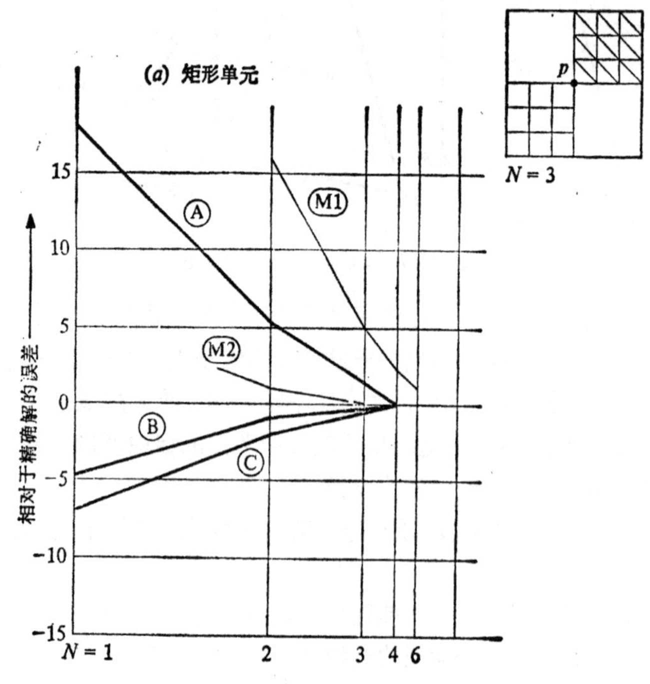

(A) 12个自由度的协调单元[19,29]

(B) 16个自由度的尼米特协调单元

(C) 16个自由度的协调单元[9]

(M1) 混合线性 M/W 单元[48]

(M2) 混合二次 M/W 单元[48]

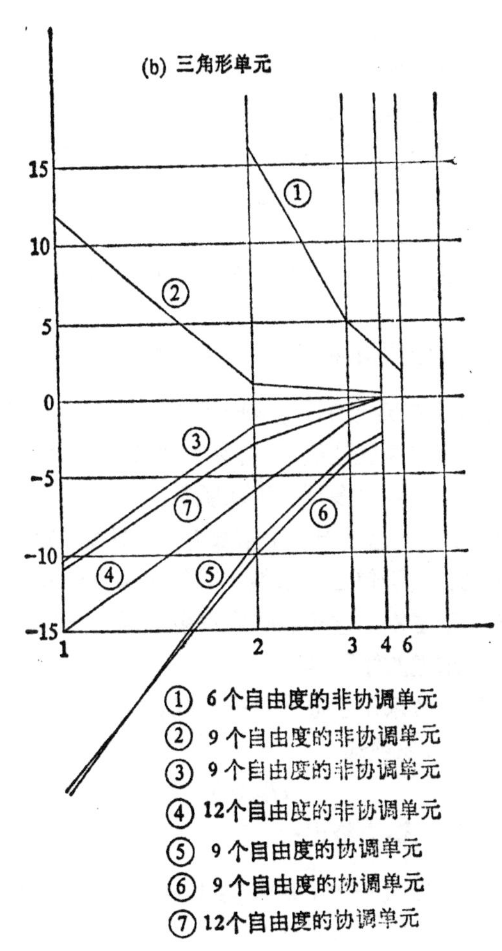

图 10.18 误差比较——承受中心载荷的简支薄板
(a) 矩形单元，(b) 三角形单元.

收敛性.

在这一比较中，我们还考察了两个尚未讨论过的单元. 第一个单元以九个(及十二个)自由度的协调单元为基础，对它应用了导数光滑化[25,26](参阅第 11 章 11.4 节).

第二个单元是伯根 (Bergan) 与汉森 (Hansen)[37] 直接由满足小块检验条件导出的最优的三角形单元.

毫无疑问,从容易形成任意形状这一点看来,九自由度单元的非协调公式系统可能是最方便的近似. 在自由度的性能上,到目前为止还没有其它单元比它好.

这里值得指出,协调三角形单元给出如此之差的解答,以致作为一种近似方法来应用它们显然并不合理.

具有附加自由度的协调形状函数

10.14 矩形单元的厄米特(Hermite)形状函数

对于图 10.2 的矩形单元,总是允许规定 $\partial^2 w/\partial x\partial y$ 为节点参数,因为这不涉及"过度连续". 容易证明,对于这种单元,很容易确定满足协调性条件的多项式形状函数.

例如,能够写出包含十六个常数(这与节点参数数目相等)的多项式展开式,它所包含的项使 w 或其法向斜率沿各边的变化曲线的次数不高于三次. 这里将会有许多不同的方法,有一些方法可能得不到可求逆的矩阵 **C**.

另外一种方法采用了厄米特多项式,它允许直接写出适当的形状函数,厄米特多项式

$$H^n_{mi}(x) \tag{10.41}$$

是 $2n+1$ 次多项式,它给出:

$$\frac{\mathrm{d}^k H}{\mathrm{d}x^k}=1,\ 当\ k=m,\ m=0,1,2,\cdots,n,\quad x=x_i\ 时;$$

$$\frac{\mathrm{d}^k H}{\mathrm{d}x^k}=0,\ 当\ k\neq m,\ x=x_i\ 时或\ x=x_j\ 时。$$

因此,一组一次厄米特多项式就是一组三次多项式,它给出以两端的斜率及函数值为变量的线性单元 ij 的形状函数. 图 10.19 示出了这样一组三次曲线.

容易证明,形状函数

$$\begin{aligned}\mathbf{N}_i=[&H^{(1)}_{0i}(x)H^{(1)}_{0i}(y),\ H^{(1)}_{1i}(x)H^{(1)}_{0i}(y),\\&H^{(1)}_{0i}(x)H^{(1)}_{1i}(y),\ H^{(1)}_{1i}(x)H^{(1)}_{1i}(y)]\end{aligned} \tag{10.42}$$

相应于顺次在节点 i 处取单位值而在其它节点处为零的

$$w, \frac{\partial w}{\partial y}, \frac{\partial w}{\partial x}, \frac{\partial^2 w}{\partial x \partial y}.$$

博格勒等人[10]已建立并成功地应用了基于这些形状函数的单元.

改进这种单元以使其包含高阶导数的连续性是简单的，在文献[9]中对此作了概述.

象所有矩形单元一样，上述单元在其未畸变的形式下应用范围很有限.

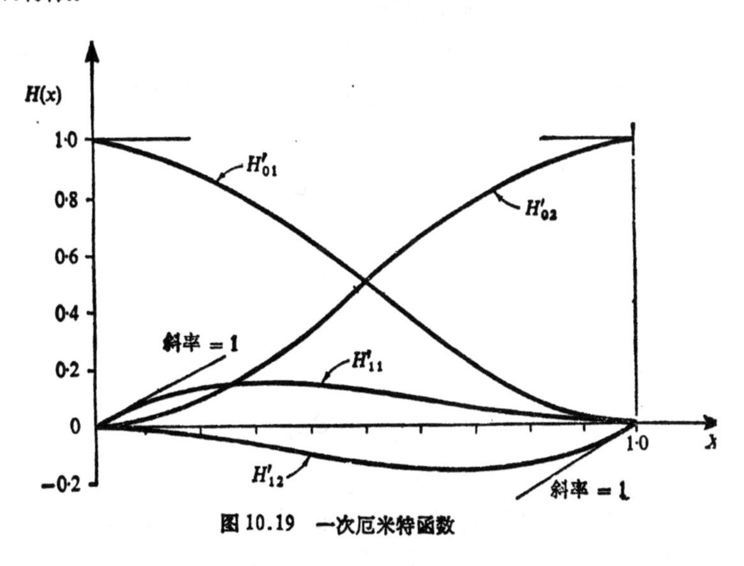

图 10.19 一次厄米特函数

10.15 具有二十一个自由度及具有十八个自由度的三角形单元

如果在节点处规定高于一阶的导数的连续性（如 10.3 节所述，在非均质情况下，这将造成某些约束），不难建立斜率及挠度协调的单元.

以

$$w, \partial w/\partial x, \partial w/\partial y, \partial^2 w/\partial x^2, \partial^2 w/\partial y^2, \partial^2 w/\partial x \partial y$$

作为节点自由度，三角形单元将至少具有十八个自由度. 现在，完全的五次多项式包含二十一项．因此，如果我们再以三个边中节点处的法向斜率作为附加自由度，则有能够确定形状函数的足够数目的方程．

沿任何一边，我们有确定w的变化的六个量（角点处的位移、斜率及曲率），即规定了一个五次的变化曲线．因此，w是唯一地确定的，在单元之间连续．

类似地，$\partial w/\partial n$ 由五个量规定，它按四次多项式变化．这也与单元间变形及斜率的连续性所要求的一样．

如果写出如下完全的五次多项式[1]：

$$w = \alpha_1 + \alpha_2 x + \cdots + \alpha_{21} y^5, \tag{10.43}$$

我们可以按照 10.4 节中建立矩形单元的方法进行处理，写出

$$w_1 = \alpha_1 + \alpha_2 x_1 + \cdots\cdots + \alpha_{21} y_1^5,$$

$$\left(\frac{\partial w}{\partial x}\right)_1 = \alpha_2 + \cdots\cdots + \alpha_{20} y_1^3,$$

$$\cdots\cdots\cdots\cdots\cdots$$

$$\left(\frac{\partial^2 w}{\partial x^2}\right)_1 = 2\alpha_4 + \cdots\cdots + 2\alpha_{19} y_1^2, \text{等},$$

并且最后得到

$$\mathbf{a}^e = \mathbf{C}\boldsymbol{\alpha}, \tag{10.44}$$

式中 $\mathbf{C}$ 是 21×21 的矩阵．

在建立式(10.44)的过程中唯一明显看到的困难是如何定义边中节点处的法向斜率，读者在形成式(10.44)时可以体会到这一点．然而，如果我们注意到(图 10.15)

$$\frac{\partial w}{\partial n} = \cos\phi \frac{\partial w}{\partial x} + \sin\phi \frac{\partial w}{\partial y}, \tag{10.45}$$

式中ϕ是某边与x轴的夹角，就容易建立公式．

实际上，不易确定 $\mathbf{C}$ 的逆阵的显式，刚度矩阵等象在式(10.24)中那样是通过数值求逆的方法算出的．

---

1) 对于这一推导，建议采用简单的笛卡儿坐标而不采用面积坐标．因为是完全的多项式，所以保证了对称性．

在各条边上，存在着只有一个自由度的边中节点，这一点会引起麻烦．然而，通过限制法向斜率沿三角形各边按三次曲线变化，就可消除它们．显然，这时矩阵 **C** 可变成 18 × 18 阶，自由度数目可减少为 18，得到图 10.15(e) 所示具有三个节点十八个自由度的单元．实际上，这是一个更实用的单元．

在 1968 年发表的几篇文献中都介绍了这两种单元，而且显然是完全独立地得到它们的．这种"同时发现"是科学进步中有趣的现象之一，在许多领域中，当发展到某一阶段时，好象也出现这种现象．

按照字母顺序，介绍具有二十一个自由度的单元的作者有：阿吉里斯[16]，贝尔（Bell）[12]，博斯哈德（Bosshard）[15]，艾恩斯[7]及维塞（Visser）[17]．提出简化的具有十八个自由度的单元的有：阿吉里斯[16]、贝尔[12]及考珀等人[14]．巴特林（Butlin）与福特（Ford）[13]建立了本质上与此相似但是更加复杂的公式，而该单元形状函数早已由威苏姆（Withum）[38]及菲利帕[39]叙述过．

显然，能够建立更多的这种类型的单元，实际上上述文献中也已经提到了一些．在监凯维奇[40]的工作中，对此作了全面的研究．但总是必须记住，在出现材料性质不连续变化时，它们包含着矛盾．另外，高阶导数的存在使得规定边界条件困难，而且实际上也不能简单地将能量导数解释为"节点力"．因此，尽管许多文献中表明这种单元精度很好，工程师仍然可有理由认为前述较直观的公式更好．

10.16　结语

本章广泛地评述了板弯曲单元的形状函数及其建立方法．这不仅是因为板弯曲问题在工程应用中是重要的，而且是因为，这里介绍的所有形状函数适用于泛函中包含二阶导数的问题．因此，在粘性流动问题以及这种类型的其它物理问题中，也可以应用这些函数．

实际上，如所周知，即使对于二维应力分析问题，也可采用应力函数来建立公式，因此其泛函中也包含二阶导数．因为这种公式系统自动满足平衡条件，所以可基于最小余能原理求出“上界”解．乌贝克与监凯维奇[41]最早指出了这种应用．

正因如此，这里略去了板问题的另外许多公式系统．其中的一些已完善地建立起来[42－48]，在第十一章及第十二章中，我们将转到这些公式系统上来．

本章建立基本的公式系统时，遵从的是经典薄板理论．因此，没有考虑板的剪切变形．对于很厚的板，剪切变形无疑比较重要．在文献[8]及[42]中，介绍了几种试图考虑剪切变形的近似方法．在本书第十一章及第十六章中，将按不同的方式处理这个问题．

做出具有 C_1 连续性的形状函数(或其近似)的问题，是人们一直感兴趣的问题之一．读者会发现，参考本章中未提及的文献[49—51]中的另外一些方法是有教益的．

参 考 文 献

[1] S. Timoshenko and S. Woinowsky-Krieger, *Theory of Plates and Shells* McGraw-Hill, 2nd ed., 1959.

[2] B. M. Irons and J. K. Draper, 'Inadequacy of nodal connections in a stiffness solution for plate bending', *J. A. I. A. A.*, 3, 5, 1965.

[3] R. W. Clough and J. L. Tocher, 'Finite element stiffness matrices for analysis of plates in bending', *Proc. Conf. Matrix Methods in Struct, Mech.*, Air Force Inst. of Tech., Wright Patterson A. F. Base, Ohio, 1965 (October).

[4] G. P. Bazeley, Y. K. Cheung, B. M. Irons, and O. C. Zienkiewicz, 'Triangular elements in bending-conforming and non-conforming solutions', *Proc. Conf. Matrix Methods in Struct. Mech.*, Air Force Inst. of Tech., Wright Patterson A. F. Base, Ohio, 1965 (October).

[5] G. Sander, 'Bornes supérieures et inférieures dans l'analyse matricielle des plaques en flexion-torsion', *Bull. Soc. Royale des Sc. de Liége*, 33 456—94, 1964.

[6] B. Fraeijs de Veubeke, 'Bending and Stretching of Plates', *Proc. Conf Matrix Methods in Struct. Mech.*, Air Force Inst. of Tech., Wright Patterson A. F. Base, Ohio, 1965 (October).

[7] B. M. Irons. 'A conforming quartic triangular element for plate bending', *Int. J. Num. Meth. Eng.*, **1**, 29—46, 1969.

[8] R. W. Clough and C. A. Felippa, 'A refined quadrilateral element for analysis of plate bending', *Proc. 2nd Conf. Matrix Methods in Struct.*

Mech., Air Force Inst. of Tech., Wright Patterson A. F. Base, Ohio, 1968.

[9] B. Fraeijs de Veubeke, 'A conforming finite element for plate bending, *Int. J. Solids Struct.*, **4**, 95—108, 1968.

[10] F. K. Bogner, R. L. Fox, and L. A. Schmit, 'The generation of interelement-compatible stiffness and mass matrices by the use of interpolation formulae', *Proc. Conf. Matrix Methods in Struct. Mech.*, Air Force Inst. of Tech., Wright Patterson A. F. Base, Ohio, 1965 (October).

[11] I. M. Smith and W. Duncan, 'The effectiveness of nodal continuities in finite element analysis of thin rectangular and skew plates in bending', *Int. J. Num. Mech. Eng.*, **2**, 253—8, 1970.

[12] K. Bell, 'A refined triangular plate bending element ', *Int. J. Num. Meth. Eng.*, **1**, 101—22, 1969.

[13] G. A. Butlin and R. Ford, 'A compatible plate bending element', *Univ. of Leicester Eng. Dept. report*, 68-15, 1968.

[14] G. R. Cowper, E. Kosko, G. M. Lindberg, and M. D. Olson, 'Formulation of a new triangular plate bending element', *Trans. Canad. Aero-Space Inst.*, **1**, 86—90, 1968. (see also N. R. C. Aero report IR514, 1968).

[15] W. Bosshard, 'Ein neues vollyerträgliches endliches Element für plattenbiegung', *Mt. Assoc. Bridge Struct. Eng. Bulletin*, **28**, 27—40, 1968.

[16] J. H. Argyris, I. Fried, and D. W. Scharpf, 'The TUBA family of plate elements for the matrix displacement method', *The Aeronautical J. R. Ae. S.*, **72**, 701—9, 1968.

[17] W. Visser, *The finite element method in deformation and heat conduction problems*, Dr. W. Dissertation, T. H., Delft, 1968.

[18] B. M. Irons, Comments on 'Complete polynomial displacement fields for finite element method', by P. C. Dunne, *The Aeronautical J. R., Ae. S.*, **72**, 709, 1968.

[19] O. C. Zienkiewicz and Y. K. Cheung, 'The finite element method for analysis of elastic isotropic and orthortopic slabs', *Proc. Inst. Civ. Eng.*, **28**, 471—88, 1964.

[20] R. W. Clough, 'The finite element method in structural mechanics', chapter 7 of *Stress Analysis*, ed. O. C. Zienkiewicz and G. S. Holister, J. Wiley, 1965.

[21] D. J. Dawe, 'Parallelogram element in the solution of rhombic cantilever plate problems', *J. of Strain Analysis*, **3**, 1966.

[22] J. H. Argyris, 'Continua and Discontinua', *Proc. Conf. Martix Methods. in Struct Mech.*, Air Force Inst. of Tect., Wright Patterson A. F. Base, Ohio, 1965 (October).

[23] L. S. D. Morley, 'The triangular equilibrium element in the solution of plate bending problems, *Aero Quart.*, **19**, p. 149—69, 1968.

[24] L. S. D. Morley, 'On the constant moment plate bending element', *J. Strain Analysis*, **6**, 20—4, 1971.

[25] A. Razzaque, 'Program for triangular bending element with derivative smoothing', *Int. J. Num. Meth. Eng.*, **5**, 588—9, 1973.

[26] B. M. Irons and A. Rrzzaque, 'Shape function formulation for elements other than displacement models', *Proc. Conf. Variational Methods in Engineering*, Southampton Univ., 1972.

[27] J. E. Walz, R. E. Fulton, and N. J. Cyrus, 'Accuracy and Convergence of finite element approximation', *Proc. 2nd Conf. Matrix Methods in Struct. Mech.*, Air Force Inst. of Tech., Wright Patterson A. F. Base, Ohio, 1968.

[28] R. J. Melosh, 'Basis of derivation of matrices for the direct stiffness method', *J. A. I. A. A.*, **1**, 1631—7, 1963.

[29] A. Adini and R .W. Clough, *Analysis of plate bending by the finite element method* and Report to Nat. Sci. Found/U. S. A., G. 7337, 1961.

[30] Y. K. Cheung, I. P. King and O. C. Zienkiewicz, 'Slab bridges with arbitrary shape and support conditions—a general method of analysis based on finite elements', *Proc. Inst. Civ. Eng.*, **40**, 9—36, 1968.

[31] J. L. Tocher and K. K. Kapur, 'Comment on Basis of derivation of matrices for direct stiffness method', *J. A. I. A. A.*, **3**, 1215—16, 1965.

[32] R. D. Henshell, D. Walters, and G. B. Warburton, 'A new family of curvilinear plate bending elements for vibration and stability', *J. Sound and Vibration*, **20**, 327—43, 1972.

[33] H. Marcus, 'Die Theorie elastischer Gewebe und ihre Anwendung auf die Berechnung biegsamer Platten', Springer, Berlin, 1932.

[34] P. Ballesteros, 'The application of Maclaurin's Series to the analysis of plates in bending', University of Michigan, Ann Arbor, Mich., 59. 196, 1958.

[35] P. Ballesteros and S. L. Lee, 'Uniformly loaded rectangular plate supported at the corners', *Int. J. Mech. Sci.*, **2** (No. 3), 206—11, 1960.

[36] A. Razzaque, *Finite e ement analysis of plaets and shells*, Ph. D. Thesis, Univ, of Wales, Civil Engineering Department, Swansea, 1972.

[37] P. G. Bergan and L. Hanssen, 'A new approach for deriving "good" element stiffness matrices', in *The Mathematics of Finite Elements and Applications*, ed. J. R. Whiteman, Academic Press. 1977.

[38] D. Withum, *Berechnung von Platten nach dem Ritzsehen verfahen mit Wilfe dreieckförmiger Meshetze*, Mittl. Inst. Statik Tech. Hochschule, Hanover, 1966.

[39] C. A. Felippa, *Refined finite element analysis of linear and non-linear twodimensional structures*, Ph. D., Struct. Eng. Univ. of Calif., Berkeley, 1966.

[40] A. Zenisek, 'Interpolation poly nomials on the triangle', *Int. J. Num. Meth. Eng.*, **10**, 283—96, 1976.

[41] B. Fraeijs de Veubeke and O. C. Zienkiewicz, 'Strain Energy Bounds in finite element analysis by slab analogy', *J. Strain Analysis*, **2**, 265—71, 1967.

[42] T. H. H. Pian, 'Derivation of Element stiffness Matrices by assumed stress distribution', *A. I. A. A., Int.*, **2**, 1332—6, 1964.

[43] T. H. H. Pian and P. Tong, 'Basis of finite element methods for solid continua', *Int. J. Num. Meth. Eng.*, **1**, 3—28, 1969.

[44] R. J. Allwood and G. M. M. Cornes, 'A polygonal finite element for plate bending problems using the assumed stress approach', *Int. J. Num. Meth. Eng.*, **1**, 135—50, 1969.

[45] R. T. Severn and P. R. Taylor, 'The finite element method for flexure of slabs where stress distribution are assumed', *Proc. Inst. Civ. Eng.*, **34**, 153—70, 1966.

[46] L. R. Herrmann, 'Finite Element Bending analysis of plates', *Proc. Am. Soc. Eng.*, **93**, EM 5, 1967.

[47] B. Fraeijs de Veubeke, 'An equilibrium model for plate bending', *Int. J. Solids Struct.*, **4**, 447—68, 1968.

[48] J. Bron and G. Dhatt, 'Mixed quadrilateral elements for bending', *J. A. I. A. A.*, **10**, 1359—61, 1972.

[49] J. J. Goël, 'Construction of basic functions for numerical utilization of Ritz's method', *Numerische Math.*, **12**, 435—47, 1968.

[50] G. Birkhoff and L. Mansfield, 'Compatable triangular finite elements', *J. Math. Analysis and Appl.*, **47**, 531—53, 1974.

[51] C. L. Lawson, 'C'-compatable interpolation over a triangle' *NASA Jet. Prop. Lab.*, T. M., 33—770, 1976.

第十一章

非协调单元；代用形状函数；“降阶”积分及类似的有用技巧

11.1 引言

在上一章论述板的位移法时，我们在本书中第一次引入了非协调单元，这在很大程度上是为了克服强加斜率（C_1）连续性这一困难．尽管用这些单元已经得到比用相当的协调单元更好的结果，但因这些单元违反第二章（2.5节）和第三章（3.2节）中提出的一个很重要的保证可积性的收敛条件，它们看起来好象很不合法，甚至有被逐出法门的危险．今天，已通过前面提到过的小块检验建立起了这种单元收敛的充分条件，用这个办法，现在已证明大多数从前“不合法”的单元具有收敛性．

既然非协调性看来改善了单元的性能，是否这只限于那些在求协调形状函数时出现困难的单元呢？是否甚至也可以有意地用它来改善如第七章所示协调性易于实现的 C_0 型单元的性能呢？本章的第一部分就是要回答这些问题．

重要的问题是：应当如何作出这种非协调性函数，以通过小块检验，而同时改进了性能．用物理直观的办法完全可以很好地解决这个问题，不过更正规的办法是利用使相应导数光滑的代用形状函数．我们将表明，这种代用形状函数用起来很有效；我们还将指出，通过非精确数值积分而引进的另一种对于正确逼近的违反，产生同样所期望的效果．

最后，我们将表明，这种降阶积分的另一个好处是：引进了为克服某些问题中由罚函数法造成的过度约束所必需的一些奇异性．这里我们将首先考察不可压缩性问题，然后考察斜率和位移独立插值的板弯曲问题.

通过本章的办法,引进一些最有效的实用单元,以此表明,到目前为止所取得的成功并非完全是偶然的.

11.2 小块检验

在第二章 2.7 节中,我们已经提到过"小块检验",把它作为检验违反弹性力学保续性条件的单元是否可用的手段. 其实,这种检验法对用第三章的有限元方式逼近的任何数学问题都可以推导出来.

最初的检验法是以物理方式引进的,并可解释成这样一种校验方法:它判定当单元的尺寸变成无限小时,承受常应变的单元小块(图 11.1)是否精确再现材料的本构性态,并产生正确的应力[1,2]. 如果是这样,就可认为有限元模型代表了真实的材料性态,并且在单元尺寸减小的极限情况下,会因此而精确地再现真实结构的性态.

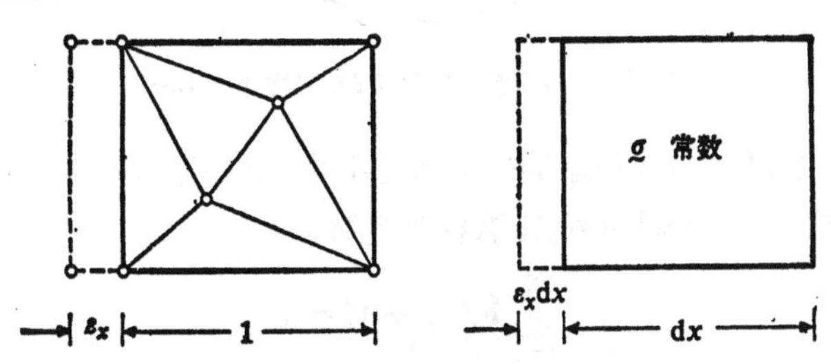

图 11.1 承受常应变 ε_x 的单元小块以及一块连续体常应变或线性位移场小块检验的物理解释

显然,虽然只希望在单元小块的尺寸变成无限小的情况下通过这一检验,但对于采用多项式的大多数单元,事实上并不考虑小块的尺寸,一般都是要求对于任一单元尺寸通过小块检验.

很明显,小块的刚体位移不会引起应变,而且如果本构定律取得适当,不会引起应力变化. 这样一来,小块检验便保证了刚体运动不产生应变.

采用曲线坐标时,仍要求在极限情况下通过小块检验,但一般不对有限尺寸的小块这样要求. (这里,第八章所讨论的问题中的等参数坐标系是一个例外.) 因此,对象壳体这样的采用局部曲线坐标的许多问题,这一检验必须限于尺寸无限小的小块,单单根据物理意义就知道,这是收敛的充分必要条件[3-7].

小块检验的原始概念可以推广于所有的有限单元逼近;它可以不仅作为收敛的充分条件而且作为所期望的收敛阶次的指标而被重新导出[8].

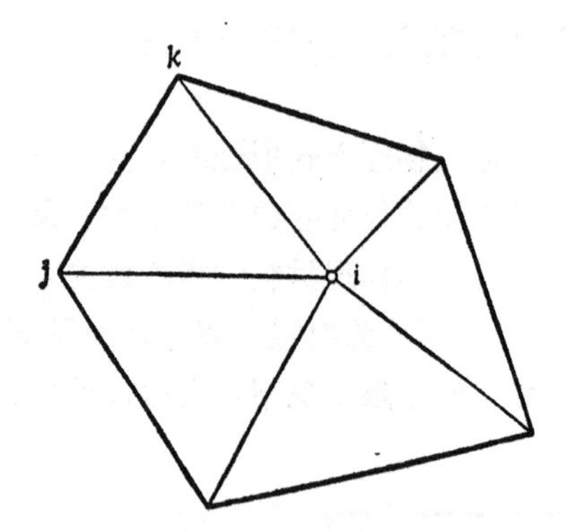

图 11.2 具有全连接节点 i 的任意单元小块

考虑如图 11.2 所示的任意单元小块,其中至少有一个全连接节点(象 i). 我们知道,在这种节点处有

$$\sum_{e=1}^{m} \mathbf{K}_{ij}^{e} \mathbf{a}_{j} + \mathbf{f}_{i}^{e} = 0, \tag{11.1}$$

无论是对于结构力学问题,这时 $\mathbf{K}_{ij}^{e}$ 表示单元的刚度系数矩阵,或者是对于把线性微分方程

$$\mathbf{L}\boldsymbol{\phi} + \mathbf{P} = 0 \tag{11.2}$$

用试探展开式

$$\hat{\boldsymbol{\phi}} = \sum_{i=1}^{n} \mathbf{N}_{i} \mathbf{a}_{i} \tag{11.3}$$

作伽辽金有限元逼近(见第三章)所引起的问题,式(11.1)都成立.

现在如果我们考察 $\boldsymbol{\phi}$ 的局部泰勒 (Taylor) 展开式,有限元近似的阶次则由这一展开式中被略去的项所控制. 这样一来,如

果 $\boldsymbol{\phi}^p$ 表示以 p 次多项式给出的微分方程(11.2)的精确解（为此载荷项取适当值），那末当有限元近似精确地再现这一解时，单元将至少以

$$O(h^{p+1})$$

的误差阶次收敛．为了判定真实的收敛阶次，我们在图 11.2 所示单元小块的每个节点上，强加跟未知函数 $\boldsymbol{\phi}^p$ 的任意多项展开式相应的节点位移． 如果我们发现方程（11.1）精确满足，那末 $O(h^{p+1})$ 阶的收敛性是得到保证的．

当然，在这里离散载荷项必须用相应的载荷函数 $\mathbf{p}^p$ 来计算．

显然，我们寻求按“能量”也收敛的解以及相应的象应变这样的量，p 的最小阶次由定义这些量的第 m 阶微分的阶次给出（见 2.6 节）．因此，为了有一般的收敛性，必须检验单元是否具有阶次 p 不小于 m 的多项式解．对于 $p=m$，这种检验相应于已讨论过的最初的常应变条件．对于这种情况，载荷项 $\mathbf{p}^p=0$，并且如同已经提到过的，可以精确再现“本构性态”．

如果单元形状以及对于单元小块强加的多项式都是十分任意的，则进行一次数值检验就够了，因为偶然地满足该条件是极不可能的．然而我们将发现，对于某些单元，仅当单元形状或联络性具有某一特殊方式时（例如，如同第十章中针对一个特殊情况所表明的那样，单元是矩形、平行四边形或按某一规则方式布置的三角形），才满足小块检验．

如果只是对于这种特殊条件通过小块检验，那末在这种特殊方式或形状的情况下会保证收敛性．

有时对小块检验采用一种与前面稍有不同的解释．这时，对于图 11.2 的小块只强加边缘节点参数值，并用式（11.1）来确定 $\mathbf{a}_i$． 如果发现它对应于正确值，并且正确地给出应变或类似的导数，则小块检验是满足的．

两种方法之间的差别很小，但是第二种方法附带确定了矩阵 $\mathbf{K}_{ii}$ 是非奇异的．

因为小块检验提供了一种保证收敛性的检验法，所以对于非

协调单元应用小块检验会自动地确定这些单元是否合理.

已有许多数学文献论述了使非协调形状函数能保证收敛性的条件. 在这方面，最初的贡献之一是奥利维拉（Oliveira）[9] 作出的,随后还有其他人的工作[10]. 然而,看来没有一种检验法象小块检验提供的方法那样简便易行.

11.3 非协调 C_0 四边形单元

在第七章和第八章中讨论了线性拉格朗日矩形，以及与其相应的等参数四边形. 这一单元的协调形式及基本的线性形状函数

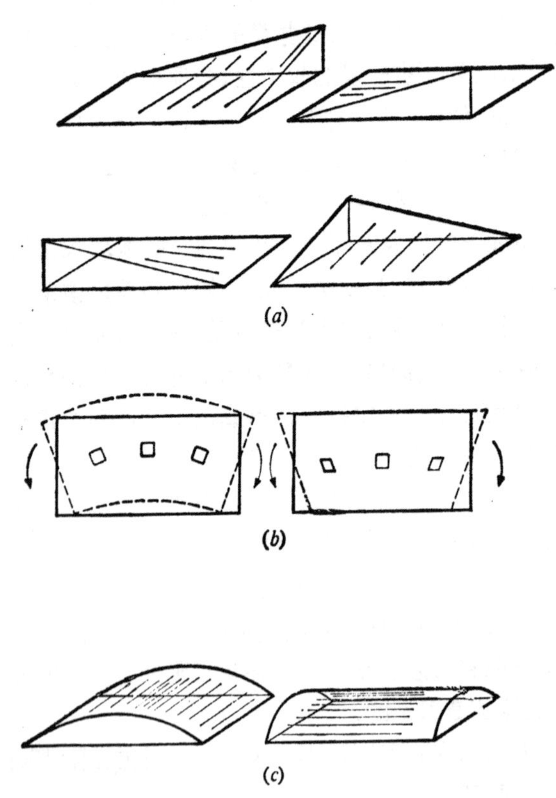

图 11.3 具有协调形状函数的线性四边形(a); 纯弯及引起剪切的线性位移(b);与内变量有关的辅助“弯曲”形状函数(c)

示于图 11.3(a). 这一单元用于平面应力悬臂梁时的性能示于第九章的图 9.1，我们看出它是不令人满意的，因为它不能够模拟由于弯曲而引起的简单的形状变化(图 11.3(b)). 因此，一个很自然的想法就是，如图 11.3(c) 所示引进两个附加的位移模式，使之与内部自由度相关联. 显然，现在单元之间的变形不协调；但另一方面，却几乎精确地解决了梁问题. 威尔森 (Wilson) 等人[11]引进了这一单元，在图 11.4 中，我们通过跟协调线性单元相比较表明，在一个悬臂梁中，算出的挠度及应力如何显著地得到改善.

对于其它的情况，也能够得到这样的改进吗？这个新单元能通过小块检验吗？结果表明，只有在矩形或平行四边形的情况下才是这样的，而对于一般的四边形就不行了(事实上产生极坏的结果)，因此不能把它作为一个通用的单元.

泰勒等人[12]建议对这种单元做一番"治疗"，而不要把它抛弃掉，其办法是强迫它通过低阶(常应变)小块检验，这个办法取得了成功，使得这种单元得到承认，从而增加了一种简单而又有效的通用单元. 强迫通过小块检验的办法很有价值，因此我们要在这

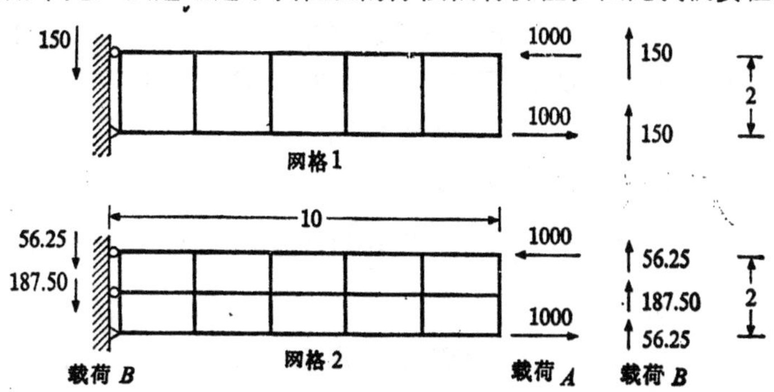

图 11.4 梁弯曲作为平面应力处理时非协调四边形的性能
(a) 协调线性四边形，(b)非协调四边形.

里把它概要地介绍一下.

在原来的单元中，确定每个未知量 (在应力分析的情况下，就是位移 u 和 v) 的形状函数是：

对于角节点(见式 (7.14))，

$$N_i = (1+\eta_i\eta)(1+\xi_i\xi)/4 \quad (i=1,\cdots,4), \tag{11.4a}$$

而对于不协调模式，

$$\bar{N}_i = (1-\xi^2) \quad (i=5),$$
$$\bar{N}_i = (1-\eta^2) \quad (i=6). \tag{11.4b}$$

现在应变可以写成通常的形式

$$\boldsymbol{\varepsilon} = \mathbf{B}^e\mathbf{a}^e = \hat{\mathbf{B}}^e\mathbf{u}^e + \bar{\mathbf{B}}^e\bar{\mathbf{u}}^e, \tag{11.5}$$

式中参数 $\mathbf{u}^e$ 是指角节点位移，而 $\bar{\mathbf{u}}^e$ 是指与不协调模式有关的四个内自由度.

单元的刚度方程可按通常的方式给出:

$$\begin{bmatrix} \mathbf{K}^e_{uu} & \mathbf{K}^e_{u\bar{u}} \\ \mathbf{K}^e_{\bar{u}u} & \mathbf{K}^e_{\bar{u}\bar{u}} \end{bmatrix} \begin{Bmatrix} \mathbf{u}^e \\ \bar{\mathbf{u}}^e \end{Bmatrix} = \begin{Bmatrix} \hat{\mathbf{f}}^e \\ \mathbf{0} \end{Bmatrix}. \tag{11.6}$$

关于内参数 $\bar{\mathbf{u}}^e$ 的方程现已全部集合好了，可以在整体集合之前，在单元一级消去这些参数. 我们知道，仅考虑协调模式时，$\mathbf{u}^e$ 取相应于线性位移场的角点值，节点力的大小恰使小块检验得以通过，我们现在要保证，不协调模式的贡献在这种情况下为零. 解式(11.6)的第二个方程，我们有

$$\bar{\mathbf{u}}^e = -\mathbf{K}^{e\,-1}_{\bar{u}\bar{u}}\mathbf{K}^e_{\bar{u}u}\mathbf{u}^e, \tag{11.7}$$

并且我们要求当 $\mathbf{u}^e$ 取相应于线性位移场的值时，即

$$\mathbf{u}^e = (\mathbf{u}^e)_l \tag{11.8}$$

时，使 $\bar{\mathbf{u}}^e$ 这个量为零. 因此，我们需要

$$\mathbf{K}^e_{\bar{u}u}(\mathbf{u}^e)_l = \int_{V^e} \bar{\mathbf{B}}^{eT}\mathbf{D}\hat{\mathbf{B}}^e(\mathbf{u}^e)_l \mathrm{d}V = 0. \tag{11.9}$$

我们注意到

$$\mathbf{D}\hat{\mathbf{B}}^e(\mathbf{u}^e)_l = \hat{\boldsymbol{\sigma}}_l \tag{11.10}$$

是相应的常应力状态，现在为使小块检验总是得以通过，我们只需要

$$\int_{V^e} \bar{\mathbf{B}}^{eT}\mathrm{d}V = \int_{-1}^{1}\int_{-1}^{1} \bar{\mathbf{B}}^{eT}|J|\mathrm{d}\xi\mathrm{d}\eta = 0, \tag{11.11}$$

式中 $|J|$ 是相应于该变换的雅可比行列式. 式(11.11)的各项将包含诸如

$$\frac{\partial \bar{N}_i}{\partial \xi}\cdot\frac{\partial x}{\partial \xi};\qquad \frac{\partial \bar{N}_i}{\partial \eta}\cdot\frac{\partial x}{\partial \xi}\ \text{等}$$

乘积，由于形状函数 $\bar{N}_i$ 是二次型，也就是包含诸如 $\xi(\partial x/\partial\xi)$；$\eta(\partial x/\partial\xi)$ 等项．如果 $\partial x/\partial\xi$，$\partial x/\partial\eta$ 等都是常数，则式（11.11）的积分自动为零．作

$$x=\sum_{i=1}^{4}N_i x_i,\ y=\sum_{i=1}^{4}N_i y_i \tag{11.12}$$

这样的等参数变换，如果单元是平行四边形，此时雅可比行列式为常量，那末式(11.11)自动成立，这说明在这种情况下小块检验是满足的．

治疗畸变单元的办法就很清楚了：在计算矩阵 $\mathbf{K}_{u\bar{u}}$（或 $\mathbf{K}_{\bar{u}u}$）时，使 $\partial x/\partial\xi$ 等的值为常数，这样小块检验就可通过．这是很容易做到的，只要在 $\xi=\eta=0$ 处，即在单元中心处计算所需的导数就行了．只是对于这些特殊的矩阵必须这样做．

这样导出的新单元是一种非常有效的四边形单元，通常它的性能比协调的线性四边形改进很多． 新单元的成本只是稍高一点，因为附加的变量在单元一级就消去了．由于该单元变得跟平行四边形情况下的原始不协调单元完全一样，图 11.4 所示的优点仍然全部保留下来．这里的讨论是联系弹性力学问题的刚度公式系统进行的，它们显然适用于泛函仅含一阶导数的其它问题．

我们对这里所列举的这个单元作了详细的讨论，为的是表明如何具体地去按照满足小块检验的要求推导出这种单元． 其他人[13,14]用类似的办法在更一般的情况下导出了十分有效的单元，但同时不得不依靠许多直觉的知识来导出不协调模式．我们在后面将表明，可以建立一种更系统化的办法．

最后，指出一件很有意思的事：矩形不协调单元跟特纳等[15]在最早的一篇有限元论文中用直观方法推导出来的完全一样．由于原来所用的办法"不科学"，它看来已经被抛弃了，后来卞学镄(Pian)[16] 又把它作为杂交单元的特例重新推导出来（我们将在第十二章 12.4 节中回到这个问题上来）．在最近出版的一本教科

书[17]中，对于它们之间的一致性作了清楚的说明；而对于其它的不协调单元，也要注意到这一点.

11.4 代用形状函数

上一节介绍的单元以及各种非协调板弯曲单元的成功，都是靠运气加上好的判断力. 肯定可以搞出一个更系统化的方法来改进完全协调单元的性能. 一种办法就是采用代用形状函数，它们是这样设计出来的：当单元的尺寸减小时，它们以连续的方式逼近于协调的形状函数及其导数. 因为对于协调的形状函数收敛性是有保证的(并且总是满足小块检验)，基于这种代用形状函数的任何公式也必定是收敛的.（尽管对于数学家来说，这里的讨论只不过是启发式的，但以后总是可以通过使这样导出的新单元服从小块检验来验证它.）

某一协调单元性能之所以不好，往往可归因于对控制收敛阶次的最高完全多项式所补充的项，这种项的引入仅仅是为了满足连续性的需要. 因此，如果我们可以用与原来形状函数所包含的最高完全多项式阶次相同并能以某种适当方式逼近它的多项式来代替每个形状函数，就可以做出等价的、可能具有同样收敛阶次的不协调单元. 实现这一点的一个最好的方式是设计新的形状函数，使得它在最小二乘方的意义下逼近进入(刚度)计算的导数.

例如，考虑图 11.3(a) 的线性四边形. 我们看出，图 11.5(a) 所示的每个形状函数，仅对于线性项是完全的，因此代用形状函数应为如下形式：

$$N_i' = \alpha_1 + \alpha_2\xi + \alpha_3\eta. \tag{11.13}$$

如图 11.5(b) 所示，在原来的展开式中，$\xi\eta$ 项使导数线性变化，而其代用函数应是在最小二乘意义下逼近这些量的常量. 用不着进行计算，代用导数显然就是如图所示的那样，新的形状函数也得到了，只是不知道附加的常数. 如图 11.5(c) 所示，这个附加的常数也应选择得使 N_i' 在最小二乘意义下拟合 N_i.

把代用形状函数应用于刚才介绍的单元，这样的单元满足小块检验，因此收敛阶次跟原来的单元一样，但不幸的是在这种情况下得到奇异的刚度矩阵．多尔蒂等人[18]提出了一种应用这种代用函数的聪明办法，他们把代用函数仅用于深受虚假的能量项所害的矩阵的剪切分量，这种办法避免了奇异性这个困难．

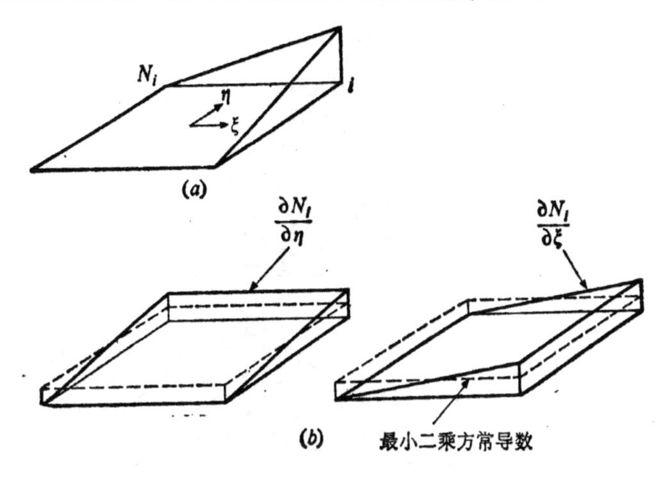

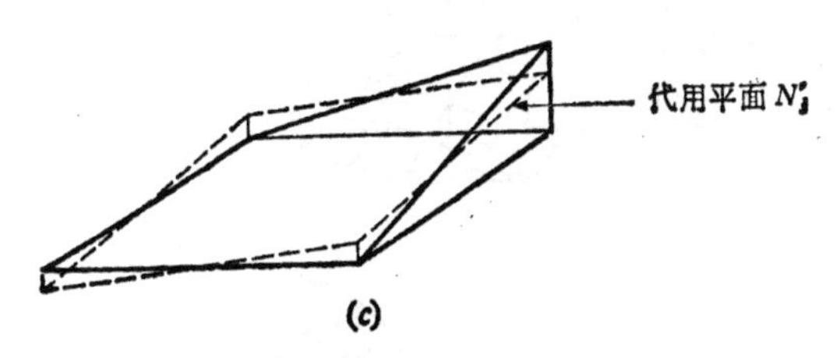

图 11.5　线性四边形的代用形状函数 N_i' 的形成

代用形状函数的最早系统化和成功的应用之一是由艾恩斯和拉扎克（Razzaque）[19-21] 对三角形板弯曲单元做出的．我们已在第十章中看到，在 12 个（或 9 个）自由度的三角形中，需要引入非多项式的形状函数分量 ε_i（见式(10.37)），以满足斜率的连续性．在十二个自由度的三角形的情况下，其它的形状函数分量给出完全的三次多项式．因此，如果可以用三次多项式按这样一种方式代替 ε_i，即它的二阶导数表示 ε_i 的真实导数的最小二乘拟合，那么就可以实现一种可能很有效而且肯定收敛的不协调近似．在图11.6中，我们示出了这种“光滑的导数”．它代替了形状十分奇特的原来的导数，在该图中还示出了基本的代用函数．

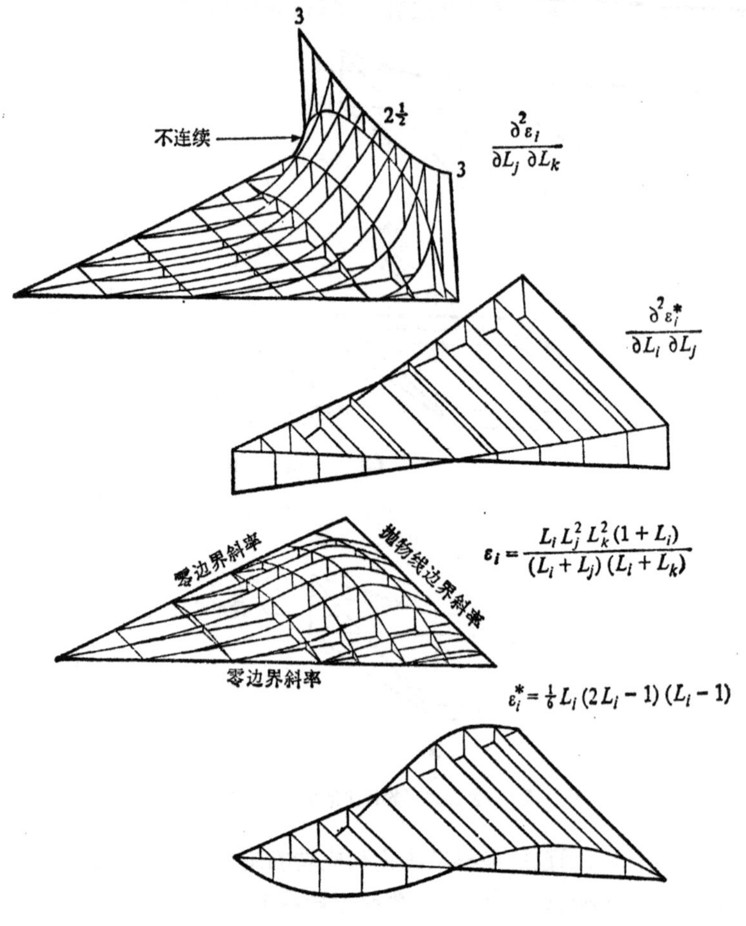

图 11.6　最小二乘方代用三次形状函数 ε_i^*，用来代替板弯曲三角形的有理函数 ε_i

这种方法的成功为大量的实验所证实，第十章的图 10.18 就包含有如此所得的 9 个和 12 个自由度单元的结果．

这些单元的性能显得比通常的协调单元优越得多，而在非协调 9 自由度单元的情况下，其性能类似于 10.6 节用另一种方法设计的非协调三角形单元.

仅在导数一级用代用函数进行计算，而这是相当复杂的. 文献[20]及[21]为那些对详情感兴趣的人提供了这种单元的完整的编码程序. 值得指出的是，在这种情况下只计算形状函数的导数，因为在刚度矩阵的计算中仅仅用到导数. 因此，用不着去拟合形状函数本身. 但为了同载荷矩阵等的计算相协调，恐怕也应当用上代用函数本身.

11.5 代用形状函数改进结果的原因. 最佳样点与降阶积分

11.5.1 上一节的代用形状函数给出了收敛的单元，但关于改进性能的原因，却只有一点定性的说明. 然而，根据下面的定理可以获得较好的理解，这个定理是说：使定义为

$$\Pi=\frac{1}{2}\int_{\Omega}(\mathbf{Lu})^{\mathrm{T}}\mathbf{A}(\mathbf{Lu})\mathrm{d}\Omega+\int_{\Omega}\mathbf{u}^{\mathrm{T}}\mathbf{p}\mathrm{d}\Omega \tag{11.14}$$

的能量泛函 Π 取极小值会给出精确解 $\mathbf{u}=\bar{\mathbf{u}}$，这等价于使定义为

$$\Pi^{*}=\frac{1}{2}\int_{\Omega}(\mathbf{L}(\mathbf{u}-\bar{\mathbf{u}}))^{\mathrm{T}}\mathbf{AL}(\mathbf{u}-\bar{\mathbf{u}})\mathrm{d}\Omega \tag{11.15}$$

的另一个泛函 Π^{*} 取极小值. 以上式中，$\mathbf{L}$ 是自伴线性算子，而 $\mathbf{A}$ 及 $\mathbf{p}$ 是给定的位置矩阵. 以上二次形式(式(11.14))出现在大多数线性自伴问题中.

这个定理由赫尔曼 (Herrmann)[22]、莫安 (Moan)[23] 以及奥登[24]以不同的形式给出，它表明 $\mathbf{Lu}$ 的近似解作为加权最小二乘方近似逼近于精确的 $\mathbf{L}\bar{\mathbf{u}}$.

例如，在弹性力学中，我们可以说：使总位能取极小值等价于通过近似地假设的应变找出精确应变的加权最小二乘方拟合. 为了先写出几点结论，我们将把这一定理的证明放在本节的最后进行.

采用 p 阶有限单元近似时，导数 $\mathbf{Lu}$ 充其量只能以 $(p-m)$ 次的局部多项式近似表达出来，这里 m 是算子 $\mathbf{L}$ 中所含的微分阶

次．不完全多项式项或其它项常常增加虚假的变化，但它仍在最小二乘的意义下近似真实的答案．

因为没有强加导数的连续性，我们可以在单元这一级考虑近似，一般说来，这时矩阵 $\mathbf{A}$ 趋向于常数矩阵．在这里，我们的有限元近似中可得到的最好拟合是最小二乘拟合的$(p-m)$次完全多项式(图 11.7)．于是，我们就已说明了在应用代用形状函数时为什么要采用这种近似，并说明了为什么它们性能最优．但是，还有进一步的重要结论．在讨论这些结论之前，我们将回过头来证明式(11.14)及(11.15)所叙述的定理．

定理的证明

在 $\mathbf{u}=\bar{\mathbf{u}}$ (精确解)处，对式(11.14)定义的 Π 取变分给出

$$\delta\Pi=\frac{1}{2}\int_{\Omega}(\mathbf{L}\delta\mathbf{u})^{\mathrm{T}}\mathbf{A}\mathbf{L}\bar{\mathbf{u}}\mathrm{d}\Omega+\frac{1}{2}\int_{\Omega}(\mathbf{L}\bar{\mathbf{u}})^{\mathrm{T}}\mathbf{A}\mathbf{L}\delta\mathbf{u}\mathrm{d}\Omega$$

$$+\int_{\Omega}\delta\mathbf{u}^{\mathrm{T}}\mathbf{p}\mathrm{d}\Omega=0, \tag{11.16}$$

如果 $\mathbf{A}$ 是对称的，那末

$$\delta\Pi=\int_{\Omega}(\mathbf{L}\delta\mathbf{u})^{\mathrm{T}}\mathbf{A}\mathbf{L}\bar{\mathbf{u}}\mathrm{d}\Omega+\int_{\Omega}\delta\mathbf{u}^{\mathrm{T}}\mathbf{p}\mathrm{d}\Omega=0, \tag{11.17}$$

式中 $\delta\mathbf{u}$ 是任意变分．因此，我们可以写

$$\delta\mathbf{u}=\mathbf{u}$$

以及

$$\int_{\Omega}(\mathbf{L}\mathbf{u})^{\mathrm{T}}\mathbf{A}\mathbf{L}\mathbf{u}\mathrm{d}\Omega+\int_{\Omega}\mathbf{u}^{\mathrm{T}}\mathbf{p}\mathrm{d}\Omega=0. \tag{11.18}$$

由式(11.14)减去上式，并注意到矩阵 $\mathbf{A}$ 的对称性，我们可以写出

$$\Pi=\frac{1}{2}\int_{\Omega}(\mathbf{L}(\mathbf{u}-\bar{\mathbf{u}}))^{\mathrm{T}}\mathbf{A}\mathbf{L}(\mathbf{u}=\bar{\mathbf{u}})\mathrm{d}\Omega$$

$$-\frac{1}{2}\int_{\Omega}(\mathbf{L}\bar{\mathbf{u}})^{\mathrm{T}}\mathbf{A}\mathbf{L}\bar{\mathbf{u}}\mathrm{d}\Omega, \tag{11.19}$$

这里最后一项不承受变分．因此

$$\Pi^{*}=\Pi+\text{常数}, \tag{11.20}$$

其驻值就等价于 Π 的驻值．

11.5.2　最佳样点　在图 11.7 中，我们画出了一条曲线，它表示假设的量 $(\mathbf{L}\bar{\mathbf{u}})$ 的精确变化，还画出了一组对于它的分段线性

最小二乘近似（**Lu**）．显然，在每个线段的某些点处，近似解必定等于精确解．如果我们事先知道这种点的位置，那么我们总是能够求出精确解；而这显然是几乎不可能实现的梦想．

不过，数值积分（高斯-勒让德）点的一个有用的性质在这里可以帮助我们．这个性质可叙述如下：如果我们设计出一种样点数最少的数值积分公式，它正好能精确地积分 $2M+1$ 次多项式，则一般在这种点处 $M+1$ 次多项式等于由 M 次多项式给出的最小二乘近似．

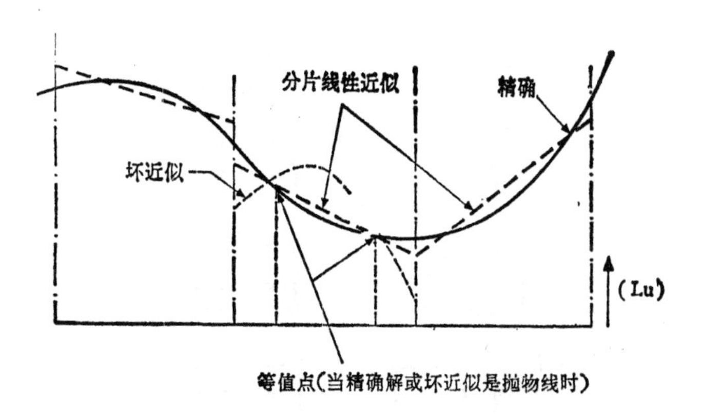

图 11.7　曲线 **Lu** 的分段线性最小二乘方拟合

这个命题在一维高斯点积分的情况下精确成立，而对于二维及三维积分表达式近似满足[23]．

在所给的例子中，可以十分清楚地看出，如果精确曲线是抛物线，则两个高斯点就可以唯一地确定一条直线，它是精确曲线的最小二乘近似．反之，如果我们在这些点处采样，所得 **Lu** 的近似值的精度要比别的点处高一阶．显然，这种点是量 **Lu**（或是在弹性力学问题中的应变及应力）的最佳样点．

我们可以作更一般的叙述，即 **Lu** 的近似总是具有 $O(h^{p-m+1})$ 阶精度，这里 p 是近似形状函数中的完全多项式的阶次，而 m 是算子 **L** 的阶次（第三章 3.8 节）．因此，在正好精确积分 $2(p-m)+1$ 次多项式（即误差为 $O(h^{2(p-m)+2})$）的数值积分点处，**Lu** 的近似值的精度几乎提高一级，即为 $O(h^{p-m+2})$.

显然，在任何有限元计算中，正如许多研究者[23-26]所做的，在这种积分点处取应变值是有利的.

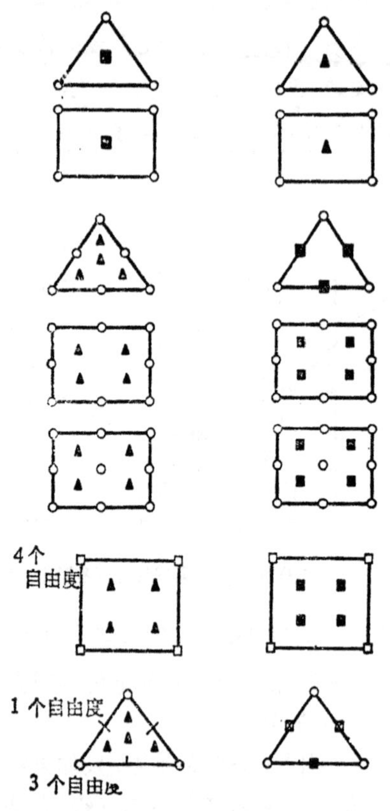

图 11.8 某些 C_0 及 C_1 单元的"最佳"样点及"最少"积分点

图 11.8 示出了各种 C_0 型单元 $(m=1)$ 和某些 C_1 型单元 $(m=2)$ (板弯曲)的最佳样点.

线性三角形和四边形的结果，从物理上看是很明显的(我们在第四章4.3节中已经谈到，形心处的应力"显然"最好). 对于高阶的 C_0 单元以及板弯曲单元，结果决非自明，然而已被证明是正确的.

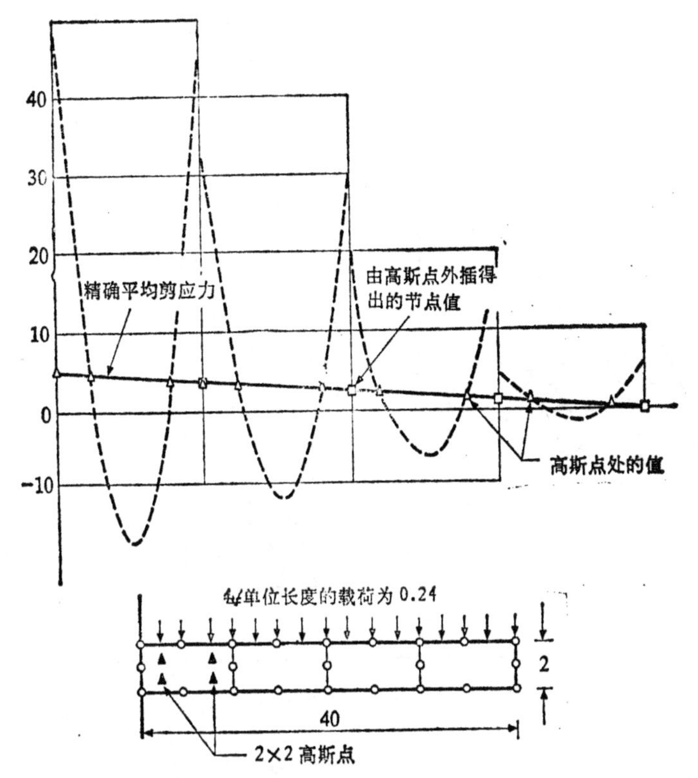

图 11.9 用四个抛物型单元分析悬臂梁. 高斯点处的应力以及线性外插而得的节点应力

我们在图 11.9 中示出用四个二次"serendipity"型单元分析悬臂梁这个例子. 虽然挠度和轴向应力的结果很好，在每个单元中剪应力却表现出抛物线"变化",这跟真实的应力分布相差太远.然而,在高斯点处取的值很好地表示出了正确的平均剪应力.

在其它单元和问题中,可以看到类似的改进,尽管(幸而)差别不总是象上例那样大.

上面引用的例子告诉我们，无论在二维或三维二次 C_0 单元中,永远不应计算节点处的应力 (或类似的量). 如果想要知道节点值，则应根据高斯点的值进行简单的双线性外插. 这样所得的

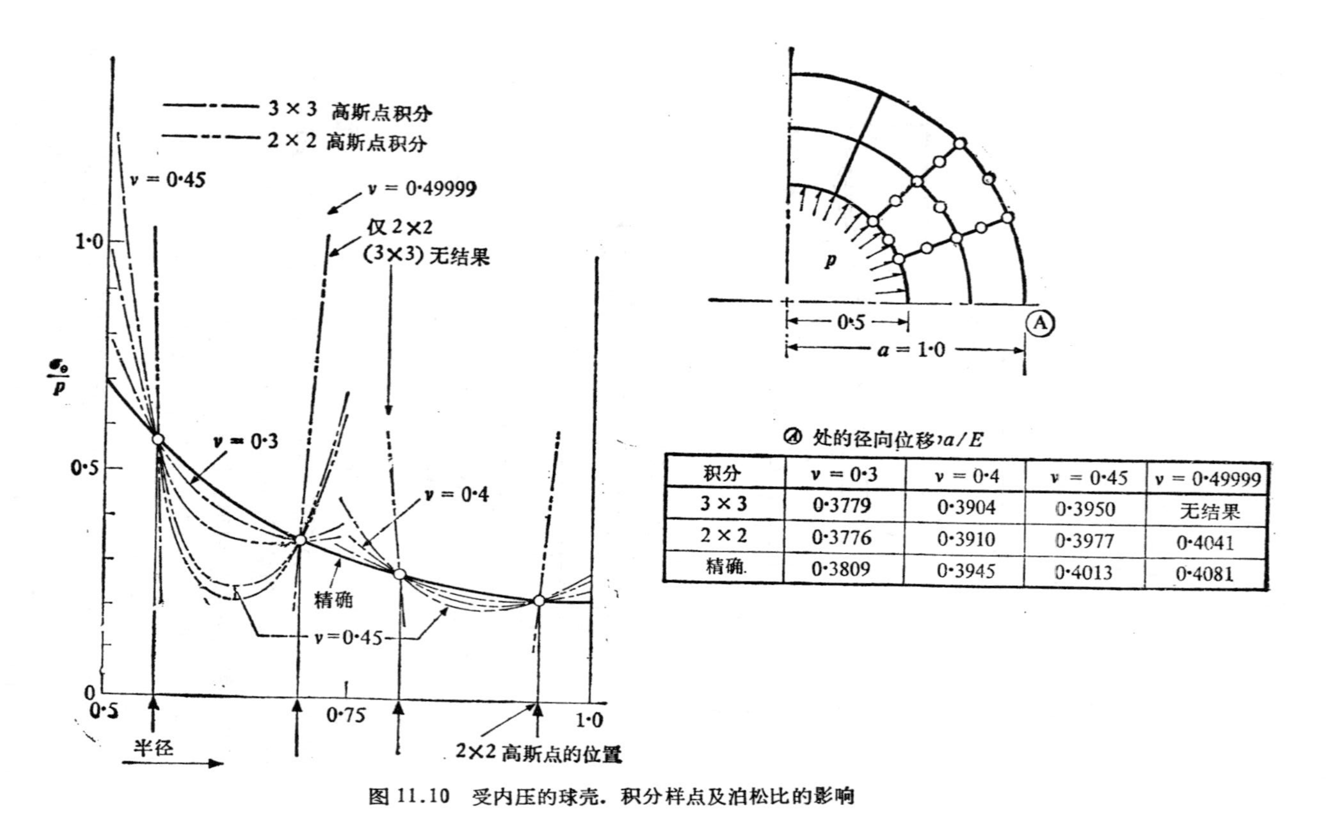

Ⓐ 处的径向位移 pa/E

积分	$\nu = 0·3$	$\nu = 0·4$	$\nu = 0·45$	$\nu = 0·49999$
3 × 3	0·3779	0·3904	0·3950	无结果
2 × 2	0·3776	0·3910	0·3977	0·4041
精确	0·3809	0·3945	0·4013	0·4081

图 11.10　受内压的球壳．积分样点及泊松比的影响

节点值是很好的，在图 11.9 中也表示了出来．欣顿（Hinton）与坎贝尔[25]给出了这种外插法的另外一些例子．欣顿等人[27]针对这种问题给出了一个十分简单的外插算法．

11.5.3 降阶数值积分 在第八章中，我们详尽地讨论了保持单元原来收敛性的数值积分阶次的取法．已证明，积分中的误差应当不大于 $O(h^{2(p-m)+1})$． 图 11.8 示出了用高斯-勒让德求积公式时的最少积分点．

我们指出，如果数值积分是根据最佳样点做出的，则收敛性是有保证的，而且由于上一节中讨论过的这种点的性质，我们还可期望得到改进的结果．另外，假如原来的形状函数包含仅比完全多项式的阶次高一阶的多项式项，则采用这种点一般等价于采用代用形状函数．

这对于所有的 serendipity 型单元都是正确的，业已证明，对这种单元采用“降价”积分时，结果获得戏剧性的改善[28-31]．

在图 11.10 中，我们给出这种改进的一个例子．问题是一个承受内压的有空腔的弹性球，作为轴对称情况来解，采用 3×3 和 2×2 的高斯点积分．泊松比也取各种不同的值．我们可以看出几个令人感兴趣的特点：

（a）对于两种数值积分，2×2 高斯积分点处的应力最好．

（b）如果在矩阵计算中采用 2×2 积分，结果有所改进（见位移）．

（c）当泊松比 $\nu \to 0.5$ 时，2×2 和 3×3 积分之间的差别十分明显，这里由降阶积分获得的改善是戏剧性的．

前两点容易通过上一节的论述来解释．至于材料性态趋近于不可压缩时单元性能改进的原因，我们将在下一节中讨论．

11.6 降阶积分及罚函数法

11.6.1 不可压缩性与罚函数约束 我们曾在第四章到第六章中指出，当泊松比趋近于 0.5 时，即使对于各向同性弹性体，位移法也不能用．

考察一下对应于三维分析并以弹性模量 E 和泊松比 ν 给出的弹性矩阵 $\mathbf{D}$（式(6.14)）。显然，当 $\nu = 0.5$ 时，各项变得不确定。让我们用其余两个众所周知的量来改写这个矩阵，这两个量就是如下定义的剪切模量 G 和体积模量 K：

$$G = E/2(1+\nu); \quad K = E/3(1-2\nu). \tag{11.21}$$

我们现在可以把弹性矩阵表示成

$$\mathbf{D} = G\begin{bmatrix} 2 & & & & & \\ & 2 & & & \mathbf{0} & \\ & & 2 & & & \\ & & & 1 & & \\ & \mathbf{0} & & & 1 & \\ & & & & & 1 \end{bmatrix} + \left(K - \frac{2}{3}G\right)\begin{bmatrix} 1 & 1 & 1 & & & \\ 1 & 1 & 1 & & \mathbf{0} & \\ 1 & 1 & 1 & & & \\ & & & & & \\ & \mathbf{0} & & & \mathbf{0} & \\ & & & & & \end{bmatrix}$$

$$= G\mathbf{D}^s + 2\alpha\mathbf{D}^v, \tag{11.22}$$

我们指出，当 $\nu \to 0.5$ 时，G 保持为有限，而 $2\alpha = \left(K - \frac{2}{3}G\right) \to \infty$.

现在，变形能 U 可以写成

$$U = \frac{1}{2}\int_\Omega \boldsymbol{\varepsilon}^{\mathrm{T}}(G\mathbf{D}^s)\boldsymbol{\varepsilon}\mathrm{d}\Omega + \frac{1}{2}\int_\Omega \boldsymbol{\varepsilon}^{\mathrm{T}}(\mathbf{D}^v\alpha)\boldsymbol{\varepsilon}\mathrm{d}\Omega, \tag{11.23}$$

注意到 $\mathbf{D}^v$ 矩阵的结构，并引入体积应变

$$\varepsilon^v \equiv \varepsilon_x + \varepsilon_y + \varepsilon_z \equiv \frac{\partial u}{\partial x} + \frac{\partial v}{\partial y} + \frac{\partial w}{\partial z} = \mathbf{m}\boldsymbol{\varepsilon}, \tag{11.24}$$

式中

$$\mathbf{m}^{\mathrm{T}} = [1, 1, 1, 0, 0, 0],$$

于是

$$U = U_s + U_v = \frac{1}{2}\int_\Omega \boldsymbol{\varepsilon}^{\mathrm{T}}(G\mathbf{D}^s)\boldsymbol{\varepsilon}\mathrm{d}\Omega + \int_\Omega \alpha\varepsilon_v^2\mathrm{d}\Omega. \quad (11.25)$$

以上式中的两项可分别解释为歪形(剪切变形)能和体积变形能．另外，我们指出，通过 $\alpha\to\infty$ 来逼近不可压缩性态，这等价于使以位移给出的歪形能取极小值，再同时强加一个约束

$$\mathbf{C}(\mathbf{u}) \equiv \varepsilon_v = 0. \quad (11.26)$$

如果用罚函数法引入这个约束[32](见第三章 3.14 节)，我们就可寻求以下泛函的驻值：

$$\Pi^* = U_s + \alpha\int_\Omega \mathbf{C}^{\mathrm{T}}\mathbf{C}\mathrm{d}\Omega + W, \quad (11.27)$$

式中 $\mathbf{C}(\mathbf{u})$ 是线性约束，而 W 是力的位能．根据通常的离散化法及上述形式的泛函，我们有

$$\mathbf{u} = \mathbf{N}\mathbf{a}$$

以及

$$\mathbf{K}\mathbf{a} + \mathbf{f} \equiv (\mathbf{K}_1 + \alpha\mathbf{K}_2)\mathbf{a} + \mathbf{f} = 0. \quad (11.28)$$

在以上矩阵中，$\mathbf{K}_1$ 和 $\mathbf{K}_2$ 是有限的，而我们要寻求 $\alpha\to\infty$ 时的解．

显然，当 α 增加时，解趋向于

$$\alpha\mathbf{K}_2\mathbf{a} + \mathbf{f} = 0$$

或

$$\mathbf{K}_2\mathbf{a} = -\mathbf{f}/\alpha \to 0. \quad (11.29)$$

因此，约束占有支配地位，并且如果矩阵 $\mathbf{K}_2$ 是非奇异的，只可能有平凡解 $\mathbf{a} = 0$.

当采用简单有限元公式系统，并采用趋近而不等于 0.5 的 ν 值时，求不可压缩问题遇到极大的困难．例如，采用线性三角形时，泊松比 ν 仅为 0.45 这么低，所得结果就很坏了[33]；我们在图 11.10 的例子中就已经看到，对抛物型单元用 3×3（或精确积分）时，其结果同样很坏．这表明存在过度约束的问题，这个问题在文献中有广泛的讨论[34-38]．

矫正过度约束的办法是在矩阵 $\mathbf{K}_2$ 上强加奇异性，使得

$$\mathbf{K}_2\mathbf{a}=0，\text{但 } \mathbf{a}\neq 0. \tag{11.30}$$

奇异性的阶次越高，现在控制最终解答的歪形能的影响就越大．正如我们在下一节中将看到的，这种奇异性是通过降低积分阶次引入 $\mathbf{K}_2$ 矩阵的，而对于用罚函数法解问题，采用降阶积分特别值得推荐．

我们还要指出，对于"罚函数"问题，引入奇异性比采用最佳样点更为重要，当这两者所需积分阶次不一致时，应优先满足奇异性要求．

11.6.2 奇异性与降阶积分　在第八章中，我们已经讨论过，在什么条件下，要通过低阶积分将奇异性引入集合好的单元矩阵中．对于式(11.28)给出的罚函数形式的问题，我们遇到两个矛盾的条件．一方面我们要求矩阵 $\mathbf{K}_2$ 具有高阶奇异性；另一方面我们又要求矩阵 $\mathbf{K}$(至少在集合好的形式中)是非奇异的．这似乎表明，为了取得成功，对于每一项可能需要不同的数值积分阶次；但通常不必这样(尽管不总是如此)，因此一般公式是很简单的．

正如我们在第八章 8.11 节中所指出的，这两个矩阵是否奇异取决于这些公式中每个积分点处所用的独立关系的数目．

例如，考虑二维不可压缩问题．在形成矩阵 $\mathbf{K}_1$ 时，在每个高斯点处引入了三个独立的关系，但对于矩阵 $\mathbf{K}_2$ 仅仅涉及一个这种关系(体积应变)．如果在所有积分点处引入的这种关系的总数小于自由度的总数，则奇异性必定存在．在第八章中，我们曾对分成有限单元的一个一般区域做过这种计算．我们将在这里对两边受约束的一个区域重复这种计算，并注意是否因增加新单元而引入奇异性．因此，如果自由度总数(节点数×节点变量数)等于或大于独立关系的总数(积分点数×每点的独立关系数)，则奇异性肯定存在．

对于我们刚才讨论的不可压缩问题，在图 11.11(a) 中示出了各种 C_0 单元的结果．我们指出，在下述情况下肯定要引入 $\mathbf{K}_2$ 的奇异性：对于线性四边形采用单点积分，对于抛物线型三角形采用三点积分，而对于 serendipity 和拉格朗日二次单元都是采用四点积分．已确实证明，在不可压缩分析方面，所有这些单元都很好[30,34,35]．正如由图 11.11 所见，对于所有这些单元，矩阵 $\mathbf{K}_1$ 都保持为非奇异。

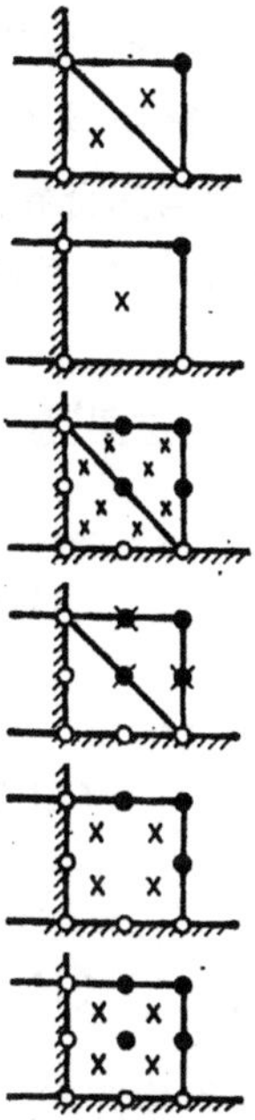

(a) 自由度	(a) K_1	(a) K_2	(b) 自由度	(b) K_1	(b) K_2
1×2=2	2×3=6	2×1=2	1×3=3	2×3=6	2×2=4
1×2=2	1×3=3	1×1=1 奇异	1×3=3	1×3=3	1×2=2 奇异
4×2=8	8×3=24	8×1=8	4×3=12	8×3=24	8×2=16
4×2=8	4×3=12	4×1=4 奇异	4×3=12	4×3=12	4×2=8 奇异
3×2=6	4× =12	4×1=4 奇异	3×3=9	4×3=12	4×2=8 奇异
4×2=8	4×3=12	4×1=4 奇异	4×3=12	4×3=12	4×2=8 奇异
自由度	结果		自由度	结果	

● 新节点

× 新积分点

图 11.11　与位移及转角的数值积分有关的矩阵 $\mathbf{K}_2$ 及 $\mathbf{K}$ 的奇异性

所概述的计算类型表明了什么时候必定出现奇异性，但是通过减少边界约束条件可引入几乎奇异的矩阵．因此，对于线性四边形单元[34,35]，为了避免这种奇异性，采用四个积分点来确定 $\mathbf{K}_1$，尽管事实上这些点不再是最佳样点．在 serendipity 二次单元中无此必要，最佳四点积分正好是所期望的，它使这种单元得以因用途广泛而著称.

11.6.3 斜率和位移独立插值的梁及板弯曲单元 本节进一步介绍降阶积分概念的应用，这里主要靠放松矩阵 $\mathbf{K}_2$ 的奇异性约束.

在第十章中，我们已经讨论过板的弯曲，在那里斜率是作为位移的导数给出的，而位移是仅有的未知量. 在引入所希望的连续性方面遇到了困难，许多研究者想用斜率及位移独立插值、并把两者之间的关系作为一个约束强加上去的办法，重新解决这个问题[31,39,40]. 如果这样做，我们将再次发现，通过引入适当的奇异性，降阶积分法产生出优秀的单元. 我们还将再次发现，罚数有着确定的物理意义.

借助于梁而不是板弯曲来引入新概念最为简单. 这里"应变"可用转角来定义(见图 11.12):

$$\varepsilon = \frac{\mathrm{d}\theta}{\mathrm{d}x}, \tag{11.31}$$

而"应力"现在是弯矩:

$$\sigma \equiv M = D\varepsilon, \tag{11.32}$$

式中 $D = Et^3/12$. 总位能现在可以写成

$$\Pi = \frac{1}{2}\int_0^L \frac{Et^3}{12}\left(\frac{\mathrm{d}\theta}{\mathrm{d}x}\right)^2 \mathrm{d}x - \int_0^L wq\,\mathrm{d}x, \tag{11.33}$$

式中 w 是横向挠度. 然而，为了保持连续性，必须在把挠度和斜率联系起来的约束条件

$$C(w,\theta) \equiv \frac{\mathrm{d}w}{\mathrm{d}x} - \theta = 0 \tag{11.34}$$

之下，使能量表达式取极小值. 通过罚函数法引入这一约束后，我们必须使下列泛函取极小值:

$$\Pi^* = \Pi + \frac{1}{2}\int_0^L \alpha\left(\frac{\mathrm{d}w}{\mathrm{d}x} - \theta\right)^2 \mathrm{d}x, \quad \alpha \to \infty. \tag{11.35}$$

现在变量 w 和 θ 只需具有 C_0 连续性(见第二章 2.10 节和第三章 3.14 节，以资比较).

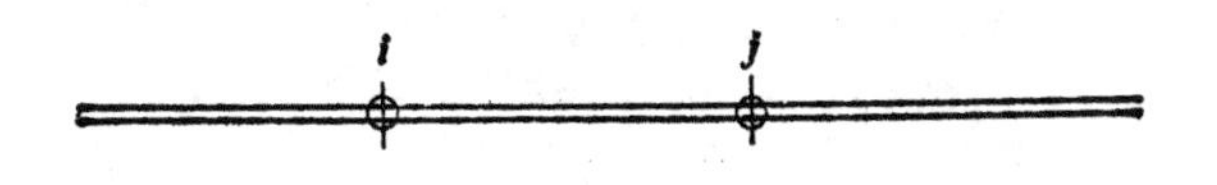

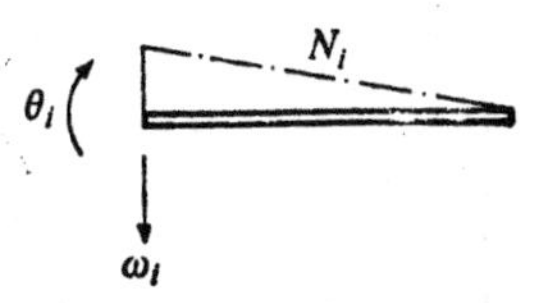

图 11.12　位移及转角独立地进行线性插值的梁单元

上式的物理意义十分明显（就象在不可压缩性的例子中一样）. 如果令

$$\alpha = \kappa Gt/2, \tag{11.36}$$

我们就可以看出，第二项代表梁的剪切变形能，这里剪应变为（κ 是考虑剪应力非均匀分布的修正系数）

$$\varepsilon_y = \frac{\mathrm{d}w}{\mathrm{d}x} - \theta \neq 0, \tag{11.37}$$

因此 $\alpha \neq \infty$ 时的解现在有确定的"物理"意义，它表示具有剪切变形的梁的挠度.

取极小值并集合方程，再次得到式(11.28)形式的方程组，即

$$(\mathbf{K}_1 + \alpha \mathbf{K}_2)\mathbf{a} + \mathbf{f} = 0. \tag{11.38}$$

（建议读者作为习题求出矩阵的显式，取线性变化的 $\mathbf{a}_i^{\mathrm{T}} = [w_i, \theta_i]$ 时，表达式特别简单.）

采用由精确积分算出的矩阵 $\mathbf{K}_1$ 和 $\mathbf{K}_2$，对于梁非常厚的情况（α 很小），结果的近似程度较好. 但随着 α 值的增加，结果趋向于零. 用单点积分（在本情况中，对于弯曲变形能，它是精确的）时，矩阵 $\mathbf{K}_2$ 变成奇异的，我们可期望得到好的解答.

引入如下定义的无量纲参数：

$$\alpha^1 = \frac{\kappa G}{E}\frac{L}{t^2}, \tag{11.39}$$

我们就可以直接将结果加以比较. 在表 11.1 中，我们给出将这种线性单元用于分析端部受载的悬臂梁时所得的结果.

表 11.1 端部加集中载荷的悬臂梁的挠度[40]，w 和 θ 线性插值．结果被正规化成近似解与精确解的比值

单元数目	厚梁 $\alpha^1=7.2$		薄梁 $\alpha^1=7.2\times10^5$	
	单点积分	精确积分	单点积分	精确积分
1	0.752	0.0416	0.750	0.2×10^{-4}
2	0.940	0.445	0.938	0.3×10^{-4}
4	0.985	0.762	0.984	0.32×10^{-3}
8	0.996	0.927	0.996	0.128×10^{-3}
16	0.999	0.981	0.999	0.512×10^{-3}

结果出乎意料地好，但这容易用我们前面说的道理来解释．在厚梁的情况下（$\alpha^1=7.2$），精确积分和降阶积分两者都给出合理的解答．但即使在这种情况下，采用降阶积分仍有改进，这可能跟最佳样点有关．

对于非常薄的梁（$\alpha^1=7.2\times10^5$），精确积分的结果趋于零（正如所预计的那样），但降阶积分通过引入奇异的 $\mathbf{K}_2$ 继续给出很好的结果，现在事实上产生出一种最简单而实用的梁单元．

全面施加约束显然是过份了，只在一点处满足它差不多正好．值得指出，这种约束可以不通过罚函数而直接引入．这种方法称为“离散克希霍夫（Kirchhoff）约束”，在梁的情况下，文献[17]对此已作了讨论．我们将在 11.7 节中回过头来讨论这种约束．

这里的所有讨论都可以推广到将降阶积分用于较高阶的梁单元的情况，所有这些均被证明是正确的．然而，板理论显然更令人感兴趣，因为我们已经认识到在标准理论中有许多困难．

把推导梁弯曲泛函时所用的方法加以推广，我们可以将各向同性板的变形能写成(见第十章)

$$\Pi^*=\frac{1}{2}\iint_\Omega \boldsymbol{\varepsilon}^{\mathrm{T}}\mathbf{D}\boldsymbol{\varepsilon}\,dxdy+\iint_\Omega \alpha_1\left(\frac{\partial w}{\partial x}-\theta_x\right)^2 dxdy$$

$$+\iint_\Omega \alpha_2\left(\frac{\partial w}{\partial y}-\theta_y\right)^2 dxdy-\iint_\Omega wq\,dxdy,\quad(11.40)$$

这里 $\mathbf{D}$ 是标准的板弹性矩阵，而应变 $\boldsymbol{\varepsilon}$ 由 θ_x 和 θ_y 的一阶导数

给出(见式(10.2)):

$$\boldsymbol{\varepsilon}^{\mathrm{T}}=\left[-\frac{\partial\theta_x}{\partial x},-\frac{\partial\theta_y}{\partial y},\ \frac{\partial\theta_x}{\partial y}+\frac{\partial\theta_y}{\partial x}\right], \tag{11.41}$$

罚数 α_1 和 α_2 强加薄板约束

$$\begin{aligned}&\frac{\partial w}{\partial x}-\theta_x=0,\\&\frac{\partial w}{\partial y}-\theta_y=0.\end{aligned} \tag{11.42}$$

显然，θ_x，θ_y 和 w 仍然可以仅按 C_0 连续性来插值，设置无量纲参数 $\alpha_1=\alpha_2=\alpha$，并认识其物理意义之后，我们可以对各向同性板写出

$$(\mathbf{K}_1+\alpha\mathbf{K}_2)\mathbf{a}+\mathbf{f}=0, \tag{11.43}$$

式中

$$\alpha=\frac{\kappa G}{E}\left(\frac{L}{t}\right)^2,\quad \mathbf{a}_i^{\mathrm{T}}=[\theta_{xi},\theta_{yi},w_i].$$

现在可以对板弯曲推导出全新的一系列单元. 对于厚板用最佳积分位置(见图 11.8(a)),对于薄板用与集合矩阵非奇异性一致的最小积分阶次(见图 11.8(b)),可指望获得最好的解答. 事实证明确实如此. 在图 11.13 中，我们示出对某些线性和二次单元所做的收敛性试验. 对于线性四边形单元(A),剪应力只在最佳(和最少)单个积分点处取样[40],而弯曲应力在四个积分点处取样,以保证总刚度矩阵的非奇异性. 四边形(B)和(C)用四个高斯点,它们同时是最佳和最少的,并为 $\mathbf{K}_2$ 提供了必需的奇异性. 在三角形中,最佳积分点由四点公式给出,我们可期望它对厚板给出最好的解答；而为了在矩阵 $\mathbf{K}_2$ 中引入奇异性，三点积分是必要的. $T(3)$ 和 $T(4)$ 的结果证实了这一点. 同样的单元用精确积分,在多数情况下,结果偏差太大,以致在图中不能示出.

上述降阶积分的优越性最初是通过物理推理对于 serendipity 矩形认识到的[28,29]，后来则对于这里报导的其它单元认识到了这种优越性[31,39-42].

正如图 11.14 中标准试验例子的图形所表明的那样，今天这

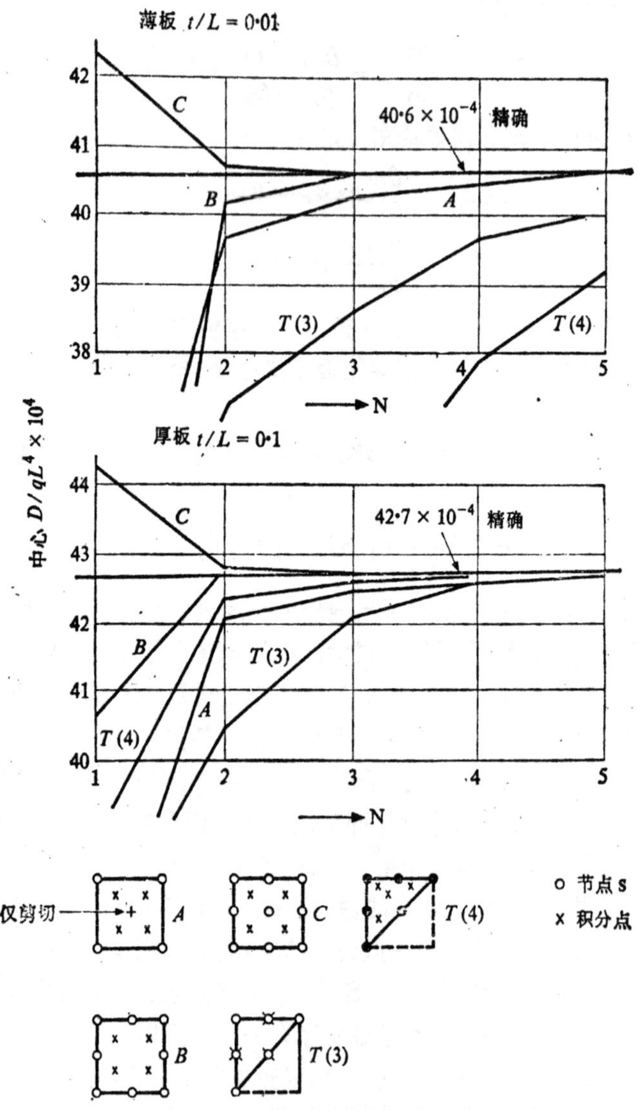

图 11.13 均布载荷 q 作用下的简支薄/厚方板（N 是所分析的四分之一块板中单元部分的数目）

些单元在性能上可同第十章的“常规”单元比美（把这张图跟第十章图 10.18 比较）.

11.6.4 关于罚函数形式的一些进一步讨论．误差平衡 尽管对于不可压缩性和板弯曲问题罚函数法的性质很好，但很明显，当 $\alpha=\infty$ 时，或者实际上 α 取非常大的有限值时，不可能得到该极限解．远在这之前，方程组就表现出病态．不过我们已经看出，当 α 相当大时，仍可得到工程师认为很满意的实用结果．的确值得指出，在物理问题中这是较为真实的，因为这些系数永远不可能取极端值．

为了得到可以接受的结果，我们现在必须考虑 α 应取多大(或计算中对体积模量及剪切变形能力的限制如何)．$\alpha<\infty$ 和 $h>0$ 都导致误差，而以 $h\to0$ 时 $\alpha\to\infty$ 这样的方式考虑两者之间的平衡却是合理的，认识到这些便能对上述问题作出一些解答[37,43]．于是，极限收敛性仍然是可以实现的．实际上，考虑这种误差的比值较合理．例如，如果详细考察一下板弯曲问题，我们就可以看出：(a) 离散化误差的量级为 $O(h/L)^n$，这里 $n=p+1$；(b) 不满足约束条件的误差的量级为 $O(1/\alpha)$，这里

$$\alpha=\frac{\kappa G}{E}\left(\frac{L}{t}\right)^2.$$

因此，误差之比为

$$\gamma=\frac{\kappa G}{E}\left(\frac{L}{t}\right)^2\left(\frac{h}{L}\right)^n,$$

或对于 $n=2$，

$$\gamma=\frac{\kappa G}{E}\left(\frac{h}{t}\right)^2. \tag{11.44}$$

在任一计算系列中保持这个参数不变，就保证了在极限情况下离散化误差和约束误差两者都不出现．类似的道理显然可以应用于不可压缩性问题．

可以证明，正是参数 γ 在其变得太大时导致病态，而在计算中确定最佳的 γ 值是有利的，我们用它代替超出范围的真实物理变量进行计算．实际上，这个最佳值不一定要常常跟出现病态或发散时的最大值一致[39,43]，因为往往这个值越小，误差抵消得越好．

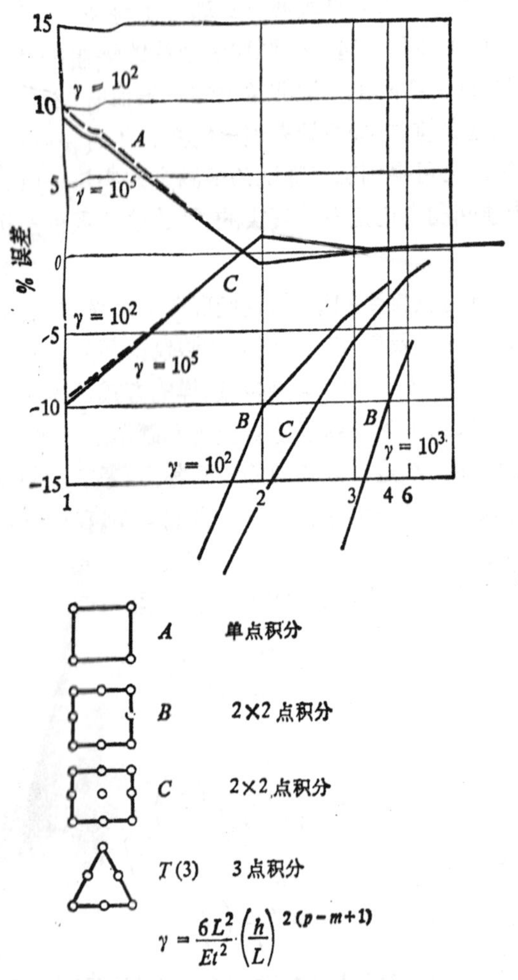

$$\gamma=\frac{6L^2}{Et^2}\left(\frac{h}{L}\right)^{2(p-m+1)}$$

图 11.14 采用斜率/挠度独立插值和降阶积分的板单元的性能试验

在图 11.14 中，我们示出了为使有关单元收敛而用的 γ 值.

在结束涉及到板弯曲问题的本节时，我们必须再指出，适用于薄板的标准小块检验(即等曲率检验)不可能再被这里的任何一个单元精确地通过，除非约束参数值 $\alpha=\infty$.

显然，需要考虑其它类型的小块检验.

11.7 直接用约束来产生不协调单元

在上一节中，我们已经表明，许多物理问题如何可以作为带约束的极小值问题提出，以及这种公式系统如何导致放松连续性要求(如板问题所示).

在这种情况下，必须以近似的方式施加约束，以免使解答被"锁"住变为平凡（零）解．这种放松是通过采用降阶积分而引入的，但是还有另外的办法．其中一个办法是，仅在域中的有限个点处施加约束．这引入一组附加的方程，如果处理整个系统，便导致难以对付的非对称矩阵．另一方面在单元一级施加这种约束，因此而消去某些单元变量，这显然也是一种可行的办法，但现在即使 C_0 连续性也可能被破坏．然而，许多非常成功的单元就是这样导出来的，而且如果小块检验被满足的话，收敛性是有保证的.

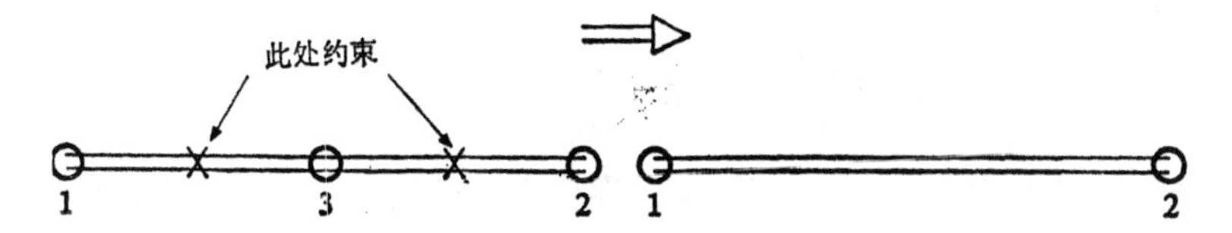

图 11.15　w 和 θ 独立地进行拉格朗日插值、并在点 X 处施加约束 $\frac{\partial w}{\partial x}-\theta=0$ 的梁单元

作为一个例子，考虑由式(11.33)给出的梁问题．如图 11.15 所示，在这个问题中对 θ 和 w 采用如下抛物线插值，并且仅考虑式(11.33)所给出的弯曲变形能:

$$\begin{Bmatrix} w \\ \theta \end{Bmatrix}=\sum_{i=1}^{3} N_i \begin{Bmatrix} w \\ \theta \end{Bmatrix}_i . \tag{11.45}$$

现在，我们将在梁内坐标为 x_α 及 x_β 的两点处精确地强加如下约束:

$$\frac{\mathrm{d}w}{\mathrm{d}x}-\theta=0.$$

我们现在可以写出降低式(11.45)所给出的插值阶次的两个

补充方程：

$$\sum_{i=1}^{3} \dot{N}_i(\alpha)w_i - \sum_{i=1}^{3} N_i(\alpha)\theta_i = 0,$$

$$\sum_{i=1}^{3} \dot{N}_i(\beta)w_i - \sum_{i=1}^{3} N_i(\beta)\theta_i = 0,$$

$$N(\alpha) \equiv N(x_\alpha),\ \dot{N}(\alpha) \equiv \left(\frac{\mathrm{d}N}{\mathrm{d}x}\right)_{x=x_\alpha},\cdots \tag{11.46}$$

因此有可能消去两个参数，比如说消去 w_3 及 θ_3.

把上式明显地写出来，就是

$$\begin{bmatrix}\dot{N}_3(\alpha), & -N_3(\alpha)\\ \dot{N}_3(\beta), & -N_3(\beta)\end{bmatrix}\begin{Bmatrix}w_3\\ \theta_3\end{Bmatrix} = -\begin{bmatrix}\dot{N}_1(\alpha), & -N_1(\alpha)\\ \dot{N}_1(\beta), & -N_1(\beta)\end{bmatrix}\begin{Bmatrix}w_1\\ \theta_1\end{Bmatrix}$$
$$-\begin{bmatrix}\dot{N}_2(\alpha), & -N_2(\alpha)\\ \dot{N}_2(\beta), & -N_2(\beta)\end{bmatrix}\begin{Bmatrix}w_2\\ \theta_2\end{Bmatrix}$$

或

$$\mathbf{A}_3\begin{Bmatrix}w_3\\ \theta_3\end{Bmatrix} = -\mathbf{A}_1\begin{Bmatrix}w_1\\ \theta_1\end{Bmatrix} - \mathbf{A}_2\begin{Bmatrix}w_2\\ \theta_2\end{Bmatrix}, \tag{11.47}$$

把式(11.47)代入式(11.45)，可以得到仅涉及两个端点参数的形状函数，即

$$\begin{Bmatrix}w\\ \theta\end{Bmatrix} = \sum_{i=1}^{2} \bar{\mathbf{N}}_i \begin{Bmatrix}w\\ \theta\end{Bmatrix}_i,$$

这里

$$\bar{\mathbf{N}}_i = N_i\mathbf{I} - A_3^{-1}\mathbf{A}_i,$$

$$\mathbf{I} = \begin{bmatrix}1 & 0\\ 0 & 1\end{bmatrix}. \tag{11.48}$$

这些形状函数显然是“不协调”的，但是将会发现，在式(11.33)的泛函中采用它们时，得到一个收敛的单元。这一收敛性的理由大概是不证自明的，因为原来的问题是正确地提出来的，并且当单元尺寸减小时，约束的点状满足变成均匀地满足。

值得指出，如果强加约束的点与单元的两个高斯点一致，则所

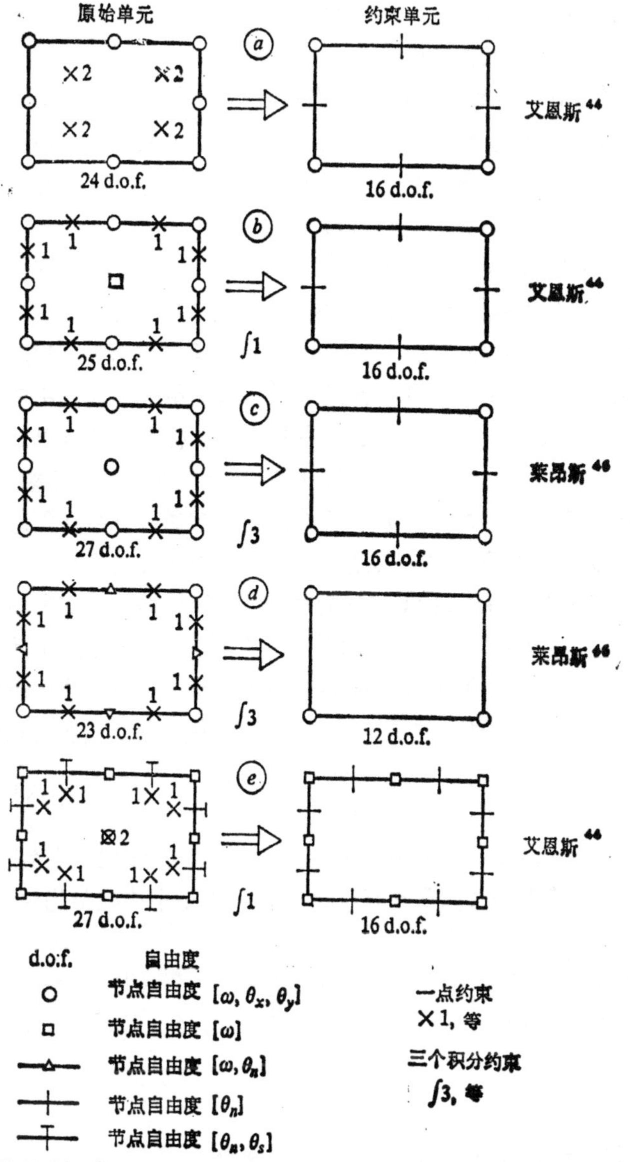

图 11.16 在单元一级施加约束的不协调 C_1（板弯曲）单元.（除(b)之外，所有单元的等参数畸变形式均满足小块检验).

得刚度矩阵正是第二章 2.10 节中介绍那种采用 C_1 连续的三次插

值的刚度矩阵．显然，正是本章前面讨论过的两个高斯点的特殊性质造成了这种最佳情况．

显然，对于涉及 C_1 连续性的其它一维近似及二维（可能还有三维）问题，前面所概述的过程现在提供了一种系统化的但并不总是成功的形成形状函数的方法．板问题（及其它类似问题）是这种方法的一个显而易见的应用领域．

图 11.16 示出了一系列板弯曲问题的二维单元，在这些单元中，为了消去各种联络变量，采用了施加于内部的保证式 (11.42) 的克希霍夫条件的约束．“原始单元”是指采用施加约束前所用的插值函数那种情况，这种单元及最后得到的单元都在图中表示了出来．所有单元显然均可变成等参数形式，但不是都能以这种形式自动通过小块检验．读者应当注意，在所有这种公式系统中，最终形状函数都是通过在元素一级进行矩阵求逆的办法得到的．

可以按一种简单的方式施加约束，就象在拉扎克[21]引进的该系列的第一个单元（图 11.16(a)）中那样，简单地在内部高斯点处强加式(11.42)的两个条件．然而可以发现，这样导出的单元违背连续性，使其非矩形形式不能通过小块检验．下述作法一般好象是有效的：即仿照梁的例子，沿单元各边在高斯点处强加约束条件

$$\gamma_s = \frac{\partial w}{\partial s} - \theta_s = 0, \tag{11.49}$$

这里 s 表示切向．这个条件由艾恩斯[44]首先采用，而鲍德温 (Baldwin) 等人[45]导出了在任何形状下都满足小块检验的单元（图 11.16(b)）．

在上述单元中，除了点约束外，还采用了要求“按平均”方式满足这些条件的积分．例如，在这里对图 11.16(b) 的单元引入

$$\int_{\Gamma^e} \gamma_s \mathrm{d}s = 0, \tag{11.50}$$

式中 Γ^e 是单元总的周长．

莱昂斯 (Lyons)[46] 引入了两个更进一步的积分约束，它们要求对于每个单元有

$$\int_{\Omega^e} \gamma_x \mathrm{d}\Omega = \int_{\Omega^e} \gamma_y \mathrm{d}\Omega = 0,$$

这里 Ω^e 是单元的面积. 这使我们可以形成一系列有趣而又有用的四边形及三角形单元,图 11.16(c) 及 (d) 示出了两个这样的四边形单元.

另外，发现所有这种单元的一般等参数形式都能通过小块检验，因此它们形成一个有用的单元系列. 为了同降阶积分单元比较,图 11.14 中示出了用一个这样的单元所得到的结果.

最复杂的约束型单元无疑是艾恩斯[44]导出的那一种，它被命名为 SEMILOOF. 这种单元已被成功地应用在板及壳问题中,并显示出特别有效的特性. 在图 11.16(e) 中,示出了"原始的"及最终的自由度;我们指出,这里对于原始形式中的 θ_x 及 θ_y 采用了相当特别的插值. 在这个单元中，采用了处于各边中间三分之一段两端的两个高斯点节点及一个中心节点，导致一种甚至不能给出 C_0 连续性的形式;但通过适当安置这种节点,这种形式使不连续性的影响极小. 在文献[44]中,讨论了起初由洛夫 (Loof)[47] 引入的这种插值.

应当指出，离散地强加约束导致许多从节点自由度观点看来有效的单元,并且这种单元性态很好. 主要缺点是,其公式系统要求十分复杂的求逆,并且要在单元这一级进行计算,因此不能保证它们的经济性.

显然,可能有许多新的 C_1 及 C_0 型公式系统. 在 C_0 单元这方面，11.6.1 节的不可压缩性问题提出了几个尚未探索过的导出单元的途径,它们可成功地应用于流体力学问题.(见第二十三章)

11.8 结语

我们在本章中已表明，如何明智地由非协调性这种"变分犯规"以及不精确积分得到好处. 这里已指出了关于二维、三维分析以及板弯曲问题的一些"最好的"单元，后面（第十四章及第十六章）我们将表明，这种单元可以非常有效地应用于壳体问题的分析。

已经表明，在某些板问题中，采用降阶积分等价于应用“离散的克希霍夫约束”[17,47]。

我们在第十二章中将表明，在许多情况下，采用代用形状函数及非协调模式所得到的单元形式，同可由象杂交法这样的其它方法导出的单元形式一样。然而，这里的公式系统更直接，并由于其正确性而提供了在有限单元分析中广泛应用的方法。

我们特别希望再次提请读者注意，光滑三角形板弯曲单元[20,21]与奥尔曼（Allman）[49] 用杂交原理导出的单元是一样的。

参 考 文 献

[1] B. M. Irons, 'Numerical integration applied to finite element methods', *Conf. on Use of Digital Computers in Structural Engineering,* Univ. of Newcastle, 1966.

[2] G. P. Bazeley, Y. K. Cheung, B. M. Irons and O. C. Zienkiewicz, 'Triangular elements in plate bending. Conforming and nonconforming solutions', *Proc. Ist Conf. Matrix Methods in Structural Mechanics,* pp. 547—76, AFFDL-TR-CC-80, Wright-Patterson A. F. Base Ohio, 1966.

[3] B. M. Irons and A. Razzaque, 'Experience with the patch test for convergence of finite elements method', *Mathematical Foundations of the Finite Element Method,* pp. 557—87 (ed. A. R. Aziz), Academic Press, 1972.

[4] G. Strang and G. J. Fix, *Analysis of the Finite Element. Method,* Prentice-Hall, 1973.

[5] B. Fraeijs de Veubeke, 'Variational principles and the patch test', *Int. J. Num. Meth. Eng.,* 8, 783—801, 1974.

[6] B. M. Irons, 'The patch test for engineers', *Conf. Atlas Computing Center,* March 1974, Harwell, U. K.

[7] G. Strang, 'Variational crimes in the finite element method', in 'The Mathematical foundations of the finite element method with application partal differential equations', pp. 689—710 (ed. A. K. Aziz), Academic Press, 1972.

[8] E. R. A, Oliveira, 'Results on the convergence of the finite element method in structural and non-structural cases' in *Finite Elememt Method in Engineering.* pp. 3—14 (eds. V. A. Pulmano and A. P. Kabaila), Univ. of New South Wales, 1974.

[9] E. R. A. Oliveira, 'Theoretical foundations of the finite element method',

Int. J. Solids Struct., 4, 929—82, 1968.

[10] L. R. Herrmann, 'Efficiency of a two dimensional incompatible finite element', *Comp. Struct.*, 3, 1377—96, 1973.

[11] E. L. Wilson, R. L. Taylor, W. P. Donerty and T. Ghabussi, 'Incompatible displacement models' in *Numerical and Computer Methods in Structural Mechanics*, pp. 43—57 (ed. S. T. Fenves *et al.*), Academic Press, 1973.

[12] R. L. Taylor, P. J. Beresford and E. L. Wilson, 'A non-conforming element for Stress analysis', *Int. J. Num. Meth. Eng.*, 10, 1211—20, 1976.

[13] P. G. Bergan and L. Hanssen,' A new approach for deriving "good" element stiffness matrices', *The Mathematics of Finite Elements and Applications*, ed. J. R. Whiteman, Academic Press, 1977.

[14] G. Sander and P. Beckers, 'Delinquent finite elements for shell idealisation', *Proc. World Congress on Finite Element Methods in Structural Mechanics*, Bournemouth, England, 1975.

[15] M. J. Turner, R. W. Clough, H. C. Martin and L. J. Topp, 'Stiffness and deflection analysis of complex structures', *J. Aero. Sci.*, 23, 805—24, 1956.

[16] T. H. H. Pian, 'Derivations of element stiffness matrices by assumed stress distributions', *J. A. I. A. A.*, 2, 1333—5, 1964.

[17] R. H. Gallagher, *Finite Element Analysis Fundamentals*, pp. 275—80, Prentice-Hall, 1975.

[18] W. P. Doherty, E. L. Wilson and R. L. Taylor, *Stree analysis of axisymmetric utilizing higher order quadrilateral elements*, Univ. of Calif., Berkeley, Struct. Eng. Lab. Report SESM 61-3, 1969.

[19] B. M. Irons and A. Razzaque, 'Shape function formulation for elements other than displacement models', pp. 4/59-71, *Symp. Variational Methods.*, Univ. of Southampton, 1972.

[20] A. Razzaque, 'Program for triangular bending elements with derivative smoothing', *Int. J. Num. Meth. Eng.*, 6, 333—45, 1973.

[21] A. Razzaque, *Finite element analysis of plates and shells*, Ph. D. Thesis, Civ. Eng. Dept., Univ. Coll., Swansea, 1972.

[22] L. R. Herrmann, 'Interpretation of finite element procedure in stress error minimisation', *Proc. Am. Soc. Civ. Eng.*, 98, EM5, pp. 1331—6, 1972.

[23] (a) T. Moan, 'On the local distribution of errors by the finite element approximation', in *Theory and Practice in Finite Element Standard Analysis* (eds. Y. Yamada and R. H. Gallagher), Univ. of Tokyo Press, 1973.

[23] (b) T. Moan, 'Orthogonal polynomials and "best" numerical integration formulas on a triangle', *Z. A. M. M.*, 54, 501—8, 1974.

[24] J. T. Oden, *Finite Elements of Non-linear Continua*, McGraw-Hill, 1971.

[25] E. Hinton and J Campbell, 'Local and global smoothing of discontinuous finite element functions using a least square method', *Int. J. Num.*

Meth. Eng., **8**, 461—80, 1974.

[26] J. Barlow, 'Optimal stress locations in finite element models', *Int. J. Num. Meth. Eng.*, **10**, 243—51, 1976.

[27] E. Hinton, F. C. Scott and R. E. Ricketts, 'Local least squares stress smoothing for parabolic isoparametric elements', *Int. J. Num. Meth. Eng.*, **9**, 235—56, 1975.

[28] O. C. Zienkiewicz, R. L. Taylor and J. M. Too, Reduced integration techniques in general analysis of plates and shells', *Int. J. Num. Meth. Eng.*, **3**, 275—90, 1971.

[29] S. F. Pawsey and R. W. Clough, 'Improved numerical integration of thick shell finite elements', *Int. J. Num. Meth. Eng.*, **3**, 545—86, 1971.

[30] D. J. Naylor, 'Stresses in nearly incompressible materials for finite elements with application to the calculation of excess pore pressures', *Int. J. Num. Meth. Eng.*, **8**, 443—60, 1974.

[31] O. C. Zienkiewicz and E. Hinton, 'Reduced integration, function smoothing and non-conformity in finite element analysis', *J. Franklin Inst.*, **302**, 443—61, 1976.

[32] O. C. Zienkiewicz, 'Constrained variational principles and penalty analysis function methods in finite elements', *Conf. on Numerical Solution of Differential Equations*, Dundee, 1973; *Lecture Notes on Methematics*, Springer, 1973.

[33] T. J. R. Hughes and H. Allik, 'Finite element of compressible and incompressible continua', pp. 27—62, *Proc. Symp. Civ. Eng.* Vanderbilt Univ. (A. S. C. E. publication), 1969.

[34] T. J. R. Hughes, R. L. Taylor and J. L. Sackman, *Finite element formulations and solutions of contact-impact problems in continua mechanics,* Part III, Univ. of California, Berkeley U. C. S. E. S. M. 75-7, 1975.

[35] T. J. R. Hughes, R. L. Taylor and J. F. Levy, 'A finite element method for incompressible flows', pp. 1—16, *Conf. Finite Element Methods in Flow Problems,* St. Margharita, Italy, 1976.

[36] J. C. Nagtegaal, D. M. Parks and J. R. Rice, 'On numerically accurate finite element solutions in the fully plastic range', *Comp. Meth. Appl. Mech. Eng.*, **4**, 153—78, 1974.

[37] I. Fried, 'Finite element analysis of incompressible materials by residual energy balancing', *Int. J. Solids Struct.*, **10**, 993—1002, 1974.

[38] J. H. Argysis, P. C. Dunne, T. Angelopoulos and B. Bichat, 'Large natural strains and some special difficulties due to non-linearity and incompressibility in finite elements', *Comp. Meth. Appl. Mech. Eng.*, **4**, 219, 1974.

[39] E. D. L. Pugh, E. Hinton and O. C. Zienkiewicz, 'A study of quadrilateral plate bending elements with reduced integration', *Int. J. Num Meth. Eng.* (to be published), 1977—8.

[40] T. J. R. Hughes, R. L. Taylor and W. Kanoknukulcha, 'A simple and efficient finite element for plate bending' (to be published in *Int. J.*

Num. Meth. Eng).

[41] E. Hinton, A. Razzaque, O. C. Zienkiewicz and J. D. Davies, 'Simple finite element solution for plates of homogeneous, sandwich and cellular construction', *Proc. Inst. Civ. Eng.,* Part II, **59**, 43—65, 1975.

[42] R. D. Cook, 'More on reduced integration and isoparametric elements', *Int. J. Num. Meth. Eng.,* **3**, 275—90, 1971.

[43] I. Fried, 'Shear in C^0 and C^1 bending finite elements', *Int. J. Solids Struct.,* **9**, 449—60, 1973.

[44] B. M. Irons, 'The Semiloof shell element', Chapter 11, pp. 197—222 of *Finite Elements for thin shells and curved members,* eds. D. G. Ashwell and R. H. Gallagher, Wiley, 1976.

[45] J. T. Baldwin, A. Razzaque and B. M. Irons, 'Shape function subroutine for an isoparametric thin plate element', *Int. J. Num. Mech. Eng.,* **7**, 431, 1973.

[46] L. P. R. Lyons, 'A general finite element system with special reference to the analysis of cellular structures', *Imp. Coll. of Sc. Techn.,* London, 1977.

[47] H. W. Loof, 'The economical computation of stiffness of large structural elements', *Int. Symp. on Use of Comp. in Struct. Eng.,* University of Newcastle upon Tyne, 1966.

[48] G. A. Wempner, J. T. Oden and D. A. Kross, 'Finite element analysis of thin shells', *Proc. Am. Soc. Civ. Eng.,* EM6, 1273—94, 1968.

[49] D. J. Allman, 'Triangular finite elements for plate bending with constant and linearly varying bending moments', *IUTAM Symp. on High Speed Computing of Elastic Structures,* Univ. of Liége, 1971.

第十二章

弹性力学能量原理中的拉格朗日约束. “完全域”法及“界面变量”(或杂交)法

12.1 引言

在前面的章节中，我们已用只根据位移 $\mathbf{u}$ 来形成的虚功方程处理了弹性力学问题. 另外一种公式系统产生同样的结果，它定义总位能:

$$\Pi = \Pi(\mathbf{u}), \tag{12.1}$$

而这一总位能也直接对于作为独立变量的 $\mathbf{u}$ 取极小值. 选择 $\mathbf{u}$ 的试探函数，仅受该位移场的某种连续性要求及满足边界条件这一要求的限制. 然而，即使在这里，我们也遇到困难，并且有时不得不放松连续性条件. 对于第三章中从数学观点提出的问题，大部分也有类似情况存在，所有这些问题都可用已用过的直接近似法求解.

然而在某些问题中，泛函是用本身必须满足很复杂的约束的变量来描述的，而这些约束常常可以用定义在该问题的整个区域 Ω 上（有时仅在该区域的某些部分上）的拉格朗日乘子方便地处理. 这给离散化带来附加的未知量. 未知量的增加常常被放松连续性要求（例如用 C_0 连续性代替 C_1 连续性）所抵偿，于是可以采用比较简单的试探函数.

常常可以辨认出拉格朗日乘子的物理意义，在固体力学中，这种乘子导致我们在本章将要介绍的所谓混合变分原理. 虽然在第三章中就介绍了拉格朗日乘子的概念，但我们在这里将要对它作详细的说明，并介绍其成效显著的应用领域.

有时这样做比较方便: 仅在单元边界上定义拉格朗日乘子或某些其它的基本变量，而在单元内采用定义该场的另外的变量. 我们将把这种办法叫作界面变量法或杂交法，以与完全域法相区别，并将表明这种方法常常十分有效.

正如基本泛函的极小化一样，用拉格朗日乘子来强加约束一般是近似的. 然而，有时可以用离散的有限个拉格朗日乘子精确地强加约束，并且这时可以保持原来的基本泛函的某些性质. 我们将尽力指出这种做法在结构力学中实现的一些可能性，但本章的范围显然必须受篇幅的限制.

12.2 弹性力学的某些一般的完全域变分原理

12.2.1 位能及余能 第二章中给出(并在第三章3.6节中详细说明过)的虚功原理可以表述成如下要求:

$$\int_{\Omega} \delta\boldsymbol{\varepsilon}^{\mathrm{T}}\boldsymbol{\sigma}d\Omega - \int_{\Omega} \delta\mathbf{u}^{\mathrm{T}}\mathbf{b}d\Omega - \int_{\Gamma_t} \delta\mathbf{u}^{\mathrm{T}}\bar{\mathbf{t}}d\Gamma = 0. \qquad (12.2)$$

上式对于与面力 $\bar{\mathbf{t}}$ 及体力 $\mathbf{b}$ 平衡的任一应力系 $\boldsymbol{\sigma}$ 都成立，只要任一虚应变 $\delta\boldsymbol{\varepsilon}$ 与虚位移 $\delta\mathbf{u}$ 是协调的，并遵守规定的边界条件，即

$$\delta\boldsymbol{\varepsilon} = \mathbf{L}\delta\mathbf{u}, \text{ 在 } \Omega \text{ 中}, \qquad (12.3)$$

式中 $\mathbf{L}$ 是一个适当的应变算子(见第二章式(2.2))，

$$\delta\mathbf{u} = 0, \text{ 在 } \Gamma_u \text{ 上}, \qquad (12.4)$$

这里边界位移是给定的.

如果我们把因变量表示成

$$\boldsymbol{\sigma} = \boldsymbol{\sigma}(\boldsymbol{\varepsilon}). \qquad (12.5a)$$

及

$$\boldsymbol{\varepsilon} = \mathbf{L}\mathbf{u}, \qquad (12.5b)$$

我们发现，上式导致一个很方便的使问题离散化的方法，现在问题是用位移作为未知量来表示的. 在离散化(及限制可能的虚位移)时，平衡是近似满足的，但在所有阶段上都保证协调性. 在这种解法中，我们只限于考虑线性应力-应变关系

$$\boldsymbol{\sigma} = \mathbf{D}(\boldsymbol{\varepsilon} - \boldsymbol{\varepsilon}_0) + \boldsymbol{\sigma}_0, \qquad (12.6)$$

但正如我们在处理非线性材料的第十八章中将看到的那样，虚功

表达形式是普遍适用的.

如果变形能 U 存在,使得

$$\delta U = \int_{\Omega} \delta \boldsymbol{\varepsilon}^{\mathrm{T}} \boldsymbol{\sigma} \mathrm{d}\Omega, \tag{12.7}$$

则虚功表达形式等价于使如下总位能取极小值:

$$\Pi = U(\boldsymbol{\varepsilon}) + V(\mathbf{u}), \tag{12.8}$$

式中

$$V = -\int_{\Omega} \mathbf{u}^{\mathrm{T}} \mathbf{b} \mathrm{d}\Omega - \int_{\Gamma_t} \mathbf{u}^{\mathrm{T}} \bar{\mathbf{t}} \mathrm{d}\Gamma. \tag{12.9}$$

对线性弹性材料,在第二章(2.4 节)中以显式给出了上述表达式;然而,这里可以解释一下前面由虚功原理出发的论述的意义.

令 $\boldsymbol{\sigma}$ 是与体力 $\mathbf{b}$ 及规定面力 $\bar{\mathbf{t}}$ 平衡的应力状态,应变 $\boldsymbol{\varepsilon}$ 是由式(12.5a)反过来得到的应力的函数. 我们现在有

$$\boldsymbol{\varepsilon} = \boldsymbol{\varepsilon}(\boldsymbol{\sigma}). \tag{12.10}$$

进一步, 令 $\delta\boldsymbol{\sigma}$ 是满足体力及 Γ_t 上的面力都规定为零的平衡状态的虚应力.

通过使内力虚功与外力虚功之和等于零, 我们来保证 Γ_u 上的边界位移与应变是协调的. 于是, 如下表达形式保证协调的应变与位移:

$$\int_{\Omega} \delta \boldsymbol{\sigma}^{\mathrm{T}} \boldsymbol{\varepsilon} \mathrm{d}\Omega - \int_{\Gamma_u} \delta \mathbf{t} \bar{\mathbf{u}} \mathrm{d}\Gamma = 0, \tag{12.11}$$

式中 $\delta\mathbf{t} = \mathbf{G}\delta\boldsymbol{\sigma}$ ($\mathbf{G}$ 根据应力确定边界面力). 如果我们现在定义一个被称为余能的量 U^*, 使得

$$\delta U^* = \int_{\Omega} \delta \boldsymbol{\sigma}^{\mathrm{T}} \boldsymbol{\varepsilon} \mathrm{d}\Omega; \ U^* = U^*(\boldsymbol{\sigma}), \tag{12.12}$$

则如下泛函的变分为零等价于满足式(12.11):

$$\Pi^* = U^*(\boldsymbol{\sigma}) - \int_{\Gamma_u} \mathbf{t}^{\mathrm{T}} \bar{\mathbf{u}} \mathrm{d}\Gamma = U^* + V^*. \tag{12.13}$$

对于线性应力-应变关系,在不存在初应变或初应力时, 我们可以写出

$$U^* = \int_\Omega \frac{1}{2}\boldsymbol{\sigma}^{\mathrm{T}}\mathbf{D}^{-1}\boldsymbol{\sigma} d\Omega = U. \tag{12.14}$$

对应于式(12.13)的变分原理叫作**最小余能原理**[1]，它是普遍适用的. 容易证明,如果能够定义位能,则总是存在余能.

从应用来说,实际采用余能原理(或等价的余虚功原理)比实际采用位能原理困难得多,因为 $\boldsymbol{\sigma}$ 的试探近似函数现在必须满足平衡微分方程,即

$$\mathbf{L}^{\mathrm{T}}\boldsymbol{\sigma} + \mathbf{b} = 0, \text{ 在 } \Omega \text{ 中}, \tag{12.15}$$

并必须满足规定的边界面力这一边界条件:

$$\mathbf{t} = \bar{\mathbf{t}}, \text{ 在 } \Gamma_t \text{ 上}. \tag{12.16}$$

当只有 $\boldsymbol{\sigma}$ 的某些分量必须连续时，按如下标准形式对应力场采用简单的展开式有许多困难:

$$\boldsymbol{\sigma} = \mathbf{N}\mathbf{a}, \tag{12.17}$$

这里 $\mathbf{a}$ 是一组节点参数;因此,尽管余能原理很有吸引力(它给出变形能的上界，并且还可使我们着重研究在实际中主要感兴趣的应力这个量[1,2])，但很少直接用应力变量把它编成程序. 虽然作了许多令人吃惊的复杂的尝试,情况仍然是这样.

一种可能的解决办法是,采用自动确定平衡应力的应力函数. 应力函数(或一组函数) $\boldsymbol{\phi}$ 按如下非常一般的形式确定应力:

$$\boldsymbol{\sigma} = \mathbf{S}\boldsymbol{\phi} + \mathbf{s}, \tag{12.18}$$

式中 $\mathbf{S}$ 是一个线性微分算子，$\mathbf{s}$ 是一个给定的向量. 用这种应力函数确定的应力自动满足平衡方程,即

$$\mathbf{L}^{\mathrm{T}}(\mathbf{S}\boldsymbol{\phi} + \mathbf{s}) + \mathbf{b} = 0. \tag{12.19}$$

这里最熟知的是二维分析所用的艾里(Airy)标量应力函数 ϕ，它给出[3]

$$\boldsymbol{\sigma} = \begin{Bmatrix} \sigma_x \\ \sigma_y \\ \tau_{xy} \end{Bmatrix} = \begin{Bmatrix} \dfrac{\partial^2}{\partial y^2} \\ \dfrac{\partial^2}{\partial x^2} \\ \dfrac{-\partial^2}{\partial x \partial y} \end{Bmatrix} \phi + \begin{Bmatrix} \Omega \\ \Omega \\ 0 \end{Bmatrix}, \tag{12.20}$$

式中 Ω 是体力位能，它给出

$$b_x = -\frac{\partial \Omega}{\partial x},$$

$$b_y = -\frac{\partial \Omega}{\partial y}.$$

读者自己可以用这一定义式证明，内部平衡总是保证的．此外，有时可以给出 ϕ 的边界值，以便自动满足面力条件[3]．

在三维分析及板弯曲问题中，可以做出其它应力函数[4,5]．

读者会注意到，与式（12.20）的应力函数有关的算子 **S** 是二阶的，它与板弯曲问题中确定应变的算子很相似．余能函数现在是二阶的，对应力函数要求 C_1 连续性，并遇到第十章中已讨论过的所有困难．然而，可以详细地进行类比，并可证明，简单地用 ϕ 代换位移 w，同时对常数作一些调整，就可把板弯曲的程序直接用于平面弹性力学问题的平衡解法．不过，如果封闭环线周围的力不平衡，则存在严重的限制，因为这时函数出现多值性．

也可证明，索斯威尔（Southwell）[5] 引入的应力函数使我们可以用模拟平面应力分析中的位移的量来建立板的平衡模型．

在有限元分析中可以直接应用这些应力函数，这种可能性是乌贝克与监凯维奇[6]首先认识到的，随后又有其他人[7,8]认识到这一点．然而，在多连通问题中出现相当大的困难；一种修正的方法更有吸引力[9,10]，它通过作为位移的拉格朗日乘子强加精确的单元间平衡．后面我们将涉及到这种方法．

12.2.2 *混合变分原理* 在定义式(12.8)及(12.9)的位能泛函时，我们已假设应变与位移有关系，即

$$\boldsymbol{\varepsilon} - \mathbf{L}\mathbf{u} = 0, \text{在} \Omega \text{中}, \tag{12.21a}$$

并假设在边界 Γ_u 上有

$$\mathbf{u} - \bar{\mathbf{u}} = 0. \tag{12.21b}$$

如果我们希望放松这些约束，可以通过引入在域 Ω 中定义的 $\boldsymbol{\lambda}_1$ 及仅在 Γ_u 上定义的 $\boldsymbol{\lambda}_2$ 这两个独立的拉格朗日乘子，写出一个新的变分泛函

$$\Pi_1 = \Pi - \int_\Omega \boldsymbol{\lambda}_1^{\mathrm{T}}(\boldsymbol{\varepsilon} - \mathbf{L}\mathbf{u})\mathrm{d}\Omega - \int_{\Gamma_u} \boldsymbol{\lambda}_2^{\mathrm{T}}(\mathbf{u} - \bar{\mathbf{u}})\mathrm{d}\Gamma. \quad (12.22)$$

现在,每个量均可独立地变化. 取变分,我们看到

$$\begin{aligned}\delta\Pi_1 = 0 = \delta\Pi &- \int_\Omega \delta\boldsymbol{\lambda}_1^{\mathrm{T}}(\boldsymbol{\varepsilon} - \mathbf{L}\mathbf{u})\mathrm{d}\Omega \\ &- \int_{\Gamma_u} \delta\boldsymbol{\lambda}_2^{\mathrm{T}}(\mathbf{u} - \bar{\mathbf{u}})\mathrm{d}\Gamma \\ &- \int_\Omega \boldsymbol{\lambda}_1^{\mathrm{T}}(\delta\boldsymbol{\varepsilon} - \mathbf{L}\delta\mathbf{u})\mathrm{d}\Omega \\ &- \int_{\Gamma_u} \boldsymbol{\lambda}_2^{\mathrm{T}}\delta\mathbf{u}\mathrm{d}\Gamma. \end{aligned} \quad (12.23)$$

注意到(遵照与第三章 3.6 节中所作类似的积分)

$$\int_\Omega \boldsymbol{\lambda}_1^{\mathrm{T}}\mathbf{L}\delta\mathbf{u}\mathrm{d}\Omega = -\int_\Omega \delta\mathbf{u}^{\mathrm{T}}\mathbf{L}^{\mathrm{T}}\boldsymbol{\lambda}_1\mathrm{d}\Omega + \int \delta\mathbf{u}^{\mathrm{T}}\mathbf{G}\boldsymbol{\lambda}_1\mathrm{d}\Gamma,$$

式中 $\mathbf{G}$ 是依据应力给出边界面力的一个算子,并代入式(12.8)所给出的 Π 的变分,则我们可以把式(12.23)明显地写成

$$\begin{aligned}0 = \int_\Omega \delta\boldsymbol{\varepsilon}^{\mathrm{T}}(\boldsymbol{\sigma}(\boldsymbol{\varepsilon}) - \boldsymbol{\lambda}_1)\mathrm{d}\Omega &- \int_\Omega \delta\mathbf{u}^{\mathrm{T}}(\mathbf{L}^{\mathrm{T}}\boldsymbol{\lambda}_1 + \mathbf{b})\mathrm{d}\Omega \\ + \int_{\Gamma_t} \delta\mathbf{u}^{\mathrm{T}}(\mathbf{G}\boldsymbol{\lambda}_1 - \bar{\mathbf{t}})\mathrm{d}\Gamma &+ \int_{\Gamma_u} \delta\mathbf{u}^{\mathrm{T}}(\mathbf{G}\boldsymbol{\lambda}_1 - \boldsymbol{\lambda}_2)\mathrm{d}\Gamma \\ - \int_\Omega \delta\boldsymbol{\lambda}_1^{\mathrm{T}}(\boldsymbol{\varepsilon} - \mathbf{L}\mathbf{u})\mathrm{d}\Omega &- \int_{\Gamma_u} \delta\boldsymbol{\lambda}_2^{\mathrm{T}}(\mathbf{u} - \bar{\mathbf{u}})\mathrm{d}\Gamma.\end{aligned}$$

(12.24)

因为上式对于任意变分均成立,我们立即看到,最后面两个欧拉条件使约束得以满足,而由其它各项可以看出,拉格朗日乘子可被识别如下:

$$\boldsymbol{\lambda}_1 = \boldsymbol{\sigma}, \quad \boldsymbol{\lambda}_2 = \mathbf{t},$$

前者满足区域中的平衡条件及给定边界面力的边界条件,后者给出边界面力. 这样识别拉格朗日乘子时,该变分原理被称为胡海昌-鹫津久一郎原理,它可表述为要求如下泛函取驻值:

$$\Pi_1 = \Pi(\boldsymbol{\varepsilon}, \mathbf{u}) - \int_\Omega \boldsymbol{\sigma}^{\mathrm{T}}(\boldsymbol{\varepsilon} - \mathbf{L}\mathbf{u})\mathrm{d}\Omega$$

$$-\int_{\Gamma_u} \mathbf{t}^{\mathrm{T}}(\mathbf{u}-\bar{\mathbf{u}})\mathrm{d}\Gamma, \tag{12.25}$$

式中Π是按式(12.8)定义的位能.

在这里，允许域Ω中的 $\boldsymbol{\varepsilon}, \mathbf{u}, \boldsymbol{\sigma}$ 以及边界上的 $\mathbf{t}$ 这些量独立地变化.

这个极为一般的原理大概不是非常实用的. 然而我们应注意到,余能与变形能之和可以写成

$$U+U^{*}=\int_{\Omega} \boldsymbol{\sigma}^{\mathrm{T}} \boldsymbol{\varepsilon} \mathrm{d}\Omega,$$

这给出

$$\delta U+\delta U^{*}=\int_{\Omega} \delta \boldsymbol{\varepsilon}^{\mathrm{T}} \boldsymbol{\sigma} \mathrm{d}\Omega+\int_{\Omega} \delta \boldsymbol{\sigma}^{\mathrm{T}} \boldsymbol{\varepsilon} \mathrm{d}\Omega. \tag{12.26}$$

通过在式(12.8)给出的Π的定义中用 U^{*} 代替U，立刻可以写出另一个变分原理的泛函

$$\begin{aligned}\Pi_2=&\int_{\Omega} \boldsymbol{\sigma}^{\mathrm{T}} \boldsymbol{\varepsilon} \mathrm{d}\Omega-U^{*}(\boldsymbol{\sigma})-\int_{\Omega} \mathbf{u}^{\mathrm{T}} \mathbf{b} \mathrm{d}\Omega \\ &-\int_{\Gamma_t} \mathbf{u}^{\mathrm{T}} \bar{\mathbf{t}} \mathrm{d}\Gamma-\int_{\Omega} \boldsymbol{\sigma}^{\mathrm{T}}(\boldsymbol{\varepsilon}-\mathbf{L u}) \mathrm{d}\Omega \\ &-\int_{\Gamma_u} \mathbf{t}^{\mathrm{T}}(\mathbf{u}-\bar{\mathbf{u}}) \mathrm{d}\Gamma,\end{aligned} \tag{12.27}$$

这里的变量仍然与前面相同,但泛函的具体形式不尽相同.

如果我们进一步假设,$\boldsymbol{\varepsilon}$是不独立的,并且关于$\boldsymbol{\varepsilon}$的两个协调性约束(式(12.21))是满足的,我们可以把上述变分原理改写成赖斯纳-赫林格 (Reissner-Helinger)[11] 变分原理. 这一原理的泛函可表示成

$$\begin{aligned}\Pi_3=&\int_{\Omega} \boldsymbol{\sigma}^{\mathrm{T}} \boldsymbol{\varepsilon} \mathrm{d}\Omega-U^{*}(\boldsymbol{\sigma})-\int_{\Omega} \mathbf{u}^{\mathrm{T}} \mathbf{b} \mathrm{d}\Omega \\ &-\int_{\Gamma_t} \mathbf{u}^{\mathrm{T}} \bar{\mathbf{t}} \mathrm{d}\Gamma,\end{aligned}$$

$$(\text{在}\ \Omega\ \text{中}\ \boldsymbol{\varepsilon}=\mathbf{Lu};\ \text{在}\ \Gamma_u\ \text{上}\ \mathbf{u}-\bar{\mathbf{u}}=0), \tag{12.28}$$

现在这里仅$\boldsymbol{\sigma}$及$\mathbf{u}$是独立变量.

最后,如果分部积分式(12.28)的第一项，我们看到,引入协调

性条件后，上式即可改写成

$$-\Pi_3 = U^*(\boldsymbol{\sigma}) + \int_\Omega \mathbf{u}^{\mathrm{T}}(\mathbf{L}^{\mathrm{T}}\boldsymbol{\sigma} + \mathbf{b})\mathrm{d}\Omega - \int_{\Gamma_t} \mathbf{u}^{\mathrm{T}}(\mathbf{G}\boldsymbol{\sigma} - \bar{\mathbf{t}})\mathrm{d}\Gamma - \int_{\Gamma_u} \bar{\mathbf{u}}^{\mathrm{T}}\mathbf{G}\boldsymbol{\sigma}\mathrm{d}\Gamma. \tag{12.29}$$

此外，如果应力 $\boldsymbol{\sigma}$ 选择得满足平衡条件，即满足式（12.15）及（12.16），则又回到已经证明过的余能原理上来，其泛函是

$$\Pi_4 = U^*(\boldsymbol{\sigma}) - \int_{\Gamma_u} \bar{\mathbf{u}}^{\mathrm{T}}\mathbf{t}\mathrm{d}\Gamma, \quad (\mathbf{t} = \mathbf{G}\boldsymbol{\sigma}). \tag{12.30}$$

上述的所有能量原理均可在实际中利用，并且还可导出许多其它的变分原理．然而，只有少数是实用的．赫尔曼[12-14]首先引入的赖斯纳-赫林格原理的修正形式特别引人注意． 如果考察一下式(12.28)的表达形式，我们看到，虽然可以假设独立的应力场及位移场，但后者仍必须保持与位移分析中完全相同的连续性，因为应变算子 $\mathbf{L}\mathbf{u}$ 仍然不变．

另一方面，应力场可以完全不连续，因为不涉及应力的微分．然而，可以对第一项

$$\int_\Omega \boldsymbol{\sigma}^{\mathrm{T}}\boldsymbol{\varepsilon}\mathrm{d}\Omega = \int_\Omega \boldsymbol{\sigma}^{\mathrm{T}}\mathbf{L}\mathbf{u}\mathrm{d}\Omega \tag{12.31}$$

进行分部积分．

因此，赫尔曼对该变分原理作了修正，现在对应力强加了某些新的连续性，但对位移放松连续性要求．如果同在板弯曲问题中一样，算子 $\mathbf{L}$ 是二阶的，则容易看出，一次分部积分将会产生仅作用于位移场及应力场的一阶导数，这样就允许用具有 C_0 连续性的插值来表示位移及应力．

作为这方面的一个例子，我们来考察一个梁问题．这时 $\boldsymbol{\varepsilon} = \mathrm{d}^2w/\mathrm{d}x^2$，$\boldsymbol{\sigma} = M = EI(\mathrm{d}^2w/\mathrm{d}x^2)$ 载荷 $\mathbf{b} = q$．我们现在可以把式(12.28)的赖斯纳泛函写成

$$\Pi_3 = \int_0^L M \frac{d^2 w}{dx^2} dx - \int_0^L \frac{1}{2EI} M^2 dx - \int_0^L wq dx - \frac{dw}{dx} \bar{M} \Big|_0^L,$$

式中 $\bar{M}$ 代表规定的端部力矩，并且 $\mathbf{u} = w$.

在这里，可以进行变量M及w的离散化，但按照我们的标准的"可积性"规则[1)]，w的离散化必须有连续的斜率．然而，通过对第一项进行分部积分，我们看到，该泛函可以写成

$$\Pi_3 = -\int_0^L \frac{dM}{dx} \cdot \frac{dw}{dx} dx - \int_0^L \frac{1}{2EI} M^2 dx - \int_0^L wq dx + \frac{dw}{dx}(M - \bar{M}) \Big|_0^L,$$

它对M及w仅强加 C_0 连续性，M及w两者现在都可以简单地由节点参数 M_i 及 w_i 插值得到.

我们鼓励读者详细地建立这个问题的公式系统，在离散M及w时，可以采用比如说一组线性的形状函数，并且也鼓励读者对相同的问题应用另外的变分原理.

这里给出的各种混合变分原理只不过是大量可能的原理中的少数几个．奥登[17]及其他人[16]讨论过一些这样的原理.

显然，可以有另外的强加约束的办法；在这里，也可以采用第十一章中已讨论过的罚函数法，以及直接应用于各种力学问题的最小二乘法[18-20].

---

1) 严格地讲，象 $\int A(d\phi/dx)dx$ 这样的表达式，其可积性并不要求 $d\phi/dx$ 为有限值．仅当这个量的较高阶次出现时，才要求这种有限值．显然，如果在某点 x_i 处 ϕ 出现跳跃，我们可以写出

$$\int_0^L A \frac{d\phi}{dx} dx = \int_0^{x_i} A \frac{d\phi}{dx} dx + \int_{x_i}^L A \frac{d\phi}{dx} dx + A(x_i)(\phi_i^+ - \phi_i^-).$$

这类积分必须包括跳跃项，并导致象文献[15]及[16]中已引入的那种不怎么好用的有限单元形式.

实际上，除了对于板问题之外，几乎没有应用过混合变分原理．在文献[21—33]中，给出了一个非常全面的应用例子的目录．

在下一节中，我们将介绍杂交形式的有限元法，它是混合法在采用界面变量时的特殊情况．

12.3 界面变量法与杂交法

12.3.1 一般概念 在采用象位能或余能原理这样的变分原理中的泛函时，主要的困难是，要保证越过单元间边界(或界面)处面力或位移的连续性．

通过要求较低阶的连续性这种办法，一些混合变分原理减轻了上述困难；然而，其代价是增加了大量的附加变量．另外一种办法是：在每个单元内定义协调的或平衡的场，但这不保证单元间的协调性或平衡性；然后，通过只在界面上定义的拉格朗日乘子来强加这种协调性或平衡性．这种办法的具体形式是很多的．如果这样定义了一个协调场或者是平衡场，则其全部或部分参数只与一个单元有关，并可因此而在单元这一级消去，这就非常显著地减少了集合问题中变量的总数．

前一节中已讨论过的弹性力学中的完全域变分原理，在这里可帮助我们识别拉格朗日乘子的意义；但是，更方便（并且更广泛地采用）的办法是把有关的变分原理作为一个一般的数学问题来讨论，即我们寻求某一任意泛函

$$\Pi = \Pi(\boldsymbol{\phi}) \tag{12.32}$$

关于 $\boldsymbol{\phi}$ 的驻值．

所要求的单元间连续性可以十分普遍地表示成

$$\mathbf{E}(\boldsymbol{\phi})^1 - \mathbf{E}(\boldsymbol{\phi})^2 = 0, \text{ 在 } \Gamma_I \text{ 上}, \tag{12.33}$$

式中 $\mathbf{E}$ 是某线性算子，$(\boldsymbol{\phi})^1$ 及 $(\boldsymbol{\phi})^2$ 分别代表在相邻的单元 1 及单元 2 上定义的场，这两个单元在界面 Γ_I 处相连．例如，C_0 连续性只要求 $(\boldsymbol{\phi})^1$ 等于 $(\boldsymbol{\phi})^2$，而 C_1 连续性除此之外还要求 $\partial\boldsymbol{\phi}/\partial n$ 相等，这里 n 是该界面的法向．如同我们在后面将看到的，按照完全相同的方式，在式(12.33)的一般表达形式中可以包括其它

的约束.

有三种强加约束(12.33)的方式，它们都不非常显著地增大最终方程组的规模. 所有这些方式均示于图 12.1.

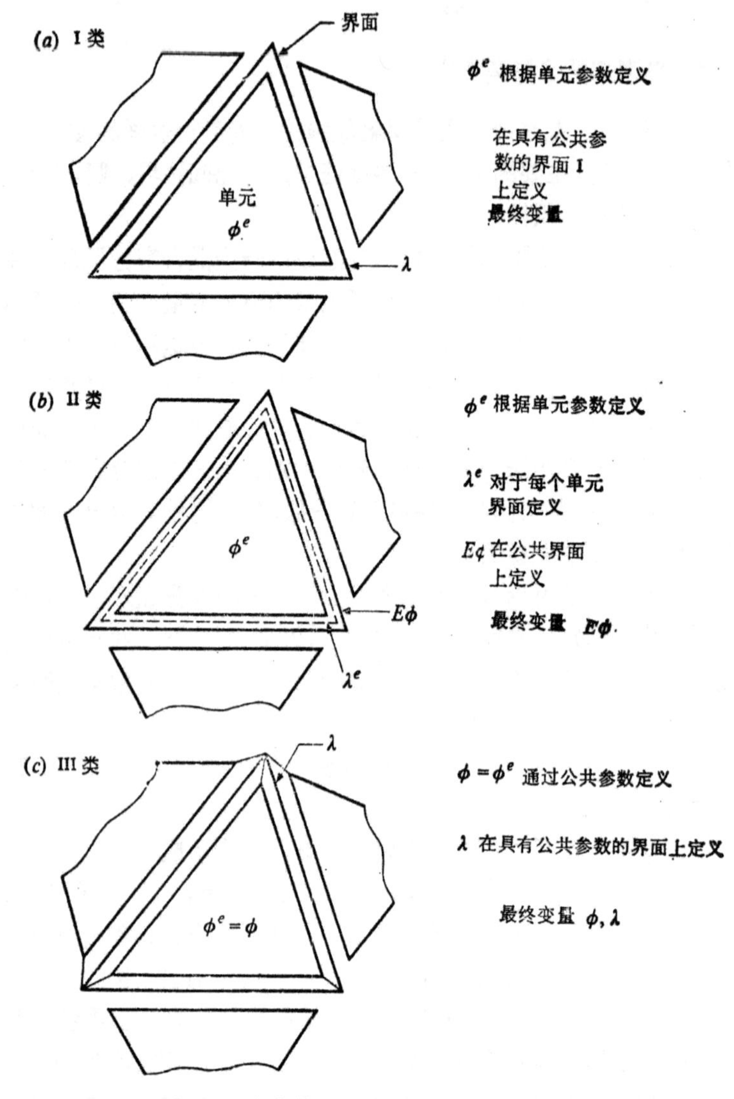

图 12.1 具有界面变量的三类单元(杂交单元)

I 类：单层——独立场(图 12.1(a))

在这里，场 $\boldsymbol{\phi}$ 是在任一单元中通过一组与其它单元中的场完全无关的参数来定义的，它不满足单元间协调性要求．于是我们写出

$$\boldsymbol{\phi}^e = \mathbf{N}^e\mathbf{b}^e. \tag{12.34}$$

现在仅在界面 Γ_I 上通过一组节点变量及适当的插值函数来定义拉格朗日乘子 $\boldsymbol{\lambda}$：

$$\boldsymbol{\lambda}^I = \bar{\mathbf{N}}^I\mathbf{a}. \tag{12.35}$$

强加了界面条件(12.33)的泛函现在可写成

$$\Pi^* = \Pi + \int_{\Gamma_I} \boldsymbol{\lambda}^{\mathrm{T}}(\mathbf{E}(\boldsymbol{\phi})^1 - \mathbf{E}(\boldsymbol{\phi})^2)\mathrm{d}\Gamma, \tag{12.36}$$

式中 1 及 2 仍表示任意两个相邻的单元．因为参数 $\mathbf{b}^e$ 仅在单个单元内定义，我们可按一般形式写出

$$\frac{\partial \Pi^*}{\partial \mathbf{b}^e} = \frac{\partial \Pi^{*e}}{\partial \mathbf{b}^e} = \mathbf{K}^e\mathbf{b}^e + \mathbf{I}^e\mathbf{a} + \mathbf{f}^e = 0. \tag{12.37}$$

求解上式，我们可直接消去内部参数，写出

$$\mathbf{b}^e = -((\mathbf{K}^e)^{-1})(\mathbf{I}^e\mathbf{a} + \mathbf{f}^e), \tag{12.38}$$

而该系统的最终方程即变成

$$\frac{\partial \Pi^*}{\partial \mathbf{a}} = \Sigma \frac{\partial \Pi^{*e}}{\partial \mathbf{a}}. \tag{12.39}$$

代入式(12.38)之后，式(12.39)现在完全是用拉格朗日参数 $\mathbf{a}$ 来表示的．因此，在最终的方程中仅这些参数起作用．

II 类："框架"法——双层界面

在这类方法中，在每个单元周围放上一个假想的框架，并在这个框架上定义 $\mathbf{E}\boldsymbol{\phi}$.

式(12.33)的连续性要求现在被下式代替

$$\mathbf{E}(\boldsymbol{\phi})^1 - \mathbf{E}(\boldsymbol{\phi})^I = 0;\ \mathbf{E}(\boldsymbol{\phi})^I - \mathbf{E}(\boldsymbol{\phi})^2 = 0, \tag{12.40}$$

这里 I 代表"框架"值．因此，如下写出的泛函满足所有连续性要求：

$$\Pi^{**} = \Pi + \int_{\Gamma_I} \boldsymbol{\lambda}^{\mathrm{T}}(\mathbf{E}(\boldsymbol{\phi})^1 - \mathbf{E}(\boldsymbol{\phi})^I)\mathrm{d}\Gamma. \tag{12.41}$$

现在，利用式(12.34)，根据独立变量 $\mathbf{b}^e$ 写出单元 e 内的场 $\boldsymbol{\phi}$. 此外，我们可以定义一组拉格朗日乘子，它们虽然在界面上给出，但同时与一个单元也有关. 于是，我们有

$$\boldsymbol{\lambda} = \bar{\bar{\mathbf{N}}}\mathbf{c}^e. \tag{12.42}$$

现在，在单个单元中，所有的参数 $\mathbf{b}^e$ 及 $\mathbf{c}^e$ 都已完全确定，并可以写出如下方程：

$$\frac{\partial \Pi^{**}}{\partial \mathbf{b}^e} = \frac{\partial \Pi^{**e}}{\partial \mathbf{b}^e} = 0, \qquad \frac{\partial \Pi^{**}}{\partial \mathbf{c}^e} = \frac{\partial \Pi^{**e}}{\partial \mathbf{c}^e} = 0, \tag{12.43}$$

这允许从如下给出的最终方程组中消去参数 $\mathbf{b}^e$ 及 $\mathbf{c}^e$:

$$\frac{\partial \Pi^{**}}{\partial \mathbf{a}} = \sum \frac{\partial \Pi^{**e}}{\partial \mathbf{a}}. \tag{12.44}$$

在这里，参数 $\mathbf{a}$ 确定界面上的 $\mathbf{E}(\boldsymbol{\phi})^{\mathrm{I}}$ 的值. 第二类方法与第一类方法的基本差别是，现在界面上的变量同原来的量 $\boldsymbol{\phi}$ 有关系，而不是一组全新的参数. 然而，这一点并不是严重的障碍，因为在许多情况下，可以利用界面上的变量这组参数的非常严格的物理意义.

III 类：单个不独立的场

在这种方法中，通过一组在单元之间不独立的参数把原来的场定义成

$$\boldsymbol{\phi} = \mathbf{N}\mathbf{b}. \tag{12.45}$$

在这里，仍然象在第 I 类方法中那样，通过在界面 I 上规定 λ 来强加连续性. 这是第 I 类方法的一种简单的变化了的形式，在这种形式中，仍包含 $\mathbf{a}$ 及 $\mathbf{b}$ 两组变量，并且可不消去总的变量数. 然而，如果式(12.45)中原来选择的一组展开式满足部分的单元间连续性，则可减少界面拉格朗日变量的数目，并且最终方程组的未知量比由直接的混合变分原理得到的方程的未知量要少.

由界面变量法所提供的这种置换的可能性是很大的，而这种方法的概念在我们后面将示出的力学上的具体应用中更好理解，在那里，前面各节的变分原理会帮助我们识别拉格朗日变量.

第 I 类界面变量法中最重要的应用是，在单元内利用余能原

理而在界面上规定被视为位移的拉格朗日乘子．这类单元被称为“应力杂交”单元，它由卞学镄首先引入，并被卞学镄及其他人[34-37]全面地予以发展．这种方法的优点是，最终的有限单元型矩阵可以适合于标准程序，并且确实可与普通位移法的形式结合起来．因此，我们将更详细地讨论这一类单元．

第 II 类近似方法用得不广泛，但董平 (Pin Tong)[48] 给出了以位能位移变量为基础的例子．同样地，最终变量也是位移，但它现在是定义于界面上．在通用性以及与直接的位移法的联系性方面，这些单元具有第 I 类近似法的所有优点．还有一种单元也属于这一类，在这种单元所采用的修正变分原理中，与每一个单元有关的拉格朗日乘子是面力，并通过代入用内部位移来表示的式子而直接消去它们． 这类变分原理与第三章 3.13 节中讨论过的类似，它是文献[49]及[50]中所导出的板弯曲单元的基础．然而，这种办法有一些困难，这是曼（Mang）与加拉格尔[51]认识到的．

在第 III 类近似方法中，哈维（Harvey）与凯尔西（Kelsey）[52]给出了一个有名的例子．如同我们在第十章中所指出的，具有完全的十项三次多项展开式的三角形板弯曲单元只是不满足斜率协调性，哈维与凯尔西在每条边上用单个拉格朗日变量来强加该斜率连续性．尽管混合的变量不方便，已发现这个单元在许多应用中是有效的．

12.3.2 参数的一致选择；完全约束的实现 如果独立地在单元中规定函数 ϕ 而在界面上通过另一组参数描述拉格朗日乘子 λ，这时出现对于每个展开式选择正确数目的参数这样一个参数数目一致性的问题．

例如，在第 I 类杂交法中，如果单元内的场 ϕ 导致 $\mathbf{E}\phi$ 沿界面按一多项式变化，那么沿一界面的平直部分在某些离散点处强加连续性(式(12.33))，可以保证沿这整个界面完全满足连续性要求．这完全相当于限制要引入的参数的数目，以便使 λ 沿这一界面按其多项展开式变化．显然，节点参数数目的增加，无论怎样也不能超过使约束精确地得到满足的那样一个数目．因为约束变分

原理中的 λ 不必沿任一单元的整个界面连续，所以沿每个单元的(直)边布置的节点迫使约束很好地得到满足．这样完全地实现单元间的约束，是乌贝克、桑德尔及贝克尔（Becker）[2,9,53] 作为应力杂交法的一种形式而得到的完全平衡单元的基础．

在不可能完全满足协调性的场合，象采用某些在角节点处规定参数 λ 的第 I 类杂交单元那种情况，还需对内部单元参数的数目作类似的限制，而通过考虑描述受约束量及沿各边的拉格朗日参数的多项式的次数，容易发现那一限制的近似表示方法．对于杂交应力单元，亨歇尔[39]已经全面地讨论和检验过增加内部参数数目的问题；他指出，实际上结果随参数增加而变坏．

在下一节中，我们将举例说明几个第 I 类的单元，对于这些单元的假设应力场，强加了完全的约束及部分的约束．我们希望，这样一次说明能使读者对杂交法有足够深入的理解，以便今后更详细地了解其它的应用．最后应当指出，杂交类单元常常再现由上一章中介绍过的光滑非协调位移场所得到的其它单元的结果．

12.4 第 I 类杂交法的某些例子

12.4.1 平衡(余能)单元　乌贝克[2]于 1963 年介绍了用于平面应力-应变分析的最早的平衡单元．这个例子能够很好地说明实现完全应力平衡的杂交法的步骤．对于这个单元，在图 12.2 所示每个三角形单元内假设常应力场．我们可以按离散形式把这个应力场简单地写成

$$\boldsymbol{\sigma}=\begin{Bmatrix}\sigma_x\\ \sigma_y\\ \tau_{xy}\end{Bmatrix}=\mathbf{b}^e. \tag{12.46}$$

因为这一应力在无体力的情况下自动满足平衡条件，对于每个单元，余能可写成

$$\Pi^e=\frac{1}{2}\int_{\Delta}\boldsymbol{\sigma}^{\mathrm T}\mathbf{C}\boldsymbol{\sigma}\,\mathrm{d}x\mathrm{d}y=\frac{1}{2}\,\mathbf{b}^{e\mathrm T}\mathbf{C}\mathbf{b}^e\Delta. \tag{12.47}$$

在上式中，Δ 表示该三角形的面积，而（$\mathbf{C}=\mathbf{D}^{-1}$）是材料的柔度

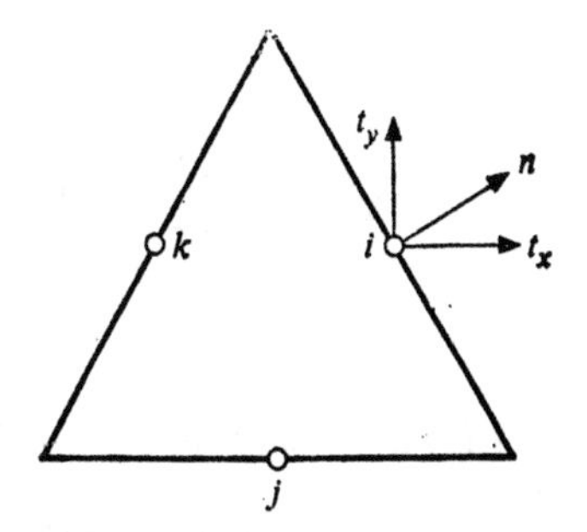

图 12.2 在边中节点处,常应力平衡三角形的最终变量 $\boldsymbol{\lambda}_i = \mathbf{u}_i$

矩阵.

为了单元间的平衡,我们必须写出

$$\mathbf{E}(\boldsymbol{\sigma})^1 - \mathbf{E}(\boldsymbol{\sigma})^2 = \mathbf{t}^1 + \mathbf{t}^2 = 0, \tag{12.48}$$

式中 $\mathbf{t}$ 描述相邻单元间的作用力. 在一个典型的面上,我们可以把这种作用力写成:

$$\mathbf{t} = \begin{Bmatrix} t_x \\ t_y \end{Bmatrix} \equiv \mathbf{G}\boldsymbol{\sigma}, \tag{12.49}$$

式中

$$\mathbf{G} = \begin{bmatrix} n_x & 0 & n_y \\ 0 & n_y & n_x \end{bmatrix}, \tag{12.50}$$

这里 n_x 及 n_y 是该面法线的方向余弦.

因为应力(从而还有作用力)沿每一条边不变化,只要引入一个不变的 $\boldsymbol{\lambda}$ 值即可. 因为可由式(12.28)的混合能量泛函把 $\boldsymbol{\lambda}$ 视为位移 $\mathbf{u}$,对于每个单元,我们写出

$$\boldsymbol{\lambda}_i \equiv \mathbf{u}_i \tag{12.51}$$

这是一个与比如说中心节点的位移值有关的含两个分量的向量. 我们立即可对每个单元写出

$$\Pi^{*e} = \Delta \frac{1}{2} \mathbf{b}^{e\mathrm{T}} \mathbf{C} \mathbf{b}^e - \sum_{i=1}^{3} \mathbf{u}_i^{\mathrm{T}} l_i \mathbf{G}_i \mathbf{b}^e, \tag{12.52}$$

式中 l_i 是节点 i 所在的那条边的长度.

因为参数 $\mathbf{b}^e$ 不进入任何其它单元的泛函表达式,所以我们

可以写出

$$\frac{\partial \Pi^{*e}}{\partial \mathbf{b}^e}=0=\Delta \mathbf{C}\mathbf{b}^e-\sum_{i=1}^{3} l_i \mathbf{G}_i^{\mathrm{T}} \mathbf{u}_i, \tag{12.53}$$

由此得到

$$\mathbf{b}^e=\mathbf{C}^{-1} \sum_{i=1}^{3} l_i \mathbf{G}_i^{\mathrm{T}} \mathbf{u}_i \Big/ \Delta=\mathbf{D} \sum_{i=1}^{3} l_i \mathbf{G}_i^{\mathrm{T}} \mathbf{u}_i / \Delta. \tag{12.54}$$

于是，任一单元都有如下对于总泛函导数的贡献：

$$\frac{\partial \Pi^{*e}}{\partial u_i}=-l_i \mathbf{G}_i \mathbf{b}^e=-l_i \mathbf{G}_i \mathbf{D} \sum_{j=1}^{3} l_j \mathbf{G}_j^{\mathrm{T}} \mathbf{u}_j / \Delta$$

$$=\sum_{j=1}^{3} \mathbf{K}_{ij}^e \mathbf{u}_j, \tag{12.55}$$

式中

$$\mathbf{K}_{ij}^e=-l_i \mathbf{G}_i \mathbf{D} l_j \mathbf{G}_j^{\mathrm{T}} / \Delta.$$

现在，我们认出系数矩阵 $\mathbf{K}_{ij}^e$ 是刚度系数矩阵，它可按通常方式集合成整个系统的刚度矩阵[1)]。

按照完全类似的方式，可以用更多的相互联系的（拉格朗日）位移导出更高阶的单元[9]。如同已经提到过的，通过采用应力函数，单元内平衡场的选择得以简化。

刚才导出的单元在集合时有时产生一个奇异的总刚度矩阵，因此它的应用并不广泛。

这里对于平面应力分析所介绍的方法，已在板弯曲问题中广泛采用[9,53]，并且容易把它推广于三维问题。作为一个练习，读者可以尝试导出具有如下形式假设应力场的平衡三角形单元或矩形单元：

$$\sigma_x=b_1^e+b_2^e x+b_3^e y,$$

1）值得指出，如果假设一个利用位于单元各边中间三分之一段两端处的的节点而给出的线性非协调位移场，在这种情况下会得到完全相同的结果。进行证明需要相当冗长的代数运算，我们把这留给读者去做。不过，关于杂交单元与相应不协调单元之间的这一关系，还要在这里通过例子来说明。

$$\sigma_y = b_4^e + b_5^e x - b_6^e y, \quad (12.56)$$

$$\tau_{xy} = b_7^e - b_6^e x - b_2^e y,$$

容易验证，上式满足平衡条件．因为内力线性变化，在每条边上最多需要两组拉格朗日乘子(位移)，这如图 12.3 所示．

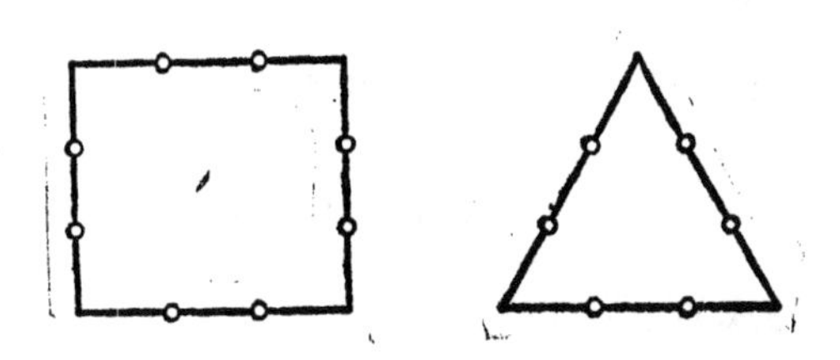

图 12.3 具有线性应力分布的完全平衡杂交单元

12.4.2 杂交"应力"单元 杂交应力单元的推导完全遵照上一节的方法，但现在拉格朗日约束的数目不必正好足以满足关于内力连续性的界面约束．这里导出的最初一批单元中的一个，就是图 12.4 所示用于平面应变分析的矩形单元，我们将比较详细地介绍它．

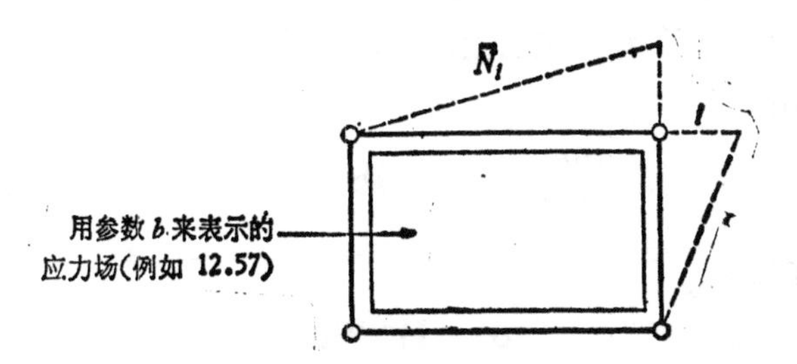

图 12.4 具有角节点的平面应力/应变杂交单元，λ 线性插值

令单元中的应力场被描述如下：

$$\sigma = \begin{Bmatrix} \sigma_x \\ \sigma_y \\ \tau_{xy} \end{Bmatrix} = \begin{bmatrix} 1, & y, & 0, & 0, & 0 \\ 0, & 0, & 1, & x, & 0 \\ 0, & 0, & 0, & 0, & 1 \end{bmatrix} \begin{Bmatrix} b_1^e \\ \vdots \\ b_5^e \end{Bmatrix} = \mathbf{N}\mathbf{b}^e, \quad (12.57)$$

也容易验证，上式满足平衡方程．

在界面上，拉格朗日位移参数根据形状函数来确定：

$$\boldsymbol{\lambda} = \mathbf{u} = \bar{\mathbf{N}}\mathbf{a}_i, \tag{12.58}$$

这里 $\mathbf{a}_i$ 表示四个角点处的位移值.

采用如式(12.49)那样定义的内力,我们注意到, n_x 及 n_y 在该矩形的界面上不是 0 就是 1 ,这使该分析变得容易.

写出该单元的修正泛函,我们有

$$\Pi^{*e} = \frac{1}{2}\mathbf{b}^{eT}\left(\int_{\Omega^e}\mathbf{N}^T\mathbf{C}\mathbf{N}\mathrm{d}x\mathrm{d}y\right)\mathbf{b}^e - \int_{\Gamma_I}(\bar{\mathbf{N}}\mathbf{a})^T\mathbf{G}\mathbf{N}\mathbf{b}^e\mathrm{d}\Gamma. \tag{12.59}$$

上式可以写成如下形式:

$$\Pi^{*e} = \frac{1}{2}\mathbf{b}^{eT}\mathbf{H}\mathbf{b}^e - \mathbf{a}^{eT}\mathbf{P}\mathbf{b}^e, \tag{12.60}$$

式中

$$\mathbf{H} = \int_{\Omega^e}\mathbf{N}\mathbf{C}\mathbf{N}\mathrm{d}x\mathrm{d}y,$$

$$\mathbf{P} = \int_{\Gamma_I}\bar{\mathbf{N}}^T\mathbf{G}\mathbf{N}\mathrm{d}x\mathrm{d}y.$$

请读者在假设 $\bar{\mathbf{N}}$ 为线性插值函数而 $\mathbf{N}$ 按式(12.57)的形式定义这种情况下,详细推出上面的表达式.

写出

$$\frac{\partial\Pi^{*e}}{\partial\mathbf{b}^e} = 0 = \mathbf{H}\mathbf{b}^e - \mathbf{P}^T\mathbf{a}^e \tag{12.61}$$

后,可确定

$$\mathbf{b}^e = \mathbf{H}^{-1}\mathbf{P}^T\mathbf{a}^e,$$

而该单元的“刚度”变成

$$\frac{\partial\Pi^{*e}}{\partial\mathbf{a}^e} = -\mathbf{P}\mathbf{b}^e = -\mathbf{P}\mathbf{H}^{-1}\mathbf{P}^T\mathbf{a}^e, \tag{12.62}$$

这里有

$$\mathbf{K}^e = -\mathbf{P}\mathbf{H}^{-1}\mathbf{P}^T.$$

通过稍微麻烦一点的代数运算可证明,这个单元的矩阵同具有两个内部非协调抛物型模式的矩形单元的矩阵(见第十一章

11.3 节)一样.

应用由大量内部参数定义的平衡应力形式，该矩形可以有许多其它形式. 然而,它们都不改善单元的性能.

在刚才所说明的二维分析这方面，杂交法只有一定的纯理论意义,但对于板弯曲方面的应用来说,该方法已经产生了一系列有用的单元. 这些单元中既有常力矩三角形[8]，也有比较复杂的形式[33,35,40,41],而前者已被弄清楚是一种平衡单元.

值得指出,在这些单元中,也有许多实际上同采用非协调形状函数假设所导出的单元一样. 文献 [8] 的平衡三角形就是所提及的这种情况，它已在第十章 10.8 节中被讨论过，而文献[33]中导出的具有四个或 12 个自由度的三角形，被证明同第十一章 11.4 节中通过“导数光滑化”而得到的单元是一样的.

12.4.3 平衡应力场及等参数形式的生成 在上面的例子中，我们已假设过几个满足平衡关系的应力场(式(12.56)及(12.57)).

一般地讲,在二维问题中,任何连续的艾里应力函数都会产生这种场(在三维问题中，等价的芬齐 (Finzi) 函数也能这样). 例如,一个用多项式形式来规定的完全三次应力函数展开式,可以自动产生式 (12.56) 给出的那类应力场. 也可以自然而然地得到其它的形式. 因为应力函数多项式的前三项产生零应力，所以只出现 7 个常数,虽然三次多项式本身有十项. 显然,在确定内部应力场时，应力函数本身完全可以用来作为一个直接变量.

应力函数的优点是，容易在等参数坐标系或者任何其它的曲线坐标系中来定义它们,而且它们能产生平衡的内应力场.

到目前止,导出曲线形式的完全平衡单元的企图都失败了,但文献[54]中已导出了一些很有用的杂交单元.

12.5 关于不可压缩性(或几乎不可压缩性)的变分原理

在第十一章 11.6.1 节中，我们讨论过弹性分析中的不可压缩性问题以及由下述事实引起的困难:当体积模量趋于无穷大时,弹性矩阵不确定.

该问题就是一个在不可压缩性约束下由歪形能来定义的位能的极小化问题。对于体积模量 k 变得非常大时的几乎不可压缩性及完全不可压缩性，我们可把问题表述为：歪形位能 $\Pi(\mathbf{u})$ 在如下约束下取驻值：

$$\varepsilon_v = \frac{\partial u}{\partial x} + \frac{\partial v}{\partial y} + \frac{\partial w}{\partial z} = -\frac{p}{k},$$

$$p = \frac{\sigma_x + \sigma_y + \sigma_z}{3}. \tag{12.63}$$

容易把新变分原理的泛函写成

$$\Pi^* = \Pi(\mathbf{u}) + \int_\Omega \lambda \left(\frac{\partial u}{\partial x} + \frac{\partial v}{\partial y} + \frac{\partial w}{\partial z} - \frac{p}{k} \right) \mathrm{d}\Omega, \tag{12.64}$$

而经过一些标准运算后，拉格朗日乘子被认出是

$$\lambda = p.$$

这个约束变分原理是赫尔曼[55]首先确定的，它被广泛用来研究不可压缩材料。在文献[56]中给出了它的修正形式。

应用这个原理会产生与用第十一章的方法所得非常类似的结果，并且也必须防止过度约束。

虽然在实践中一般对位移及变量 p 都采用标准的 C_0 插值，但是因为 p 不必连续，所以对它可以进行独立的单元近似(通常对 p 采用较低阶的插值，这样降低了约束条件，并被证明是有利的)。

对应于式(12.64)这种泛函的变分原理是赖斯纳原理的一种形式，可是一个有意义的问题是，是否可以有另外一种解决不可压缩性的办法。显然，在完全平衡的余能法中，矩阵 $\mathbf{C} = \mathbf{D}^{-1}$ 存在并且是良态的，这种采用应力变量的余能原理是有用的。然而，应力杂交单元或类似的平衡单元仍需要对矩阵 $\mathbf{C}$ 求逆，这就出现了困难。在文献[57]中，提到了克服这个困难的办法。

另外一种有意义的办法尚未被探索过。例如，通过引入一个等价的“流函数”，容易定义自动具有不可压缩性的位移场。例如在二维问题中，我们可把这种场写成

$$u = -\frac{\partial \phi}{\partial y}, \quad v = \frac{\partial \phi}{\partial x},$$

式中 ϕ 是任一连续函数。

如果在第 II 类单元中定义这种不可压缩位移场，可以建立具有标准节点位移变量的杂交法公式，它在不引入拉格朗日参数的情况下自动保持近似的不可压缩性。这种可能性仍需全面地加以研究。

12.6 结语

这里只能对大量的混合法及杂交法给出一个相当简要的介绍，但是我们希望，关于杂交法所作的概述已向读者指明了许多可能性。虽然所有这些方法都给出极好的纯理论上的运用并导致有点深奥的计算，但有必要说明一下所述方法的实用价值。

第一点意见是关于第 I 类及第 II 类杂交型单元的，这里最终导致的单元与用直接位移法已得到的相似。通过几个例子，我们已表明，采用有限个描述应力场的参数，刚度矩阵变得与由非协调位移分析(如果收敛，它总是产生比完全协调单元好的结果）所得到的一样。

当描述单元框架中平衡应力场的参数数目增加时，其中的位移变得更协调，直至参数无限多时，得到完全协调的位移单元（并如同已多次提到过的，得到较坏的结果)。

如果比较简单的非协调公式给出与杂交形式相同的结果，后者的唯一优点大概是，不通过小块检验就保证收敛性[37,58]。

然而，用第 I 类单元来推导完全平衡单元时，已导致新的单元公式系统，这些单元通常只在各条边上有节点；而在标准位移法中，这些可能性是不明显的。在这里，大概也可以作出会导致同样结果的非协调位移模式。尽管如此，这些方法已引入了相当重要的单元族。

混合变分原理，包括对于不可压缩材料及第 III 类杂交法所用的那些，正在得到比较普遍的应用；但是，因为它们都在最终方程中引入拉格朗日变量，这总是产生第三章 3.13 节中讨论过的那类半定矩阵。

在这里，最终方程组是对于所给分量数目不相同的两组参数 **a** 及 **b** 建立的，并总是具有如下形式：

$$\begin{bmatrix} \mathbf{K}_{11} & \mathbf{K}_{12} \\ \mathbf{K}_{12}^{\mathrm{T}} & \mathbf{0} \end{bmatrix} \begin{Bmatrix} \mathbf{a} \\ \mathbf{b} \end{Bmatrix} + \begin{Bmatrix} \mathbf{f}_1 \\ \mathbf{f}_2 \end{Bmatrix} = 0.$$

这个方程组在最终求解时可能有些麻烦，因为可能有零主元素或负的主元素．然而经验表明，只要存在唯一解，采用适当的消去顺序，一般仍可利用标准程序而不会发生病态．毫无疑问，对于某些问题，这种单元优于直接位移法．实际上，在后面介绍流体力学的那一章中，我们将表明，这种公式系统的出现是很自然的事情．

参 考 文 献

[1] K. Washizu, *Variational Methods in Elasticity and Plasticity,* 2nd ed., Pergammon Press, 1975.

[2] B. Fraeijs de Veubeke, 'Displacement and equilibrium models in the finite element method', Chapter 9 of *Stress Analysis* (eds. O. C. Zienkiewicz and G. S. Holister), Wiley, 1965.

[3] S. Timoshenko and J. N. Goodier. *Treory of Elasticity,* 2nd ed., McGraw-Hill, 1951.

[4] B. Finzi, 'Integrazione delle equatzione indefinite della mechanica dei systemi continui', *Comp. Rend. Lincei,* 19, 1934.

[5] R. V. Southwell, 'On the analogues relating flexure and displacement of flat plates', *Quart. J. Mech. Appl. Math.,* 3. 257—70, 1950.

[6] B. Fraeijs de Veubeke and O. C. Zienkiewicz, 'Strain energy bounds in finite element analysis by slab analogy', *J. Strain Analysis* 2, 265—7, 1967.

[7] Z. M. Elias, 'Duality in Finite Element methods' *Proc. Am. Soc. Civ. Eng.,* 94, EM4, 931—46, 1968.

[8] L. S. D. Morley, 'A triangular equilibrium element with linearly varying bending moments for plate bending problems', *J. Roy. Aero. Soc.,* 71, 715—21, 1967.

[9] G. Sander, 'Applications of the dual analysis principle', *Proc. IUTAM Conf. on High Speed Computing of Elastic Structures,* Univ. of Liége 1970.

[10] W. Prager, 'Variational principles of linear elastostatics for discontinuous displacements, strains and stresses', *The F. Odqvist Volume,* J. Wiley and Son, 1967.

[11] E. Reissner. 'On a variational theorem in elasticity', *J. Math. Phys.,* 29. 90—5, 1950.

[12] L. R. Herrmann, 'A bending analysis of plates', *Proc. 1st Conf. Matrix*

Methods in Structural Mechanics, Wright-Patterson, A. F. Base, AFFDL-TR-80, Ohio, 1965.

[13] L. R. Herrmann, 'Finite element bending analysis of plates', *Proc. Am. Soc. Civ. Eng.,* **94**, EM5, 13—25, 1968.

[14] L. R. Herrmann and D. M. Campbell, 'A finite element analysis for thin shells', *J. A. I. A. A.,* **6**, 1842—7, 1968.

[15] E. L. Wachspress and J. M. Becker, 'Variational synthesis with discontinuous trial functions', *Proc. Conf. on Appl. of Computor Methods to Reactor Problems,* AEC Report ANL 7105, p. 191, 1965.

[16] S. Nemat Nasser and K. N. Lee, 'Finite element formulations for elastic plates by general variational statements with discontinuous fields', Comp. *Meth. Appl. Mech. Eng.,* **2**, 33—41, 1973.

[17] J. T. Oden, 'Some contributions to the mathematical theory of mixed finite element approximations' in *Theory and Practice in Finite Element Structural Ana ysis.* pp. 3—24 (eds. Y. Yamada and R. Gallagher), Univ. of Tokyo Press, 1973.

[18] O. C. Zienkiewicz D. R. J. Owen and K. N. Lee, 'Least square finite element for elasto-static problems; use of "reduced" integration', *Int. J. Num. Meth. Eng.,* **8**, 341—58, 1974.

[19] P. P. Lynn and S. K. Arya, 'Use of least square criterion in finite element formulation', *Int. J. Num. Meth. Eng.,* **6**, 75—88, 1973.

[20] P. P. Lynn, 'Least square finite element analysis of laminar boundary layer flows', *Int. J. Num. Meth. Eng.,* **8**, 865, 1974.

[21] R. S. Dunham and K. Pister, 'A finite element application of the Hellinger-Reissner variational theorem', *Proc. 2nd Conf. on Matrix Methods,* AFFDL-TR-150, pp. 471—487.

[22] W. Visser, 'A refined mixed type plate bending element', *J. A. I. A. A.,* **7**, 1801—3, 1969.

[23] W. Visser, *The application of a curved, mixed-type shell element,* Report SM-38, Div. of Enging., Harvard, 1970.

[24] J. Connor, 'Mixed models for plates', in *Finite Element Techniques* (eds. H. Tottenham and C. Brebbia), Stress Analysis Publ., Southampton, 1971.

[25] J. Connor, 'Mixed models for shells', in *Finite Element Techniques* (eds. H. Tottenham and C. Brebbia), Stress Analysis Publ., Southampton, 1971.

[26] C. Prato, 'Shell finite element via Reissner's principle', *Int. J. Solids Struct.,* **5**, 1119—33, 1969.

[27] J. Connor and G. Will, 'A mixed finite element method shallow shell formulation', in *Advances in Matrix Methods of Structural Analysis and Design* (ed. R. Gallagher), Univ. of Alabama Press, 1971.

[28] W. Prager, 'Variational principles for elastic plates with relaxed continuity requirements', *Int. J. Solids Struct,.* **4**, 837—44, 1968.

[29] Z. M. Elias, 'A mixed finite element method for axisymmetric shells',

Int. J. Num. Meth. Eng., **4**, 261—78, 1972.

[30] K. Hellan, 'On the unity of constant stress-constant moment finite elements', *Int. J. Num. Meth. Eng.*, **6**, 2, 191—209, 1973.

[31] A. Chatterjee and A. V. Setlur, 'A mixed finite element formulation for plate problems', *Int. J. Num. Meth. Eng.*, **4**, 67—84, 1972.

[32] J. Bron and G. Dhatt, 'Mixed quadrilateral elements for bending', *J. A. I. A. A.*, **10** (No. 10), 1359—61, Oct. 1972.

[33] D. J. Allman, 'Finite element analysis of plate buckling using a mixed variational principle', *Proc. 3rd Air Force Conf. on Matrix Methods in Structural Mechanics*, Dayton, Ohio, 1971.

[34] T. H. H. Pian, 'Derivation of element stiffness matrices by assumed stress distributions', *J. A. I. A. A.*, **2**, 1333—5, 1964.

[35] T. H. H. Pian, 'Element stiffness matrices for boundary compatibility and for prescribed boundary stresses', *Proc. Conf. on Matrix Methods in Structural. Mechanics*, AFFDL-TR-66-80, pp. 457—78.

[36] R. D. Cook and J. At-Abdulla, 'Some plane quadrilateral "Hybrid" finite clements', *J. A. I. A. A.*, **7**, 1969.

[37] T. H. H. Pian and P. Tong, Basis of finite element mathods for solid continua', *Int. J. Num. Meth. Eng.*, **1**, 3—28, 1969.

[38] S. Atluri, 'A new assumed stress hybrid finite element model for solid continua', *J. A. I. A. A.*, **9**, 1647—9, 1971.

[39] R. D. Henshell, 'On hybrid finite elements' in *The Mathematics of Finite Elements and Applications*, pp. 299—312 (ed. J. R. Whiteman), Academic Press, 1973.

[40] R. Dungar and R. T. Severn, 'Triangular finite elements of variable thickness', *J. Strain Analysis*, **4**, 10—21, 1969.

[41] R. J. Allwood and G. M. M. Cornes, 'A polygonal finite element for plate bending problems using the assumed stress approach', *Int. J. Num. Meth. Eng.*, **1**, 135—49, 1969.

[42] T. H. H. Pian, 'Hybrid models' in *Numerical and Computer Methods in Applied Mechanics* (eds. S. J. Fenves *et al.*), Academic Press, 1971.

[43] R. Lli, S. Gopalacharyulu and P. W. Sharman, 'The development of a series of hybrid-stress finite elements', *Proc. World Congress on Finite Element Methods in Structural Mechanics*, **2**, 13. 1—13. 27.

[44] Y. Yoshida, 'A hybrid stress element for thin shell analysis' in *Finite Element Methods in Engineering*, pp. 271—286 (eds. V. Pulmano and A. Kabaila), Univ. of New South Wales, Australia, 1974.

[45] R. D. Cook and S. G. Ladkany, 'Observations regarding assumed-stress hybrid plate elements', *Int. J. Num. Meth. Eng.*, **8** (No. 3), 513—20, 1974.

[46] J. P. Wolf. 'Generalized hybrid stress finite element models', *J. A. I. A. A.*, **11**, 1973.

[47] P. L. Gould and S. K. Sen, 'Refined mixed method finite elements for shells of revolution', *Proc. 3rd Air Force Conf. on Matrix Methods in*

Structural Mechanics, Wright-Patterson A. F. Base, Ohio, 1971.

[48] P. Tong, 'New displacement hybrid finite element models for solid continua', *Int. J. Num. Meth. Eng.,* **2,** 73—83, 1970.

[49] F. Kikuchi and Y. Ando, 'A new variational functional for the finite element method and its application to plate and shell problems', *Nucl. Eng. Des.,* **21,** 95—113, 1972.

[50] F. Kikuchi and Y. Ando, 'Some finite element solutions for plate bending problems by simplified hybrid displacement method', *Nucl. Eng. Des.,* **23,** 155—78, 1972.

[51] H. A. Mang and R. H. Gallagher. 'A critical assessment of the simplified hybrid displacement method', *Int. J. Num. Meth. Eng.,* **11,** 145—68, 1977.

[52] J. W. Harvey and S. Kelsey, 'Triangular plate bending elements with enforced comutivity', *J. A. I. A. A.,* **9,** 1023—6, 1971.

[53] B. Fraeijs de Veubeke, G. Sander and P. Beckers', Dual analysis by finite elements: linear and nonlinear applications', *Proc. 3rd Air Force Conf. on Matrix Methods in Structural Mechanics,* AFFDL-TR-72-93, Wright-Patterson A. F. Base, Ohio, 1972.

[54] J. Robinson, *Integrated Theory of Finite Element Methods, Wiley,* 1973.

[55] L. R. Herrmann, 'Elasticity equations for inccmpressible and nearly incompressible materials by a variation theorem', *J. A. I. A. A.,* **3,** 1896—1900, 1965.

[56] S. W. Key, 'A variational principle for incompressible and nearly incompressible anisotropic elasticity', *Int. J. Solids Struct.,* 1970.

[57] P. Tong, 'An assumed stress hybrid finite el ment method for an incompressible and near-incompressible material', *Int. J. Solids Struct.,* **5,** 455—61, 1969.

[58] I. Babuska, J. T. Oden and J. K. Lee, *Mixed-hybrid finite element approximations of second order elliptic boundary value problems,* Texas Inst. of Comp. Mech., Report 75—7. Austin, 1975.

第十三章

作为单元集合体的壳体

13.1 引言

壳体实质上是一种可由薄板转化而来的结构，其办法是一开始就将中面做成单曲(或双曲)的曲面．虽然关于应力及应变沿横向分布的同样的假设仍成立，壳体承受外载荷的方式却与平板完全不同．平行于壳体中面作用的应力合力现在产生曲面法线方向的分量，并且这一应力合力平衡了载荷的大部分．这就是壳体作为承载结构比较经济而且受到广泛应用的原因．

推导曲壳的详细的控制方程有许多困难，并且根据所引入的近似实际上导致许多不同的公式系统．关于经典壳体理论的详情，请读者参考有关标准教科书，例如弗吕格 (Flügge)[1] 的名著．

在本章要介绍的有限单元壳体分析中，以进一步引入的近似作为代价，消除了上述困难．这一近似与其说是数学性的，不如说是物理性的．它假设：由小平板单元所组成的面的性态，可以足够准确地表示连续弯曲的面的性态．

直观地看来，当剖分尺寸减小时，好象必然出现收敛性，而且计算结果也确实表明了这一收敛性．

许多壳体专家会争辩：当我们把由许多小平板面来近似表示的壳体的精确解同真实的曲壳的精确解作比较时，在弯矩分布等方面出现相当大的差别．这无疑是真实的，但对于简单的单元，离散误差近似地是同一阶，并且采用平板壳体单元近似能够得到极好的结果．西阿莱 (Ciarlet)[2] 详细讨论了这个问题的数学内容．

在壳体中，单元一般将承受弯曲及“面内”力．对于平板元素，只要局部变形是小的，这些力引起互不相关的变形．因此，为了得到必要的刚度矩阵而需要的各量，可在本书已介绍过的内容中找到.

在把任意壳体剖分为平板单元时，只能采用三角形单元. 虽然格林等人[3] 早在 1961 年就已指出了用这种单元进行分析的方法，但只是在建立了三角形板弯曲单元的好的刚度矩阵[4—7]之后，这种分析才得以成功. 对于用这种剖分来描述壳体性态，第十章所述的进展为提供适当模式开辟了道路.

某些壳体，例如一般圆筒形壳，可以用矩形或四边形平板单元很好地描述. 由于这种单元有好的刚度矩阵可用，所以关于这种壳体的研究进展较大. 早已用这种剖分求解过拱坝设计及圆筒形屋顶等实际问题[8,9].

显然，用有限元法分析壳体结构的可能性是巨大的. 一旦编制了通用程序，开口、变厚度或各向异性材料等问题都不再感到严重.

轴对称壳体是一种特殊情况. 虽然这种情况显然可以用本章所述方法处理，但是可以采用一种更简单的方法. 这将在第十四章中介绍.

作为与这里所述方法不同的另外一类方法，也可以采用曲壳单元. 这时曲线坐标是必不可少的，可以将第八章的一般方法予以推广，以定义这种曲线坐标. 这时避免了前述平板单元所涉及的物理近似，但是作为其代价又引入了各种壳体理论的任意性. 在文献[10]—[29]中，给出了几种基于直接位移法的方法，而在文献[30]—[33]中则给出了“混合”变分原理.

导出曲壳单元的非常简单而有效的方法，就是采用所谓“扁壳”理论的办法[19,20].

这时，位移分量 w, u, v 表示曲面的法向与切向位移分量. 如果假设所有单元光滑地互相连接，则不必把位移分量由局部坐标系变换到总坐标系.

假设对于局部坐标系来说单元是“扁”的，这里局部坐标系取在节点所确定的描述该单元的投影的平面上，而单元的变形能由包含对于投影平面内坐标的导数的适当式子确定. 这样一来，就可以采用与本章所述平板单元所用完全相同的形状函数，所有的积分实际上都同前面一样在平面内进行.

通过在能量表达式中把薄膜应变与弯曲应变的效应耦合在一起，这种扁壳单元比只是在边界上有这种耦合的平板单元稍微有效一些. 对于采用简单的小单元的情况,得到的好处不大;但当采用很少几个复杂的大单元时,优点就显示出来了. 在文献[21]中,非常出色地讨论了这种公式系统.

然而，对于许多实际应用说来，平板单元近似给出很好的解答. 此外,平板单元确实容易与边梁及肋材连接起来,而在曲单元的公式系统中有时作不到这一点. 实际上,在许多实际问题中,个结构至少部分地由平面组成，这些部分能够简单地用平板单元再现. 因此,这里将不讨论一般的曲的薄壳单元,只是在第十五章介绍曲的厚壳单元的一般公式系统(直接以三维性态为基础,迴避了建立壳体方程的困难).

对于下一章中要介绍的轴对称壳体，将考虑直线与曲线两种单元.

在目前已导出的大部分任意形状的曲壳单元中，所用的坐标不保证单元之间表面完全光滑. 那里所出现的形状不连续性，以及实际上任何“分叉”壳体上出现的不连续性，都与本章中所遇到的完全是同一类型；因此，这里所讨论的集合的方法完全是一般的.

13.2 局部坐标中平面单元的刚度

考察一典型的多边形平板单元,它同时承受“面内”力及弯矩(图 13.1).

首先考察面内力(平面应力)作用下的情况. 我们由第四章知道,应变状态由各节点(典型节点为 i) 的位移 u 与 v 唯一地描述. 总位能极小化导致该章中给出的刚度矩阵,并给出由位移参数 $\mathbf{a}^p$ 引起的“节点”力为

$$\mathbf{f}^{ep} = \mathbf{K}^{ep}\mathbf{a}^p, \tag{13.1}$$

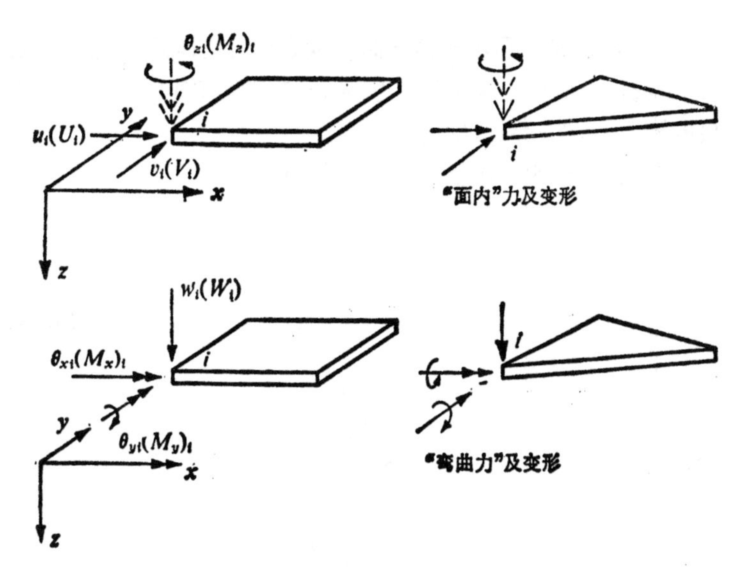

图 13.1 承受"面内"力及弯矩的平板单元

这里

$$\mathbf{a}_i^p = \begin{Bmatrix} u_i \\ v_i \end{Bmatrix}, \quad \mathbf{f}_i^p = \begin{Bmatrix} U_i \\ V_i \end{Bmatrix}.$$

类似地，当考察弯矩作用下的情况时，应变状态由 z 方向的节点位移 w 及两个转角 θ_x, θ_y 唯一地给出. 这产生如下类型的刚度矩阵：

$$\mathbf{f}^{eb} = \mathbf{K}^{eb}\mathbf{a}^b, \tag{13.2}$$

这里

$$\mathbf{a}_i^b = \begin{Bmatrix} w_i \\ \theta_{xi} \\ \theta_{yi} \end{Bmatrix}, \quad \mathbf{f}_i^b = \begin{Bmatrix} W_i \\ M_{xi} \\ M_{yi} \end{Bmatrix}.$$

在组合上述两个刚度矩阵之前，有两点应当注意. 首先，对于"面内"力所规定的位移不影响弯曲变形，且反之亦然. 其次，在两种模式中，转角 θ_z 都不作为参数进入变形的定义式. 虽然目前完全可以忽略 θ_z，但最好现在就考虑这一转角，并令一假想的力矩

M_z 与其对应. 当后面考虑集合时，就会明白这样做的道理. 至于总位能极小化与 θ_z 无关这一事实,只要在刚度矩阵中设置适当数目的零元素,就能简单地考虑进去.

现在,将组合的节点位移重新定义为

$$\mathbf{a}_i = \begin{Bmatrix} u_i \\ v_i \\ w_i \\ \theta_{xi} \\ \theta_{yi} \\ \theta_{zi} \end{Bmatrix}, \tag{13.3}$$

而相应的"力"为

$$\mathbf{f}_i^e = \begin{Bmatrix} U_i \\ V_i \\ W_i \\ M_{xi} \\ M_{yi} \\ M_{zi} \end{Bmatrix}, \tag{13.4}$$

我们可以写出

$$\mathbf{f}^e = \mathbf{K}^e \mathbf{a}. \tag{13.5}$$

刚度矩阵现在由如下子矩阵组成:

$$\mathbf{K}_{rs} = \left[\begin{array}{cc|ccc|c} \multicolumn{2}{c|}{\multirow{2}{*}{$\mathbf{K}_{rs}^p$}} & 0 & 0 & 0 & 0 \\ & & 0 & 0 & 0 & 0 \\ \hline 0 & 0 & \multicolumn{3}{c|}{} & 0 \\ 0 & 0 & \multicolumn{3}{c|}{\mathbf{K}_{rs}^b} & 0 \\ 0 & 0 & \multicolumn{3}{c|}{} & 0 \\ \hline 0 & 0 & 0 & 0 & 0 & 0 \end{array}\right], \tag{13.6}$$

这里必须注意到,现在有

$$\mathbf{a}_i = \begin{Bmatrix} \mathbf{a}_i^p \\ \mathbf{a}_i^b \\ \theta_{zi} \end{Bmatrix}. \tag{13.7}$$

上述公式对于任意多边形单元都适用，对于图 13.1 所示两种重要单元当然也适用.

13.3 变换到总坐标，单元集合

上一节中导出的刚度矩阵采用了局部坐标系，因为“面内”的及弯曲的位移和力的分量原来是对于这种坐标系导出的.

为了集合单元并写出相应的平衡方程，必须把单元矩阵由局部坐标系变换到共同的总体坐标系中(下面将用 xyz 表示总体坐标系，用 $x'y'z'$ 表示局部坐标系).

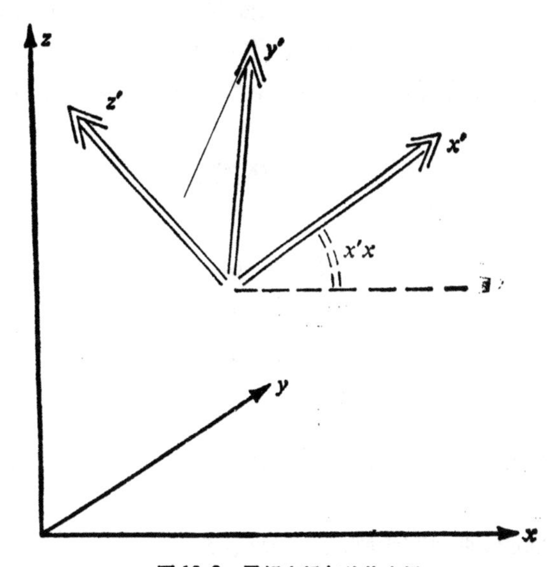

图 13.2 局部坐标与总体坐标

另外，用总体坐标规定单元节点，并由此确定其局部坐标，这样开始比较方便；因此，需要进行逆变换. 幸运的是，所有变换都是按照简单的方法进行.

两种坐标系示于图 13.2. 节点处的力及位移通过矩阵 $\mathbf{L}$ 由总体坐标系变换到局部坐标系：

$$\mathbf{a}_i' = \mathbf{L}\mathbf{a}_i, \ \mathbf{f}_i' = \mathbf{L}\mathbf{f}_i, \tag{13.8}$$

式中

$$\mathbf{L}=\begin{bmatrix}\boldsymbol{\lambda} & 0\\ 0 & \boldsymbol{\lambda}\end{bmatrix}, \tag{13.9}$$

而 $\boldsymbol{\lambda}$ 是由两组坐标轴所成夹角的方向余弦组成的 3 × 3 矩阵，即有

$$\boldsymbol{\lambda}=\begin{bmatrix}\lambda_{x'x} & \lambda_{x'y} & \lambda_{x'z}\\ \lambda_{y'x} & \lambda_{y'y} & \lambda_{y'z}\\ \lambda_{z'x} & \lambda_{z'y} & \lambda_{z'z}\end{bmatrix}, \tag{13.10}$$

这里的 $\lambda_{x'x}$ 是 x 轴与 x' 轴之间夹角的余弦，其余类推.

因此，对于一个单元所有节点处的力及位移，我们能写出

$$\mathbf{a}'^{e}=\mathbf{T}\mathbf{a}^{e},\ \mathbf{f}'^{e}=\mathbf{T}\mathbf{f}^{e}. \tag{13.11}$$

根据正交变换规则（见 1.8 节），总体坐标系中的单元刚度矩阵成为

$$\mathbf{K}^{e}=\mathbf{T}^{T}\mathbf{K}'^{e}\mathbf{T}. \tag{13.12}$$

以上二式中的 $\mathbf{T}$ 由下式给出：

$$\mathbf{T}=\begin{bmatrix}\mathbf{L} & 0 & 0\cdots\\ 0 & \mathbf{L} & 0 & \\ 0 & 0 & \mathbf{L} & \\ \vdots & & & \end{bmatrix}, \tag{13.13}$$

这是一个由矩阵 $\mathbf{L}$ 组成的对角矩阵，$\mathbf{L}$ 的数目等于单元的节点数.

容易证明，典型的子刚度矩阵现在成为

$$\mathbf{K}_{rs}^{e}=\mathbf{L}^{T}\mathbf{K}_{rs}'^{e}\mathbf{L}, \tag{13.14}$$

式中 $\mathbf{K}'_{rs}$ 由局部坐标系中的式(13.6)确定.

局部坐标按类似方式确定. 如果局部坐标系与总体坐标系原点相同，则有

$$\begin{Bmatrix}x'\\ y'\\ z'\end{Bmatrix}=\boldsymbol{\lambda}\begin{Bmatrix}x\\ y\\ z\end{Bmatrix}. \tag{13.15}$$

由于刚度矩阵的计算与原点位置无关，所以上述变换即足以确定单元平面(或平行于单元的平面)中的局部坐标.

一旦在共同的总体坐标系中确定了所有单元的刚度矩阵，单元集合及最终求解就遵照标准方式进行. 因为算出的位移是总体坐标系中的位移,在能够计算应力之前,必须先将这些位移变换到每个单元的局部坐标系中. 然后,才能应用通常的关于"面内"分量及弯曲分量的应力矩阵.

13.4 假想的转动刚度——六个自由度的集合

如果一个节点处的所有相会单元共面，在刚才所介绍的公式系统中就要出现困难. 这是因为在图 13.1 的 θ_{zi} 方向指定了零刚度值.

如果在这种节点处考虑局部坐标系中的一组集合后的平衡方程,我们有六个方程,最后一个(与 θ_z 方向相应)就是

$$0 = 0. \tag{13.16}$$

式(13.16)这类方程本身不会造成特殊的困难(虽然在某些计算程序中,它将引起错误信息). 然而，如果总体坐标的方向与局部坐标不同并且进行了坐标变换，则得到看来正确而实则不然的六个方程. 由原来的方程通过适当乘、加运算而导出的这些方程是奇异的[1]. 因此,给出如下两种办法:

(a) 对于相会单元共面的节点,在局部坐标系中集合方程(并删去 0 = 0 这个方程).

(b) 只在这种节点处设置任意刚度系数 $k'_{\theta z}$. 在局部坐标系中,这导致由下式代替式(13.16):

$$k'_{\theta z}\theta_{zi} = 0. \tag{13.17}$$

通过变换,这导致完全良态的一组平衡方程,按照通常的办法由此得到所有的位移,这些位移中现在包含 θ_{zi}. 因为 θ_{zi} 不影响应力并且它实际上与所有平衡方程无关,所以能引入任意的 $k'_{\theta z}$ 值作

---

1) 读者会记起如下显然的逻辑上的诡计：乘这样一个等式并且导出 2=4，等等.

为外部刚度而不影响最终结果.

上面指出的这两种方法都给程序设计带来一定困难（虽然后一种方法实际上比较简单），因此有人做了一些工作，他们把上述这种转动作为平面分析中的附加自由度，以确定真实的刚度系数[20].

在作者采用的程序[7]中，无论一个节点处的相会单元是否共面，在所有单元中都简单地采用了假想的转动刚度系数. 对于三角形单元，此系数由一个不破坏局部坐标中的平衡的矩阵确定，即

$$\begin{Bmatrix} M_{zi} \\ M_{zj} \\ M_{zk} \end{Bmatrix} = \alpha Et\Delta \begin{bmatrix} 1 & -0.5 & -0.5 \\ & 1 & -0.5 \\ \text{对称} & & 1 \end{bmatrix} \begin{Bmatrix} \theta_{zi} \\ \theta_{zj} \\ \theta_{zk} \end{Bmatrix}, \qquad (13.18)$$

式中 α 也是一个要规定的系数.

现在，这一附加刚度实际上对结果有影响，因为它也出现在单元不共面的节点处. 所以，实际上这种方法是近似的. 然而，即使 α 在很大范围内变化，它的影响也很小. 例如，在下面的表 13.1 中，给出了文献[3]中所分析的拱坝取各种 α 值时的位移.

$\alpha = 0$ 时，位移接近精确值. 对于实用说来，只要有高精度的计算机可用，α 可以取极小的值.

表 13.1 拱坝分析中的节点转动刚度系数[3]

$\alpha =$	1.00	0.50	0.10	0.03	0.00
径向位移（毫米）	61.13	63.35	64.52	64.78	65.28

13.5 仅边中节点斜率连续的单元

如果构成单元时在角节点处只要求位移 u, v, w 的连续性，同时沿单元各边则强加法向斜率的连续性，那么，在总体坐标系中进行节点集合时遇到的许多困难都会消失. 显然，角点的集合现在是简单的，不必引入第六个节点变量. 因为沿各边的法向斜率在局部坐标及总体坐标中相同，其变换是不必要的.

这类单元自然地以杂交形式(见第十二章)出现,在第十章中,我们已经涉及到相应的一类板弯曲单元. 道[25]已在壳体问题中应用了其中最简单的一种单元,并取得了一定成功. 艾恩斯[26]导出了这类单元中完善得多并且复杂得多的一种,并给它取了一个古怪的名字:"Semiloof". 在第十一章中简要提到了这种单元,虽然它的推导很复杂,但在许多情况下它的性态很好.

13.6 局部方向余弦

一旦确定了每个单元的方向余弦矩阵 $\boldsymbol{\lambda}$,其它方面就没有什

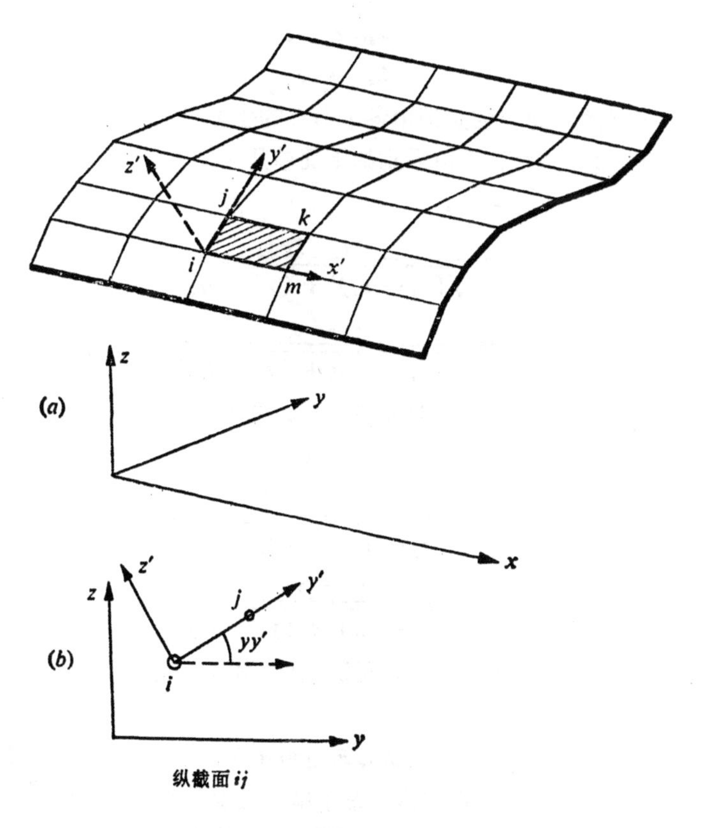

图 13.3 作为矩形单元集合的圆筒壳. 局部坐标与总体坐标

么困难，求解遵照通常的方法进行．确定方向余弦矩阵引起一些代数上的困难；实际上，这个矩阵不是唯一的，因为其中一根坐标轴的方向是任意的，只要它处于单元平面内即可．

我们将首先讨论矩形单元的集合，此时这个问题特别简单．

13.6.1 矩形单元 这种单元只限于用来描述圆筒面或箱形面．这时，使各单元的一条边及相应坐标 x' 与总坐标的 x 轴平行比较有利．对于图 13.3 所示典型单元 $ijkm$，现在容易算出所有有关的方向余弦

显然，x' 轴的方向余弦是

$$\begin{aligned}\lambda_{x'x} &= 1,\\ \lambda_{x'y} &= 0,\\ \lambda_{x'z} &= 0.\end{aligned} \tag{13.19}$$

y' 轴的方向余弦必须由各个节点的坐标得到．考察通过 ij 并垂直于 x 轴的截面，可以得到如下简单几何关系：

$$\begin{aligned}\lambda_{y'x} &= 0,\\ \lambda_{y'y} &= \frac{y_j - y_i}{\sqrt{(z_j - z_i)^2 + (y_j - y_i)^2}},\\ \lambda_{y'z} &= \frac{z_j - z_i}{\sqrt{(z_j - z_i)^2 + (y_j - y_i)^2}}.\end{aligned} \tag{13.20}$$

类似地，考察同样的截面，对于 z' 轴有

$$\begin{aligned}\lambda_{z'x} &= 0,\\ \lambda_{z'y} &= \frac{-(z_j - z_i)}{\sqrt{(z_j - z_i)^2 + (y_j - y_i)^2}},\\ \lambda_{z'z} &= \frac{y_j - y_i}{\sqrt{(z_j - z_i)^2 + (y_j - y_i)^2}}.\end{aligned} \tag{13.21}$$

显然，为了保证表达式的符号正确，节点编号方式一致是十分重要的．

13.6.2 空间中任意方位的三角形单元 图 13.4(a)示出了被分成三角形单元的任意壳体．每个单元处于与坐标平面成任意夹角的方位．因此，与前面的简单例子相比，确定这时的局部坐标及

方向余弦要复杂得多．处理这一问题的最方便的方法是利用一些向量代数的知识，附录 5 中简要概述了它的主要内容，供可能已经忘记了这方面的一些知识的读者参考．

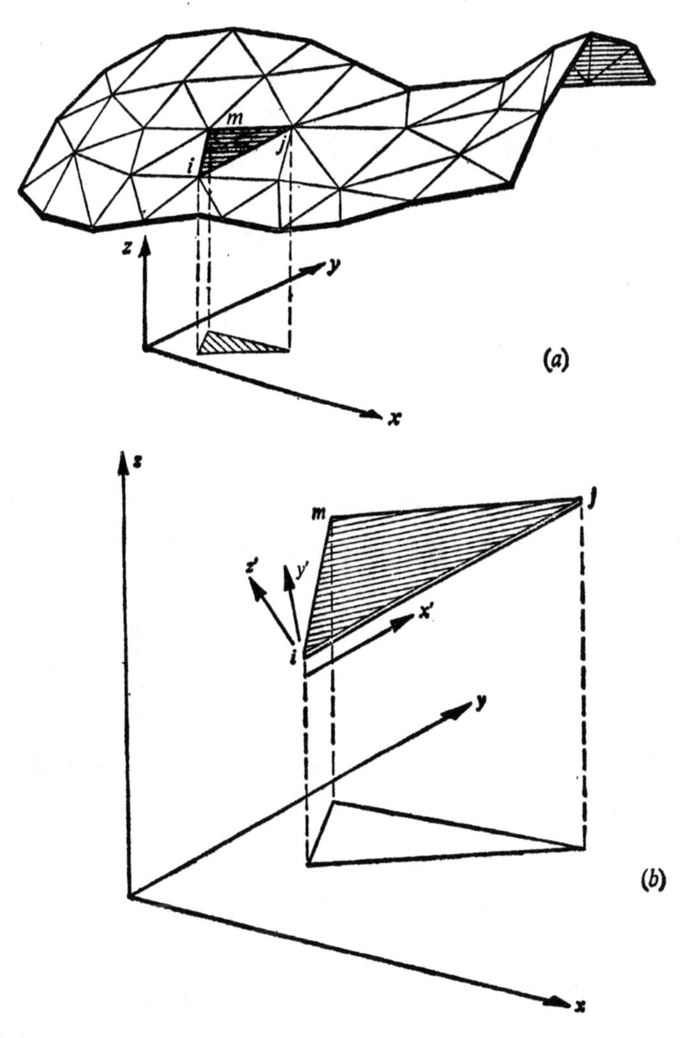

图 13.4 (a)描述任意壳体的三角形单元的集合．
(b) 三角形单元的局部坐标与总坐标

可以任意地选择局部坐标的一根坐标轴的方向，但是必须事先作出决定. 如图 13.4(b) 所示，我们将规定 x' 轴沿三角形的 ij 边.

ij 边由向量 $\mathbf{V}_{ij}$ 定义，用总体坐标系来表示，我们有

$$\mathbf{V}_{ij}=\begin{Bmatrix}x_j-x_i\\y_j-y_i\\z_j-z_i\end{Bmatrix}. \tag{13.22}$$

把上述向量的分量除以它的长度，即确定一单位长度的向量，就给出了方向余弦:

$$\mathbf{v}_{x'}=\begin{Bmatrix}\lambda_{x'x}\\\lambda_{x'y}\\\lambda_{x'z}\end{Bmatrix}=\frac{1}{l_{ij}}\begin{Bmatrix}x_{ji}\\y_{ji}\\z_{ji}\end{Bmatrix}, \tag{13.23}$$

式中

$$l_{ij}=\sqrt{x_{ji}^2+y_{ji}^2+z_{ji}^2},$$

为了简单起见，上面将 x_j-x_i 记为 x_{ji}，余类推.

现在，需要确定必与三角形平面垂直的 z' 轴的方向. 根据两个向量的叉乘的性质，我们可由三角形两条边的“向量”(叉乘)积得到这一方向. 因此，

$$\mathbf{V}_{zi}=\mathbf{V}_{ij}\times\mathbf{V}_{im}=\begin{Bmatrix}y_{ji}z_{mi}-z_{ji}y_{mi}\\\cdots\cdots\\\cdots\cdots\end{Bmatrix} \tag{13.24}$$

表示与三角形平面垂直的向量，根据定义(见附录 5)，其长度等于三角形面积的两倍. 于是有

$$l_{z'}=\sqrt{(y_{ji}z_{mi}-z_{ji}y_{mi})^2+(\cdots)^2+(\cdots)^2}=2\Delta.$$

可以简单地把 $\mathbf{V}_{z'}$ 的方向余弦作为 z' 轴的方向余弦，我们有如下单位向量:

$$\mathbf{v}_{z'}=\begin{Bmatrix}\lambda_{z'x}\\\lambda_{z'y}\\\lambda_{z'z}\end{Bmatrix}=\frac{1}{2\Delta}\begin{Bmatrix}y_{ji}z_{mi}-z_{ji}y_{mi}\\\cdots\cdots\\\cdots\cdots\end{Bmatrix}. \tag{13.25}$$

最后，按照类似的方式，把垂直于 x' 轴及 z' 轴的向量的方向余弦作为 y' 轴的方向余弦． 如果在 x' 及 z' 方向取由式(13.23)及(13.25)确定的单位向量，就有

$$\mathbf{v}_{y'} = \begin{Bmatrix} \lambda_{y'x} \\ \lambda_{y'y} \\ \lambda_{y'z} \end{Bmatrix} = \mathbf{v}_{z'} \times \mathbf{v}_{x'} = \begin{Bmatrix} \lambda_{z'y}\lambda_{x'z} - \lambda_{z'z}\lambda_{x'y} \\ \cdots\cdots \\ \cdots\cdots \end{Bmatrix}, \quad (13.26)$$

这里的 $\mathbf{v}_{y'}$ 就是单位长度向量，所以不必再除以其长度．

实际上，可以将有关向量运算编制成专门的计算机子程序，用它自动完成叉乘、正规化(即向量除以其长度)等运算[35]，所以不必详细说明上面提到的各种运算．

在以上所述方法中，取 x' 轴沿单元的一条边．另外一种有效的方法是，把一个坐标面的平行面同三角形平面的交线指定为坐标轴．例如，如果我们希望以三角形上的水平线(即平行于 xy 面的平面同三角形的交线)为 x' 轴方向，则可按下述方法进行．

首先，按式(13.25)确定法线的方向余弦 $\mathbf{v}_{z'}$．

现在 x' 轴的方向余弦矩阵的 z 方向分量必为零．因此，我们有

$$\mathbf{v}_{x'} = \begin{Bmatrix} \lambda_{x'x} \\ \lambda_{x'y} \\ 0 \end{Bmatrix}. \quad (13.27)$$

因为 $\mathbf{v}_{x'}$ 是单位向量，所以有

$$\lambda_{x'x}^2 + \lambda_{x'y}^2 = 1, \quad (13.28)$$

又因为 $\mathbf{v}_{x'}$ 与 $\mathbf{v}_{z'}$ 的标量积必为零，所以我们能写出

$$\lambda_{x'x}\lambda_{z'x} + \lambda_{x'y}\lambda_{z'y} = 0, \quad (13.29)$$

由以上二式可以唯一地确定 $\mathbf{v}_{x'}$．最后，同前面一样有

$$\mathbf{v}_{y'} = \mathbf{v}_{z'} \times \mathbf{v}_{x'}. \quad (13.30)$$

在第十六章中，还给出了另外一种唯一地规定 x' 轴的方法．

13.7 单元的选择

现在已有大量的“面内”及弯曲单元公式系统可用，按照这两

种公式系统，在平板集合体中都能得到协调性．显然，如果板不共面，一般说来将破坏协调性（极限情况除外，因为这时达到光滑壳体形状）．如同我们已经表明的，非协调单元的性态通常很好；因此，我们在示例中将采用这种单元．

在薄膜及弯曲近似中采用精度相似的展开式看来比较合理，但究竟如何主要取决于哪一种作用占优势．因此，最简单的三角形单元看来应具有线性的面内位移场及二次的弯曲位移，这样一来把面内应力及弯曲应力都近似为常数． 道[25]应用了这种单元，但给出的结果相当差（虽然收敛）．

在所示出的例子中，我们采用下列单元，它们都给出足够好的性态．

单元 A：具有四个角节点的非协调平面矩形单元（见第十一章11.3节）同具有四个角节点的非协调弯曲矩形单元（见第十章10.4节）结合起来．这是在文献[8，9]中首先采用的．

单元 B：具有三个节点的常应变三角形（第二章的基本单元）同具有九个自由度的非协调弯曲三角形（第十章10.6节）结合起来．这种单元在壳体问题中的应用是在文献[7，36]中给出的．

单元 C：在这个单元中，更一致的具有六个节点的线性应变三角形同采用光滑的形状函数的具有十二个自由度的弯曲三角形结

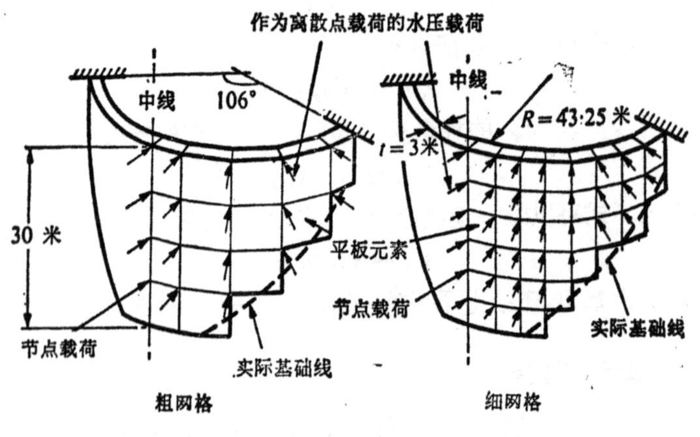

图 13.5 作为矩形单元集合体的拱坝

合起来．这个单元是拉扎克[37]引入的．

13.8 一些实例

这里给出的第一个例子是求解拱坝壳体．如图 13.5 所示，对这个特殊问题采用了简单的几何形状，因为关于这种形状有模型实验结果及另外的数值分析结果可用．

采用了基于矩形单元（*A* 型）的剖分，因为简单的圆筒形允许采用这种单元，尽管在刚性基础线处这种近似比较粗糙．

采用了两种尺寸的单元剖分，图 13.6 及 13.7 给出了中间截面

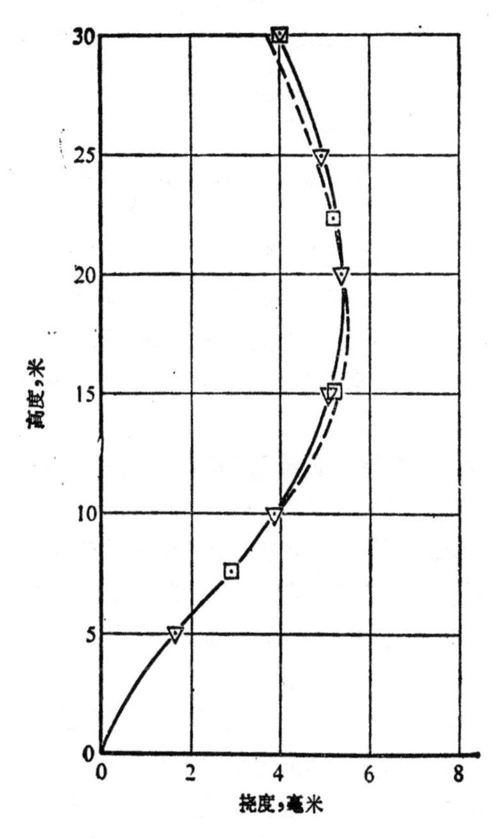

图 13.6　拱坝．中线处的水平挠度

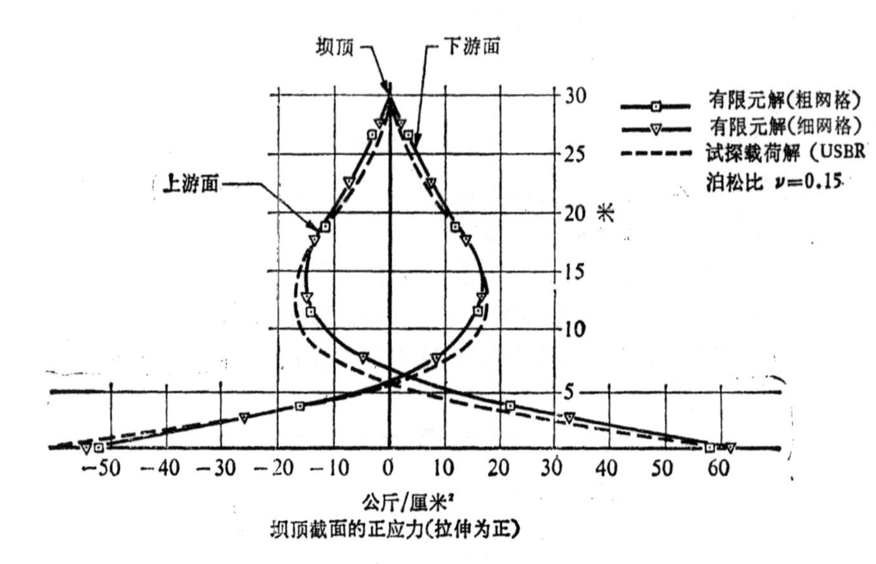

图 13.7 拱坝．中线处的垂直方向应力

处的挠度及应力结果．结果表明，用细网格所得到的结果改善并不大．这一事实说明，在用平板单元描述真实形状这种物理近似及有限单元公式系统中所包含的数学近似这两方面，收敛性都很好．为了进行比较，还示出了由另外一种近似计算方法所得到的应力及挠度．

类似地采用三角形平板单元（B 型）分析了双曲拱坝．结果表明，其近似性更好[7]．

帕里克（Parekh)[20] 采用三角形非协调单元（B 型）计算了大量例子．计算结果确实表明，在单元剖分相同的情况下，这种单元一般优于克拉夫与约翰森（Johnson)[6] 提出的协调三角形单元．下面介绍这种分析的一些例子．

冷却塔　显然，对于这个一般的轴对称形状的问题，可以更有效地用第十五章或第十六章的方法来处理．但是，这里用这个例子作为所能达到的精度的一般性说明．与数值解进行比较的解答是由阿尔巴西尼（Albasiny）与马丁（Martin)[38] 得到的．在图

13.8 至 13.10 中，示出了冷却塔的几何形状、采用的网格以及一些结果．这里采用的是非对称的风载荷．

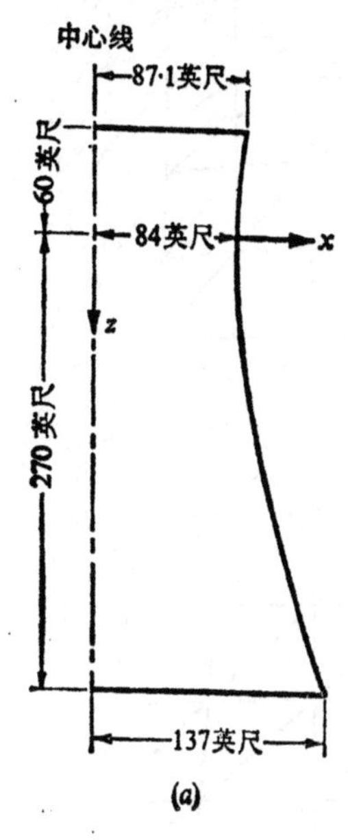

(a)

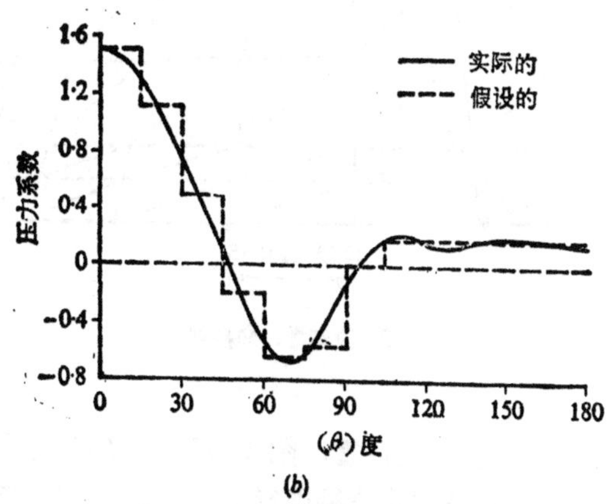

(b)

图 13.8 冷却塔．几何形状及压力载荷沿周向的变化

圆筒形屋顶 对于土木工程中所用的这种典型壳体，斯科特利斯(Scordelis)与罗 (Lo)[39] 曾用常规方法分析过．这种圆筒形壳

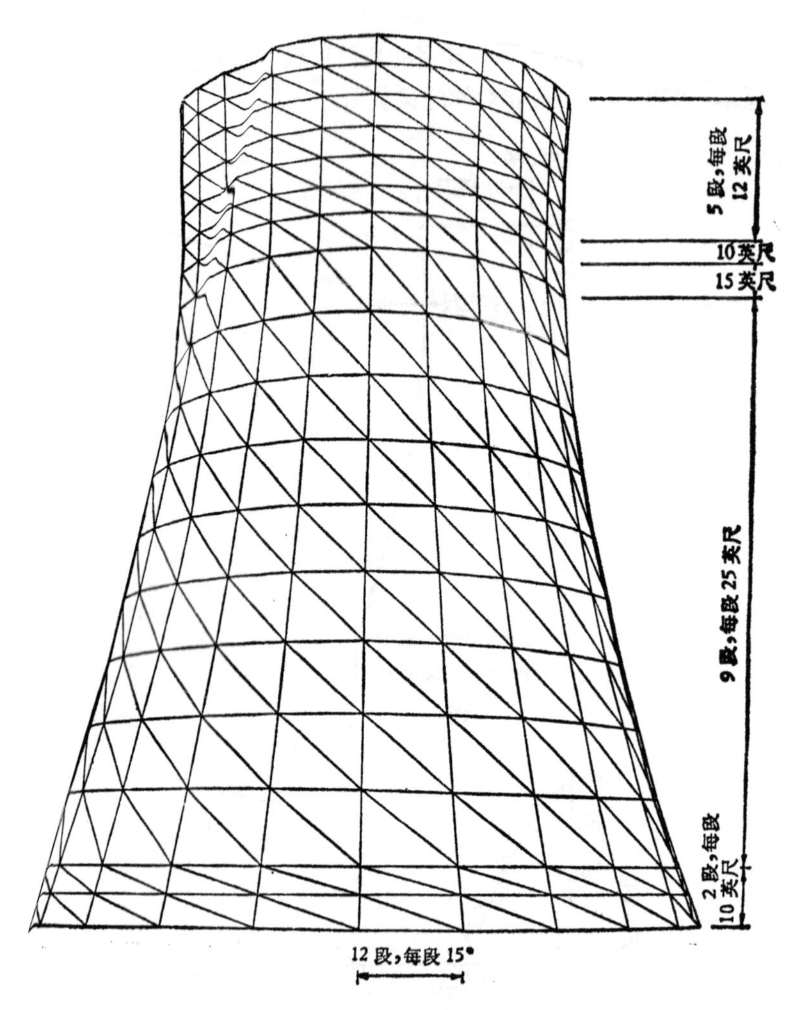

图 13.9 冷却塔. 网格剖分

体由刚性端板支承，载荷是自重. 图 13.11 及 13.12 对于由上一节的 B 型及 C 型单元所得到的结果进行了一些比较. 后者包含更多的自由度，显然更精确；在采用 6×6 单元网格的情况下，结果几乎同精确解没有区别. 这个问题已成为一个据以比较各种壳体单元的经典问题，我们将在第十六章中重新讨论它. 值得注意，只有

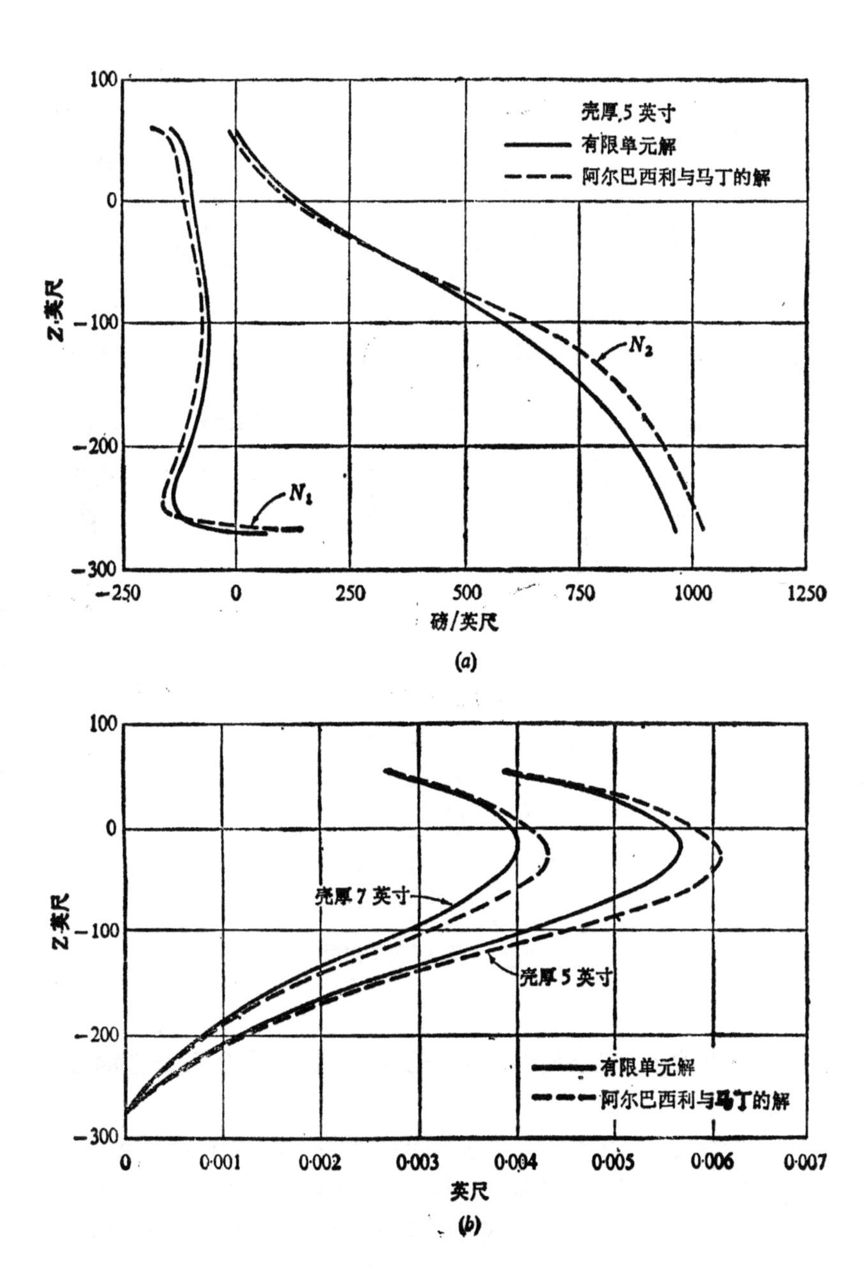

100
0
−100
−200
−300
Z 英尺
−250
0
250
500
750
1000
1250
磅/英尺
壳厚 5 英寸
有限单元解
阿尔巴西利与马丁的解
N_1
N_2

(a)

100
0
−100
−200
−300
Z 英尺
0
0·001
0·002
0·003
0·004
0·005
0·006
0·007
英尺
壳厚 7 英寸
壳厚 5 英寸
有限单元解
阿尔巴西利与马丁的解

(b)

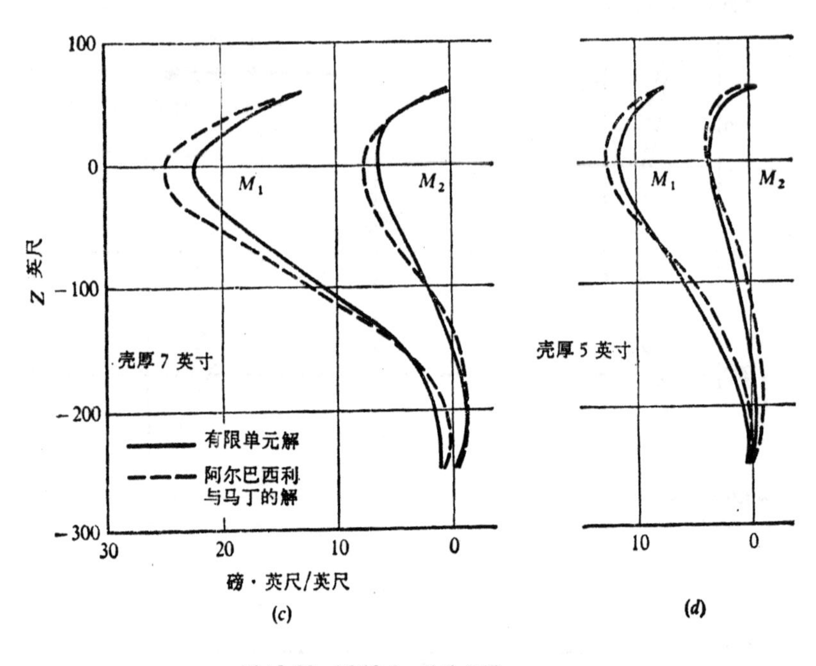

图 13.10 图 13.9 的冷却塔

(a) $\theta = 0°$ 处的薄膜力

N_1 = 切向力

N_2 = 子午线方向的力

(b) $\theta = 0°$ 处的径向位移

(c) $\theta = 0°$ 处的弯矩

M_1 = 切向力矩

M_2 = 子午线方向的力矩

少数二次曲单元给出的结果优于这里用平板单元近似给出的结果。

折板结构 因为不知道这个问题的精确解，把计算结果同马克（Mark）与里萨（Riesa）[40] 所得到的一组实验结果作了比较。

对于这个例子，实际的平板有限单元描述在物理上是精确的。分析中还通过适当的梁单元考虑了框架的刚度。

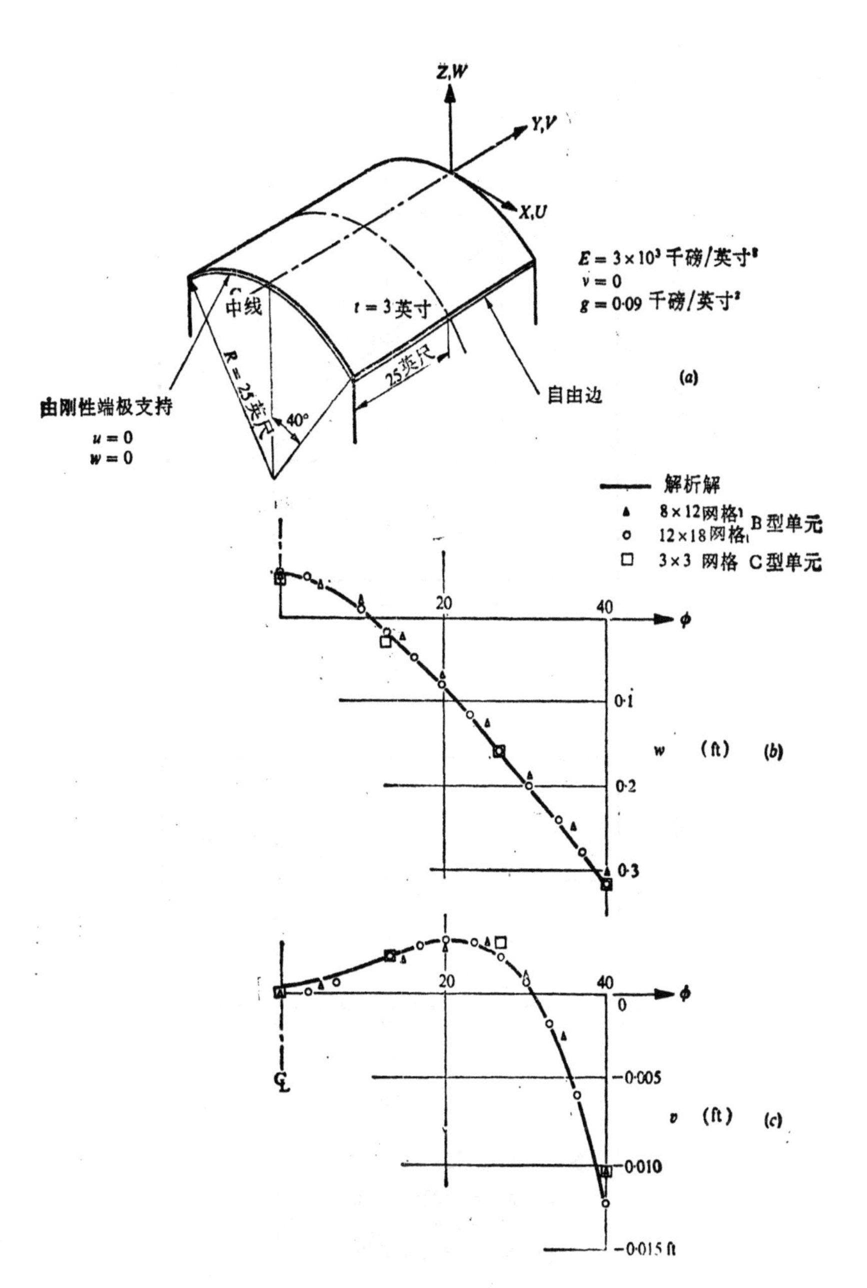

图 13.11 圆筒形拱顶，(a) 自重下的有限元解及精确解[33]，(b) 中间截面处的垂直位移，(c) 支承处的纵向位移，$E = 3\times10^6$ 磅/英寸²，$\nu = 0$，壳重=90 磅/英尺²

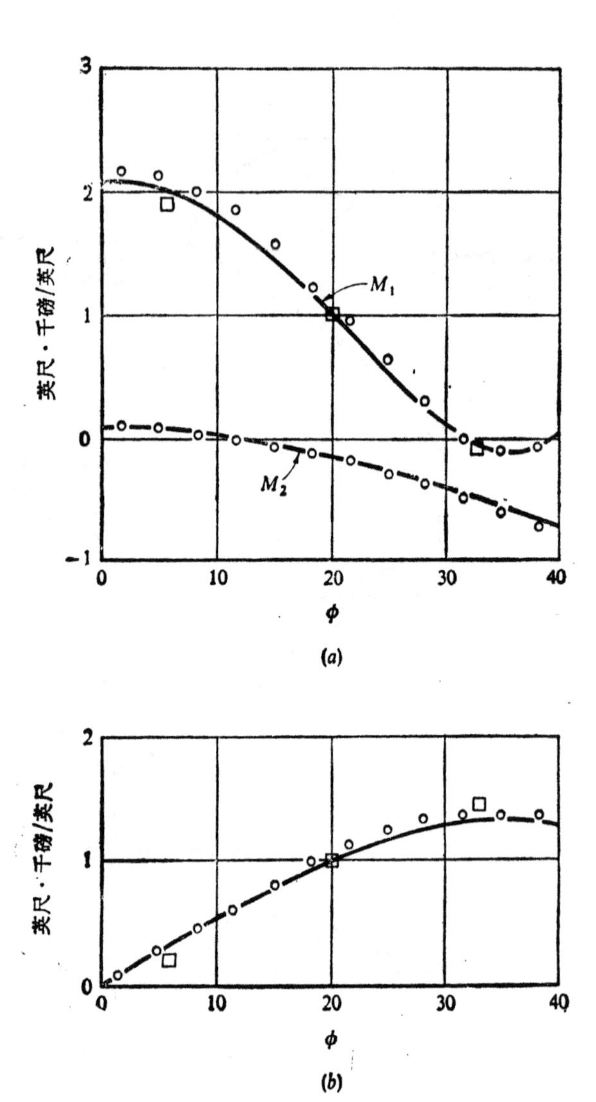

图 13.12　图 13.11 的圆筒形拱顶.

(a) M_1 = 中间截面处的横向力矩,

M_2 = 中间截面处的纵向力矩,

(b) M_{12} = 支承处的扭矩

图 13.13 及 13.14 示出了结果。在箱形结构等的分析中,类似

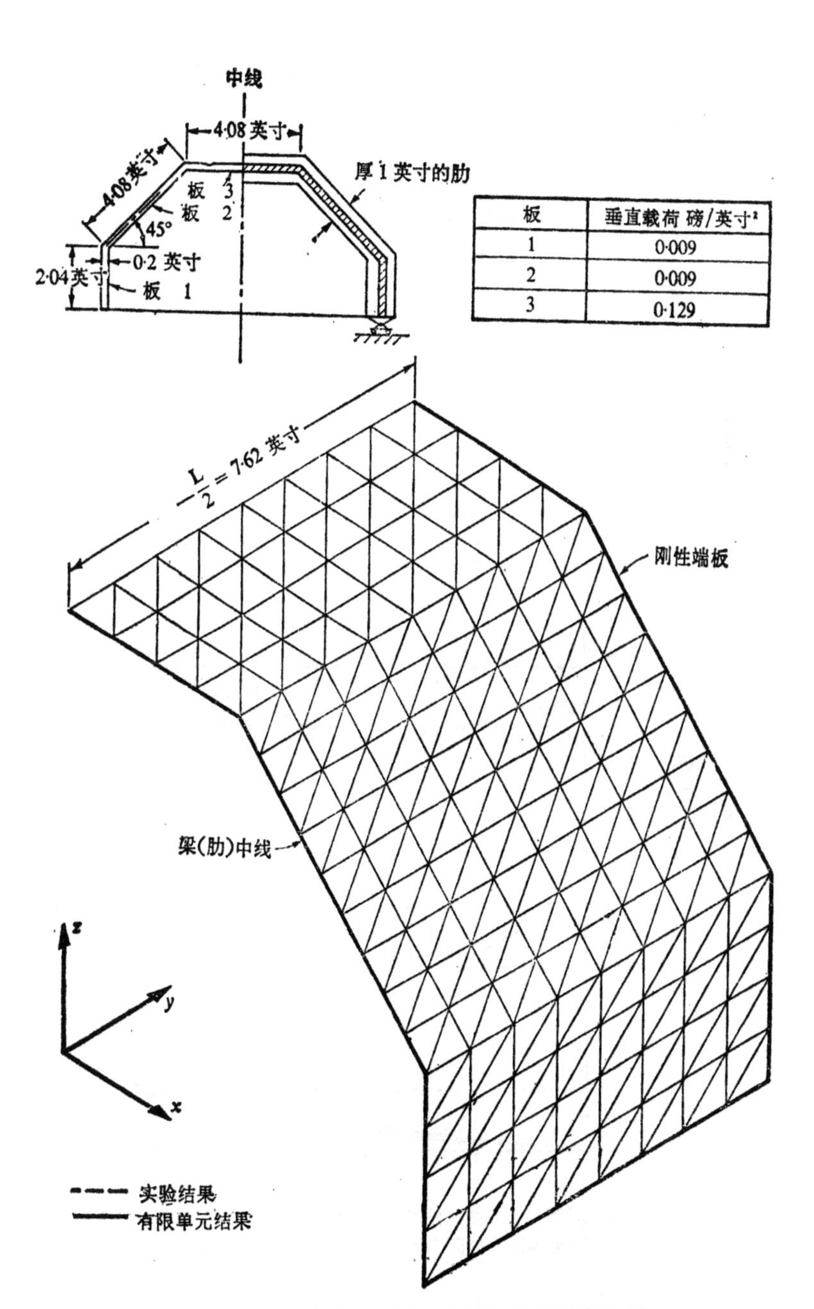

板	垂直载荷 磅/英寸²
1	0·009
2	0·009
3	0·129

图 13.13　折板结构[40]．模型的几何形状、载荷及所用网格，
$E = 3560$ 磅/英寸²，$\nu = 0.43$

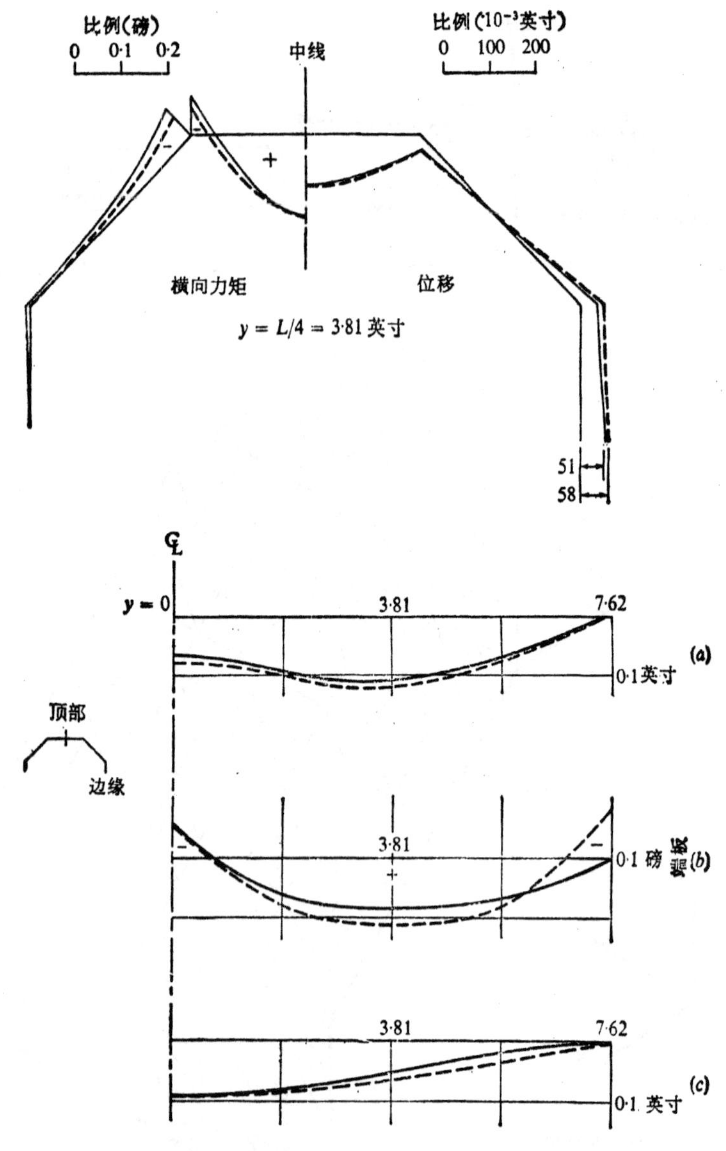

图 13.14 折板[40]. 中间截面处的力矩及位移：(a)沿顶部的垂直位移，(b)沿顶部的纵向力矩，(c)沿边缘的水平位移

的应用相当重要.

参考文献

[1] W. Flügge, *Stresses in Shells,* Springer-Verlag, 1960.

[2] P. G. Ciarlet, 'Conforming finite element method for shell problem', in *The Mathematics of Finite Elements and Applications II* (ed. J. Whiteman Academic Press, 1977.

[3] B. E. Greene, D. R. Strome, and R. C. Weikel, 'Application of the stiffness method to the analysis of shell structures', *Proc. Aviation Conf. Amer. Soc. Mech. Eng.,* Los Angeles, March 1961.

[4] R. W. Clough and J. L. Tocher, 'Analysis of thin arch dams by the finite element method', *Proc. Symp. on Theory of Arch Dams,* Southampton Univ., 1964 (Pergamon Press, 1965).

[5] J. H. Argyris, 'Matrix displacement analysis of anisotropic shells by tri angular elements', *J. Roy. Aero. Soc.*, 69, 801—5, 1965.

[6] R. W. Clough and C. P. Johnson, 'A finite-element approximation for the analysis of thin shells', *J. Solids Struct,* 4, 43—60, 1968.

[7] O. C. Zienkiewicz, C. J. Parekh, and I. P. King, 'Arch dams analysed by a linear finite element shell solution program', *Proc. Symp. Arch Dams, Isnt. Civ. Eng.,* London, 1968.

[8] O. C. Zienkiewicz and Y. K. Cheung, 'Finite element procedures in the solution of plate and shell problems', Chapter 8 of *Stress Analysis* (eds. O. C. Zienkiewicz, and G. S. Holister), Wiley, 1965.

[9] O. C. Zienkiewicz and Y. K. Cheung, 'Finite element method of analysis for arch dam shells and comparison with finite difference procedures', *Proc. Symp. Theory of Arch Dams,* Southampton Univ., 1964 (Pergamon Press, 1965).

[10] R. H. Gallagher, 'Shell elements', *World Conf. on Finite Element Methods in Structural Mechanics,* Bournemouth, 1975.

[11] D. J. Dawe, 'Rigid-body motions and strain-displacement equations of curved shell finite elements', *Int. J. Mech Sci.,* 14, 569—78, 1972.

[12] G. Cantin, 'Strain-Developm nt relationships for cylindrical shells', *J. A. I. A. A.*, 6 (No. 9), 1787—88, 1968.

[13] D. G. Ashwell, 'Strain elements with applications to arches, rings, and cylindrical shells' in *Finite Element Thin Shell Analysis* (eds. D. Ashwell and R. H. Gallagher), Wiley, 1976.

[14] F. K. Bogner, R. L. Fox and L. A. Schmit, 'A cylindrical shell element', *J. A. I. A. A.,* 5, 745—50, 1967.

[15] G. Cantin and R. W. Clough, 'A refined curved. cylindrical shell element', *A. I. A. A., Conf.*, Paper 68—176, New York, 1968.

[16] G. Bonnes, G. Dhatt, Y. M. Giroux, and L. P. A. Robichaud ,'Curved triangular elements for analysis of shells. *Proc. 2nd Conf. Matrix M - thods in Structural Mechanics,* Air Force Inst. Tech., Wright-Patterson A F. Base, Ohio, 1968.

[17] G. E. Strickland and W. A. Loden, 'A doubly curved triangular shell element', *Proc. 2nd Conf. Matrix Methods in Structural Mechanics,* Air Force Inst. Tech., Wright-Patterson A. F. Base, Ohio, 1968.

[18] B. E. Greene, R. E. Jones, and D. R. Strome, 'Dynamic analysis of shells using doubly curved finite elements', *Proc. 2nd Conf. Matrix Methods in Structural Mechanics,* Air Force Inst. Tech., Wright-Patterson A. F. Base, Ohio, 1968.

[19] J. Connor and C. Brebbia, 'Stiffness matrix for shallow rectangular shell element', *Proc. Am. Soc. Civ. Eng.,* 93, EM 43—65, 1967.

[20] A. J. Carr, *A refined element analysis of thin shell structures including dynamic loading,* SEL Report No. 67—9, Univ. of California, Berkeley, 1967.

[21] G. R. Cowper, G. M. Lindberg, and M. D. Olson, 'A shallow shell finite element of triangular shape', *Int. J. Solids Struct.,* 6, 1133—56, 1970.

[22] S. Utku, 'Stiffness matrices for thin triangular elements of non-zero Gaussian curvature', *J. A. I. A. A.,* 5, 1659—67, 1967.

[23] S. Ahmad, *Curved finite elements in the analysis of solid shell and plate structures,* Ph. D. Thesis, Univ. of Wales, Swansea, 1969.

[24] S. W. Key and Z. E. Beisinger, 'The analysis of thin shells by the finite element method', in *High Speed Computing of Elastic Structures,* Tome 1, pp. 209—52, Univ. of Liége Press, 1971.

[25] D. J. Dawe, *The analysis of thin shells using a facet element,* CEGB Report No. RD/B/N2038, Berkeley Nuclear Lab., England, 1971.

[26] B. M. Irons, 'The Semiloof Shell Element', chapter 11, pp. 197—222, of *Finite Elements for thin shells and curved members,* ed. D. G. Ashwell and R. H. Gallagher. Wiley, 1976.

[27] D. G. Ashwell and A. Sabir, 'A new Cylindrical shell finite element based on simple independent strain functions', *Int. J. Mech. Sci.,* 4, 37—47, 1973.

[28] G. R. Thomas and R. H. Gallagher, *A Triangular thin shell finite element: linear analysis,* NASA CR-2582, 1975.

[29] G. Dupuis and J. J. Goël, 'A curved finite element for thin elastic shells', *Int. J. Solids Struct.,* 6, 987—96, 1970.

[30] C. Prato, 'Shell finite element via Reissner's principle', *Int. J. Solids Struct.,* 5, 119—33, 1969.

[31] J. Connor and G. Will, 'A mixed finite element shallow shell formulation', *Advances in Matrix Methods of Structural Analysis and Design,* pp. 105—37 (eds. R Gallagher *et al.),* Univ. of Alabama Press 1969.

[32] L. R. Herrmann and W. E. Mason, 'Mixed formulations for finite element shell analysis', *Conf. on Computer-Oriented Analysis of Shell Structures,* AFFDL-TR-71-79, June 1971.

[33] G. Edwards and J. J. Webster, 'Hybrid cylindrical shell elements', *Finite Element Thin Shell Analysis* (eds. D. Ashwell and R. Gallagh r), Wiley,

1976.

[34] R. W. Clough and E. L. Wilson, 'Dynamic finite element analysis of arbitary thin shells', *Computers and Struct.*, 1, 35, 1971.

[35] S. Ahmad, B. M. Irons, and O. C. Zienkiewicz, 'A simple matrix-vector handling scheme for three-dimensional and shell analysis', *Int. J. Num. Meth. Eng.*, 2, 509—22, 1970.

[36] C. J. Parekn, *Finite element solution system,* Ph. D. Thesis, Univ. of Wales, Swansea, 1969.

[37] A. Razzaque, *Finite element analysis of plates and shells,* Ph. D. Thesis, Univ. College of Swansea, 1972.

[38] E. L. Albasiny and D. W. Martin, 'Bending and membrane equilibrium in cooling towers', *Proc. Am. Soc. Civ. Eng.*, 93, EM3, 1—17, 1967.

[39] A. C. Scordelis and K. S. Lo, 'Computer analysis of cylindrical shells', *J. Am. Concr. Inst.*, 61, May 1964.

[40] R. Mark and J. D. Riesa, 'Photoelastic analysis of folded plate structures', *Proc. Am. Soc. Civ. Eng.*, 93, EM4, 79—83, 1967.

第十四章
轴对称壳体

14.1 引言

轴对称壳体问题在实际中如此重要，所以要在本章中介绍解决这种问题的特殊方法.

虽然上一章中所介绍的一般方法在这里显然也适用，但是可以看出，如果考虑结构的轴对称性，则能作很大的简化. 具体地说，如果壳体及载荷都是轴对称的,那么可以看出单元变成了“一维”的. 这是最简单的一种单元,前面各章中对于这种单元未予注意.

用有限元法求解轴对称壳体问题的最初方法是格拉夫顿(Grafton)与斯特罗姆(Strome)[1]给出的. 在文献[1]中,单元是简单的截锥,采用了基于位移函数的直接法. 波波夫(Popov)等人[2]及琼斯(Jones)与斯特罗姆[3]曾建议推广于非轴对称载荷情况,珀西(Percy)等人[4]、克莱因(Klein)[5]以及其他人都进一步做了这种推广工作.

新近，在将方法推广于曲线单元以及确实改善近似程度方面做了大量工作. 这方面的文献相当多，这无疑地是由于对导弹的性态感兴趣而促成的. 在这里，不可能介绍所有的文献. 文献[8—16]表明在分析中如何引入各种曲线坐标,而文献[11]及[13]则讨论了附加的无节点自由度在改善精度方面的应用情况. 在这里已看到了“混合”公式系统（第十二章）的某些应用[17]. 加拉格尔[18]及其他人[19]对这一课题作了综述，并给出了非常全面的文献目录.

与所有其它壳体一样,在轴对称壳体中也会存在弯曲力及“面内”(或“薄膜”)力这两种力. 这些力由广义“应变”唯一地规定,现在应变包括中面的拉伸及曲率.如果规定了中面上每一点的位移,就可根据壳体理论的标准教科书中的公式,确定这种“应变”及内应力合力(或简称“应力”).

例如,对于象图 14.1 所示那样的承受轴对称载荷的轴对称壳体,中面上一点的位移由其切向及法向的两个分量 u 及 w 唯一确定.

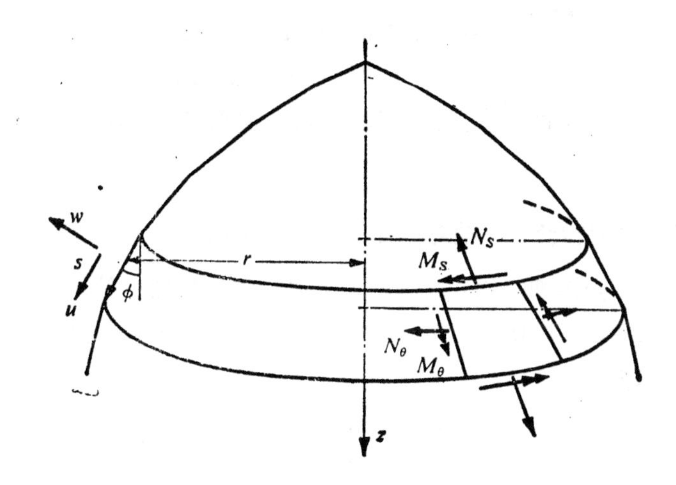

图 14.1 轴对称壳体的位移及应力合力. 壳体用一系列截锥来描述

只要角 ϕ 不变(即单元是直线),利用克希霍夫-洛夫 (Kirchhoff-Love) 假设,四个应变分量由如下表达式给出[20—22]:

$$\{\varepsilon\} = \begin{Bmatrix} \varepsilon_s \\ \varepsilon_\theta \\ \chi_s \\ \chi_\theta \end{Bmatrix} = \begin{Bmatrix} \mathrm{d}u/\mathrm{d}s \\ (w\cos\phi + u\sin\phi)/r \\ -\mathrm{d}^2 w/\mathrm{d}s^2 \\ -\dfrac{\sin\phi}{r}\dfrac{\mathrm{d}w}{\mathrm{d}s} \end{Bmatrix}. \tag{14.1}$$

这些应变引起图 14.1 所示四个内应力合力,应力与应变则通过弹性矩阵 **D** 联系起来;

$$
\sigma=\begin{Bmatrix} N_s \\ N_\theta \\ M_s \\ M_\theta \end{Bmatrix}=\mathbf{D}\boldsymbol{\varepsilon}. \tag{14.2}
$$

对于各向同性壳体,矩阵 **D** 变成

$$
\mathbf{D}=\frac{Et}{(1-\nu^2)}\begin{bmatrix} 1 & \nu & 0 & 0 \\ \nu & 1 & 0 & 0 \\ 0 & 0 & t^2/12 & \nu t^2/12 \\ 0 & 0 & \nu t^2/12 & t^2/12 \end{bmatrix}, \tag{14.3}
$$

此式上部与平面应力相应,下部则与弯曲相应,二者中都忽略剪切项.

14.2 单元特性——轴对称载荷——直线单元

用节点圆把壳体分成一系列截锥,这种截锥如图 14.2 所示通过给定的形状函数,i 及 j 处的节点位移必将唯一地确定该单元的变形.

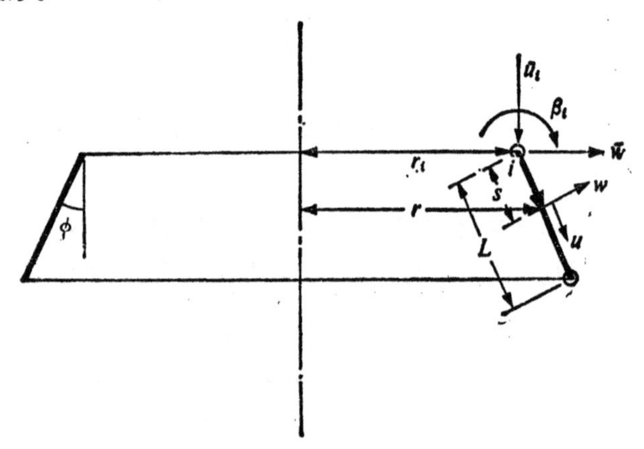

图 14.2 轴对称壳体的单元

在每个节点处,将规定轴向移动、径向移动及转角.因为壳体能承受弯矩,所以必须有上述三个分量.于是,节点 i 的位移可由三个分量确定:

$$\mathbf{a}_i = \begin{Bmatrix} \bar{u}_i \\ \bar{w}_i \\ \beta_i \end{Bmatrix}, \tag{14.4}$$

上式中的前两个分量是在总体坐标系中确定的．因此，具有 i，j 这两个节点的单元有六个自由度，它们由如下单元节点位移确定

$$\mathbf{a}^e = \begin{Bmatrix} \mathbf{a}_i \\ \mathbf{a}_j \end{Bmatrix}. \tag{14.5}$$

单元中的位移必须由节点位移 $\mathbf{a}^e$ 及位置 s 唯一确定，并且必须保持斜率及位移的连续性．

因此，在局部坐标系中，我们有

$$\mathbf{u} = \begin{Bmatrix} u \\ w \end{Bmatrix} = \mathbf{N}\mathbf{a}^e. \tag{14.6}$$

如果令 u 随 s 线性变化，w 随 s 按三次规律变化，则将有六个未定常数，这些常数能够由 $\bar{u}$，$\bar{w}$ 及 β 的节点值确定．

在节点 i 处，有

$$\begin{Bmatrix} u_i \\ w_i \\ (\mathrm{d}w/\mathrm{d}s)_i \end{Bmatrix} = \begin{bmatrix} \cos\phi & \sin\phi & 0 \\ -\sin\phi & \cos\phi & 0 \\ 0 & 0 & 1 \end{bmatrix} \begin{Bmatrix} \bar{u}_i \\ \bar{w}_i \\ \beta_i \end{Bmatrix} = \boldsymbol{\lambda}\mathbf{a}_i. \tag{14.7}$$

写出

$$\begin{aligned} u &= \alpha_1 + \alpha_2 s, \\ w &= \alpha_3 + \alpha_4 s + \alpha_5 s^2 + \alpha_6 s^3 \end{aligned} \tag{14.8}$$

后，容易建立两个节点处的六个边界条件并且得到[1)]

$$\begin{Bmatrix} u \\ w \end{Bmatrix} = \left[\begin{matrix} 1 & s' \\ & 0 \end{matrix} \;\middle|\; \begin{matrix} 0 \\ 1 - 3s'^2 + 2s'^3 \end{matrix} \;\middle|\; \begin{matrix} 0 \\ L(s' - 2s'^2 + s'^3) \end{matrix} \;\middle|\right.$$

$$\left.\begin{matrix} s' \\ 0 \end{matrix} \;\middle|\; \begin{matrix} 0 \\ 3s'^2 - 2s'^3 \end{matrix} \;\middle|\; \begin{matrix} 0 \\ (-s'^2 + s'^3)L \end{matrix} \right]$$

1）这里的函数实际上就是 0 次及 1 次厄米特多项式(见第十章 10.14节)．

$$\cdot \begin{Bmatrix} u_i \\ w_i \\ (\mathrm{d}w/\mathrm{d}s)_i \\ u_j \\ w_j \\ (\mathrm{d}w/\mathrm{d}s)_j \end{Bmatrix}, \tag{14.9}$$

式中

$$S' = S/L.$$

把上面的 2×6 矩阵记作 $\mathbf{N}'$，我们现在可以写出

$$\begin{Bmatrix} u \\ w \end{Bmatrix} = \mathbf{N}' \begin{bmatrix} \boldsymbol{\lambda} & 0 \\ 0 & \boldsymbol{\lambda} \end{bmatrix} \mathbf{a}^e = [\mathbf{N}'_i\boldsymbol{\lambda}, \mathbf{N}'_j\boldsymbol{\lambda}]\mathbf{a}^e = \mathbf{N}\mathbf{a}^e. \tag{14.10}$$

由式(14.10),通过利用定义式(14.1)得到应变矩阵 $\mathbf{B}$ 是一件简单的事情．这给出

$$\boldsymbol{\varepsilon} = \mathbf{B}\mathbf{a}^e = [\mathbf{B}'_i\boldsymbol{\lambda}, \mathbf{B}'_j\boldsymbol{\lambda}]\mathbf{a}^e, \tag{14.11}$$

式中

$$\mathbf{B}'_i = \left[\begin{array}{c|c|c} -1/L & 0 & 0 \\ (1-s')\sin\phi/r & (1-3s'^2+2s'^3)\cos\phi/r & L(s'-2s'^2+s'^3)\cos\phi/r \\ 0 & (-6+12s')/L^2 & (4-6s')/L \\ 0 & (6s'-6s'^2)\sin\phi/rL & (-1+4s'-3s'^2)\sin\phi/r \end{array}\right],$$

$$\mathbf{B}'_j = \left[\begin{array}{c|c|c} 1/L & 0 & 0 \\ s'\sin\phi/r & (3s'^2-2s'^3)\cos\phi/r & L(-s'^2+s'^3)\cos\phi/r \\ 0 & (-6+12s')/L^2 & (2-6s')/L \\ 0 & (-6s'+6s'^2)\sin\phi/rL & (2s'-3s'^2)\sin\phi/r \end{array}\right]. \tag{14.12}$$

现在,已经有了按第二章的标准公式计算刚度矩阵(或载荷、应力及初应力矩阵)时所需要的所有表达式.所需积分是对于单元的面积 A 进行的,即有

$$dA = 2\pi r ds = 2\pi r L ds', \tag{14.13}$$

式中 S' 由 0 变到 1.

这样一来,根据式(2.13a),刚度矩阵 $\mathbf{K}$ 变成

$$\mathbf{K} = \int_0^1 \mathbf{B}'^{\mathrm{T}}\mathbf{D}\mathbf{B}' 2\pi r L ds'. \tag{14.14}$$

通过代换,这个矩阵的子矩阵 $\mathbf{K}_{rs}$ 由下式给出:

$$\mathbf{K}_{rs} = \boldsymbol{\lambda}^{\mathrm{T}} \left(\int_0^1 \mathbf{B}_r'^{\mathrm{T}}\mathbf{D}\mathbf{B}_s' r ds' \right) \boldsymbol{\lambda} 2\pi L. \tag{14.15}$$

进行这种积分之前,必须把半径 r 表示成 s 的函数.

同样,在这里采用数值积分比较方便.格拉夫顿与斯特罗姆[1]对于正交异性材料的情况,给出了基于被积函数取简单平均值的刚度矩阵的显式.即使采用这种不精确的积分方法,只要采用小单元,就能得到极好的结果.

珀西等人[4]及克莱因[5]进行了 7 点数值积分,得到了稍有改善的刚度矩阵.

应当记得,正如第五章中所讨论过的轴对称固体情况那样,如果有任何外部线载荷或线力矩存在,在分析中必须采用它们沿整个圆周的值.

14.3 例子及精度

在处理这里所介绍的轴对称壳体时,连续性总是满足的.因此,对于由折线旋成的壳体,总是存在收敛性.

关于用一系列截锥来描述曲壳时的物理近似问题,与第十三章中所讨论过的一样.直观看来,可望存在收敛性,实际上许多例子都表明了这一点.

当载荷主要引起薄膜应力时,即使进行相当细的剖分,也发现弯矩的值有误差.但是,这一误差也随网格细化而变小,当采用正

确(一致)样点(第十一章)时尤其是这样．为了消除用一系列截锥描述壳体时所带来的物理近似，这样作是必要的．

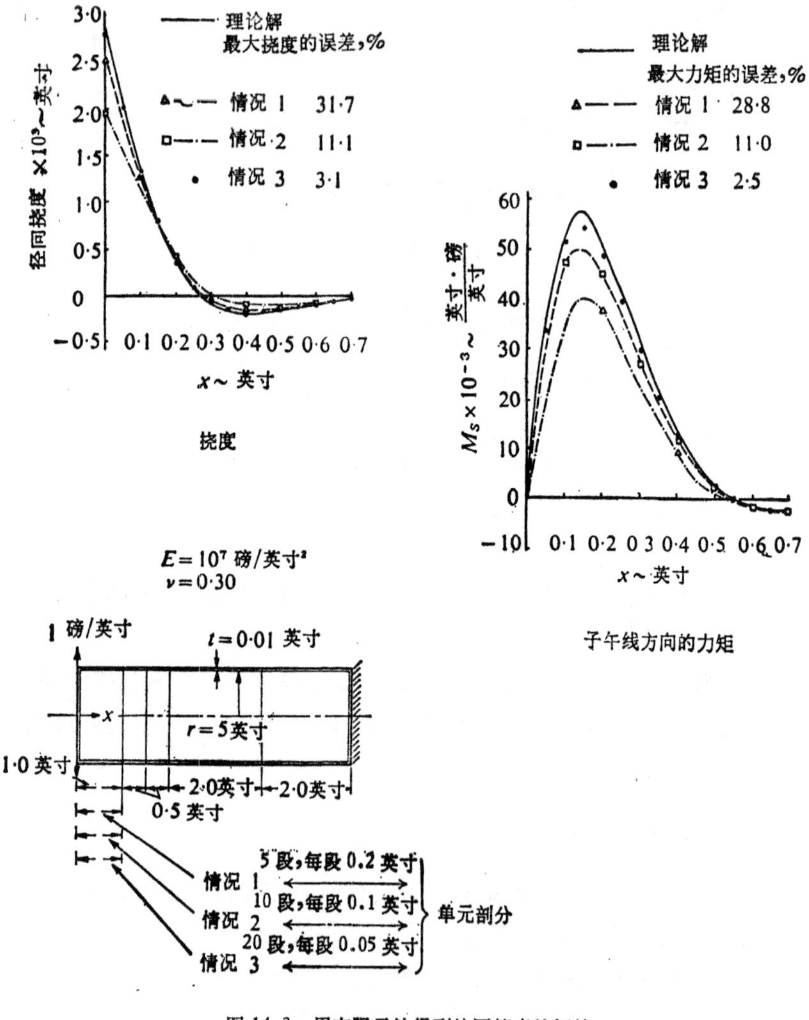

图 14.3 用有限元法得到的圆筒壳的解答
(格拉夫顿与斯特罗姆，*J. A. I. A. A.*, 1963)

图 14.3 及 14.4 示出了几个引自文献[1]的典型例子，它们显示了很好的精度．

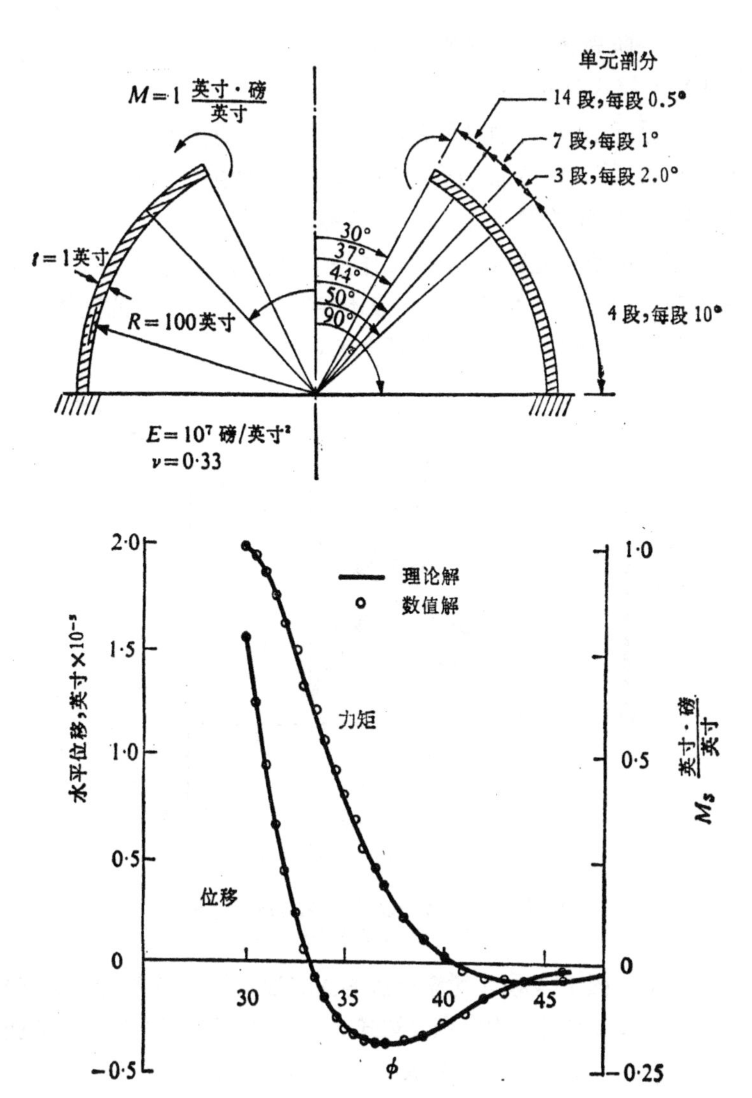

图 14.4 用有限元法得到的半球壳的解答
（格拉夫顿与斯特罗姆，J. A. I. A. A., 1963）

14.4 曲线单元及其形状函数

在第八章中已经介绍过曲的单元的应用，那时应变的定义中仅包含一阶导数. 现在的应变定义中有二阶导数存在（参见式(14.1)),第八章的一些定理不再适用.

前已指出,对于轴对称壳体,已经提出并应用了许多可能的曲线单元形式[9-12]. 下面所介绍的单元是德尔帕克（Delpak）[11]提出的,采用第八章的术语,这是一种亚参数单元.

建立曲线单元时,基本的工作是给出相邻单元间的公切线(或者说规定切向). 为了避免在描述实际上可能是光滑的壳体时出现"屈折",上述基本工作从物理上来看是必要的.

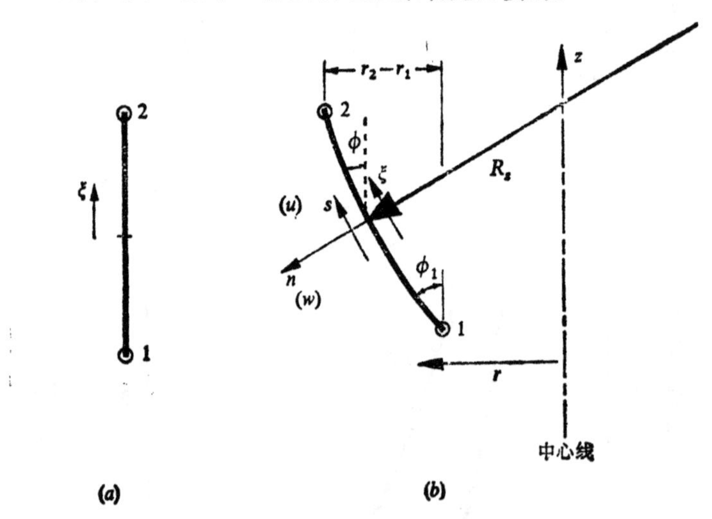

图 14.5 轴对称问题的曲线等参数壳体单元,
(a) 母单元, (b) 曲线坐标

如果如图 14.5 所示考察一般的曲的形式的旋转壳，则必须修正式（14.1）中引用的应变表达式，以考虑壳体在子午面内的曲率[20-22]. 这一表达式现在变成

$$\boldsymbol{\varepsilon}=\begin{Bmatrix}\varepsilon_S\\ \varepsilon_\theta\\ \chi_S\\ \chi_\theta\end{Bmatrix}=\begin{Bmatrix}\mathrm{d}u/\mathrm{d}s+w/R_S\\ (w\cos\phi+u\sin\phi)/r\\ -\mathrm{d}^2w/\mathrm{d}S^2+\mathrm{d}(u/R_S)/\mathrm{d}s\\ -(\sin\phi/r)\times(\mathrm{d}w/\mathrm{d}s-u/R_S)\end{Bmatrix}. \quad (14.16)$$

上式中的角度 ϕ 是 s 的函数,即有

$$dr/ds = \sin\phi.$$

R_s 是子午面内的主曲率半径，而第二主曲率半径 R_θ 由下式给出：

$$R_\theta = r/\cos\phi.$$

读者能够验证，当 $R_s = \infty$ 时，式(14.16)与式(14.1)一致.

我们现在来考察示于图 14.5(b) 的一个曲线单元 1-2，图 14.5(a) 则示出了它的"母"单元中的坐标 $-1 \leqslant \xi \leqslant 1$. 坐标以及未知量按照第八章的方式被"映射"，当我们希望插出具有斜率连续性的量 ϕ 时，我们可以写出

$$\phi = \sum_{i=1}^{2}\left(N_i'\phi_i + N_i''\left(\frac{d\phi}{d\xi}\right)_i\right) = \mathbf{N}\boldsymbol{\Psi}^e. \tag{14.17}$$

这里的 N' 及 N'' 是标量形状函数，它们在最简单的描述的情况下将是三次的(与式(14.9)中对于 w 的变化所用的相似).

我们可以把这些三次函数以显式写成

$$\begin{aligned} N_i' &= \frac{1}{4}\{\xi_0\xi^2 - 3\xi_0 + 2\}, \\ N_i'' &= \frac{1}{4}(1-\xi_0)^2(1+\xi_0), \end{aligned} \tag{14.18}$$

式中

$$\xi_0 = \xi\xi_i.$$

现在，我们能够将上述函数既用于描述总体坐标系中的位移 $\bar{u}$ 及 $\bar{w}$ 的变化[1]，又用于描述确定壳体（中面）的坐标 r 及 z 的变化.

实际上，如果单元厚度也是变化的，可对它采用同样的插值公式.

因此，这种单元属于等参数类(见第八章).

于是，我们可以把单元几何形状规定为

1) 同前面的公式相比较，将会看到一个明显的差异. 现在，两个位移分量沿单元都至少按三次规律变化；而在前面，切向位移则只允许线性变化. 然而，只要壳体本身的厚度连续，这种附加的自由度这时不会引起任何过度的连续性.

$$r = \sum_{1}^{2}\left(N'_i r_i + N''_i \left(\frac{\mathrm{d}r}{\mathrm{d}\xi}\right)_i \right),$$
$$z = \sum_{1}^{2}\left(N'_i z_i + N''_i \left(\frac{\mathrm{d}z}{\mathrm{d}\xi}\right)_i \right). \tag{14.19}$$

只要能规定上式中的节点值，就能确定 ξ 与曲线单元表面上位置之间的一一对应关系(参见图 14.5(b))。

虽然 r_i 及 z_i 的规定是明显的，但是在两端处只有斜率

$$(\tan\phi)_i = \left(\frac{\mathrm{d}r}{\mathrm{d}z}\right)_i \tag{14.20}$$

是确定的．对于式(14.19)中出现的导数，采取什么样的规定取决于 ξ 沿 S 的度量．

只有比率

$$\left(\frac{\mathrm{d}r}{\mathrm{d}z}\right)_i = \left(\frac{\mathrm{d}r}{\mathrm{d}\xi}\right)_i \Big/ \left(\frac{\mathrm{d}z}{\mathrm{d}\xi}\right)_i \tag{14.21}$$

是明确地规定的．$(\mathrm{d}r/\mathrm{d}\xi)_i$（或 $(\mathrm{d}z/\mathrm{d}\xi)_i$）则可取任意值．然而，在这里必须进行实际的考虑，因为当所选的值不好时，s 与 ξ 之间将会有很不“均匀”的关系．实际上，选择不当时，曲线不能是图 14.5(b) 所示那种光滑形状，在两端之间会形成回线．

为了实现比较均匀的变化，对于性质好的曲面，采用如下近似即可(注意到 ξ 在节点间的变化范围是 2)：

$$\frac{\mathrm{d}r}{\mathrm{d}\xi} = \frac{\Delta r}{\Delta \xi} = \frac{r_2 - r_1}{2}. \tag{14.22}$$

14.5 曲线单元的应变表达式及特性

虽然已经规定了总体坐标系中的位移分布，但按照式(14.16)，应变是根据局部坐标系中的位移关于 s 的导数来确定的，因此，在能够确定应变之前，必须作一些变换．

如果我们采用式(14.17)中的形状函数，将总体坐标系中的位移分布确定如下：

$$
\begin{aligned}
\bar{u} &= \sum_{i=1}^{2}\left(N_i'\bar{u}_i + N_i''\left(\frac{\mathrm{d}\bar{u}}{\mathrm{d}\xi}\right)_i\right), \\
\bar{w} &= \sum_{i=1}^{2}\left(N_i'\bar{w}_i + N_i''\left(\frac{\mathrm{d}\bar{w}}{\mathrm{d}\xi}\right)_i\right),
\end{aligned}
\tag{14.23}
$$

我们能够由式（14.7）的变换求出局部坐标系中的位移 u, w，即有

$$
\begin{Bmatrix} u \\ w \end{Bmatrix} = \begin{bmatrix} \cos\phi & \sin\phi \\ -\sin\phi & \cos\phi \end{bmatrix} \begin{Bmatrix} \bar{u} \\ \bar{w} \end{Bmatrix} = \mathbf{L} \begin{Bmatrix} \bar{u} \\ \bar{w} \end{Bmatrix}, \tag{14.24}
$$

式中 ϕ 是曲线的切线与 z 轴的夹角(参见图 14.5).然而,在我们能够作进一步处理之前,必须用 ξ 坐标来表示这一变换. 我们有

$$
\tan\phi = \left(\frac{\mathrm{d}r}{\mathrm{d}\xi}\right)\Big/\left(\frac{\mathrm{d}z}{\mathrm{d}\xi}\right), \tag{14.25}
$$

因此,现在利用式(14.19)就能实现这一点.

作进一步处理之前,必须考察是否能在节点处对于式(14.23)中的参数强加连续性. 显然，总体坐标系中的位移必定连续. 但是在前面,我们仅规定了切线转角的连续性. 在这里,我们将按照通常方式要求两个位移分量关于 S 的导数有连续性. 这样一来，参数

$$
\frac{\mathrm{d}\bar{u}}{\mathrm{d}s} \text{ 及 } \frac{\mathrm{d}\bar{w}}{\mathrm{d}s}
$$

在节点处将会给出共同的值.

因为我们有

$$
\begin{gathered}
\frac{\mathrm{d}\bar{u}}{\mathrm{d}s} = \frac{\mathrm{d}\bar{u}}{\mathrm{d}\xi}\Big/\frac{\mathrm{d}s}{\mathrm{d}\xi}, \quad \frac{\mathrm{d}\bar{w}}{\mathrm{d}s} = \frac{\mathrm{d}\bar{w}}{\mathrm{d}\xi}\Big/\frac{\mathrm{d}S}{\mathrm{d}\xi}, \\
\frac{\mathrm{d}s}{\mathrm{d}\xi} = \sqrt{\left(\frac{\mathrm{d}r}{\mathrm{d}\xi}\right)^2 + \left(\frac{\mathrm{d}z}{\mathrm{d}\xi}\right)^2},
\end{gathered}
\tag{14.26}
$$

所以不难把这些新变量代入式(14.23)及式(14.24)，式(14.24)现在取如下形式:

$$\begin{Bmatrix} u \\ w \end{Bmatrix} = [N(\xi)]\mathbf{a}^e, \quad \text{式中} \quad \mathbf{a}_i = \begin{Bmatrix} \bar{u}_i \\ \bar{w}_i \\ (\mathrm{d}\bar{u}/\mathrm{d}s)_i \\ (\mathrm{d}\bar{w}/\mathrm{d}s)_i \end{Bmatrix}. \tag{14.27}$$

$[N(\xi)]$ 的 2×4 的子矩阵的形式比较复杂，但能以显式确定[11]

我们注意到，曲率半径 R_s 可用显式由该单元的映射参数形式算出.

于是我们写出

$$R_s = \frac{\left[\left(\frac{\mathrm{d}r}{\mathrm{d}\xi}\right)^2 + \left(\frac{\mathrm{d}z}{\mathrm{d}\xi}\right)^2\right]^{3/2}}{\left[\frac{\mathrm{d}r}{\mathrm{d}\xi}\cdot\frac{\mathrm{d}^2z}{\mathrm{d}\xi^2} - \frac{\mathrm{d}z}{\mathrm{d}\xi}\cdot\frac{\mathrm{d}^2r}{\mathrm{d}\xi^2}\right]}, \tag{14.28}$$

式中的所有导数都直接由表达式(14.19)得到.

如果要处理有分叉的壳体或者厚度突变的壳体，式(14.27)中所规定的节点参数不是令人满意的. 在这种情况下，比较好的作法是把 $\mathbf{a}_i$ 改写成

$$\mathbf{a}_i = \begin{Bmatrix} \bar{u}_i \\ \bar{w}_i \\ (\mathrm{d}\bar{u}/\mathrm{d}s)_i \\ \beta_i \end{Bmatrix}, \tag{14.29}$$

式中 $\beta_i = (\mathrm{d}w/\mathrm{d}s)_i$ 是节点的转角，并且这时只有前三个参数把相邻单元联系起来. 第四个是不联系相邻单元的单元参数，但仍要对它进行通常的能量极小化.

上面，式(14.24)给出了必要的变换.

在推导确定应变的矩阵 $\mathbf{B}$ 的表达式时，如同在定义式(14.16)中所见，出现关于 s 的一阶及二阶两种导数.

如果我们注意到，对于任一函数 F，能够遵照式(14.26)中已经采用过的简单规则来求导数，则可以写出:

$$\frac{\mathrm{d}F}{\mathrm{d}s}=\frac{\mathrm{d}F}{\mathrm{d}\xi}\Big/\frac{\mathrm{d}s}{\mathrm{d}\xi},$$

$$\frac{\mathrm{d}^2F}{\mathrm{d}s^2}=\frac{\mathrm{d}^2F}{\mathrm{d}\xi^2}\Big/\left(\frac{\mathrm{d}s}{\mathrm{d}\xi}\right)^2-\frac{\mathrm{d}F}{\mathrm{d}\xi}\left(\frac{\mathrm{d}^2s}{\mathrm{d}\xi^2}\right)\Big/\left(\frac{\mathrm{d}s}{\mathrm{d}\xi}\right)^3, \tag{14.30}$$

并且可以利用上式求出矩阵 **B** 的所有单元的表达式.

最后,按下式改变变量:

$$\mathrm{d}s=\frac{\mathrm{d}s}{\mathrm{d}\xi}\mathrm{d}\xi, \tag{14.31}$$

并将积分限改为 -1 及 $+1$,按照与式(14.14)相似的方式得到刚度矩阵.

同样地,被积表达式中包含的量使得不能进行显式积分,必须采用数值积分. 因为这时的数值积分只对于一个坐标进行, 所以它不是很费时间的, 采用适当数目的高斯积分点就能很精确地确定刚度矩阵.

应力矩阵及其它矩阵用类似的方法求得.

这里所概要介绍的这种特殊的等参数的公式系统,与文献[8,9,10,12]中的公式系统稍有不同. 由于它有等参数形式, 所以可得到刚体位移模式并确实得到常一阶导数状态,这正是它的优点. 关于这一点的证明, 与第八章 8.5 节中所述相同. 在其它公式系统所给出的形式中, 在刚体位移下要产生应变, 但是如同海斯勒(Heisler) 与斯特里克林(Stricklin)[23]所讨论过的那样,这一事实在一些应用中可能并不严重. 然而在某些非轴对称载荷模型中 (见第十五章),这种不完备性可能是一个严重的缺点, 实际上会导致很坏的结果.

对于这里所介绍的任何一类单元, 在单元数目有限的情况下,都不能得到常曲率状态,实际上这在物理上是不可能的. 但是当单元尺寸减小时,就会看到,在极限情况下可以得到任意常曲率状态.

14.6 附加的无节点变量

在轴对称壳体分析中，附加无节点变量是特别有价值的，因为大的曲线单元能够很精确地再现几何形状.

因此，对于式(14.6)或(14.23)中所确定的法向位移的定义，我们附加一组内部单元变量

$$\sum_{j=1}^{n} N_j''' a_j, \tag{14.32}$$

式中 a_j 是一组内部单元参数，N_j''' 是一组函数，后者在节点处的函数值及一阶导数值均为零. 这样作将大大改善所得位移的表示，而不破坏任何收敛性要求(见第二章).

对于切向位移，可以忽略节点处一阶导数为零这一要求.

韦伯斯特（Webster）[13] 对于直线单元应用了这种附加函数.

无论单元实际上是直的还是曲的，这都没有关系；对于每个分量，我们确实能够对式(14.23)附加式（14.32）中所包含的位移定义. 如果只对位移的定义式这样作，而不对坐标的定义式(14.19)

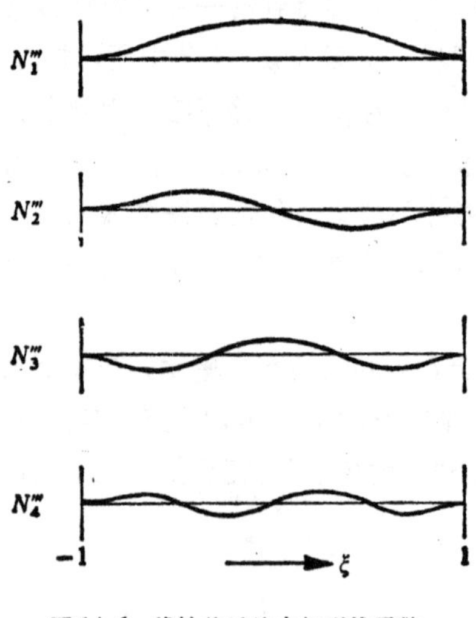

图 14.6 线性单元的内部形状函数

这样作，则该单元现在属于亚参数范畴[1]．如第八章中所述，这种单元具有与等参数单元相同的优点．

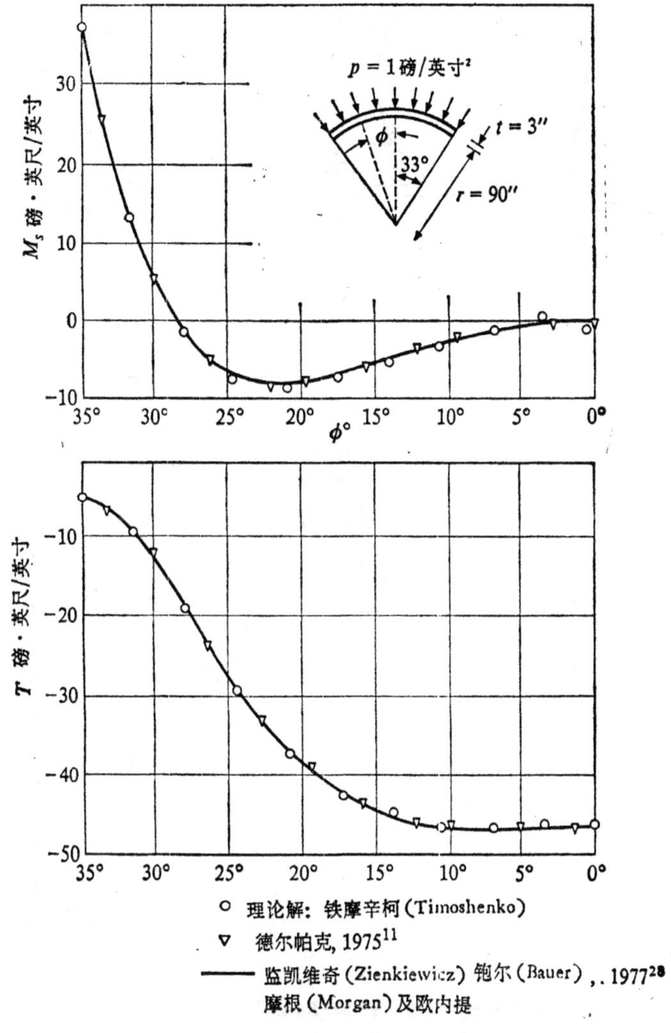

图 14.7　均布压力作用下的球形圆顶

---

1) 显然可以在单元形状的定义中包含新的形状函数，但这得不到什么实际好处，因为三次式已很好地描述了真实形状．

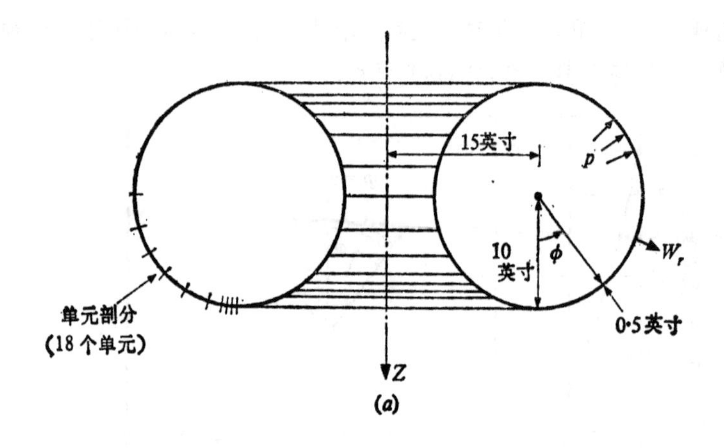

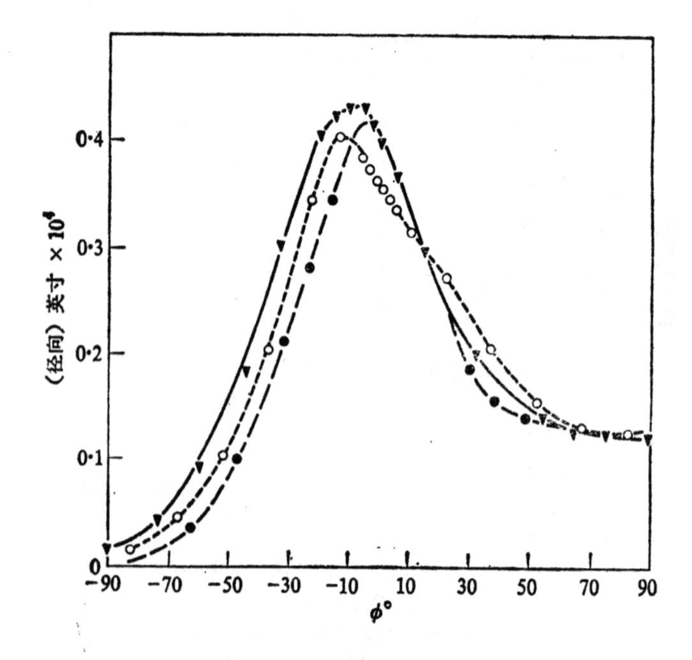

图 14.8 承受内压的圆环壳．(a)单元剖分．(b)径向位移

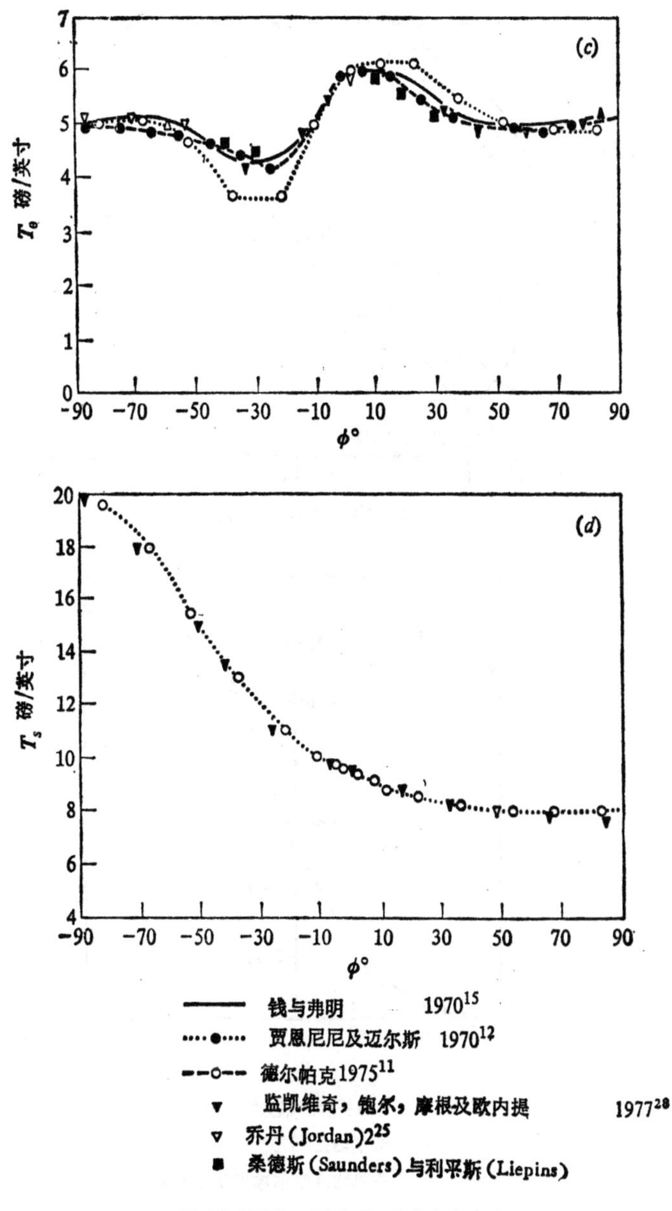

图 14.8(续) (c)/(d) 面内应力合力

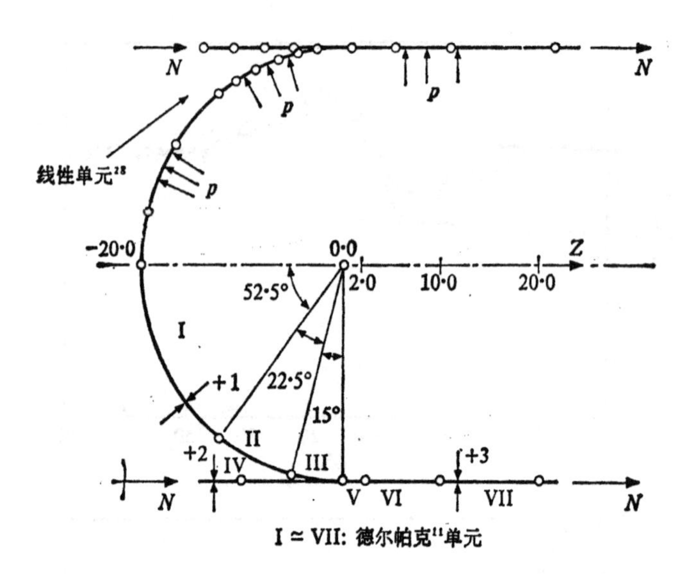

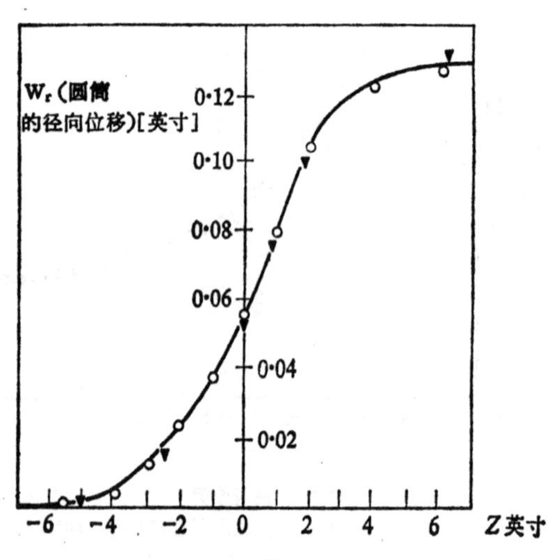

—— 解析解：克劳斯 1967[26]

○ 德尔帕克 1975[11]

▼ 监凯维奇饱尔摩根及欧内提 1977[28]

图 14.9　分叉壳体

对于附加的内部形状函数采用什么样的表达式是一个相当重要的问题，虽然可供选择的范围比较广泛。不一定非要采用多项式表示，但德尔帕克[11]却是这样作的，并采用了特殊的勒让德多项式的形式，在图14.6中，示出了线性单元的内部形状函数的一般形状。

图14.7，14.8及14.9中示出的一系列例子说明了前一节的等参数曲线单元采用附加内部参数时的应用情况。

在图14.7中，分析了具有固支边缘的球形圆顶，并同文献[21]的解析结果作了比较。图14.8及14.9分别示出两个更复杂的例子，首先进行了环壳分析，并与不同的有限元结果[12,15,24,25]作了比较。第二种情况有分叉出现，这里的另一种解析结果是克劳斯（Kraus）[26]给出的。

14.7 采用罚函数的独立的斜率——位移插值（厚壳或薄壳的公式系统）

在第十一章中，我们在梁及板的范围内（11.6.3节）讨论了利用罚函数来规定连续条件时独立的斜率及位移插值的可能性。罚乘子实际上与剪切刚度相同，利用罚函数的方法在厚梁或厚板理论方面有实际的重要性。

这种方法的成功完全取决于利用“降阶积分”来保证适当约束矩阵的奇异性。

同样的方法显然能应用于轴对称壳体方面，我们在这里将说明一般的公式系统。另外，我们还将详细地建立这一类单元中最简单的单元。这是11.6.3节中讨论过的线性梁单元[27]的直接发展。在这里，采用了线性插值，同时对于横向剪切/罚数项采用一个积分点[28]。

对于直线单元考虑式(14.1)的应变表达式。在采用这种表达式时，由于其中存在w的二阶导数，需要C_1连续性。如果现在我们在式(14.1)中代入下式：

$$\frac{\mathrm{d}w}{\mathrm{d}s}=-\beta, \tag{14.33}$$

则应变表达式变成

$$\boldsymbol{\varepsilon}=\begin{Bmatrix}\varepsilon_s\\ \varepsilon_\theta\\ \chi_s\\ \chi_\theta\end{Bmatrix}=\begin{Bmatrix}\mathrm{d}u/\mathrm{d}s\\ (u\sin\phi+w\cos\phi)/r\\ \mathrm{d}\beta/\mathrm{d}s\\ (\beta\sin\phi)/r\end{Bmatrix}. \tag{14.34}$$

因为 β 能够独立地变化,所以必须规定一个约束:

$$C(w,\beta)=\frac{\mathrm{d}w}{\mathrm{d}s}+\beta=0. \tag{14.35}$$

利用具有罚乘子 α 的能量泛函,就能作到这一点. 于是,我们能够写出

$$\begin{aligned}\Pi=&\frac{1}{2}\int\boldsymbol{\varepsilon}^{\mathrm{T}}\mathbf{D}\boldsymbol{\varepsilon}2\pi r\mathrm{d}s\\ &+\frac{1}{2}\int\alpha\left(\frac{\mathrm{d}w}{\mathrm{d}s}+\beta\right)^2 2\pi r dS+\mathrm{l.t.},\end{aligned} \tag{14.36}$$

式中 l. t. 表示载荷项,而 $\boldsymbol{\varepsilon}$ 及 $\mathbf{D}$ 如前所定. 由此,立刻能够看出 α 同剪切刚度是一样的:

$$\begin{aligned}\alpha&=\kappa Gt,\\ \kappa&=\frac{5}{6}.\end{aligned} \tag{14.37}$$

罚泛函(14.36)实际上能够在纯粹物理的基础上来认识. 鹫津久一郎在文献[22]的199—201页讨论了这种壳体问题,而一般理论实际上遵照内迪(Naghdi)[29] 早先对于有剪切变形的壳体所给出的内容.

由于能量表达式中仅出现一阶导数,在关于 u, w, β 的插值中现在仅需要 C_0 连续性,而代替式(14.6)—(14.10),我们能够直接写出

$$\mathbf{u}=\begin{Bmatrix}u\\ w\\ \beta\end{Bmatrix}=N\,\boldsymbol{\lambda}\mathbf{a}^e, \tag{14.38}$$

式中

$$N = N(\xi), \quad \mathbf{a}_i^{\mathrm{T}} = [\bar{u}, \bar{w}, \beta]_i.$$

在这里，对于 $N(\xi)$，我们可以利用第七章的任何一维 C_0 插值. 同样，对于现在由式(14.16)定义应变的曲线单元，可以应用等参数变换；而实际上，我们在第十六章中将要讨论的公式系统不过是这种方法的另外一种形式. 如果采用直线单元，我们可以不利

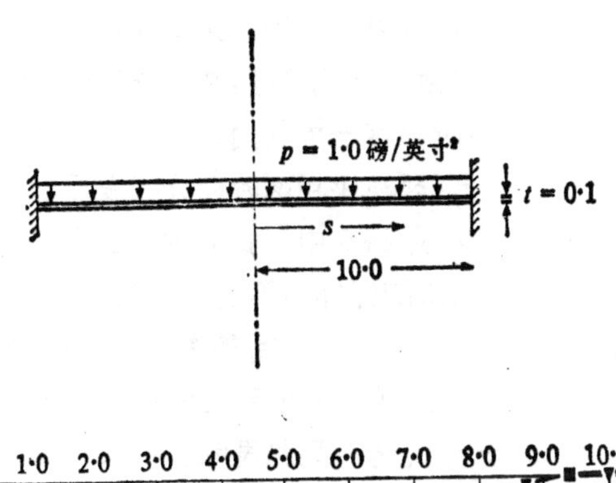

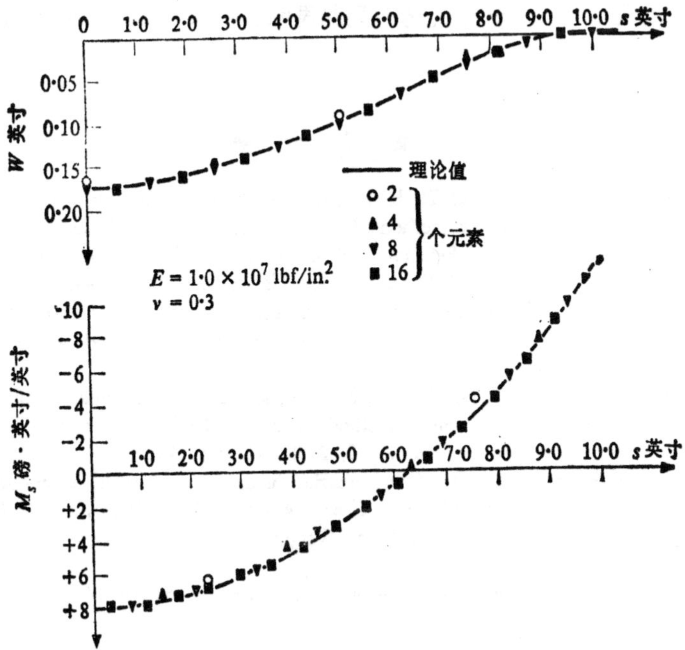

图 14.10 圆板在均布载荷作用下的弯曲. 收敛性研究

用等参数变换写出该表达式. 采用式(14.8)中所用的符号,我们现在可以简单地写出

$$
\begin{aligned}
\bar{u} &= \bar{u}_i(1 - s') + \bar{u}_j s', \\
\bar{w} &= \bar{w}_i(1 - s') + \bar{w}_j s', \\
\beta &= \beta_i(1 - s') + \beta_j s',
\end{aligned}
\tag{14.39}
$$

并在一个高斯点处计算由于采用表达式(14.36)而出现的被积表达式,这足以保证收敛性,然而这里并未导致奇异性*.

采用精确积分时,这一极其简单的形式即使对于厚壳也会给出很差的结果;但是,现在采用降阶积分却表现出意外的好特性.

在图 14.7, 14.8 及 14.9 中,我们示出了用这种简单的直线单元所得到的结果;结果的好坏是不言而喻的.

关于其它例子,读者可以查阅参考文献[28];但在图 14.10中,我们示出了一个非常简单的圆板弯曲的例子,对它采用了不同数目的等长单元. 这个纯弯曲问题表明了结果的类型及可达到的收敛性.

参 考 文 献

[1] P. E. Grafton and D. R. Strome, 'Analysis of axi-symmetric shells by the direct stiffness method', *J. A. I. A. A.*, 1, 2342-7, 1963.

[2] E. P. Popov, J. Penzien, and Z. A. Lu, 'Finite element solution for axisymmetric shells', *Proc. Am. Soc. Civ. Eng.*, EM, 119—45, 1964.

[3] R. E. Jones and D. R. Strome, 'Direct stiffness method of analysis of shells of revolution utilising curved elements', *J. A. I. A. A.*, 4, 1519—25, 1966.

[4] J. H. Percy, T. H. H. Pian, S. Klein, and D. R. Navaratna, 'Application of matrix displacement method to linear elastic analysis of shells of revolution', *J. A. I. A. A.*, 3, 2138—45, Jan. 1965.

[5] S. Klein, 'A study of the matrix displacement method as applied to shells of revolution', *Proc. Conf. on Matrix Methods in Structural Mechanics*, Air Force Inst. Tech., Wright-Patterson A. F. Base, Ohio, Oct. 1965.

[6] R. E. Jones and D. R. Strome, 'A survey of analysis of shells by the

* 请读者参阅第八章 8.11 节. ——译者注

displacement method', *Proc. Conf. on Matrix Methods in Structural Mechanics,* Air Force Inst. Tech., Wright-Patterson A. F. Base, Ohio, Oct. 1965.

[7] O. E. Hansteen, 'A conical element for displacement analysis of axi-symmetric shells', *Finite Element Methods,* TAPIR, Trondheim, 1969.

[8] P. L. Gould and S. K. Sen, 'Refined mixed method finite elements for shells of revolution', *3rd Conf. on Matrix Methods in Structural Mechanics,* Wright-Patterson A. F. Base, Ohio, 1971.

[9] J. A. Stricklin, D. R. Navaratna, and T. H. H. Pian, 'Improvements in the analysis of shells of revolution by matrix displacement method (curved elements)', *A. I. A. A., Int.,* 4, 2069—72, 1966.

[10] M. Khojasteh-Bakht, *Analysis of elastic-plastic shells of revolution under axi-symmetric loading by the finite element method,* Dept. Civ. Eng., Univ. of California, SESA 67—8, 1967.

[11] R. Delpak, *Role of the curved parametric element in linear analysis of thin rotational shells,* Ph. D. Thesis, Department of Civil Engineering and Building. The Polytechnic of Wales, 1975.

[12] M. Giannini and G. A. Miles, 'A curved element approximation in the analysis of axi-symmetric thin shells', *Int. J. Num. Meth. Eng.,* 2, 459—76, 1970.

[13] J. J. Webster, 'Free vibration of shells of revolution using ring elements', *Int. J. Mech. Sci.,* 9, 559, 1967.

[14] S. Ahmad, B. M. Irons, and O. C. Zienkiewicz, 'Curved thick shell and membrane elements with particular reference to axi-symmetric problems', *Proc. 2nd Conf. on Matrix Methods in Structural Mechanics,* Wright-Patterson A. F. Base, Ohio, AFFDL-TR-68-150, 1968.

[15] A. S. L. Chan and A. Firmin, 'The analysis of cooling towers by the matrix finite element method', *Aeronaut. J.,* 74, 826—35, 1970.

[16] E. A. Witmer and J. J. Kotanchik, 'Progress report on discrete element elastic and elastic-plastic analysis of shells of revolution subjected to axisymmetric and asymmetric loading'. *Proc. 2nd Conf. on Matrix Methods in Structutal Mechanics,* Wright-Patterson A. F. Base, Ohio, AFFDL-TR-68-150, 1968.

[17] Z. M. Elias, 'Mixed finite element method for axisymmetric shells', *Int. J. Num. Meth. Eng.,* 4, 261—77, 1972.

[18] (a) R. H. Gallagher, 'Analysis of plate and shell structures' in *Applications of Finite Element Method in Engineering,* pp. 155—205, Vanderbilt Univ., ASCE, 1969.

[18] (b) R. H. Gallagher, 'Shell element,' *World Conf. on Finite Element Methods in Structural Mechanics,* EI-E35, Bournemouth, Dorset, England, Oct. 1975.

[19] J. A. Stricklin, 'Geometrically nonlinear static and dynamic analysis of shell of revolution', *High Speed Computing of Elastic Structures,* 383—411, Univ. of Liége, 1976.

[20] V. V. Novozhilov, *Theory of Thin Shells* (translation), P. Noordhoff, 1959.

[21] S. Timoshenko and S. Woinowsky-Krieger, *Theory of Plates and Shells*, 2nd ed., pp. 533—5, 1959.

[22] K. Washizu, *Variational Methods in Elasticity and Plasticity*, 2nd ed., pp. 199—201, Pergamon Press, 1975.

[23] W. E. Haisler and J. A. Stricklin, 'Rigid body displacements of curved elements in the analysis of shells by the matrix displacement method', *J. A. I. A. A.*, **5**, 1525—7, 1967.

[24] J. L. Sanders, Jr. and A. Liepins. 'Toroidal membrane under internal pressure', *J. A. I. A. A.*, **1**, 2105—10 (1963).

[25] F. F. Jordan, 'Stresses and deformations of the thin-walled pressurized torus', *J. Aero. Sci.*, **29**, 213—25, 1962.

[26] H. Kraus, *Thin Elastic Shells*, pp. 168—78, Wiley, 1967.

[27] T. J. R. Hughes, R. L. Taylor, and W. Kanoknukulchal, 'A simple and efficient finite element for plate bending' (to be published in *Int. J. Num. Meth. Eny.*).

[28] O. C. Zienkiewicz, J. Bauer, K. Morgan and E. ONate, 'A simple element for axi-symmetric shells with shear deformation (to be published in *Int. J. Num. Meth. Eng.*).

[29] P. M. Naghdi, 'Foundations of elastic shell theory', *Progress in Solid Mechanics*, Vol .IV, Chapter 1 (eds. I. N. Sneddon and R. Hill), North-Holland, 1963.

第十五章

半解析有限单元法——正交函数的应用

15.1 引言

已经表明，标准的有限单元法原则上能够处理任何二维或三维(甚至四维)[1]问题．然而，求解的费用随每一维的增加而大大增加，而且问题的规模有时实际上超出了可用的计算机的能力．因此，总是希望建立另外的可以减少计算工作量的方法．本章就将介绍这样的一种方法，这种方法的应用范围很广．

在许多物理问题中，几何形状及材料性质不沿某一坐标方向变化．但是“载荷”项仍可沿该方向变化，这时有些简化假设不能采用，例如，允许用二维平面应变分析来代替完全的三维处理的简化假设就不能采用．不过在这种情况下，仍可以考虑一种不涉及某一坐标(性质不随此坐标变化)的“替代”问题，并综合一系列这种简化解而得到真实解答．

这里所要介绍的方法有很广泛的用途，显然不只限于结构力学问题．然而，作为一个例子，应用结构力学术语及最小位能原理是比较方便的．

下面，我们将只讨论象第二章及第三章中所介绍的那种二次泛函极小化问题．应当注意到对于所涉及的方法的解释：先应用第三章 3.7 节的部分离散化，随后采用傅里叶级数展开．

设 (x, y, z) 是描述所考察区域的坐标(在这里，它们不一定要是笛卡儿坐标)． 其中的最后一个坐标 z 是几何形状及材料性质不随之变化的坐标，限制它处于两个值之间：

$$0 \leqslant z \leqslant a.$$

---

1) 参阅介绍时间域中有限单元的第二十一章．

因此，在 $z=0$ 及 $z=a$ 处规定边界值.

我们将假设，确定位移 $\mathbf{u}$ 的变化的形状函数(参见式(2.1))能写成如下乘积形式:

$$\mathbf{u}=\mathbf{N}(x, y, z)\mathbf{a}^e$$
$$=\sum_{l=1}^{L}\left\{\bar{\mathbf{N}}(x, y)\cos\frac{l\pi z}{a}+\bar{\bar{\mathbf{N}}}(x, y)\sin\frac{l\pi z}{a}\right\}\mathbf{a}_l^e. \quad (15.1)$$

由于傅里叶级数能描述给定区域中的任何连续函数，式(15.1)这种位移描述具有完备性(自然，假设形状函数 $\bar{\mathbf{N}}$ 及 $\bar{\bar{\mathbf{N}}}$ 在区域 (x, y) 中满足同样的要求).

类似地，载荷项由下式给出:

$$\mathbf{b}=\sum_{l=1}^{L}\left(\bar{\mathbf{b}}_l\cos\frac{l\pi z}{a}+\bar{\bar{\mathbf{b}}}_l\sin\frac{l\pi z}{a}\right), \quad (15.2)$$

对于集中载荷及边界作用力，有类似的形式(见第二章). 实际上，如果存在初应变及初应力，它们也应按以上形式展开.

用第二章中所述标准方法来确定单元对于位能极小化方程的贡献，并且仅考虑力 $\mathbf{b}$ 的贡献，我们可以写出:

$$\frac{\partial \Pi}{\partial \mathbf{a}^e}=\mathbf{K}^e\begin{Bmatrix}\mathbf{a}_1^e\\ \vdots\\ \mathbf{a}_L^e\end{Bmatrix}+\begin{Bmatrix}\mathbf{f}_1^e\\ \vdots\\ \mathbf{f}_L^e\end{Bmatrix}=0. \quad (15.3)$$

在上式中，为了避免采用求和记号，向量 $\mathbf{a}^e$ 等被展开，分别写出了各个 l 值下的贡献.

现在，$\mathbf{K}^e$ 的典型子矩阵是

$$(\mathbf{K}^{lm})^e=\iiint_V \mathbf{B}^{l\mathrm{T}}\mathbf{D}\mathbf{B}^m \mathrm{d}x\mathrm{d}y\mathrm{d}z, \quad (15.4)$$

而"力"向量的典型项则是

$$(\mathbf{f}^l)^e=\iiint_V \mathbf{N}^{l\mathrm{T}}\mathbf{b}\mathrm{d}x\mathrm{d}y\mathrm{d}z. \quad (15.5)$$

我们不在这里作深入研究，显然，由式(15.4)所给出的矩阵将会包含下列积分，该矩阵就是各个子矩阵与下列积分的乘积:

$$
\begin{aligned}
I_1 &= \int_0^a \sin\frac{l\pi z}{a}\cos\frac{m\pi z}{a}\,\mathrm{d}z, \\
I_2 &= \int_0^a \sin\frac{l\pi z}{a}\sin\frac{m\pi z}{a}\,\mathrm{d}z, \\
I_3 &= \int_0^a \cos\frac{l\pi z}{a}\cos\frac{m\pi z}{a}\,\mathrm{d}z.
\end{aligned}
\tag{15.6}
$$

这些积分由矩阵 $\mathbf{B}$ 的定义中所包含的导数相乘而得，根据熟知的正交性，我们有

$$
\begin{gathered}
I_2 = I_3 = 0,\ \text{对于}\ l \neq m \\
(l = 1, 2, \cdots, m = 1, 2, \cdots).
\end{gathered}
\tag{15.7}
$$

仅当 l 及 m 均为偶数或奇数时，I_1 才为零．但是在大多数应用中，包含 I_1 的项会消失．

这意味着矩阵 $\mathbf{K}^e$ 变成一个对角矩阵，集合得到的系统的最终方程组具有如下形式：

$$
\begin{bmatrix}
\mathbf{K}^{11} & & \\
& \mathbf{K}^{22} & \\
& & \ddots \\
& & & \mathbf{K}^{LL}
\end{bmatrix}
\begin{Bmatrix} \mathbf{a}_1 \\ \vdots \\ \mathbf{a}_1 \end{Bmatrix}
+
\begin{Bmatrix} \mathbf{f}_1 \\ \vdots \\ \mathbf{f}_L \end{Bmatrix}
= 0,
\tag{15.8}
$$

而这个大方程组分离成 L 个单独的问题：

$$
\mathbf{K}^{ll}\mathbf{a}_l + \mathbf{f}^l = 0,
\tag{15.9}
$$

式中

$$
\mathbf{K}_{ij}^{ll} = \iiint_V \mathbf{B}_i^{l\mathrm{T}}\mathbf{D}\mathbf{B}_j^l\,\mathrm{d}x\mathrm{d}y\mathrm{d}z.
\tag{15.10}
$$

另外，我们由式(15.5)及(15.2)看到，由于式(15.6)给出的积分的正交性，典型的载荷项就变成

$$
\mathbf{f}_i^l = \iiint_V \mathbf{N}_i^{l\,\mathrm{T}}\mathbf{b}^l\,\mathrm{d}x\mathrm{d}y\mathrm{d}z.
\tag{15.11}
$$

这表明，载荷项的第 l 个调和分量仅影响第 l 个式(15.9)那样的方程，而对其它方程没有贡献．这一极其重要的性质具有很大实际意义，因为当载荷展开式中只包含一项时，只需求解一组方程．只要在 x-y 区域中细化网格，这一解答将会趋于精确解．这

样一来，原来的三维问题现在被化成二维问题，从而减少了计算工作量.

前面的推导是对于三维弹性问题进行的. 显然，这些论述同样适用于把二维问题化成一维问题的情况以及其它情况，并且不限于弹性力学问题. 对于由二次泛函极小化(第三章)或线性微分方程控制的任何物理问题，都可以作同样的处理；在应用力学中，老早就以各种形式应用过这种处理方法.

关于对 **u** 规定边界条件的问题，应当在这里加以说明. 为了使问题可以完全分离开，式(15.1)所示展开式中的每一项都必须单独地满足 **u** 的边界条件. 如果在最终的简化问题中引入零位移，根据定义，这实际上就意味着沿 z 方向全长设置零位移. 因此必须小心，不要把最终矩阵作为一个简单的二维问题来对待. 实际上，这一点正是对于所述方法的限制之一.

当载荷状态复杂、必须考虑傅里叶级数的许多分量时，采用这里所概述的方法好处不大，有时直接按原来的情况求解反而比较经济.

关于式(15.1)给出的那种基本定义式，显然可以有另外一些形式. 例如，可以对应式(15.1)中的两种三角级数项规定两组独立的参数 $\mathbf{a}^l$.

实际上，有时也可以采用另外的正交函数.

因为三角函数将会经常出现，读者记住如下关系式是比较方便的：

$$\int_0^a \sin\frac{l\pi z}{a}\cos\frac{l\pi z}{a}\,\mathrm{d}z = 0,\ l = 0, 1, \cdots,$$

$$\int_0^a \sin^2\frac{l\pi z}{a}\,\mathrm{d}z = \int_0^a \cos^2\frac{l\pi z}{a}\,\mathrm{d}z = \frac{a}{2},\ l = 1, 2, \cdots. \tag{15.12}$$

15.2 棱柱形杆

考察图15.1所示棱柱形杆. 假设它在 $z = 0$ 及 $z = a$ 处以

如下方式支承：限制 x-y 平面中的所有位移，但在 z 方向允许自由运动(作用力 $t_z=0$).

这完全是一个三维问题，必须考虑三个位移分量 u, v 及 w.

在 x-y 平面内进行单元剖分，我们能够把 x 方向的第 l 个位移分量写成

$$u^l=[N_1, N_2, \cdots]\sin\frac{l\pi z}{a}\mathbf{u}^l, \tag{15.13}$$

v^l 及 w^l 具有类似的表达式，但对 w^l 应改用余弦项.

这里的 N 等就是与所用单元相应的(标量)形状函数. 如果如图 15.1 所示采用简单的三角形单元，形状函数则由第四章的式(4.8)给出；但是，第七章中所介绍的任何更高级的单元(进行或者不进行第八章的变换)也将同样适用.

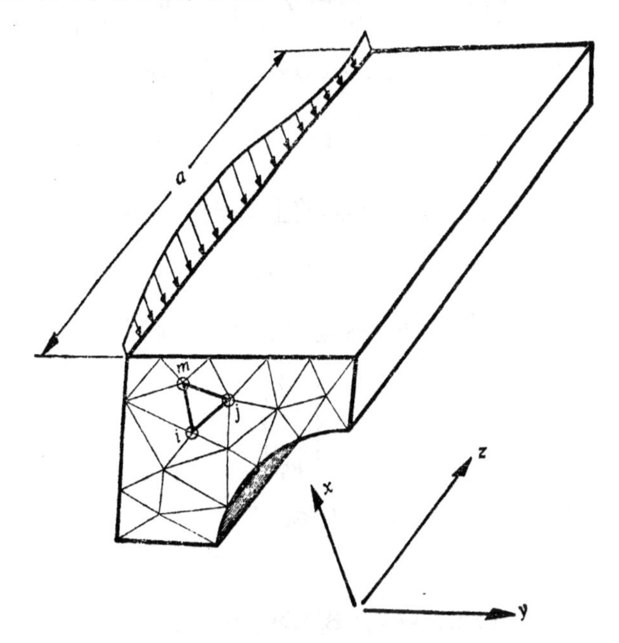

图 15.1　化为一系列二维有限单元解的棱柱形杆

该展开式保证两端处的位移 u 及 v 以及轴向应力为零.

载荷项也可用类似的傅里叶级数来表示，对于 x-y 平面内的

分量，有

$$\mathbf{b}^l = \mathbf{b}^l \sin\frac{l\pi z}{a};\ \bar{\bar{\mathbf{b}}}^e = \bar{\bar{\mathbf{b}}}^e(x, y). \tag{15.14}$$

这完全是一个三维问题，必须考虑包含所有六个分量的应变表达式．这一表达式已在第六章中由式(6.9)—(6.11)给出．代入式(15.13)给出的形状函数，对于矩阵 $\mathbf{B}$ 的典型项，我们有

$$\mathbf{B}_i^l = \begin{bmatrix} \dfrac{\partial N_i}{\partial x}\sin\gamma & 0 & 0 \\ 0 & \dfrac{\partial N_i}{\partial y}\sin\gamma & 0 \\ 0 & 0 & -N_i\dfrac{l\pi}{a}\sin\gamma \\ \dfrac{\partial N_i}{\partial y}\sin\gamma & \dfrac{\partial N_i}{\partial x}\sin\gamma & 0 \\ 0 & N_i\dfrac{l\pi}{a}\cos\gamma & \dfrac{\partial N_i}{\partial y}\cos\gamma \\ N_i\dfrac{l\pi}{a}\cos\gamma & 0 & \dfrac{\partial N_i}{\partial x}\cos\gamma \end{bmatrix}, \tag{15.15}$$

式中 $\gamma = l\pi z/a$．为了方便起见，将上式作如下分解：

$$\mathbf{B}_i^l = \bar{\mathbf{B}}_i^l \sin\frac{\pi l z}{a} + \bar{\bar{\mathbf{B}}}_i^l \cos\frac{\pi l z}{a}. \tag{15.16}$$

在前面，总是假设节点参数按通常的顺序排列：

$$\mathbf{a}_i^l = \begin{Bmatrix} u_i^l \\ v_i^l \\ w_i^l \end{Bmatrix}, \tag{15.17}$$

并且总是假设坐标系如图 15.1 所示．

注意到

$$(\mathbf{K}_{ij}^{ll})^e = \iiint_{A^e} \mathbf{B}_i^{l\,\mathrm{T}} \mathbf{D} \mathbf{B}_j^l \,\mathrm{d}x\mathrm{d}y\mathrm{d}z, \tag{15.18}$$

刚度矩阵可按通常方式计算．将式(15.16)代入上式，乘开并注意到由式(15.12)给出的积分的值，上式化成

$$(\mathbf{K}_{ij}^{ll})^e = \frac{a}{2}\iint_{A^e}\{\bar{\mathbf{B}}_i^{l\,\mathrm{T}}\mathbf{D}\bar{\mathbf{B}}_j^l + \bar{\bar{\mathbf{B}}}_i^{l\,\mathrm{T}}\mathbf{D}\bar{\bar{\mathbf{B}}}_j^l\}\mathrm{d}x\mathrm{d}y,$$

$$l = 1, 2, \cdots. \tag{15.19}$$

积分现在简单地对单元面积进行[1].

类似地，象体力载荷项那样求分布载荷及初应力等引起的贡献. 例如,集中线载荷将直接表示成如下节点力:

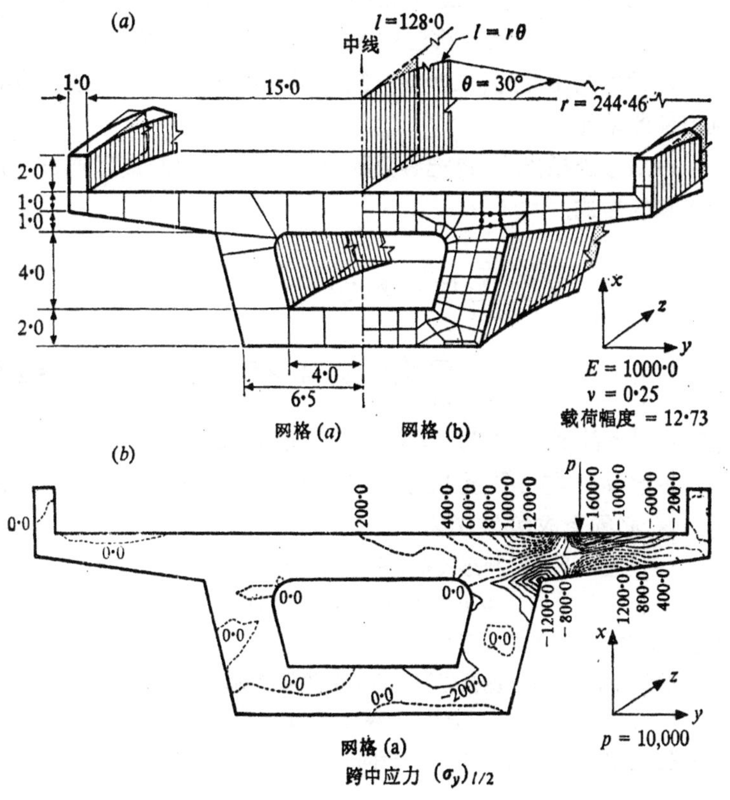

图 15.2 厚的箱形桥的直的或曲的平台棱柱,(a) 等参数单元的网格. (b)跨中处应力 σ_y 的分布;计算机画出的应力图. 悬臂跨上的点载荷.

1) 应当指出,即使对于一个简单三角形,现在积分也不容易进行,因为在 $\bar{\bar{\mathbf{B}}}$ 中保留着某些一次项.

$$\mathbf{f}_i^l = \int_0^a \sin\frac{\pi l z}{a}\begin{Bmatrix}\bar{\mathbf{f}}_{xi}^l\\ \bar{\mathbf{f}}_{yi}^l\\ \bar{\mathbf{f}}_{zi}^l\end{Bmatrix}\sin\frac{\pi l z}{a}\,\mathrm{d}z = \bar{\mathbf{f}}_i^l\ \frac{a}{2}, \tag{15.20}$$

式中 $\bar{\bar{\mathbf{f}}}_i^l$ 是每单位长度的载荷密度.

这里所用的边界条件是保证杆在两端处简支的那一种. 通过适当的展开式能够引入另外的边界条件.

这里介绍的分析方法可以应用于各种实际问题——其中之一就是图 15.2 所示混凝土桥这种大家熟悉的问题. 在这里，第七章及第八章中的扭曲的(二次或三次)“Serendipity”单元[1]是一种特别方便的单元.

最后应当指出，如果把参数数目加倍，并把展开式写成如下两个求和的形式:

$$\begin{aligned}\mathbf{u} = &\sum_{l=1}^{L}\bar{\mathbf{N}}(x, y)\cos\frac{l\pi z}{a}\,\mathbf{a}^{Al}\\ &+\sum_{l=1}^{L}\bar{\bar{\mathbf{N}}}(x, y)\sin\frac{l\pi z}{a}\,\mathbf{a}^{Bl},\end{aligned} \tag{15.21}$$

这时可以消除对于式(15.1)或(15.3)所确定的一般形状的某些限制. 参数 $\mathbf{a}^{Al}$ 与 $\mathbf{a}^{Bl}$ 是独立的，对于每一个位移分量，必须求出两个值，必须形成两个方程.

上述方法的另外一种形式是把展开式写成:

$$\mathbf{u} = \Sigma[\mathbf{N}(x, y)e^{i(l\pi z/a)}]\mathbf{a}^e,$$

并且这里的 $\mathbf{N}$ 及 $\mathbf{a}$ 都是复数.

在标准的计算机上现在能够进行复数代数运算. 注意到

$$e^{i\theta} = \cos\theta + i\sin\theta,$$

可以看出上述表达式与式(15.21)相同.

15.3 薄壁箱形结构

在上一节中，三维问题被化成二维问题. 在这里我们将看到，怎样把一个有些类似的问题简化成一些一维单元(图 15.3).

箱形结构由仅能承受面内应力的薄板构成.

同上一节的情况一样，现在在每点处必须考虑三个位移分量，并且实际上可对它们规定同样的变化规律．但是，积分仅须沿线 ij 进行，并且仅须考虑该方向的应力；在这个意义上，典型单元 ij 是"一维"的．实际上将会看到，这种问题的受力状况及求解方法同铰接的杆系结构相似．

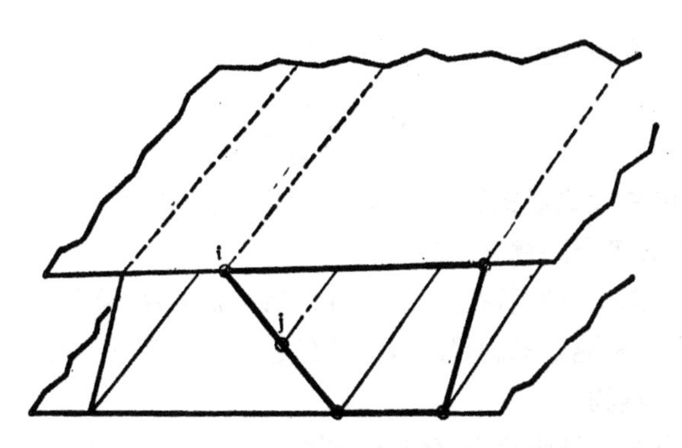

图 15.3 用一维单元求解的薄壁箱形结构

15.4 承受弯曲的平板及箱形结构

现在考察一两端简支的矩形板，该板的所有变形能由弯曲产生．现在，仅需一个位移 w 就可完全规定应变状态(见第十章)．

为了与第十章的记号一致，把几何形状及材料性质不变的那

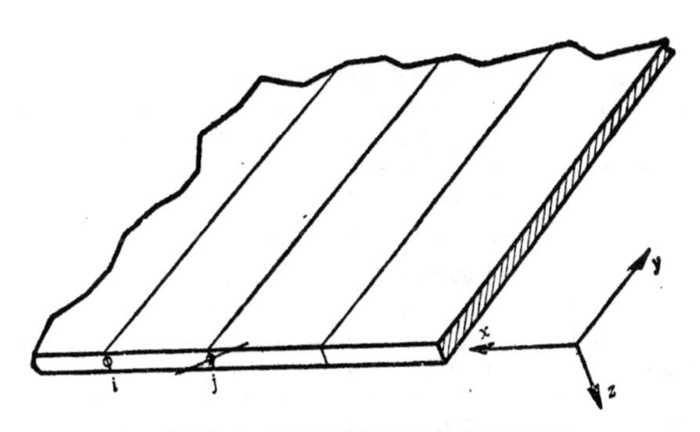

图 15.4 应用于平板的"有限条带"法

个方向取作 y 轴(见图 15.4). 为了保证斜率的连续性，位移函数中现在必须包含"转角"参数 θ_i.

采用简单的梁函数比较容易，对于典型单元 ij，我们可以写出

$$w^l = \bar{\mathbf{N}}(x) \sin \frac{l\pi y}{a} (\mathbf{a}^l)^e, \tag{15.22}$$

它保证边界条件为简支. 上式中的典型的节点参数是

$$\mathbf{a}_i^l = \begin{Bmatrix} w_i \\ \theta_i \end{Bmatrix}. \tag{15.23}$$

容易写出三次式形式的形状函数，实际上它同轴对称壳体问题中所采用的(第十四章)一样.

采用第十章的所有定义，得到应变(曲率)并确定矩阵 $\mathbf{B}$；现在，在有按普通方式满足的 C_1 连续性的情况下，一个二维问题被化成了一维的.

这种方法是张佑启 (Cheung)[2-16] 提出的，他把这种方法命名为"有限条带"法，并用它分析了许多矩形板、箱形梁、壳体以及各种折板.

为了说明应用情况，这里从上述论文中引用一个例子. 这指的是一块承受均布载荷的方板，它有三边简支，一边固支. 分析时，在 x 方向采用了十个条带(或单元)，表 15.1 给出了与级数的前三项相应的结果.

表 15.1　承受均布载荷的方板，三边简支，一边固支

$\nu = 0.3$	中心处的挠度	中心处的 M_x	最大的M(负值)
$l = 1$	0.002832	0.0409	−0.0858
$= 2$	−0.000050	−0.0016	0.0041
$= 3$	0.000004	0.0003	−0.0007
Σ	0.002786	0.0396	−0.0824
精确解	0.0028	0.039	−0.084
乘　数	qa^4/D	qa^2	

各个 l 那一项的精确解是仅包含九个未知量的简单函数. 另外,级数中高阶项的重要性迅速降低.

在把本例同上一节的问题一起考虑时,把本节所述方法推广于薄膜及弯曲效应都存在的箱形结构几乎是显然的事.

张佑启[5] 在另外一篇论文中表明怎样能够有利地采用非三角函数,虽然这时只发生部分解耦.

在刚才引用的例子中采用了薄板理论,它利用一个位移变量 w 并在 x 方向规定 C_1 连续性. 显然,再次采用降阶积分,第十一章的任何一种斜率及位移独立地插值的单元在这里都能应用. 因此,文献[6]及[7]中采用了抛物型单元,而在文献 [8] 中证明了具有一个积分点的线性插值是有效的.

在文献[17]这本书中,有许多关于板及箱形结构的其它应用,并给出了另外的资料.

15.5 具有非轴对称载荷的轴对称固体

在承受非轴对称载荷的轴对称固体中应用一个方向傅里叶展开,是最自然的事情,并且这也确实是这种方法的最早应用.

现在,不仅要考虑径向位移 u 及轴向位移 v (这与第五章中的问题一样),而且要考虑与角向 θ 有关的切向分量 w(图 15.5). 几

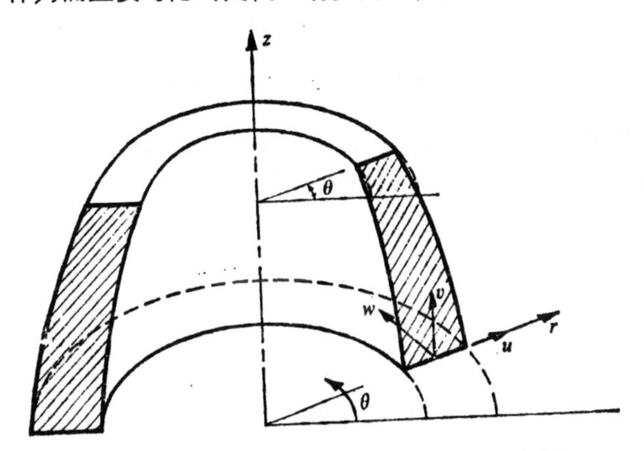

图 15.5 轴对称固体. 轴对称物体中的坐标系及位移分量

何形状及材料性质正是沿 θ 方向不变化，所以这里要应用消去 θ 的方法.

为了简单起见，我们首先考察关于轴 $\theta=0$ 对称的载荷的分量，然后再考察反对称载荷. 下面，仅给出节圆载荷的展开式（对于体力、边界条件及初应变等，有同样的展开式）. 对于图 15.6(a) 的轴对称载荷，在各个坐标方向，我们把每单位长度圆周上的力按如下方式展开：

$$
\begin{aligned}
R &= \sum_{1}^{L} \bar{R}^{l} \cos l\theta, \\
Z &= \sum_{1}^{L} \bar{Z}^{l} \cos l\theta, \\
T &= \sum_{1}^{L} \bar{T} \sin l\theta.
\end{aligned}
\tag{15.24}
$$

对于 T 采用了显然非对称的正弦展开式. 这是因为，为了得到对称性，当 $\theta>\pi$ 时 T 的方向必须改变.

位移分量也用与单元剖分相应的二维（r，z）形状函数来描述. 注意到对称性，我们象式(15.13)那样写出：

$$
\begin{aligned}
u^{l} &= [N_1, N_2, \cdots] \cos l\theta \mathbf{u}^{le}, \\
v^{l} &= [N_1, N_2, \cdots] \cos l\theta \mathbf{v}^{le}, \\
w^{l} &= [N_1, N_2, \cdots] \sin l\theta \mathbf{w}^{le}.
\end{aligned}
\tag{15.25}
$$

为了作进一步的处理，必须在圆柱坐标系中规定一般三维情况下的应变的表达式. 这就是(参见洛夫[18])

$$
\boldsymbol{\varepsilon} = \begin{Bmatrix} \varepsilon_r \\ \varepsilon_z \\ \varepsilon_\theta \\ \gamma_{rz} \\ \gamma_{r\theta} \\ \gamma_{z\theta} \end{Bmatrix}
$$

$$
=\left\{\begin{array}{c}
\dfrac{\partial u}{\partial r} \\
\dfrac{\partial v}{\partial z} \\
\dfrac{u}{r}+\dfrac{1}{r}\dfrac{\partial w}{\partial \theta} \\
\dfrac{\partial u}{\partial z}+\dfrac{\partial v}{\partial r} \\
\dfrac{1}{r}\dfrac{\partial u}{\partial \theta}+\dfrac{\partial w}{\partial r}-\dfrac{w}{r} \\
\dfrac{1}{r}\dfrac{\partial v}{\partial \theta}+\dfrac{\partial w}{\partial z}
\end{array}\right\}. \tag{15.26}
$$

同前面一样,各个模式之间是非耦的,我们可以对每个调和项计算刚度矩阵等. 例如,通过把式(15.25)代入式 (15.26),并象式(15.17)那样排列节点变量,我们有

$$
\mathbf{B}_i^l=\begin{bmatrix}
\dfrac{\partial N_i}{\partial r}\cos l\theta & 0 & 0 \\
0 & \dfrac{\partial N_i}{\partial z}\cos l\theta & 0 \\
\dfrac{N_i}{r}\cos l\theta & 0 & \dfrac{lN_i}{r}\cos l\theta \\
\dfrac{\partial N_i}{\partial z}\cos l\theta & \dfrac{\partial N_i}{\partial r}\cos l\theta & 0 \\
-\dfrac{lN_i}{r}\sin l\theta & 0 & \left(\dfrac{\partial N_i}{\partial r}-\dfrac{N_i}{r}\right)\sin l\theta \\
0 & -\dfrac{lN_i}{r}\sin l\theta & \dfrac{\partial N_i}{\partial z}\sin l\theta
\end{bmatrix}. \tag{15.27}
$$

后面的推导步骤同以前所述完全一样，读者可作为练习重复这一过程.

对于图 15.6(b) 的反对称载荷,我们将简单地把式 (15.24)及(15.25)中的 sin 及 cos 分别改写成 cos 及 sin .

利用虚功原理，可以得到每个调和分量的载荷项. 对于对称情况,有

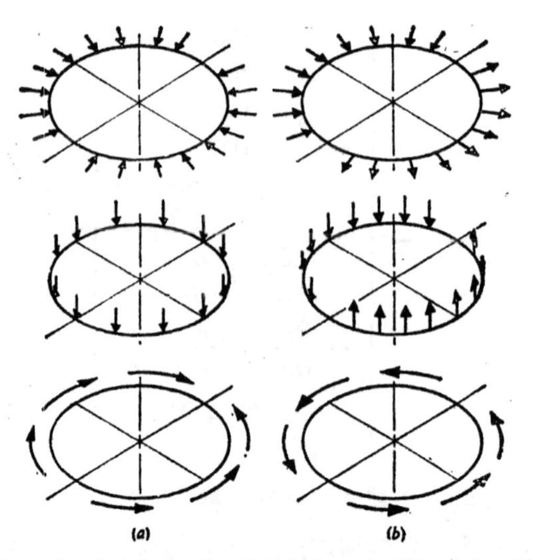

图 15.6　轴对称物体的载荷及位移分量，(a) 对称，(b) 反对称

$$\mathbf{f}_i^l = \int_0^{2\pi} \begin{Bmatrix} \bar{R}^l \cos^2 l\theta \\ \bar{Z}^l \cos^2 l\theta \\ \bar{T}^l \sin^2 l\theta \end{Bmatrix} \mathrm{d}\theta = \begin{cases} \pi \begin{Bmatrix} \bar{R}^l \\ \bar{Z}^l \\ \bar{T}^l \end{Bmatrix}, & l = 1, 2, \cdots, \\ 2\pi \begin{Bmatrix} \bar{R}^l \\ \bar{Z}^l \\ 0 \end{Bmatrix}, & l = 0. \end{cases} \tag{15.28}$$

类似地,对于反对称情况有

$$\mathbf{f}_i^l = \begin{cases} \pi \begin{Bmatrix} \bar{R}^l \\ \bar{Z}^l \\ \bar{T}^l \end{Bmatrix}, & l = 1, 2, \cdots, \\ \begin{Bmatrix} 0 \\ 0 \\ \bar{T}^l \end{Bmatrix}, & l = 0. \end{cases} \tag{15.29}$$

如同所料,我们由此及 $\mathbf{K}^e$ 的展开式看出，对于 $l = 0$,问题被简化为只有两个变量;而当仅涉及对称项时,又得到了轴对称的

情况.

类似地,对于反对称情况,当 $l=0$ 时,只剩下一组关于变量 w 的方程. 这相当于常切向力作用的情况,实际上就是求解图 15.7 所示已知扭矩作用下的轴的扭转问题. 在经典力学中,这个问题是采用应力函数来处理的[19],而现在已用有限单元法分析过这个问题[20]. 对于这个问题,还有另外一种更物理直观的方法可用.

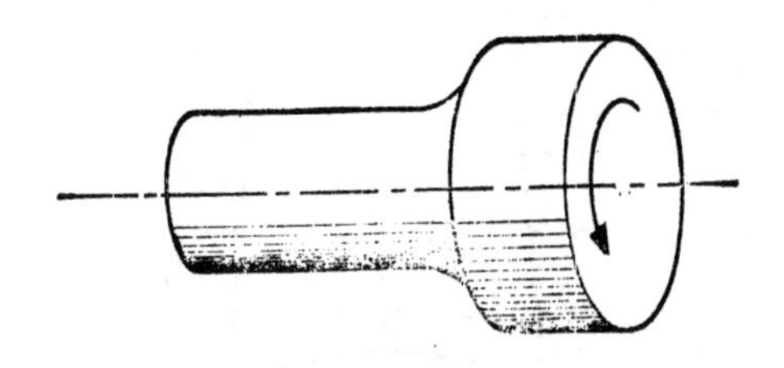

图 15.7 变截面杆的扭转

上述方法在轴对称固体分析中的首次应用是威尔森[21]进行的.

在图 15.8(a) 及(b)中,示出了一个说明各个调和分量对于解答的影响的简单的例子.

15.6 承受非轴对称载荷的轴对称壳体

把第十四章中介绍的轴对称壳体分析推广于非轴对称载荷的情况是一件简单的事情,并且仍将遵循标准的方式.

但是,必须扩充应变的定义,现在必须考虑所有的三个位移分量及三个力的分量(图 15.9). 现在存在三个薄膜效应及三个弯曲效应,扩充针对直母线的式(14.1),我们现在把应变定义为[22]1):

1) 与各种壳体理论相应,有各种不同的应变定义. 这里给出的是普遍接受的一种.

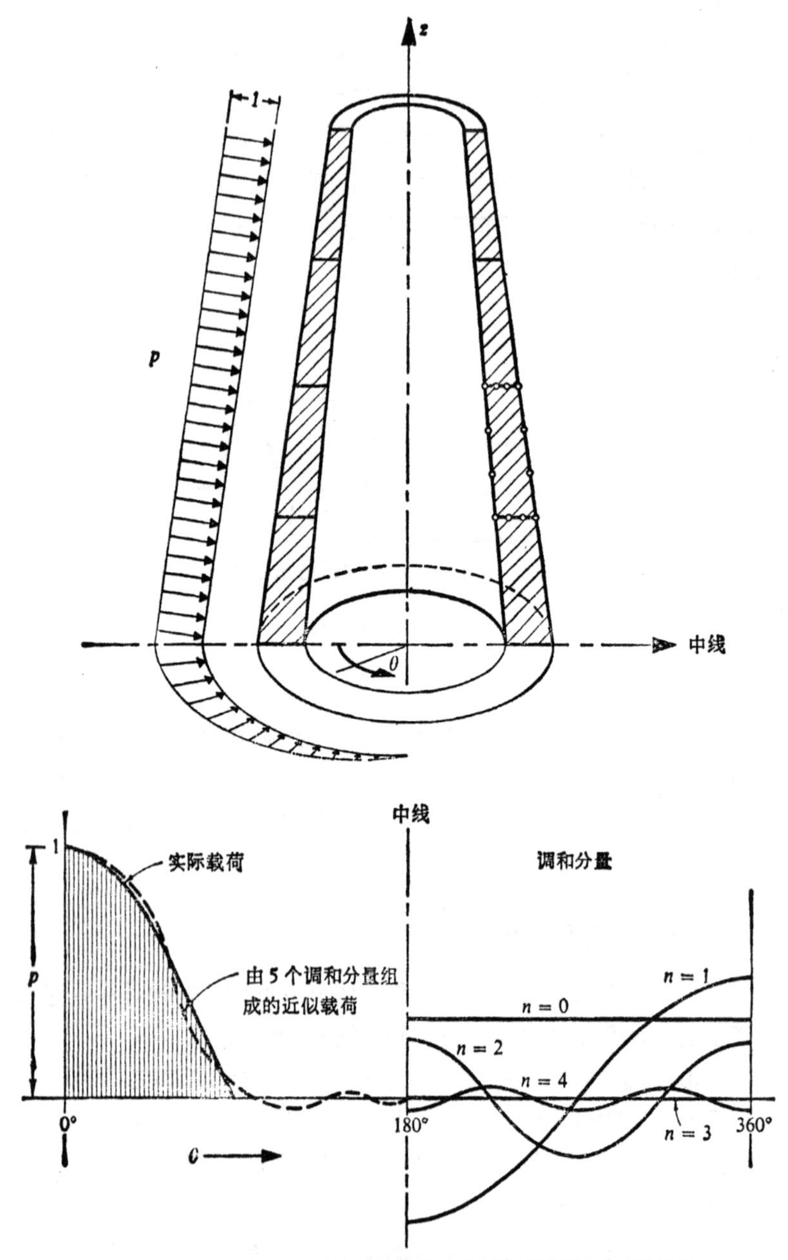

图 15.8(a) 承受非对称载荷的轴对称的塔．分析时采用了四个三次单元．示出了分析中所用载荷展开式的各个调和分量

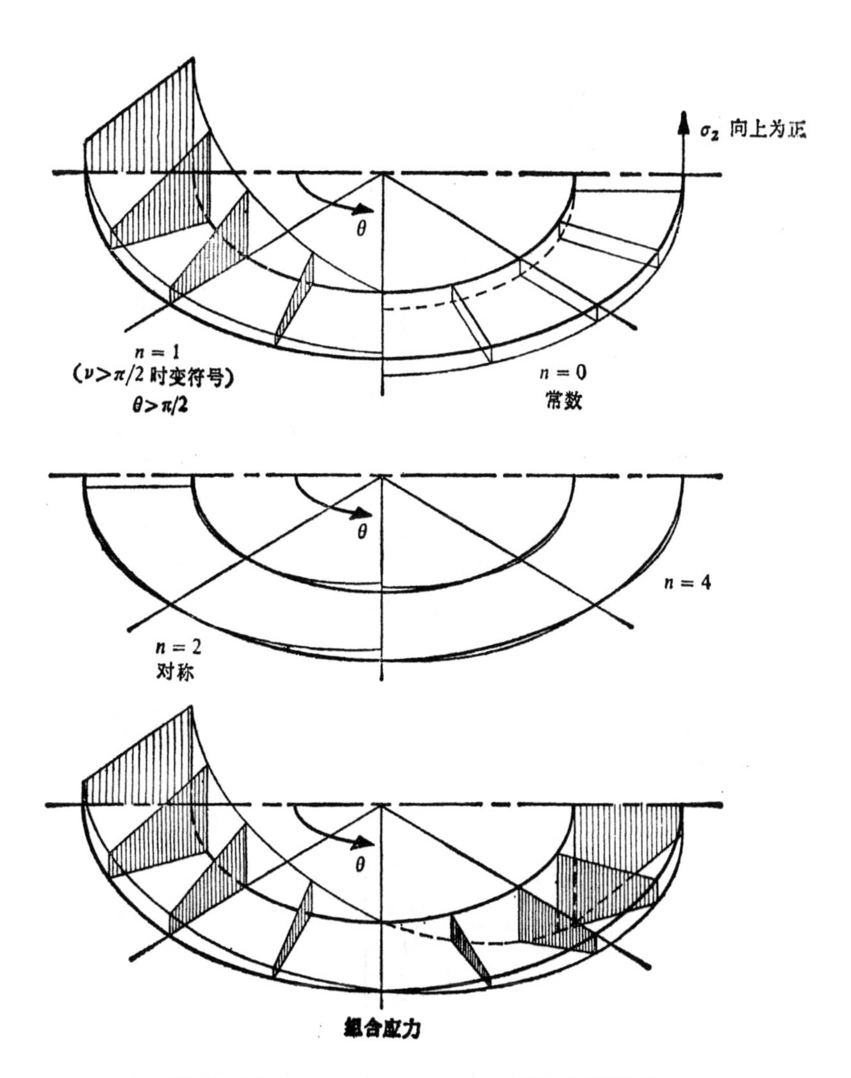

图 15.8(b) σ_z 的分布——各个调和分量在底部引起的垂直应力及其组合(第三项恒等于零).
前两项就给出了实用上十分好的结果

$$
\boldsymbol{\varepsilon}=\begin{Bmatrix}\varepsilon_S\\ \varepsilon_\theta\\ \gamma_{S\theta}\\ \chi_S\\ \chi_\theta\\ \chi_{S\theta}\end{Bmatrix}
=\begin{Bmatrix}\dfrac{\partial u}{\partial s}\\[2mm] \dfrac{1}{r}\dfrac{\partial v}{\partial\theta}+(w\cos\phi+u\sin\phi)\dfrac{1}{r}\\[2mm] \dfrac{1}{r}\dfrac{\partial u}{\partial\theta}+\dfrac{\partial v}{\partial S}-v\sin\phi\dfrac{1}{r}\\[2mm] -\dfrac{\partial^2 w}{\partial S^2}\\[2mm] -\dfrac{1}{r^2}\dfrac{\partial^2 w}{\partial\theta}+\dfrac{\partial v}{\partial\theta}\dfrac{\cos\phi}{r^2}-\dfrac{\sin\phi}{r}\dfrac{\partial w}{\partial S}\\[2mm] 2\left(-\dfrac{1}{r}\dfrac{\partial^2 w}{\partial S\partial\theta}+\dfrac{\sin\phi}{r^2}\dfrac{\partial w}{\partial\theta}+\dfrac{\cos\phi}{r}\dfrac{\partial v}{\partial S}\right.\\ \left.-\dfrac{\sin\phi\cos\phi}{r^2}v\right)\end{Bmatrix}. \tag{15.30}
$$

相应的应力矩阵由图 15.9 所示三个薄膜“应力”及三个弯曲“应力”组成:

$$
\boldsymbol{\sigma}=\begin{Bmatrix}N_S\\ N_\theta\\ N_{S\theta}\\ M_S\\ M_\theta\\ M_{S\theta}\end{Bmatrix}. \tag{15.31}
$$

同上一节一样,也可假设对称及反对称的载荷及位移变化.

进行这种推广的过程现在是明显的，因此这里不必进一步详述;但是也应当注意,当涉及曲单元时，必须用形式更复杂的式子

（参见第十四章式(14.16)）.

读者可以参考最早处理这一问题的格拉夫顿与斯特罗姆[23]的论文以及后来的许多论文．后者已在第十四章中列举过．

说明厚壳分析中所用方法的一些例子，则在第十六章中给出．

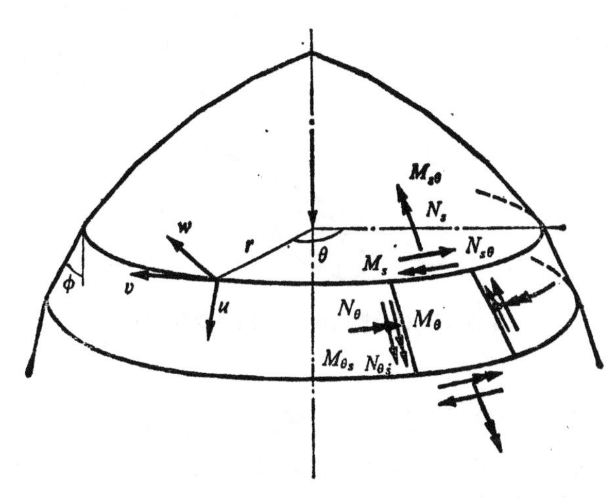

图 15.9 承受非对称载荷的轴对称壳体．位移及应力合力

15.7 结语

本章通过几种应用说明了一种相当普遍的方法，这种方法把有限单元法的一些优点同借助正交函数进行展开的经济性结合起来．当然，这些应用只是涉及到这种方法所提供的可能性．不过应当记住，只有在具有一定几何限制、并且求得解答所需级数的项数不多的情况下，才有经济效益．

可以类似地处理这样一种“棱柱”形物体，这种物体只是旋转体的一段(图 15.10)．显然，现在必须对于角 $l\pi\theta/\alpha$ 进行展开，但其它情况则与前面所述方法完全相同[1]．

在本章所述方法中，假设材料性质沿一个坐标方向保持不变．有时能够取消这一限制，而一般处理方法仍然与本章所述相同．斯特里克林与安德雷德 (Andrade)[24] 简要介绍了这种有意义的例

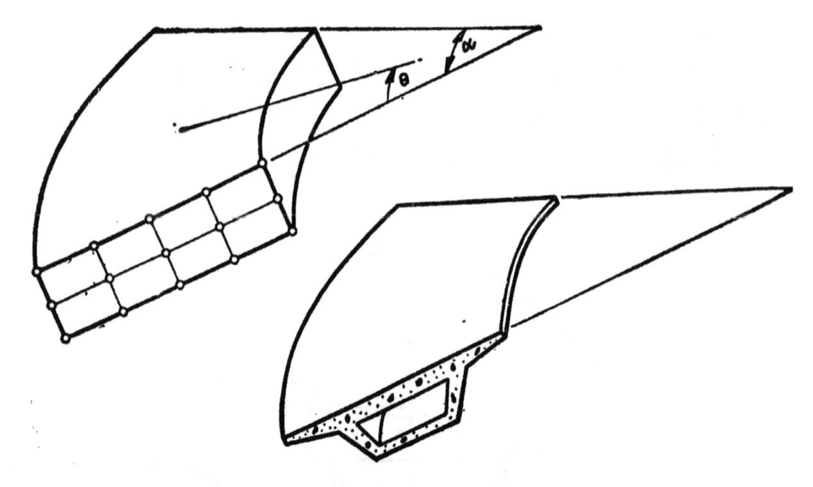

图 15.10 作为旋转体的一段的"棱柱"形物体

子.

在处理有限单元离散化的一般公式系统的第三章中，我们已提到过半离散化法（见 3.7 节）。这时，保留问题变量中的一个（比如说 z），而该问题被简化为一个关于节点参数 $\mathbf{a}$ 及其对于 z 的导数的常微分方程.

在第二十章及第二十一章中，我们将有机会利用这种部分离散化法，那时变量 z 是时间域，在此域中问题是"棱柱"形的. 然而，我们在本章中已经介绍过的所有问题都可以利用这种半离散化法来处理. 为此，我们首先进行半离散化，用如下形式的微分方程描述该问题：

$$\mathbf{K}_1\frac{d^2\mathbf{a}}{dz^2}+\mathbf{K}_2\frac{d\mathbf{a}}{dz}+\mathbf{K}_3\mathbf{a}+\mathbf{f}=0.$$

然后，在域 $0<z<a$ 中求解以上方程组，这时利用正交函数，它自然地使问题按常系数常微分方程求解. 利用动态应用（第二十章）中介绍的对角化方法，最容易求出这第二步解答.

显然，这种计算的最终结果将与采用本章所述方法而得到的一样，但是有时这里的公式系统更加明显.

利用解析法来扩大有限单元法的能力并不限于这里所介绍的

方法．在第二十三章中，我们将在较广的范围内讨论这个问题．

参考文献

[1] O. C. Zienkiewicz and J. J. M. Too, 'The finite prism in analysis of thick simply supported bridge boxes', *Proc. Inst. Civ. Eng.*, **53**, 147—72, 1972.

[2] Y. K. Cheung, 'The finite strip method in the analysis of elastic plates with two opposite simply supported ends', *Proc. Inst. Civ. Eng.*, **40**, 1—7, 1968.

[3] Y. K. Cheung, 'Finite strip method of analysis of elastic slabs', *Proc. Am. Soc. Civ. Eng.*, **94**, EM6, 1365—78, 1968.

[4] Y. K. Cheung, 'Foldel plate structures by the finite strip method,' *Proc. Am. Soc. Civ. Eng.*, **95** ST, 2963—79, 1969.

[5] Y. K. Cheung, 'The analysis of cylindrical orthotropic curved bridge decks', *Publ. Int. Ass. Struct. Eng.*, **29**-II, 41—52, 1969.

[6] A. S. Mawenya and J. D. Davies, 'Finite strip analysis of plate bending including transverse shear effects', *Building Science*, **9**, 175—80, 1974.

[7] P. R. Benson and E. Hinton, 'A thick finite strip solution for static, free vibration and stability problems', *Int. J. Num. Meth. Eng.*, **10**, 665—78, 1976.

[8] E. Hinton and O. C. Zienkiewicz, 'A note on a simple thick finite strip', *Int. J. Num. Meth., Eng.*, **11**, 905—9, 1977.

[9] Y. K. Cheung, M. S. Cheung, and A. Ghali, 'Analysis of slab and girder bridges by the finite strip method', *Building Science*, **5**, 95—104, 1970.

[10] Y. C. Loo and A. R. Cusens, 'Development of the finite strip method in the analysis of cellular bridge decks', *Conf. on Developments in Bridge Design and Construction* (ed. Rockey *et al.*), Crosby Lockwood, 1971.

[11] Y. K. Cheung and M. S. Cheung, 'Static and dynamic behaviour of rectangular plates using higher order finite strips', *Building Science*, **7**, 151—8, 1972.

[12] T. G. Brown and A. Ghali, 'Semi-analytic solution of skew plates in bending', *Proc. Inst. Civ. Eng.*, **57**-II, 165—75, 1974.

[13] G. S. Tadros and A. Ghali, 'Convergence of semi-analytical solution of plates', *Proc. Am. Soc. Civ. Eng.*, **99**, EM5, 1023—35, 1973.

[14] A. R. Cusens and Y. C. Ioo, 'Application of the finite strip method in the analysis of concrete box bridges', *Proc. Inst. Civ. Eng.*, **57**-II, 251—73, 1974.

[15] Y. K. Cheung, 'Folded plate structures by the finite strip method', *Proc. Am. Soc. Civ. Eng.*, No. ST12, 2 and 63—79, 1969.

[16] Y. K. Cheung, 'The analysis of cylindrical orthotropic curves bridge decks', *Int. Assoc. for Bridges and Structural Engineering*, **29**-II, 41—51,

1969.
[17] Y. K. Cheung, *Finite strip method in structural analysis, Pergamon* Press. 1976.
[18] A. E. H. Love, *The Mathematical Theory of Elasiticity,* 4th ed., Cambridge Univ. Press, 1927, p. 56.
[19] S. Timoshenko and J. N. Goodier, *Theory of Elasticity,* 2nd ed., McGraw-Hill, 1951.
[20] O. C. Zienkiewicz and Y. K. Cheung, 'Stresses in shafts', *The Engineer.* 24 Nov. 1967.
[21] E. L. Wilson, 'Sthuctural analysis of axi-symmetric, solids', *J. A. I. A. A.*, *3*, 2269—74, 1965.
[22] V. V. Novozhilov, *Theory of Thin Shells* (Translation), P. Noordhofl. 1959.
[23] P. E. Grafton and D. R. Strome, 'Analysis of axi-symmetric shells by the direct stiffness method', *J. A. I. A. A.*, 1, 2342—7, 1963.
[24] J. A. Stricklin and J. C. De Andrade, 'Linear and non linear analysis of shells of revolution with asymmetrical stiffness properties', *Proc. 2nd Conf. Matrix Methods in Struct. Mech.*, Air Force Inst. Techn., Wright-Patterson A. F. Base, Ohio, 1968.

第 十 六 章

作为三维分析特殊情况的壳体

16.1 引言

在第八章及第九章中，介绍了复杂的二维及三维曲单元的公式系统及应用情况．只要如图 16.1 所示，简单地减小单元在壳体厚度方向的尺寸，就可在曲壳分析中直接应用这种单元，这一点似乎是显然的．实际上，对于轴对称壳体问题，在第九章图 9.6 的例子中，已经说明了这种应用．

但是，在直接应用三维的概念时，会遇到一些困难．

首先，由于每个节点处保留三个自由度，与沿壳厚方向的相对位移相应的刚度系数变大． 当壳体厚度比单元的其它尺寸小时，这带来数值计算上的问题，并可能导致病态的方程．

其次是经济性问题．当沿壳厚方向采用几个节点时，忽视了如下熟知的事实：即使对厚壳来说，中面“法线”变形后实际上仍为直线．因此，这时不必要地引入了太多的自由度，浪费了计算时间．

在本章中，给出了克服上述两方面困难的特殊公式系统[1-3]．为了改善经济性，引入了“直法线”这一假设．为了改善数值计算条件，与垂直于中面的应力相应的变形能被忽略了．通过这样的处理，就有了一种分析厚壳的有效方法．后面将以几个例子说明这种方法的精度及其广泛的应用范围．

读者会注意到，上面引入的两个限制仅相应于壳体理论中通常所用假设的一部分．也就是说，变形后的法线仍垂直于变形后的中面这一假设被有意地忽略了．这一忽略使壳体能承受剪切变形，后者正是厚壳的重要特点．

这里给出的公式系统比直接应用三维单元更复杂一些；而这

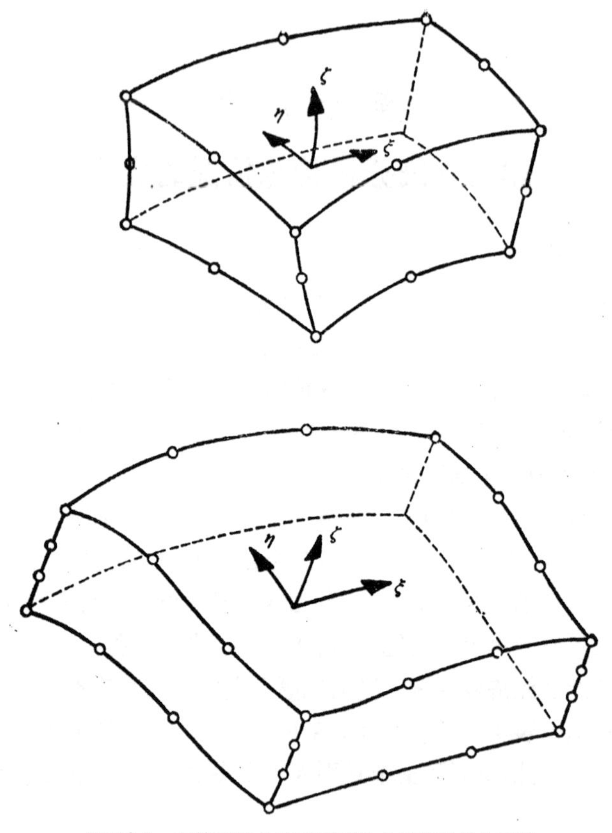

图 16.1 直接近似曲壳时所用的曲的等参数六面体

确实会诱使读者直接应用三维公式系统，当允许采用位移沿厚度仅线性变化的单元时尤其如此．对于一个规定的中面节点，采用本章的公式系统时出现五个自由度，而采用三维公式系统时也只需要六个自由度；如果能够克服由于大刚度比引起的病态，多一个自由度看来只是一个较小的负担． 如同伍德 (Wood)[4,5] 及威尔森[6]所表明的，确实有可能克服这种病态；他们用两个表面的位移的差作为变量，并采用高精度计算机．然而，如果在壳体法线方向采用线性插值，另外一个困难现在变得明显了．当泊松比不为零时，结果由于因子 $(1-\nu^2)$ 而收敛于一个错误的解答．这个现象是容易解释的．纯弯曲时，在垂直于中面的方向得到零应变，从而由于$\nu \neq 0$而在该方向产生应力，制止该面内应变．为了克服这一效应，或者必须假设材料有人为的各向异性性质，或者采用完全的抛物线位移分布，而后者将会使计算不经济．

这里建立的单元本质上是第十一章及第十四章中讨论过的方法的另外一种形式．在那种方法中，与强加连续性要求的罚函数相配合采用了独立的斜率及位移插值．因此，如果要处理薄壳，降阶积分的应用也必不可少；而且实际上这种方法正是在薄壳问题中首先发现的[7-10]．

16.2　单元的几何形状的定义

考察图 16.2 所示典型壳体单元．单元的外表面是曲面，而沿

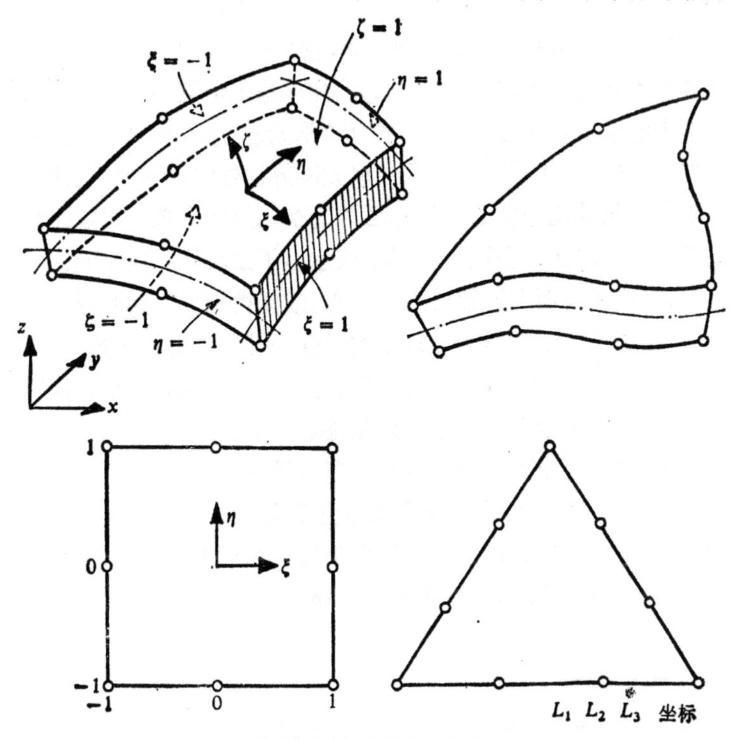

图 16.2　各种曲厚壳单元

厚度方向的截面则由直线生成．具有给定的笛卡儿坐标的一对对点 $i_{顶面}$ 及 $i_{底面}$ 描述了该单元的形状．

设 ξ 及 η 是壳体中面上的两个曲线坐标，ζ 是厚度方向的直线坐标．如果进一步假设 ξ, η, ζ 在 -1 及 $+1$（分别在单元的各个表面上取这些坐标值)之间变化，我们能够按如下形式写出壳体中任意一点的笛卡儿坐标与曲线坐标之间的关系式：

$$\begin{Bmatrix} x \\ y \\ z \end{Bmatrix} = \Sigma N_i(\xi, \eta)\frac{(1+\zeta)}{2}\begin{Bmatrix} x_i \\ y_i \\ z_i \end{Bmatrix}_{顶面} + \Sigma N_i(\xi, \eta)\frac{(1-\zeta)}{2}\begin{Bmatrix} x_i \\ y_i \\ z_i \end{Bmatrix}_{底面}. \qquad (16.1)$$

这里的 $N_i(\xi, \eta)$ 是形状函数，它在节点 i 处取单位值，在所有其它节点处为零(参阅第八章)．如果基本函数 N_i 是作为 ξ-η 平面中的正方形或三角形[1]二维"母"单元的"形状函数"导出的，并且如此"设计"，使得它能保证母单元间界面处的协调性，则曲的空间单元也是彼此协调的．采用各种阶次的形状函数，可以得到任意形状的曲单元．在图 16.2 中，仅示出了二次及三次单元．如果需要，在单元表面上设置更多的节点，就能得到更复杂的形状．实际上，在这里可以采用第七章中的任何一种二维形状函数．

现在已经确定了笛卡儿坐标与曲线坐标之间的关系，而以后会看到，我们希望以曲线坐标为基础进行运算．

应当指出，坐标方向 ζ 只是近似地垂直于中面．

把关系式(16.1)改写成用联系上下两点的"向量"（即长度等于壳体厚度 t 的向量)及中面坐标来表示的形式是比较方便的．于是，我们可以把式(16.1)改写成(图 16.3)[2]

1）在这种情况下，同第七章中一样，将用面积坐标代替 ξ,η 坐标．

2）关于向量代数的详细情况，请见附录 5．

$$\begin{Bmatrix} x \\ y \\ z \end{Bmatrix} = \Sigma N_i \begin{Bmatrix} x_i \\ y_i \\ z_i \end{Bmatrix}_{\text{中面}} + \Sigma N_i \frac{\zeta}{2} \mathbf{V}_{3i}, \tag{16.2}$$

式中

$$\mathbf{V}_{3i} = \begin{Bmatrix} x_i \\ y_i \\ z_i \end{Bmatrix}_{\text{顶面}} - \begin{Bmatrix} x_i \\ y_i \\ z_i \end{Bmatrix}_{\text{底面}}$$

定义了一个长度就是壳体厚度的向量.

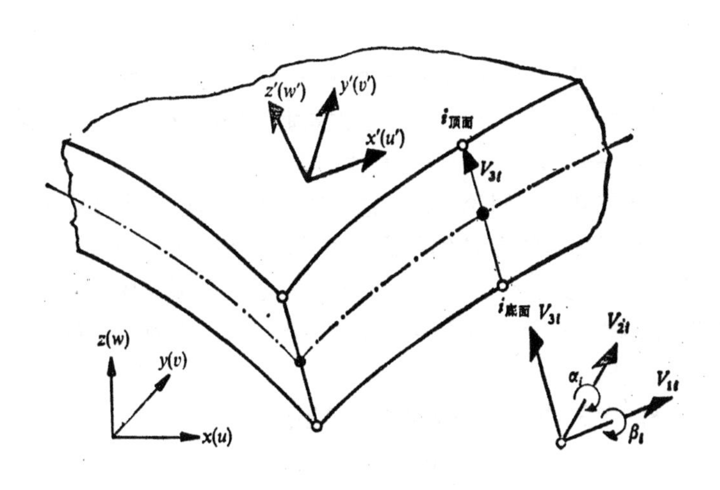

图 16.3 局部坐标及总体坐标

16.3 位移场

现在必须规定单元的位移场. 因为假设忽略与中面垂直的方向的应变, 故可认为整个单元中的位移由中面节点位移的三个笛卡儿分量及节点向量 $\mathbf{V}_{3i}$ 绕与中面法线垂直且互相垂直的两个方向的两个转角唯一确定. 如果这两个互相垂直的方向由单位长度向量 $\mathbf{v}_{2i}$ 及 $\mathbf{v}_{1i}$ 给定,且相应的(标量)转角是 α_i 及 β_i, 则我们

可类似于式(16.2)写出

$$\begin{Bmatrix} u \\ v \\ w \end{Bmatrix} = \Sigma N_i \begin{Bmatrix} u_i \\ v_i \\ w_i \end{Bmatrix} + \Sigma N_i \zeta \frac{t_i}{2} [\mathbf{v}_{1i}, -\mathbf{v}_{2i}] \begin{Bmatrix} \alpha_i \\ \beta_i \end{Bmatrix}. \qquad (16.3)$$

为了简单起见，上式中省略了节点位移向量的下标“中面”这两个字. 由式(16.3)，容易得到如下通常形式的式子：

$$\begin{Bmatrix} u \\ v \\ w \end{Bmatrix} = \mathbf{N} \begin{Bmatrix} \mathbf{a}_i^e \\ \vdots \\ \mathbf{a}_j^e \end{Bmatrix}, \quad \mathbf{a}_i^e = \begin{Bmatrix} u_i \\ v_i \\ w_i \\ \alpha_i \\ \beta_i \end{Bmatrix},$$

式中 u, v, w 分别是总体坐标系中 x, y, z 轴方向的位移.

由于能够生成无数个与一给定方向垂直的向量方向，为了保证定义的唯一性，必须给出一个具体的方案.

在第十三章中，讨论过几种这样的方案. 这里将给出另外一种比较简单而独特的方案[2]，但是也可采用其它可能的方案[10].

这样，如果要对向量 $\mathbf{V}_{3i}$ 确定与其垂直且互相垂直的两个方向，我们就把垂直于由向量 $\mathbf{V}_{3i}$ 及 x 轴所确定的平面的方向作为第一个方向[1].

这样的向量 $\mathbf{V}_{1i}$ 由如下叉乘积给出：

$$\mathbf{V}_{1i} = \mathbf{i} \times \mathbf{V}_{3i}. \qquad (16.4)$$

这里的

$$\mathbf{i} = \begin{Bmatrix} 1 \\ 0 \\ 0 \end{Bmatrix}$$

是 x 轴方向的单位向量. 把向量 $\mathbf{V}_{1i}$ 除以其长度，就得到单位向量 $\mathbf{v}_{1i}$.

与向量 $\mathbf{V}_{3i}$ 及 $\mathbf{V}_{1i}$ 垂直的向量就是

---

1) 如果 $\mathbf{V}_{3i}$ 位于 x 轴方向，这种方法行不通. 容易编出检查这种可能性的程序，而在这种情况下，用 y 轴来求得局部坐标的方向.

$$\mathbf{V}_{2i} = \mathbf{V}_{3i} \times \mathbf{V}_{1i}. \tag{16.5}$$

把 $\mathbf{V}_{2i}$ 正规化就得到 $\mathbf{v}_{2i}$，从而能确定局部坐标轴的所有方向余弦。这样，我们就有了由单位向量

$$\mathbf{v}_{1i},\ \mathbf{v}_{2i},\ \mathbf{v}_{3i} \tag{16.6}$$

所确定的三个互相垂直的局部坐标轴。同样地，如果 N_i 是协调函数，则在相邻单元间保持了位移协调性。

单元的坐标现在由关系式(16.1)给出，与确定位移的函数相比，前者具有更多的自由度。因此，这种单元属于超参数类（见第八章 8.3 节），不能自动满足常应变准则。

但是由有关应变分量的表达式可看出，能够得到刚体运动及常应变状态。

从物理上来看，在式(16.3)中已假设在"厚度"方向(即 ζ 方向)不产生应变。虽然 ζ 方向不是严格地垂直于中面，但是对于常用的壳体假设来说，上述假设的近似程度仍然很好。

在图 16.3 所示每个中面节点 i 处，我们现在有 5 个基本的自由度，单元的连接将会完全遵照第十三章中介绍的方式（13.3 节及 13.4 节）。

16.4 应变及应力的定义

为了导出有限单元的性质，必须定义必不可少的应变及应力。如果考虑到壳体的基本假设，就应当对于 $\zeta=$ 常数的面来建立三个互相垂直的坐标轴，在这样的坐标系中考察应变及应力。因此，如果在 $\zeta=$ 常数的面内的任意一点处，我们以其法线为 z' 轴，以处于其切面内且互相垂直的两根轴为 x' 轴及 y' 轴(图 16.3)，则所求应变分量简单地由第六章的三维关系式给出如下：

$$\boldsymbol{\varepsilon}' = \begin{Bmatrix} \varepsilon_{x'} \\ \varepsilon_{y'} \\ \gamma_{x'y'} \\ \gamma_{x'z'} \\ \gamma_{y'z'} \end{Bmatrix}$$

$$
= \begin{Bmatrix} \dfrac{\partial u}{\partial x'} \\ \dfrac{\partial v'}{\partial y'} \\ \dfrac{\partial u'}{\partial y'} + \dfrac{\partial v'}{\partial x'} \\ \dfrac{\partial w'}{\partial x'} + \dfrac{\partial u'}{\partial z'} \\ \dfrac{\partial w'}{\partial y'} + \dfrac{\partial v'}{\partial z'} \end{Bmatrix}, \tag{16.7}
$$

这里忽略了 z' 方向的应变，以与通常的壳体假设一致*．必须注意，虽然 x' 轴及 y'轴位于 ξ-η 平面（ζ = 常数）内，但一般地说，x'，y'，z' 这些方向与曲线坐标 ξ，η，ζ 的方向不一致[1]．

与这些应变相应的应力由矩阵 $\boldsymbol{\sigma}'$ 定义，它通过通常的弹性矩阵 $\mathbf{D}'$ 与应变联系起来．即有

$$
\boldsymbol{\sigma}' = \begin{Bmatrix} \sigma_{x'} \\ \sigma_{y'} \\ \tau_{x'y'} \\ \tau_{x'z'} \\ \tau_{y'z'} \end{Bmatrix} = \mathbf{D}'(\boldsymbol{\varepsilon}' - \boldsymbol{\varepsilon}'_0) + \boldsymbol{\sigma}'_0, \tag{16.8}
$$

式中 $\boldsymbol{\varepsilon}'_0$ 及 $\boldsymbol{\sigma}'_0$ 可以分别表示任意的"初"应变及"初"应力．

5×5 的矩阵 $\mathbf{D}'$ 现在可以表示任何各向异性材料的性质．实际上，如果采用夹层(层状)结构，$\mathbf{D}'$ 可被规定为 ζ 的函数．目前，我们将对于各向同性材料来确定它．在这里有

---

* 实际上，这里并未忽略 $\varepsilon_{z'}$．如后所述，根据 $\sigma_{z'}=0$ 这一基本假设，可以用 $\varepsilon_{x'}$ 及 $\varepsilon_{y'}$ 来表示不独立的 $\varepsilon_{z'}$．——译者注

1) 实际上，这些方向只是近似地与前一节确定的节点方向 $\mathbf{v}_{1i}$ 等一致，因为一般地说，向量 $\mathbf{v}_{3i}$ 只是近似地垂直于中面．

$$
\mathbf{D}' = \begin{bmatrix} 1 & \nu & 0 & 0 & 0 \\ & 1 & 0 & 0 & 0 \\ & & \dfrac{1-\nu}{2} & 0 & 0 \\ & & & \dfrac{1-\nu}{2k} & 0 \\ \text{对称} & & & & \dfrac{1-\nu}{2k} \end{bmatrix}, \qquad (16.9)
$$

式中 E 及 ν 分别是弹性模量及泊松比．上式中最后两个剪切项中包含的因子 k 取值为 1.2，其目的是改善剪切变形的近似性． 由位移表达式可知，剪切变形沿厚度近似不变，而实际的剪应力近似地按抛物线分布．$k=1.2$ 就是相应的变形能的比值．

必须注意，式(16.9)不是简单地从第六章(式(6.14))的相应的三维弹性矩阵中删去某些项而得到． 为了导出式（16.9）的矩阵 $\mathbf{D}'$，必须将 $\sigma_{z'}=0$ 代入式(6.13)并作适当的处理，以满足这一重要的假设．

16.5 单元性质及必要的变换

在计算刚度矩阵以及实际上所有其它的“单元”性质矩阵时，涉及到对单元体积进行积分，这种积分的最一般的形式是

$$
\int_{V^e} \mathbf{S}\ \mathrm{d}x\mathrm{d}y\mathrm{d}z, \qquad (16.10)
$$

式中矩阵 $\mathbf{S}$ 是坐标的函数．

例如，对于刚度矩阵来说，有

$$
\mathbf{S} = \mathbf{B}^{\mathrm{T}}\mathbf{D}\mathbf{B}, \qquad (16.11)
$$

按照第二章的通常的定义

$$
\boldsymbol{\varepsilon} = \mathbf{B}\ \mathbf{a}^e, \qquad (16.12)
$$

利用式(16.7)，我们有由位移对于局部笛卡儿坐标 x'，y'，z' 的导数来确定的矩阵 $\mathbf{B}$．

因此，在能够对曲线坐标 ξ，η，ζ 进行关于单元的积分之前，现在必须先进行两组变换．

首先,利用与第八章中所用完全相同的方法,得到对于 x,y,z 的导数.

因为式(16.3)把总体坐标系中的位移 u,v,w 与曲线坐标联系起来,所以这些位移对于总体坐标 x,y,z 的导数由如下矩阵关系给出:

$$\begin{bmatrix} \frac{\partial u}{\partial x} & \frac{\partial v}{\partial x} & \frac{\partial w}{\partial x} \\ \frac{\partial u}{\partial y} & \frac{\partial v}{\partial y} & \frac{\partial w}{\partial y} \\ \frac{\partial u}{\partial z} & \frac{\partial v}{\partial z} & \frac{\partial w}{\partial z} \end{bmatrix} = \mathbf{J}^{-1} \begin{bmatrix} \frac{\partial u}{\partial \xi} & \frac{\partial v}{\partial \xi} & \frac{\partial w}{\partial \xi} \\ \frac{\partial u}{\partial \eta} & \frac{\partial v}{\partial \eta} & \frac{\partial w}{\partial \eta} \\ \frac{\partial u}{\partial \zeta} & \frac{\partial v}{\partial \zeta} & \frac{\partial w}{\partial \zeta} \end{bmatrix}. \tag{16.13}$$

这里的雅可比矩阵象前面一样定义:

$$\mathbf{J} = \begin{bmatrix} \frac{\partial x}{\partial \xi} & \frac{\partial y}{\partial \xi} & \frac{\partial z}{\partial \xi} \\ \frac{\partial x}{\partial \eta} & \frac{\partial y}{\partial \eta} & \frac{\partial z}{\partial \eta} \\ \frac{\partial x}{\partial \zeta} & \frac{\partial y}{\partial \zeta} & \frac{\partial z}{\partial \zeta} \end{bmatrix}, \tag{16.14}$$

它用坐标定义式(16.2)计算.

现在,总体坐标系中的位移对于任何曲线坐标系的导数能用数值方法得到.只要进一步变换为局部坐标系 $x'y'z'$ 中位移对于坐标的导数,就可计算应变,从而可计算矩阵 $\mathbf{B}$.

其次,必须确定局部坐标轴的方向.与 $\zeta=$ 常数的面垂直的向量,能够作为与该面相切的任意两个向量的向量积得到.于是,我们有

$$\mathbf{V}_3 = \begin{Bmatrix} \frac{\partial x}{\partial \xi} \\ \frac{\partial y}{\partial \xi} \\ \frac{\partial z}{\partial \xi} \end{Bmatrix} \times \begin{Bmatrix} \frac{\partial x}{\partial \eta} \\ \frac{\partial y}{\partial \eta} \\ \frac{\partial z}{\partial \eta} \end{Bmatrix}$$

$$
=\left\{\begin{array}{c}
\dfrac{\partial y}{\partial \xi}\dfrac{\partial z}{\partial \eta}-\dfrac{\partial y}{\partial \eta}\dfrac{\partial z}{\partial \xi}\\[2ex]
\dfrac{\partial x}{\partial \eta}\dfrac{\partial z}{\partial \xi}-\dfrac{\partial x}{\partial \xi}\dfrac{\partial z}{\partial \eta}\\[2ex]
\dfrac{\partial x}{\partial \xi}\dfrac{\partial y}{\partial \eta}-\dfrac{\partial x}{\partial \eta}\dfrac{\partial y}{\partial \xi}
\end{array}\right\}. \tag{16.15}
$$

另外两个向量按照 16.3 节所述方法唯一确定． 把这些向量分别除以其长度之后， 我们就有如下 x', y', z' 方向的单位向量所构成的矩阵(这实际上就是方向余弦矩阵):

$$
\boldsymbol{\theta}=[\mathbf{v}_1, \mathbf{v}_2, \mathbf{v}_3]. \tag{16.16}
$$

通过标准运算，总体坐标系中的位移 u, v, w 对于总体坐标的导数现在被变换为局部正交坐标系中的位移对于局部坐标的导数:

$$
\begin{bmatrix}
\dfrac{\partial u'}{\partial x'} & \dfrac{\partial v'}{\partial x'} & \dfrac{\partial w'}{\partial x'}\\[2ex]
\dfrac{\partial u'}{\partial y'} & \dfrac{\partial v'}{\partial y'} & \dfrac{\partial w'}{\partial y'}\\[2ex]
\dfrac{\partial u'}{\partial z'} & \dfrac{\partial v'}{\partial z'} & \dfrac{\partial w'}{\partial z'}
\end{bmatrix}
=\boldsymbol{\theta}^{\mathrm{T}}
\begin{bmatrix}
\dfrac{\partial u}{\partial x} & \dfrac{\partial v}{\partial x} & \dfrac{\partial w}{\partial x}\\[2ex]
\dfrac{\partial u}{\partial y} & \dfrac{\partial v}{\partial y} & \dfrac{\partial w}{\partial y}\\[2ex]
\dfrac{\partial u}{\partial z} & \dfrac{\partial v}{\partial z} & \dfrac{\partial w}{\partial z}
\end{bmatrix}\boldsymbol{\theta}. \tag{16.17}
$$

由此，现在可以按显式求出矩阵 $\mathbf{B}'$ 的分量；这里要注意到，每个节点处有五个自由度，即有

$$
\boldsymbol{\varepsilon}'=\mathbf{B}'\left\{\begin{array}{c}\mathbf{a}_i^e\\ \vdots\\ \mathbf{a}_j^e\end{array}\right\};\quad \mathbf{a}_i^e=\left\{\begin{array}{c}u_i\\ v_i\\ w_i\\ \alpha_i\\ \beta_i\end{array}\right\}. \tag{16.18}
$$

用曲线坐标来表示的体积微元由如下标准表达式给出:

$$
\mathrm{d}x\mathrm{d}y\mathrm{d}z=\det|\mathbf{J}|\mathrm{d}\xi\mathrm{d}\eta\mathrm{d}\zeta. \tag{16.19}
$$

至此，所有的基本公式均已给出．

数值积分按照与第八章中的三维单元所用完全相同的方法进行，其积分限为 -1 及 $+1$．

所有其它有关的单元矩阵用同样的方法确定.

因为应变量沿厚度 ζ 方向线性变化，积分时在该方向只需要两个高斯点;而在 ξ,η 方向,对于二次及三次形状函数则分别采用三个或四个高斯点.

这里应当指出，如果需要，实际上能够精确地进行 ζ 方向的积分,这样作节约计算时间[7].

16.6 对于应力描述的一些说明

在上一节中已经确定了单元性质矩阵，而集合及求解均按标准过程进行.

应力描述的问题则有待讨论，这个问题是比较重要的. 应变是在局部坐标系中确定的,所以容易得到该坐标系中的 $\boldsymbol{\sigma}'$. 虽然实际上这种应力分量更直接更重要，但是由于局部坐标轴的方向不易想象，按如下表达式把应力分量变换到总体坐标系中有时是比较方便的:

$$\begin{bmatrix} \sigma_x & \tau_{xy} & \tau_{xz} \\ \tau_{xy} & \sigma_y & \tau_{yz} \\ \tau_{xz} & \tau_{yz} & \sigma_z \end{bmatrix} = \boldsymbol{\theta} \begin{bmatrix} \sigma_{x'} & \tau_{x'y'} & \tau_{x'z'} \\ \tau_{x'y'} & \sigma_{y'} & \tau_{y'z'} \\ \tau_{x'z'} & \tau_{y'z'} & 0 \end{bmatrix} \theta^{\mathrm{T}}. \tag{16.20}$$

如果在几个单元相会的节点处计算应力,则取它们的平均值.

不过,在一般壳体结构中,总体坐标系中的应力不能清楚地描绘壳体表面应力. 因此,通过适当变换计算主应力总是有利的.

然而,如果更深入地研究壳体表面应力,我们会注意到，剪切分量 $\tau_{x'z'}$ 及 $\tau_{y'z'}$ 在表面处实际上为零;事实上,在进行式(16.20)的变换时可先令这些应力分量取零值. 直接得到的这些剪切分量的值是截面上的平均值. 最大横向剪应力发生于中性轴处，其值为平均剪应力值的 1.5 倍.

16.7 特殊情况,轴对称曲厚壳

对于轴对称壳体,其公式系统显然被简化[1]. 现在，单元中面仅由 ξ,η 两个坐标确定,这大大减少计算工作量.

单元性质矩阵的推导方式与前面相同，只是这时作为如图16.4所示的二维情况处理。

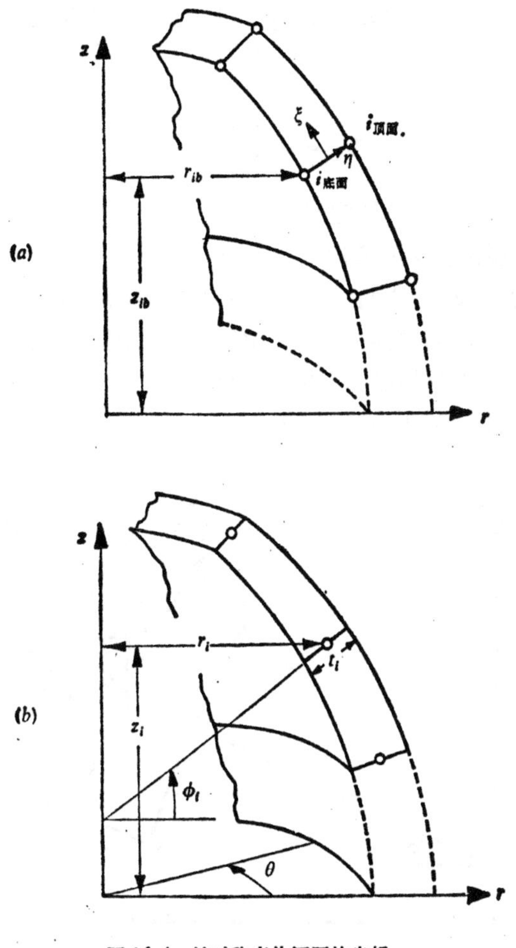

图 16.4 轴对称壳体问题的坐标

现在，用相应的二维关系式代替式(16.1)及(16.2)，它把坐标之间的关系定义为

$$\begin{Bmatrix} r \\ z \end{Bmatrix} = \Sigma N_i(\xi)\frac{(1+\eta)}{2}\begin{Bmatrix} r_i \\ z_i \end{Bmatrix}_{顶面}$$

$$+\Sigma N_i(\xi)\frac{(1-\eta)}{2}\begin{Bmatrix} r_i \\ z_i \end{Bmatrix}_{\text{底面}}$$

$$=\Sigma N_i(\xi)\begin{Bmatrix} r_i \\ z_i \end{Bmatrix}_{\text{中面}}+\Sigma N_i(\xi)\frac{\eta}{2}\mathbf{V}_{3i}, \qquad (16.21)$$

式中

$$\mathbf{V}_{3i}=t_i\begin{Bmatrix} \cos\phi_i \\ \sin\phi_i \end{Bmatrix},$$

而 ϕ_i 是图 16.4(b) 中所定义的角度，t_i 是壳体厚度. 类似地，仿照式(16.3)规定位移的表达式.

为了有一般性，我们将考察非轴对称载荷的情况，但这里只讨论在前面的简单轴对称情况中能够事先消去的项. 实际上，应当不言而喻地假设我们已把有关各量分解成三角级数分量，因为这完全按照第十四章所述方法进行.

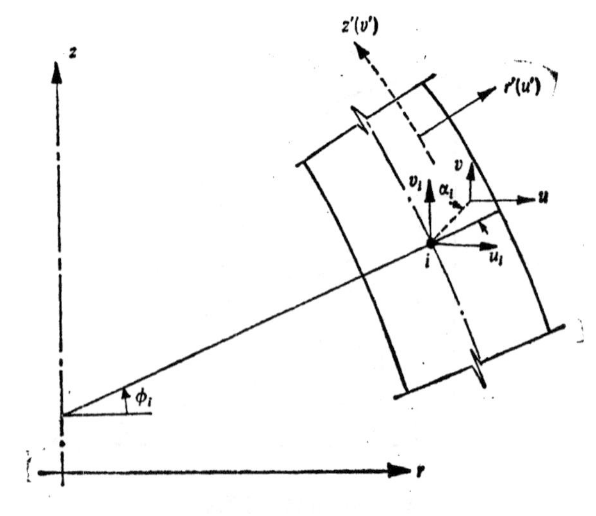

图 16.5 轴对称壳体在总体坐标系中的位移

因此，一般地说，我们把第 n 个调和项的三个位移分量规定为

$$\begin{Bmatrix} u^n \\ v^n \\ w^n \end{Bmatrix}=\begin{bmatrix} \cos n\theta & 0 & 0 \\ 0 & \cos n\theta & 0 \\ 0 & 0 & \sin n\theta \end{bmatrix}\left(\Sigma N_i\begin{Bmatrix} u_i^n \\ v_i^n \\ w_i^n \end{Bmatrix}\right.$$

$$+\Sigma N_i\eta\frac{t_i}{2}\begin{bmatrix}-\sin\phi_i & 0\\ \cos\phi_i & 0\\ 0 & 1\end{bmatrix}\begin{Bmatrix}\alpha_i^n\\ \beta_i^n\end{Bmatrix}\Bigg), \qquad (16.22)$$

式中 α_i 表示图 16.5 所示转角，u_i 等表示中面节点的位移，β_i 表示绕(近似地)与中面相切的向量的转角.

对于纯粹的轴对称情况，通过略去式(16.22)中 w 这一项、该式右端的第一个矩阵以及转角 β_i，公式进一步简化.

现在可以更方便地定义局部坐标系中的应变. 首先，按式(16.7)在总体圆柱坐标系中写出：

$$\boldsymbol{\varepsilon}=\begin{Bmatrix}\varepsilon_r\\ \varepsilon_z\\ \varepsilon_\theta\\ \gamma_{rz}\\ \gamma_{r\theta}\\ \gamma_{z\theta}\end{Bmatrix}=\begin{Bmatrix}\dfrac{\partial u}{\partial r}\\ \dfrac{\partial v}{\partial z}\\ \dfrac{u}{r}+\dfrac{1}{r}\dfrac{\partial w}{\partial\theta}\\ \dfrac{\partial u}{\partial z}+\dfrac{\partial v}{\partial r}\\ \dfrac{1}{r}\dfrac{\partial u}{\partial\theta}+\dfrac{\partial w}{\partial r}-\dfrac{w}{r}\\ \dfrac{1}{r}\dfrac{\partial v}{\partial\theta}+\dfrac{\partial w}{\partial z}\end{Bmatrix}. \qquad (16.23)$$

然后，把这些应变变换到局部坐标系中，并忽略垂直于 $\eta=$ 常数的面的分量*.

然而，矩阵 $\mathbf{D}'$ 取与式(16.9)所定义的相同的形式. 对于轴对称的情况，也是简单地删去相应各项.

所有的变换均按照上节所述方式进行，不需要进一步说明. 这里只是指出：所有的变换现在仅在只含两个变量的坐标系 ξ，η；r，z 及 r'，z' 之间进行.

同样地，计算单元性质矩阵时，仅对 ξ 及 η 进行数值积分. 但是要注意，体积微元是

$$\mathrm{d}x\mathrm{d}y\mathrm{d}z=\det|\mathbf{J}|\,\mathrm{d}\xi\mathrm{d}\eta\, r\mathrm{d}\theta. \qquad (16.24)$$

* 见 16.4 节中关于式(16.7)的脚注. ——译者注

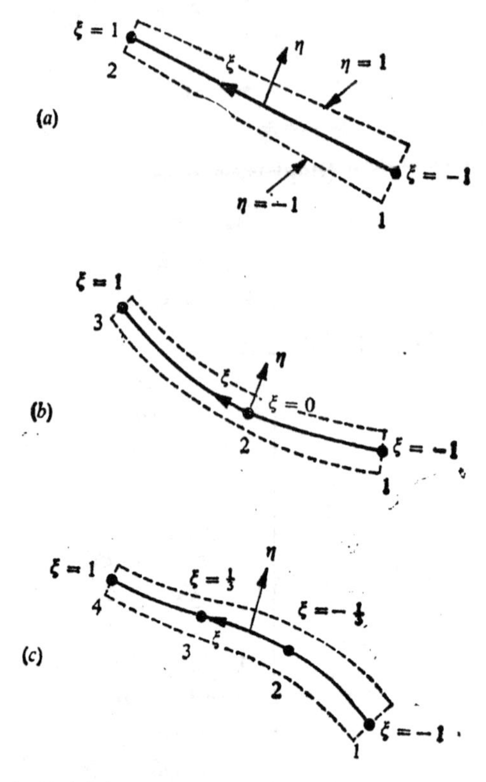

图 16.6 轴对称壳体单元，(a)直线，(b)抛物线，(c)三次曲线

适当选择形状函数 $N_i(\xi)$，可以采用图 16.6 所示直线、抛物线或三次曲线形状的变厚度单元.

16.8 特殊情况，厚板

本章中需要进行的变换比较复杂，而且其程序设计也确实比较麻烦. 但是，有关原则对于厚板也适用，建议读者针对这个简单问题检查自己对本章内容的理解情况.

这时，显然有如下简化.

(1) 令 $\zeta = z$，并且单位向量 $\mathbf{v}_{1i}$，$\mathbf{v}_{2i}$，$\mathbf{v}_{3i}$ 能分别取在 x，y，z 轴的方向.

（2）α_i 及 β_i 就是转角 θ_y 及 θ_x（见第十章）.

（3）不再需要把应力及应变分量变换到局部坐标系 $x'y'z'$ 中，可以始终采用在总体坐标系中定义的应力及应变.对于这类单元，可以避免数值积分．作为一个练习，希望读者推导比如说线性矩形单元的刚度矩阵等．他将会看到与第十一章中所导出的完全相同的形式，第十一章中的那种单元具有独立的位移及转角插值，并采用剪切约束．这表明不同方法的本质上的同一性．

16.9 收敛性

虽然在三维分析中可以谈对于弹性力学问题真实精确解的绝对收敛性，而在相应的板及壳问题中则不能发生这种收敛性．所谓板弯曲问题的收敛解，当单元尺寸减小时，仅收敛于公式系统所表示的近似模式的精确解．因此，在这里，以上公式系统的收敛性也只是针对受如下要求限制的精确解而言．这一要求是：平截面在变形时保持平面．

在单元尺寸为有限值的情况下，将会看到，纯弯曲变形模式总是伴有一些剪应力，这种剪应力在常规薄板薄壳弯曲理论中实际上是不存在的．因此，主要承受弯曲作用的大尺寸单元(如在由壳体单元退化成平板单元的情况下)显得太刚硬．在这种情况下，必须对单元边长与厚度的比值作一定限制．

但是将会看到，利用一种降低数值积分的阶次的简单办法，这种限制能够放宽[7]．

例如，图 16.7 示出了对于方板问题应用抛物线单元的情况．该图给出了用 3×3 及 2×2 的高斯点进行积分时的结果，并画出了不同厚跨比下的结果．在厚度足够大的情况下，两种积分方式的结果差不多，并且都给出由薄板理论不能得到的剪切变形．但是对于薄板的情况，采用较精确的积分时，所得到的结果对于现在的正确的薄板结果有急剧发散的趋向，而降阶积分仍给出极好的结果．在第十一章中，已充分讨论过造成这种性能改善的原因．

关于用各种类型的形状函数解决板问题的进一步例子，请读

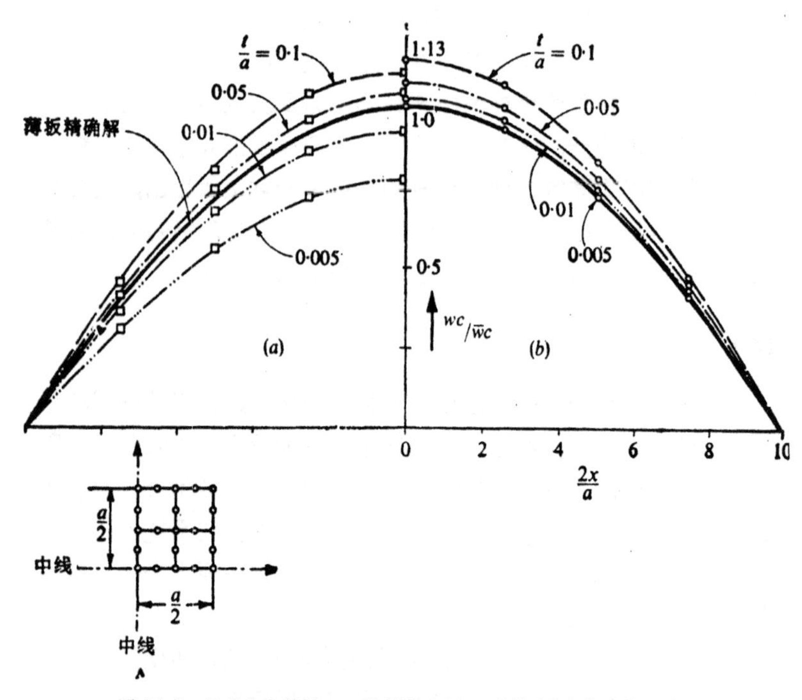

图 16.7 承受均布载荷 q_0 的简支方板．采用 16.8 节的单元时的中点挠度 w_C

(a) 采用 3×3 个高斯点积分

(b) 采用 2×2 个高斯点(降阶)积分

$\overline{w}_C$ 是由薄板理论算出的中点挠度

者参阅第十一章.

16.10 一些壳体分析例子

下面给出几个例子，以说明上面所介绍的壳体公式系统的精度及应用范围.至于更完全的例子,请读者参阅文献[1,2,3,7,10].

承受均布压力的球形圆顶　对于图 16.8 所示这种轴对称问题,已知壳体理论的“精确”解．这里采用了 24 个三次单元，越靠近支承处,单元尺寸越小.

这种解答看来比“精确解”更精确，因为它把压力作用于内表面及外表面这两种情况区别开来了.

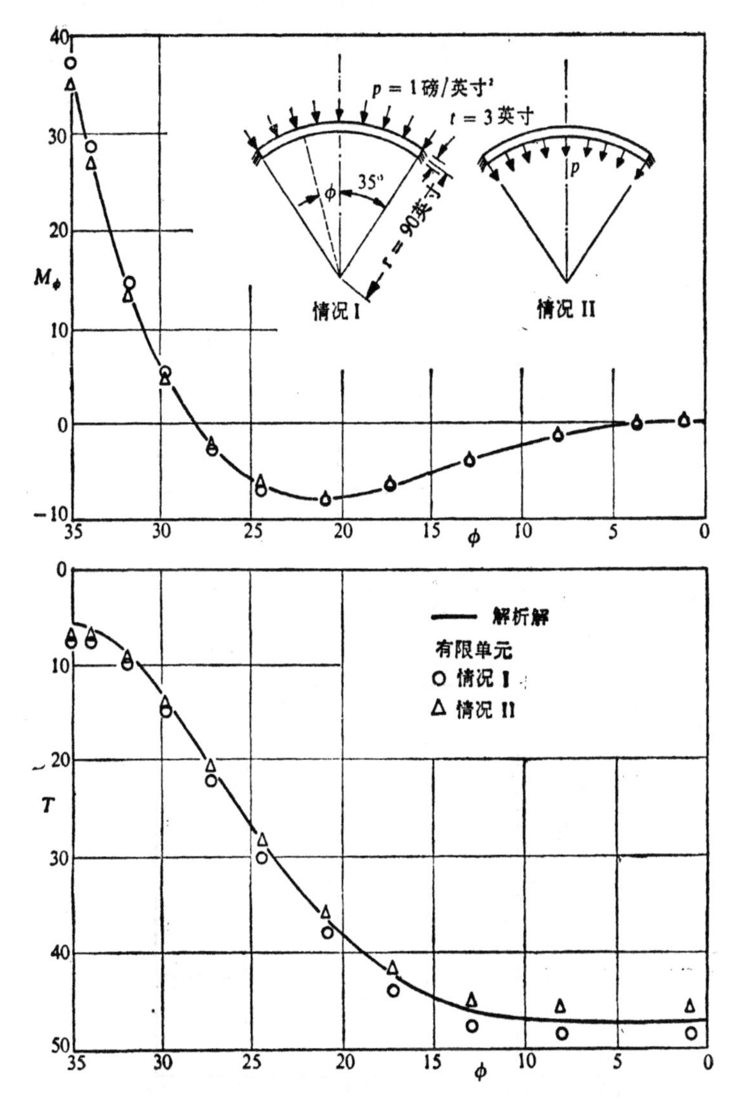

图 16.8 均布压力作用下的球形圆顶，分析时采用了 24 个三次单元(由固定边算起，第一个单元占 0.1 度，以后各个单元的大小按算术级数增加)

M_ϕ = 子午线方向的弯矩(英寸·磅/英寸)

T = 环向力(磅/英寸)

$\nu = 1/6$

承受边缘载荷的圆筒 图 16.9 示出又一个轴对称的例子，以研究单元剖分的影响．分别采用了两个、六个及十四个长度不等

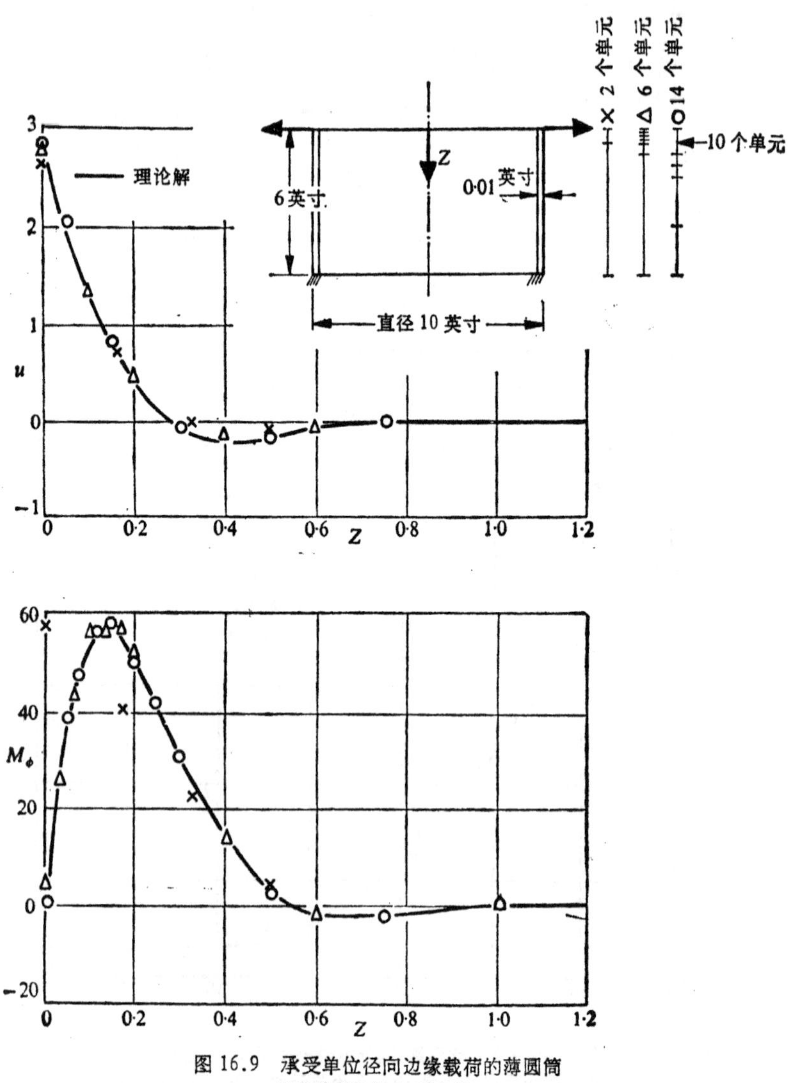

图 16.9 承受单位径向边缘载荷的薄圆筒

u = 径向位移(英寸 $\times 10^{-3}$)

M_ϕ = 子午线方向的弯矩(英寸·磅/英寸)

$E = 10^7$(磅/英寸^2)

$\nu = 0.3$

的单元，由后两种单元剖分所得到的结果与精确解几乎一致．即使只采用两个单元，结果也比较好，只是在加载边缘处与精确解相差较远．

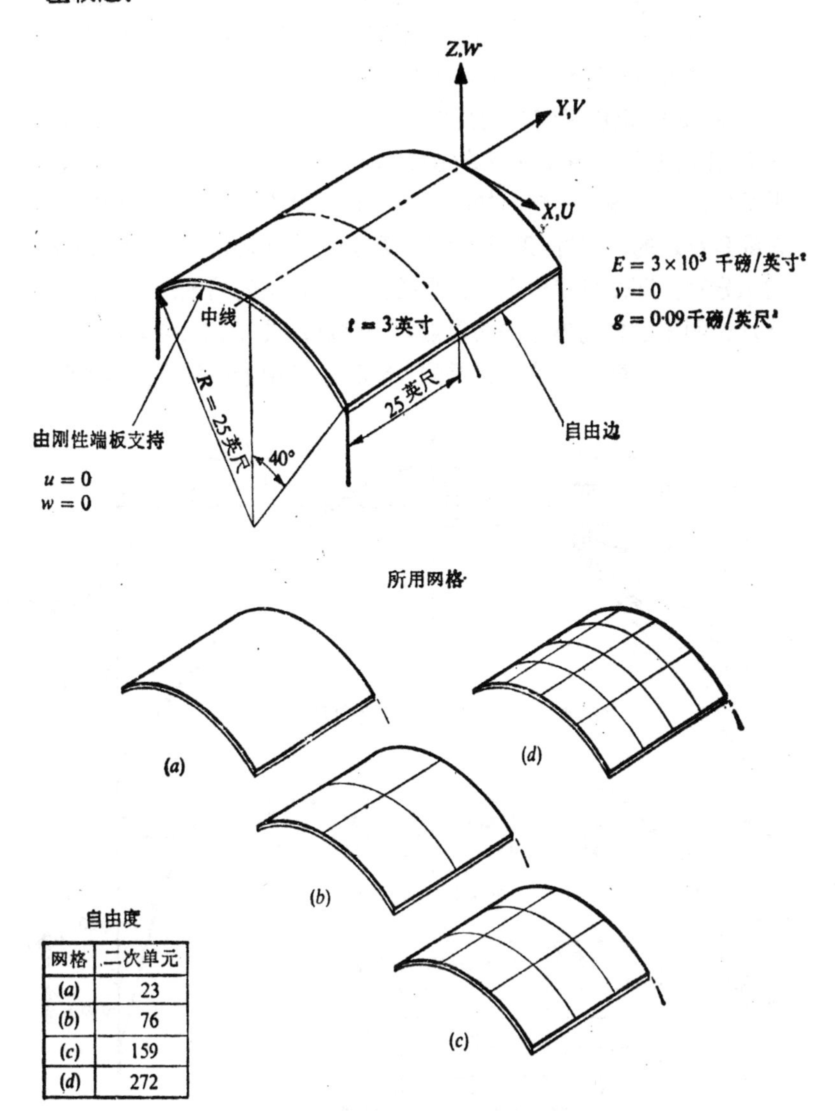

网格	二次单元
(a)	23
(b)	76
(c)	159
(d)	272

图 16.10　圆筒形壳体的例子(承受自重的情况)

同样地，这个结果基本上同按第十四章(14.7 节) 所述方式采用独立的斜率及位移插值时所导出的结果相同．

圆筒形拱顶　这是一个检验整个分析过程对于这样一种壳体的适用性的例子．由于两端有限制挠度的支承，这种壳体中的弯曲作用很大(也见第十三章 13.8 节)．

图 16.10 示出了问题的几何尺寸、物理数据及单元剖分，图 16.11 则比较了采用抛物型单元时 3×3 的积分及 2×2 的积分对于所算出的位移的影响．如同所料，由两种积分方式所得到的结果都是收敛的．不过，采用 3×3 的积分时收敛较慢；而采用 2×2 的积分时，即使只用一个单元也得到了很精确的结果．本例最显著地说明了这种简单方法的优点，在文献[7]及[9]中，更全面地介绍了这方面的情况．这个例题的“精确”解是由斯科特利斯与罗[11]

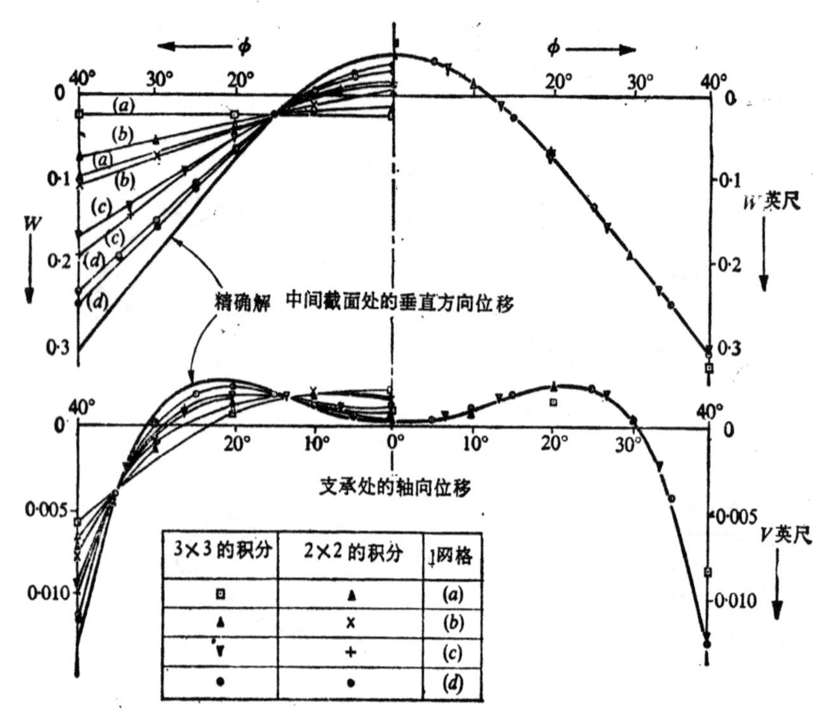

3×3 的积分	2×2 的积分	网格
◻	▲	(a)
▲	×	(b)
▼	+	(c)
●	●	(d)

图 16.11　圆筒形屋顶的位移(采用抛物型单元)

根据常规方法导出的.

至于应力分量的收敛性，则与上述位移收敛性的改善情况一样.

冷却塔 再次分析了第十三章中(图 13.9 及 13.10)已经介绍过的冷却塔，把这个轴对称壳体分成十五个三次型单元. 采用十个调和分量就足够精确地描述了非对称(风)载荷，所得结果与第十三章中用作比较基础的检验分析的结果一致，因此这里不必再画图说明.

拱坝 前面的例子都是比较薄的壳体，它们确实说明了本章

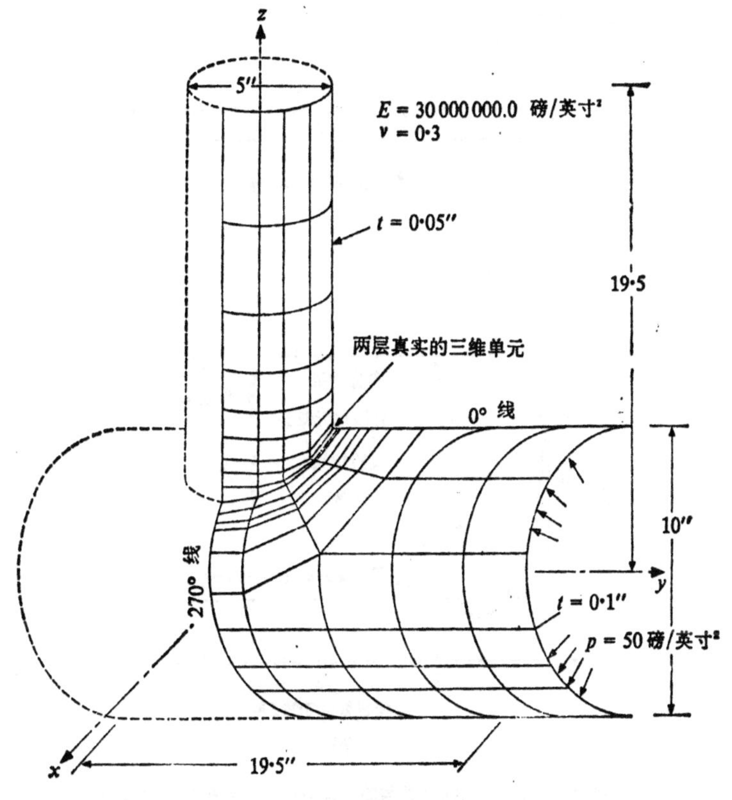

图 16.12 用采用降阶积分的壳体型单元分析交叉的圆筒[12]

的方法在这种情况下的适用性．另一方面，这一公式系统也已被应用于第九章(图 9.8) 所示的双曲拱坝．仍然采用了确实完全相同的单元剖分，所得结果用三维解答几乎完全一样[3]．在得到这样好的结果的同时，总自由度数及计算时间也有很大的减少．

显然，这种单元的应用范围很广．

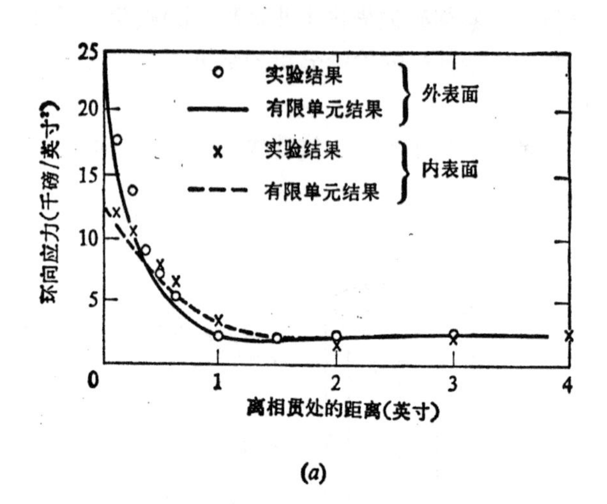

(*a*)

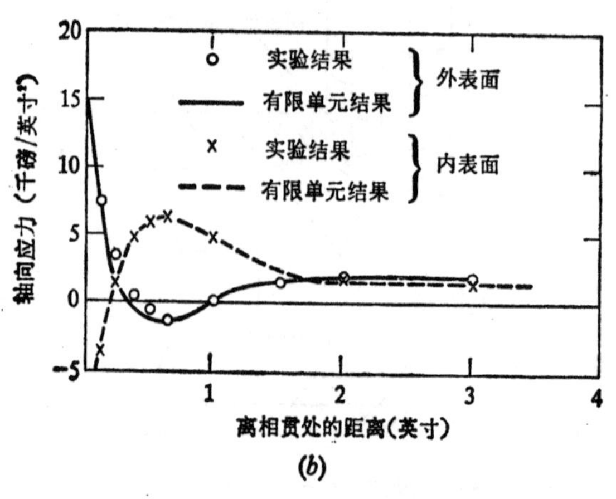

(*b*)

图 16.13 图 16.12 的交叉圆筒．(a)接近 0° 线处的环向应力．(b) 接近 0° 线处的轴向应力

三通管[12]及球罩[10]　图 16.12/16.13 及 16.14 这最后两个例子说明采用不规则的单元形状的应用情况．两个例子都是有一定重要性的实际问题，并且都表明；采用降阶积分，一个有效而且很

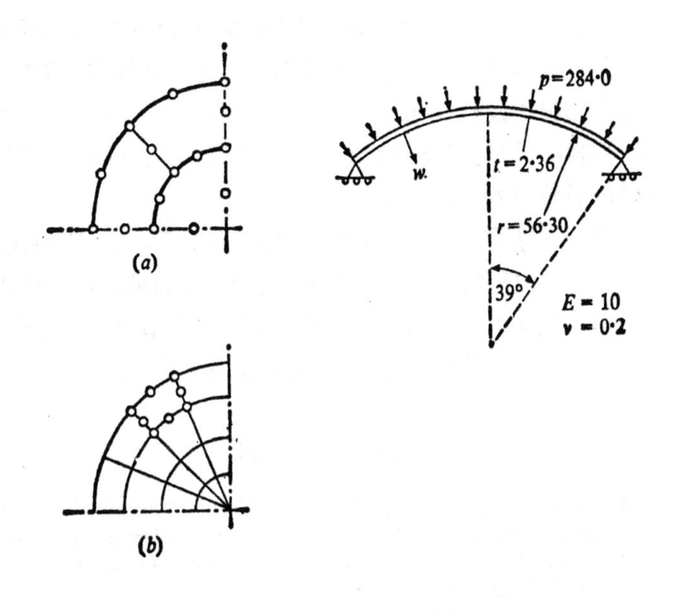

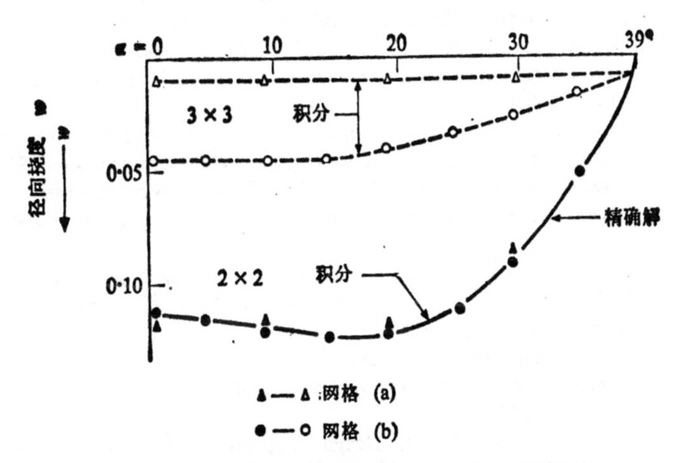

图 16.14　用不规则的等参数壳体单元进行的球罩分析，采用完全的 3×3 积分及降阶的 2×2 积分

一般的壳体单元是可用的，甚至当单元很畸变时也是这样。

16.11 结语

已经注意到，在板及轴对称问题中，本章介绍的这种由固体单元退化而来的单元，同第十一章及第十四章中那种在中面内直接采用独立的斜率及位移插值的单元是一样的。对于一般的曲壳，其模拟不容易，而这里所用的方法是比较简单的。然而，现在正在研究采用另外的方法的可能性。

由第十一章我们应当注意到，在许多情况下，双线性插值及双抛物线（9 个节点）插值被证明比用 8 节点 “Serendipity” 单元好。库克（Cook）[13,14] 表明，对于板问题，在 8 节点单元中采用内自由度是有利的，而对于壳体问题看来也是这样。

参 考 文 献

[1] S. Ahmad, B. M. Irons, and O. C. Zienkiewicz, 'Curved thick shell and membrane elements with particular reference to axi-symmetric problems', *Proc. 2nd Conf. Matrix Methods in Structural Mechanics,* Wright-Patterson A. F. Base, Ohio, 1968.

[2] S. Ahmad, *Curved finite elements in the analysis of solid, shell and plate structures,* Ph. D. Thesis, Univ. of Wales, Swansea, 1969.

[3] S. Ahmad, B. M. Irons and O. C. Zienkiewicz, 'Analysis of thick and thin shell structures by curved elements', *Int. J. Num. Meth. Eng.*, 2, 419—51, 1970.

[4] R. D. Wood, *The application of finite element methods to geometrically non-linear analysis,* Ph. D. Thesis, Univ. of Wales, Swansea, 1973.

[5] R. D. Wood and O. C. Zienkiewicz, 'Geometrically non-linear finite element analysis of beams, frames, arches and axisymmetric shells', (to be published).

[6] E. L. Wilson, 'Finite elements for foundations. joints and fluids', *Proc. Conf. on Numerical Methods in Soil and Rock Mechanics,* Univ. of Karlsruhe, to be published, Wiley, 1977.

[7] O. C. Zienkiewicz, J. Too and R. L. Taylor, 'Reduced integration technique in general analysis of plates anl shells', *Int. J. Num. Meth. Eng.*, 3, 275—90, 1971.

[8] S. F. Pawsey and R. W. Clough, 'Improved numerical integration of thick slab finite elements', *Int. J. Num. Meth. Eng.*, 3, 575—86, 1971.

[9] S. F. Pawsey, Dept. of Structural Mechanics, Ph. D. Thesis, Univ. of

California, Berkeley, 1970.

[10] J. J. M. Too, *Two dimensional, plate, shell and finite prism isopara metric elements and their applications,* Ph. D. Thesis, Univ. of Wales, Swansea, 1971.

[11] A. C. Scordelis and K. S. Lo, 'Computer analysis of cylindrical shells', *J. Am. Concr. Inst.,* **61**, 539—61, 1969.

[12] S. A. Bakhrebah and W. C. Schnobrich, *Finite element analysis of intersecting cylinders,* Univ. of Illinois, Civil Eng. Studies, UILU-ENG-73-2018 1973.

[13] R. D. Cook, 'More on reduced integration and isoparametric elements', *Int. J. Num. Meth. Eng.,* **5**, 141—2, 1972 .

[14] R. D. Cook, *Concepts and Application Finite Element Analysis,* Wiley, 1974.